中文版

美人技Photoshop人像美化实例教程

曹茂鹏 等编著

专门为零基础渴望自学成才在职场出人头地的你设计的书

本书共12章，从结构上可以分为四大部分。第一部分为第1章，介绍了日常照片处理过程中通常都会使用到的功能，为后面的“技术性”章节做铺垫。第二部分为第2～4章，这三个“技术性”章节讲解的是Photoshop的“修瑕技术”“调色技术”和“抠图合成技术”。这三项功能可以说是人像精修过程中的核心技术，无论哪一项都是修照片的利器，缺一不可。第三部分为第5～9章，这五章是“实战性”章节，根据人像照片各部分编修的特点，分解为肌肤、五官、彩妆造型、身形与服饰以及环境五大部分，而且针对每个部分的修图过程都有相应的侧重点与技巧。第四部分为第10～12章，这三个章节为“能力进阶”章节，综合前面章节中学习的Photoshop技术以及人像各个部分的编修技巧，开始完整的人像美化练习。

图书在版编目（CIP）数据

美人技：Photoshop人像美化实例教程 / 曹茂鹏等编著.
-- 北京：机械工业出版社，2015.9
ISBN 978-7-111-51508-1

Ⅰ. ①美… Ⅱ. ①曹… Ⅲ. ①图像处理软件 Ⅳ. ① TP391.41

中国版本图书馆CIP数据核字（2015）第216219号

机械工业出版社（北京市百万庄大街22号 邮政编码100037）
策划编辑：刘志刚　　责任编辑：刘志刚
封面设计：张　静　　责任校对：王翠英　　责任印制：李　洋
北京汇林印务有限公司印刷
2016年9月第1版·第1次印刷
184mm×260mm·28.75印张·784千字
标准书号：ISBN 978-7-111-51508-1
定价：99.00元

凡购本书，如有缺页、倒页、脱页，由本社发行部调换

电话服务
服务咨询热线：（010）88361066
读者购书热线：（010）68326294
（010）88379203

网络服务
机工官网：www.cmpbook.com
机工官博：weibo.com/cmp1952
教育服务网：www.cmpedu.com
金书网：www.golden-book.com

前　言

本书与其说是一本教你编辑照片的“教材”，不如说是一位能够教你“玩”照片的朋友。因为它知道：

* 你可能不太会用 Photoshop，但你想要以最快的速度学通。

* 你可能不想看参数解释的长篇大论，你只想学会美化人像照片。

* 你可能不想只学会工具怎么用，你只想知道怎么才能把人像照片修得更美。

正是因为懂你的需求，所以才更适合你。本书紧扣日常照片美化，从“软件技术”和“实际应用”两大方面入手，将日常照片编修的点点滴滴融入软件技术的讲解中，将软件操作的小技巧带入到实际应用中。不仅能够轻松应对祛斑、祛痘、祛瑕疵，调色、抠图加特效这样的简单美化，“改头换面”的商业级人像精修也是可以实现的。

本书就是这么一个“懂”你需求的良师益友。

* 本书的页数并不太多，但讲解的软件技术超实用，案例类型覆盖范围超全面。

* 本书的内容并不高深，但随便翻看几页就能学会几个实用的照片美化小技巧。

* 本书的案例并不复杂，但就是能让日常照片在简单的几个步骤中变得“高大上”。

读者可登陆网站 www.jigongjianzhu.com，下载本书案例的相关源文件及素材文件，及本书中相关内容的视频教学录像，供学习使用。本书使用 Photoshop CC 版本进行制作和编写，故建议读者使用 Photoshop CC 版本进行学习和操作。使用其他版本软件可能会在打开源文件时产生少量的错误，而且书中介绍到的少数知识点可能与低版本中的功能并不相同。

本书由优图视觉策划，由曹茂鹏和瞿颖健共同编写。参与本书编写和整理的还有艾飞、曹爱德、曹明、曹诗雅、曹玮、曹元钢、曹子龙、崔英迪、丁仁雯、董辅川、高歌、韩雷、鞠闯、李化、李进、李路、马啸、马扬、瞿吉业、瞿学严、瞿玉珍、孙丹、孙芳、孙雅娜、王萍、王铁成、杨建超、杨力、杨宗香、于燕香、张建霞、张玉华等同志。

由于时间仓促，加之水平有限，书中难免存在错误和不妥之处，敬请广大读者批评和指正。

编　者

目 录

第 1 章

Photoshop 快速入门

关键词：打开、新建、存储、关闭、图层、撤销、历史记录

在进行数码照片处理之前，首先需要了解一下 Photoshop 的基本使用方法。本章介绍在数码照片处理中最基础也最常用的 Photoshop 功能。如果您是一位 Photoshop“新手”，就请认真学习本章内容；如果您能够熟练地使用 Photoshop 的基础功能，那也可以通过阅读本章内容，从中找到非常实用的操作技巧。

佳作欣赏

1.1 初识 Photoshop

当我们第一次打开 Photoshop 时，可以看到如图 1-1 所示的深色软件界面。其实 Photoshop 的界面颜色是可以更换的，执行“编辑 > 首选项 > 界面”命令，在弹出的“首选项”窗口中即可设置颜色方案。本书为了便于读者阅读，所以采用了最浅的界面颜色方案，如图 1-2 所示。

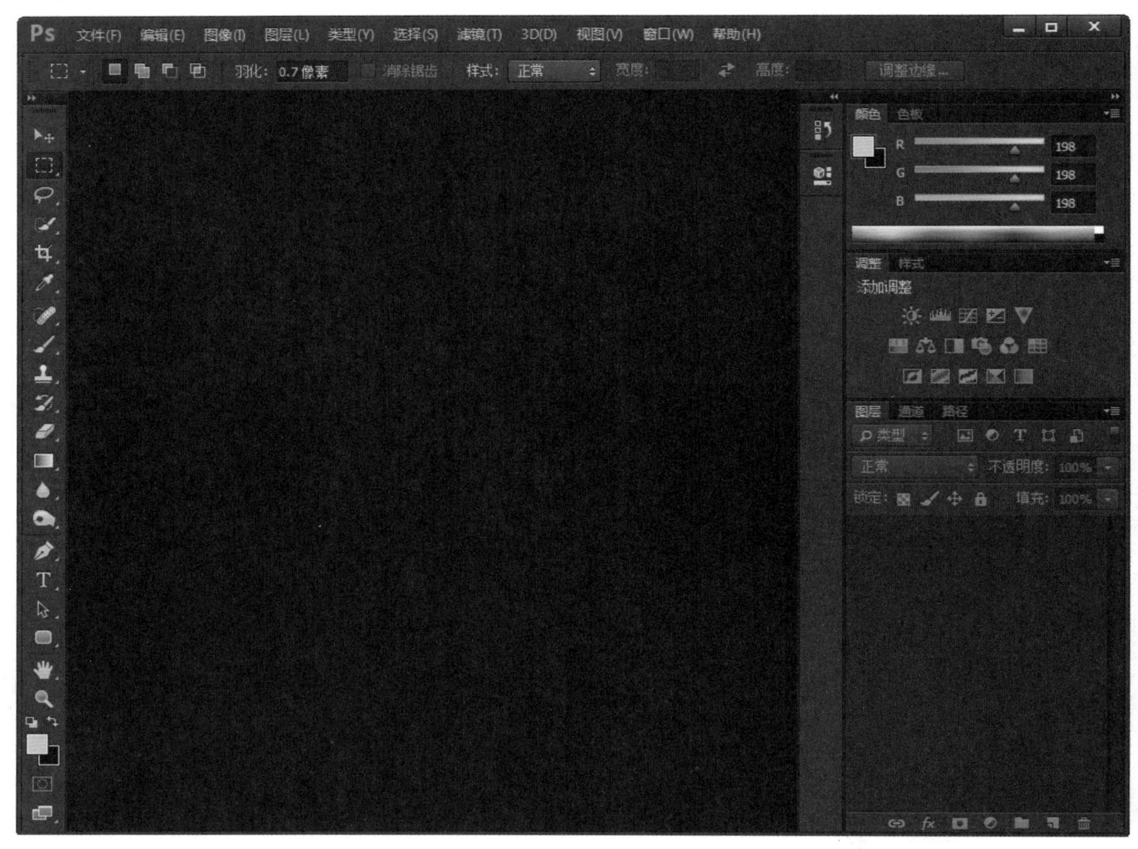

图 1-1

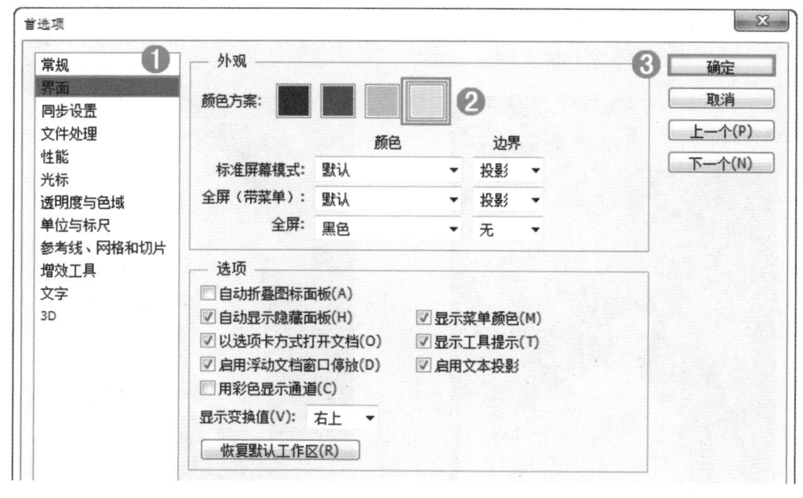

图 1-2

下面我们来认识一下 Photoshop 的操作界面。其实 Photoshop 的操作界面比较规整，最大的操作区域为“文档窗口”，围绕在“文档窗口”四周的是各种各样的“功能区”，比如工具箱、选项栏、菜单栏、面板等，如图 1-3 所示。Photoshop 的界面操作方法跟大部分常用软件相似，操作界面的右上角也有三个按钮，它们分别是“最小化”按钮 ▬ 、“最大化”按钮 ◻ 和“关闭”按钮 ✕ ，通过单击这些按钮可以控制整个 Photoshop 软件（包括此时软件中正在操作的多个图片文档），如图 1-4 所示。

图 1-3

图 1-4

- “菜单栏”中包含 Photoshop 中的大部分功能命令，单击相应的主菜单，即可打开子菜单，单击子菜单即可执行该命令。
- “工具箱”中集合了 Photoshop 的常用工具和工具组（按钮右下角带有图标的为工具组）。工具组只显示其中一个工具，若想使用工具组中的隐藏工具，可以将鼠标指针移动至该工具组按钮上，按住鼠标左键（不要松开鼠标）就可以显示该工具组隐藏的工具，继续将鼠标指针移动至所需工具的位置，单击即可选择该工具，如图 1-5 所示。单击工具图标即可选择该工具，关于这一工具的详细设置选项位于文档窗口的顶部，也就是“选项栏”。

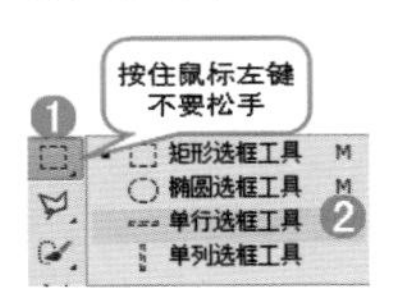

图 1-5

- “选项栏”主要用来设置工具的参数选项，选择了不同的工具时选项栏中所显示的内容也不同，如图 1-6 所示。

图 1-6

- “文档窗口”是打开图片后显示的区域，这个区域主要用于显示和编辑图片。“标题栏”位于文档窗口的顶部，如果想要对单个文件进行操作则需要在文档的“标题栏”中进行，“标题栏”中显示着文档的名称、格式、颜色模式以及缩放比例，如图 1-7 所示。“状态栏”位于文档窗口的最底部，可以显示当前文档的大小、文档尺寸、当前工具和窗口缩放比例等信息。

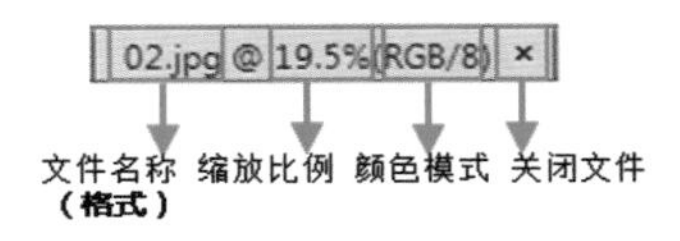

图 1-7

- “面板”区域主要用来编辑图像、对操作进行控制以及设置参数等。很多面板是堆叠状态，有的面板被遮挡时，单击面板名称，就会显示该面板。每个面板的右上角都有一个图标，单击该图标可以打开该面板的菜单选项。如果需要打开某一个面板，可以单击菜单栏中的“窗口”菜单按钮，在展开的菜单中单击即可打开该面板，如图 1-8 所示。

图 1-8

1.2 照片处理第一步：打开 / 新建

认识了 Photoshop 的工作界面，下面就可以尝试着在 Photoshop 中处理照片了，但是怎么让照片出现在 Photoshop 中呢？下面就来学习一下打开照片文件以及新建图像文档的方法吧。

1.2.1 打开已有的图像文档进行处理

照片拍摄完成后想要进行后期处理，首先需要从相机或者手机中将照片导出到计算机里，然后将照片在 Photoshop 中打开，之后才能进行各种处理操作。在 Photoshop 中打开图像文档的方法很简单，执行“文件 > 打开”菜单命令，或使用快捷键 <Ctrl+O>，然后在弹出的对话框中选择需要打开的文件，接着单击“打开”按钮或双击文件即可在 Photoshop 中打开该文件，如图 1-9 和图 1-10 所示。

> **小提示**
>
> 当前打开的文档为最常见的照片格式 JPG，并非 Photoshop 的源文件格式，所以这种格式的图像在 Photoshop 中打开只有一个背景图层。

图 1-9

图 1-10

在 Photoshop 中不仅可以打开 JPG 格式的照片文件，很多其他常见的图像格式文件也是能够打开的，例如 Photoshop 的工程文件（也称为源文件）的 PSD 格式文档，可以存储透明像素的 PNG 格式图像，带有动态效果的 GIF 图像等图像格式。例如选择了一个 PSD 格式的文件，然后单击“打开”按钮，如图 1-11 所示。接着这个文件就会被打开，此时 PSD 格式文件特有的图层就展现在了“图层”面板中了，如图 1-12 所示。

图 1-11

图 1-12

1.2.2 打开多个照片

当我们一次性想要将多张照片在 Photoshop 中打开并进行编辑时，无需一个一个地打开。执行“文件 > 打开”命令，在弹出的窗口中框选多张图片，然后单击“打开”按钮，如图 1-13 所示，被选中的多张照片就都会被打开了，但默认情况下面板中只能显示其中的一张照片，如果想要预览其他的照片可以在文档名称处进行单击即可切换照片文档的显示，如图 1-14 所示。

如果想要一次性使多张照片显示在 Photoshop 的界面中，就需要对文档的排列方式进行设置，执行“窗口 > 排列”命令，在子菜单中可以看到多种文档的显示方式，选择适合自己的方式即可，如图 1-15 所示。例如当我们打开了 4 张图片，想要一次性看到，我们可以选择“四联”这样一种方式，效果如图 1-16 所示。

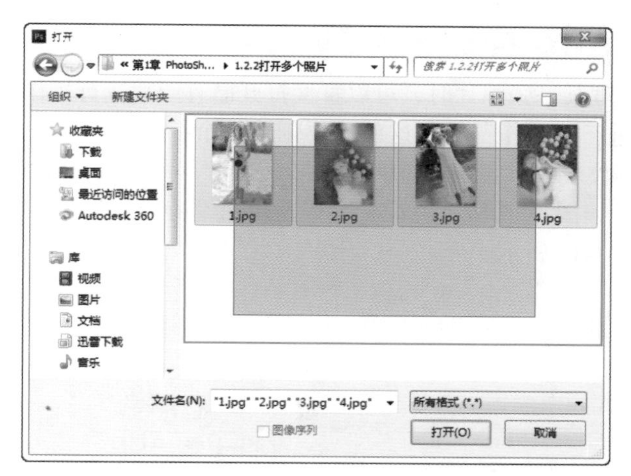

图 1-13

图 1-14

全部垂直拼贴
全部水平拼贴
双联水平
双联垂直
三联水平
三联垂直
三联堆积
四联
六联
将所有内容合并到选项卡中

层叠(D)
平铺
在窗口中浮动
使所有内容在窗口中浮动

匹配缩放(Z)
匹配位置(L)
匹配旋转(R)
全部匹配(M)

为 "bird1.jpg" 新建窗口(W)

图 1-15

图 1-16

1.2.3 从无到有创建新文档

当我们想要直接处理某一张照片时，可以直接打开已有照片进行操作，但是如果我们是想要在一张空白的纸面上进行“创作”呢？这就需要创建一个新文件。执行“文件 > 新建”菜单命令或按 <Ctrl+N> 快捷键，打开“新建”对话框。在“新建”对话框中可以设置文件的名称、大小、分辨率、颜色模式等，如图 1-17 所示。设置完毕后单击“确定”按钮结束操作，此时出现了一个新的空白文档，如图 1-18 所示。

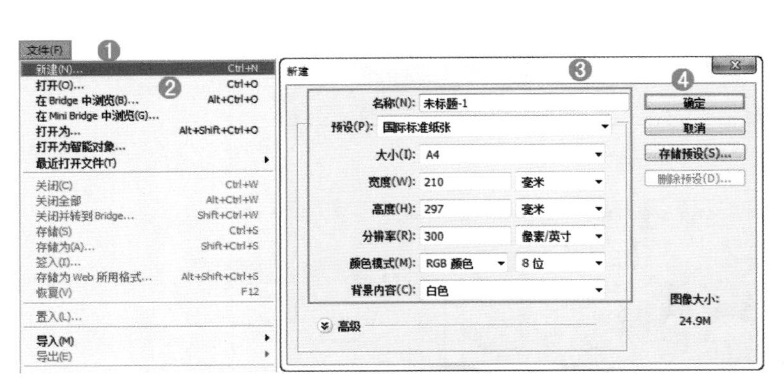

图 1-17

图 1-18

“新建”对话框中的部分选项介绍如下。

- 预设：选择一些内置的常用尺寸，单击预设下拉列表即可进行选择。
- 大小：当我们在预设列表中选择了一种预设，接下来就可以在大小列表中选择该预设类型中的子分类。
- 宽度 / 高度：设置文件的宽度和高度，其单位有“像素”“厘米”等 7 种，所以在创建文档时需要注意单位的选择。
- 分辨率：用来设置文件的分辨率大小，分辨率的大小影响着图像的清晰度以及图像的大小。
- 颜色模式：设置文件的颜色模式以及相应的颜色深度。如果文件需要进行印刷，那么就需要选择 CMYK 颜色模式；而如果只在计算机上存储或上传网络则可以选择 RGB 颜色模式。
- 背景内容：设置文件的背景内容，有“白色”“背景色”和“透明”3 个选项。

1.3 照片处理第二步：文档的基本操作

在 Photoshop 中打开了数码照片后就可以对照片进行编辑，但在编辑之前还需要了解一下照片文档的基本操作方法，例如，放大照片显示比例以观察细节效果，缩小照片显示比例以观察画面整体效果，平移照片显示区域等。除此之外还需要了解一下 Photoshop 特有的“图层”化的图像编辑模式。

1.3.1 调整照片的显示区域

当我们打开一张照片时，照片会以适应窗口大小进行显示。而当我们想要对细节进行观察或修饰时就需要对画面的显示比例进行放大，这时就会用到“缩放工具”。单击工具箱中的“缩放工具”按钮，鼠标指针会变为状，此时为“放大工具”，将鼠标指针移动至画布中并单击，如图 1-19 所示，此时可以发现窗口在页面中的显示比例增大了。反复单击，窗口在页面中的显示就会越来越大，如图 1-20 所示。反之，单击选项栏中的“缩小”按钮可以切换到缩小模式，在画布中单击鼠标左键可以缩小图像。按住 <Alt> 键可以切换工具的放大或缩小模式。

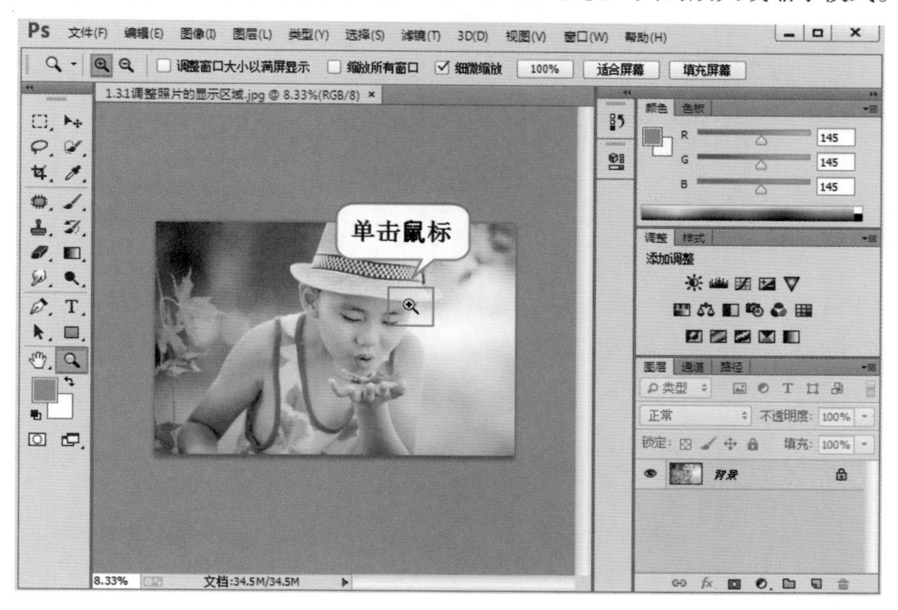

图 1-19

图 1-20

当图像的显示比例大于窗口时，单击工具箱中的“抓手工具” ，将鼠标指针移动至画布中单击并拖动，即可移动画布在窗口的显示位置，如图 1-21 和图 1-22 所示。

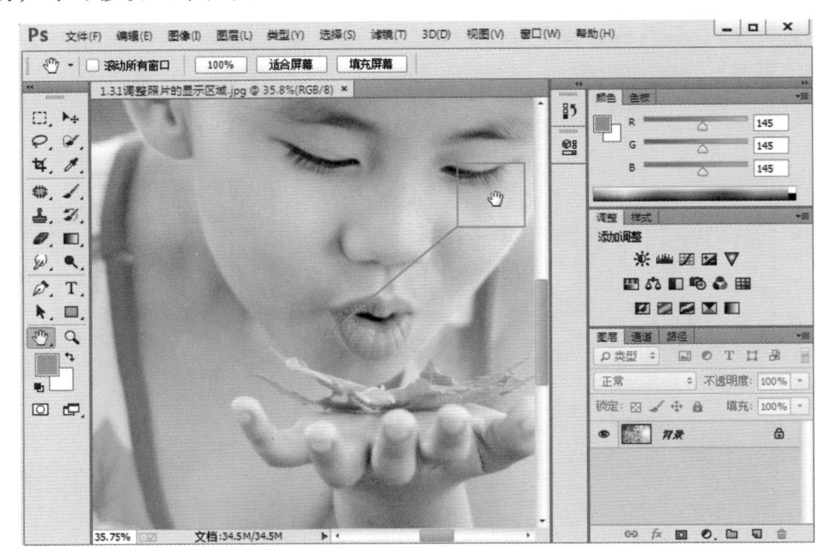

图 1-21

图 1-22

1.3.2 图层的操作方法

“图层”是 Photoshop 进行图像编辑的必备利器，其实很多制图软件都具有“图层”这一功能，例如 Adobe Illustrator、CorelDRAW 等。我们可以把制图软件中的图层理解为一个一个堆叠在一起的透明玻璃，当我们进行图像编辑时可以在每个玻璃层上添加内容，而每个玻璃层上的内容又是相对独立的，可以分别进行编辑。把所有玻璃堆叠在一起的效果就是画面的最终效果。可以说“图层”就是组成 Photoshop 文档的基本单位，在 Photoshop 中所有操作都是基于图层的，如图 1-23 所示。

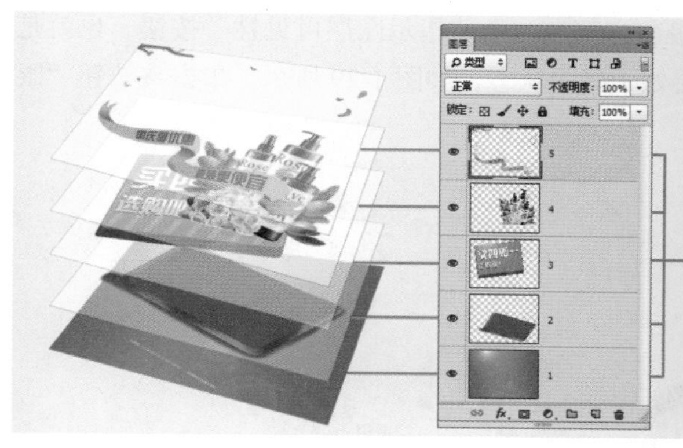

图 1-23

既然图层如此重要，下面我们就来学习一下图层的使用方法。我们都知道 Photoshop 中所有操作都是基于图层进行的，所以就需要在操作之前选中合适的图层，那么到哪里找到这些图层呢？答案是“图层”面板。执行“窗口 > 图层”命令或使用 <F7> 快捷键可以打开“图层”面板，在“图层”面板中显示着当前文档包含的图层。图 1-24 所示为一张 JPG 格式图像的“图层”面板效果，其中只包含有一个“背景”图层，但并不是所有的文件在 Photoshop 中打开都只包含这一个“背景”图层，当我们打开可存储透明像素的 PNG 格式图像时，“图层”面板中显示的是一个普通图层，如图 1-25 所示。而当我们打开之前编辑好的 PSD 格式文件时，其中则可能包含多个图层，如图 1-26 所示。

图 1-24

图 1-25

图 1-26

当我们想要对照片进行编辑时，就需要在“图层”面板中单击需要编辑的图层，使之处于选中状态（被选中的图层的指示颜色会呈现出淡蓝色），如图 1-27 所示。如果要一次性选中多个图层可以在按住 <Ctrl> 键的同时单击其他图层，如图 1-28 所示。

图 1-27

图 1-28

在“图层”面板中我们可以看到每个图层最前方都有一个“指示图层可见性”按钮，也就是那个“小眼睛”图标。显示为 时表示该图层处于显示状态，如图 1-29 所示。单击该按钮“眼睛”消失，表示该图层隐藏，如图 1-30 所示。

图 1-29

图 1-30

图层的最主要功能就在于防止大量堆叠在一起的内容相互干扰，所以在编辑时将不同的内容置于不同的图层中就能很好地避免这一问题的发生。在进行图像编辑时需要建立新的图层，以便在其上面进行编辑操作。在“图层”面板中，单击下方的“新建图层”按钮 可以新建图层，如图 1-31 所示。若想删除某一图层，也可以选择该图层并单击“删除图层”按钮 ，如图 1-32 所示，在弹出的窗口中单击“是”按钮即可删除图层。

图 1-31

图 1-32

分层操作的优势之一就是可以对各个部分进行单独移动，移动之前需要在“图层”面板中选中相应的图层，然后单击工具箱中的“移动工具”，将鼠标指针移动至画布中按住鼠标左键并拖动，如图 1-33 所示。移动到合适位置后松开鼠标即可，如图 1-34 所示。

按住鼠标左键
向右移动
HOLIDAY

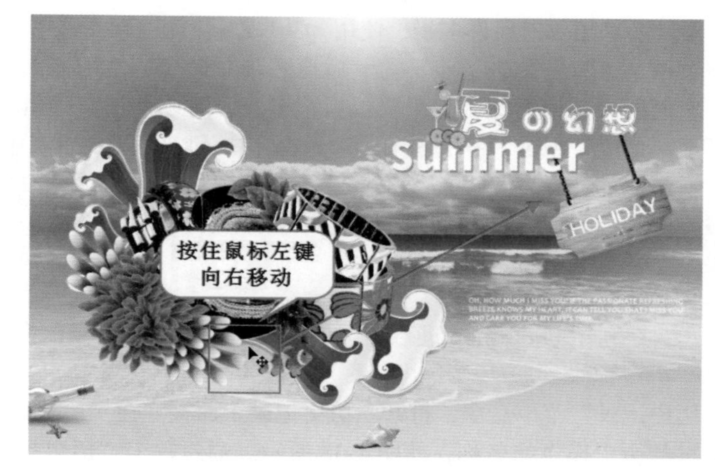

图 1-33

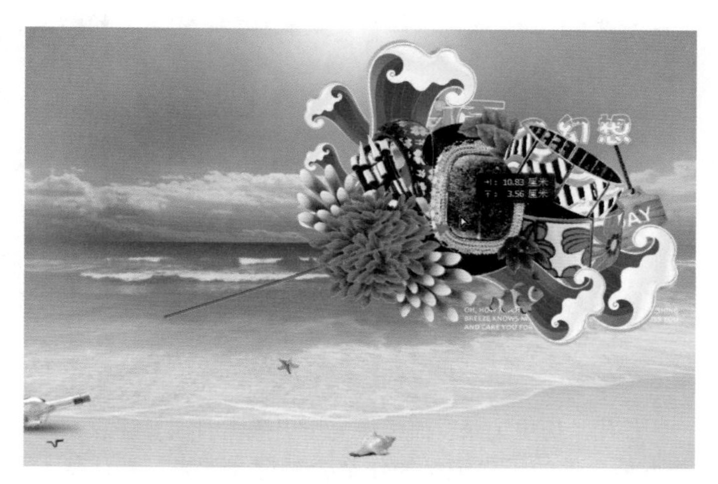

图 1-34

1.4　操作失误不要怕

修图过程中如果出现了错误的操作怎么办？没关系，Photoshop 提供了很多“时空穿梭”一样的功能可以帮助我们回到错误操作之前，或者回到照片的最初状态。

1.4.1　撤销错误操作

当有错误操作后，执行“编辑 > 还原状态更改”菜单命令或使用快捷键 <Ctrl+Z>，可以撤销最近一次的操作，将其还原到上一步操作状态，如图 1-35 所示；如果想要取消还原操作，可以执行“编辑 > 重做状态更改”菜单命令，如图 1-36 所示。

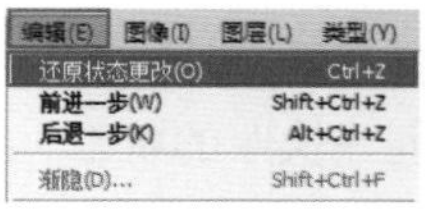

编辑(E) 图像(I) 图层(L) 类型(Y)
还原状态更改(O) Ctrl+Z
前进一步(W) Shift+Ctrl+Z
后退一步(K) Alt+Ctrl+Z
渐隐(D)... Shift+Ctrl+F

图 1-35

编辑(E) 图像(I) 图层(L) 类型(Y)
重做状态更改(O) Ctrl+Z
前进一步(W) Shift+Ctrl+Z
后退一步(K) Alt+Ctrl+Z
渐隐(D)... Shift+Ctrl+F

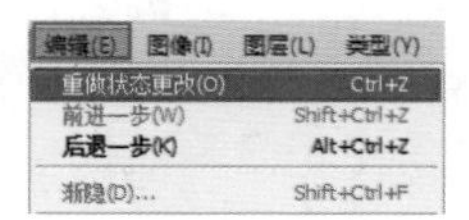

图 1-36

要是想要退后许多步，使用 <Ctrl+Z> 快捷键就不管用了。在“编辑”菜单下，有“前进一步”与“后退一步”命令，使用该命令可以用于多次撤销或还原操作。如果要退后很多步，可以使用“编辑 > 后退一步”菜单命令，或连续执行 <Alt+Ctrl+Z> 快捷键来逐步撤销操作；如果要取消还原的操作，可以连续执行“编辑 > 前进一步”菜单命令，或连续按 <Shift+Ctrl+Z> 快捷键来逐步恢复被撤销的操作，如图 1-37 所示。

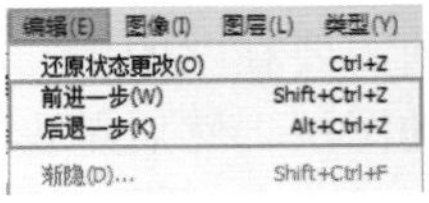

图 1-37

1.4.2 “历史记录”面板

在利用 Photoshop 进行图像处理时往往要进行大量的操作，而这些已经完成的操作都被称为“历史记录”。从“历史记录”面板的名称上就大概能了解到这一面板的用途，执行“窗口 > 历史记录”菜单命令，打开“历史记录”面板。在“历史记录”面板中可以看到最近对图像执行过的历史操作的名称，如图 1-38 所示。通过单击“历史记录”面板中的历史记录状态即可恢复到某一步的状态，如图 1-39 所示。

图 1-38

图 1-39

使用“历史记录”面板恢复历史操作时需要注意，并不是全部的历史记录操作都会被记录下来，默认状态下可以记录 20 步操作，超过限定数量的操作将不能够返回。但是 Photoshop 提供了可以增加历史记录步数的功能，执行“编辑 > 首选项 > 性能”命令，在“历史记录与高速缓存”选项组下设置合适的“历史记录状态”数量即可，如图 1-40 所示。

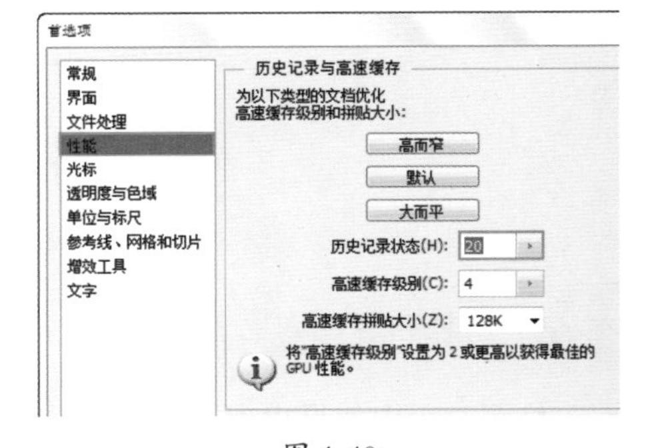

图 1-40

> **小提示**
>
> 需要注意的是，当一个文件所记录的历史记录步骤过多时也会造成运行缓慢等问题，所以“历史记录状态”的数值不要设置得过大。

为了给我们更多“弥补错误”的机会，除了增大“历史记录状态”数值外，还可以利用“快照”功能。通过创建“快照”可以在图像编辑的任何状态下创建副本，也就是说可以随时返回到快照所记录的状态。在“历史记录”面板中选择需要创建快照的状态，然后单击“创建新快照”按钮 ，如图 1-41 所示，此时 Photoshop 会自动产生新的快照。如果想要还原到快照效果，只需要单击该快照即可，如图 1-42 所示。

图 1-41

图 1-42

1.4.3 将文件恢复到最初打开时的状态

如果想要将文档恢复到最初打开时的状态，在“历史记录”面板中单击最顶部的文件缩览图即可回到最初状态，如图 1-43 和图 1-44 所示。除此之外，执行“文件 > 恢复”菜单命令可以直接将文件恢复到最后一次存储时的状态，如果一直没有进行过存储操作则可以恢复到刚打开文件时的状态。

图 1-43

图 1-44

> **小提示**
>
> 需要注意的是，“恢复”命令只能针对已有图像的操作进行恢复，如果是新建的空白文件，“恢复”命令将不可用。

1.5 存储与关闭文件

存储是照片处理完成后的步骤，当然，文件的“存储”操作并不是只有在照片完全修过之后进行，当我们在编辑的过程中也应该经常存储文件，以避免计算机突然崩溃或断电造成的“前功尽弃”。存储完成后我们就可以关闭文件。存储和关闭文件的方法都比较简单，下面就来学习一下。

1.5.1 存储编辑后的照片文件

当对一张照片进行了一系列的修饰后，需要将当前的效果进行存储，只要执行“文件 > 存储”命令或者按<Ctrl+S>快捷键，此时原图效果就被替换为当前修饰过的效果了，如图 1-45 所示。

图 1-45

还有另外一种情况，在修饰一张照片时，并不想以当前效果替换原始效果，而是想要保留原始效果和修图之后的两张照片时；或者想要把最终效果的图片存储到其他位置时，则需要执行“文件 > 存储为”命令，此时会弹出“另存为”窗口，在这里选择合适的存储位置，然后设置另外一个文件名称（与原始照片名称一致且存储路径一致的话会替换之前的文件），然后设置合适的格式（如果为了打印或上传可以选择照片最常用的 JPG 格式）。接着单击“确定”按钮完成操作，如图 1-46 和图 1-47 所示。

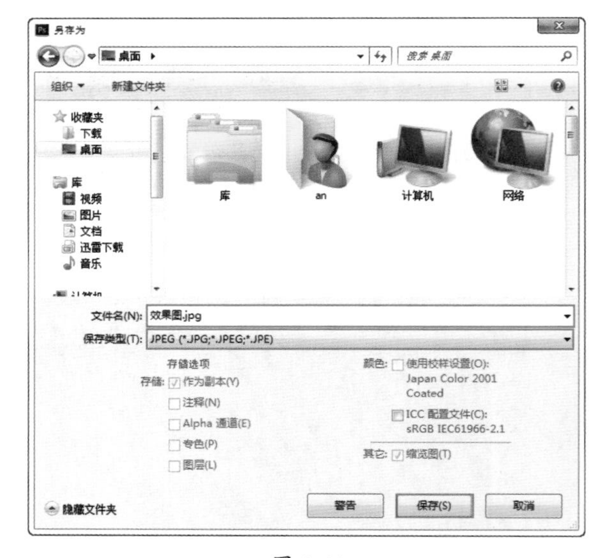

图 1-46

图 1-47

小提示

“存储”命令的快捷键为 <Ctrl+S>，由于存储操作在实际操作中运用频率非常高，所以希望大家能够熟练使用该快捷键。

1.5.2 存储 Photoshop 特有格式的源文件

1.5.1 节介绍的是将编辑完的照片存成照片常见的 JPG 格式的方法。将照片存成 JPG 格式方便打印、预览或上传网络，而且占用的磁盘空间也相对较小。JPG 格式不会保留之前操作过程中创建和使用的那些图层，也就是说存成 JPG 格式无法重新对之前的图层进行调整。但是存成 PSD 格式就不同了，PSD 格式是 Photoshop 特有的一种文件格式（通常也称为源文件或工程文件），这种格式会保留之前在 Photoshop 中使用到的全部图层信息，这也就为进一步编辑提供了便利，譬如今天没有修饰完成的照片就可以存储为 PSD 格式文件，明天重新将 PSD 格式文件在 Photoshop 中打开，之前的图层就会完完整整地出现，继续操作变得更容易。要将编辑完成的照片存储成 PSD 格式，只需要执行“文件 > 存储为”命令，在弹出的“另存为”窗口中设置文件的“保存格式”为“PSD”即可，如图 1-48 和图 1-49 所示。

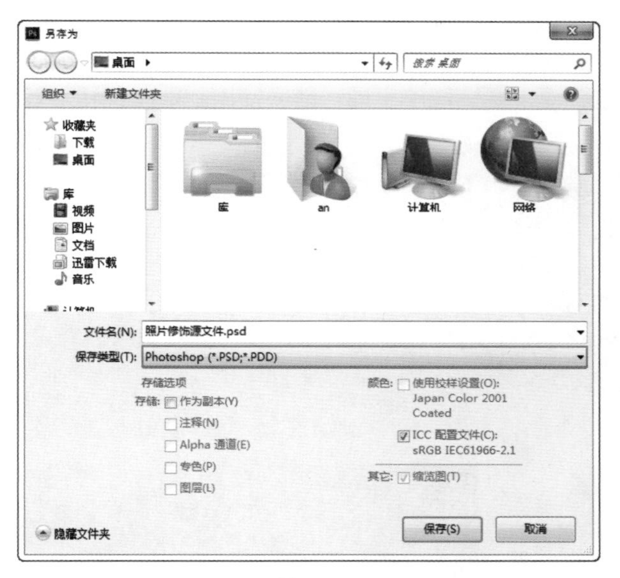

图 1-48

图 1-49

1.5.3 关闭文档

照片编辑完成后需要进行存储，那存储完成后自然就要关闭这个文件了。关闭文件的方法非常简单，执行“文件 > 关闭”菜单命令，或按 <Ctrl+W> 快捷键。单击文档窗口右上角的“关闭”按钮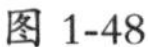即可关闭当前处于激活状态的文件。执行“文件 > 关闭全部”菜单命令或按 <Alt+Ctrl+W> 快捷键可以关闭所有的文件。

第2章

人像照片美化必备技能

关键词：裁切、祛斑、祛痘、祛瑕疵、加深、减淡、锐化、模糊、混合、滤镜

说到人像照片的美化，大多数人首先想到的就是祛斑祛痘、瘦脸、美白、去除背景杂物……想要进行这些操作其实非常简单，只需要使用几个工具即可，而这也正是本章要解决的问题。本章内容可以说是 Photoshop 处理人像照片时“必备利器”的大集合了，例如，轻轻一点就能去除斑点的工具，轻轻一涂就能美白皮肤的工具，设置简单参数就能让画面更清晰的工具，随意使用就能出现特殊效果的工具，等等，接下来就让我们来一起学习一下吧！

佳作欣赏

2.1 常见问题处理

在对数码照片进行处理的过程中，总有一些因拍摄技术或相机品质引起的小问题，这些问题在 Photoshop 中处理起来既简单又便捷。本节就来讲解一下如何旋转照片方向、调整照片尺寸、裁切、置入和校正照片失真。

2.1.1 旋转照片方向

因为拍摄角度的不同，所以将数码照片导入到计算机中后，有些本该横向显示的照片却垂直显示了。若这张照片无须在 Photoshop 中进行修改，可以使用 Windows 照片查看器进行旋转。单击 Windows 照片查看器下方的“顺时针旋转”按钮或“顺时针旋转”按钮进行旋转，如图 2-1 所示。若这张照片需要在 Photoshop 中进行后期修改，可以通过使用“图像旋转”命令，调整图像旋转角度。打开一张照片，如图 2-2 所示。接着执行“图像 > 图像旋转”命令，在该菜单下提供了 6 种旋转画布的命令，包含“180 度”“90 度（顺时针）”“90 度（逆时针）”“任意角度”“水平翻转画布”和“垂直翻转画布”，如图 2-3 所示，执行“图像 > 图像旋转 >90 度（逆时针）”命令，照片恢复到正常角度，如图 2-4 所示。

图 2-1

图 2-2

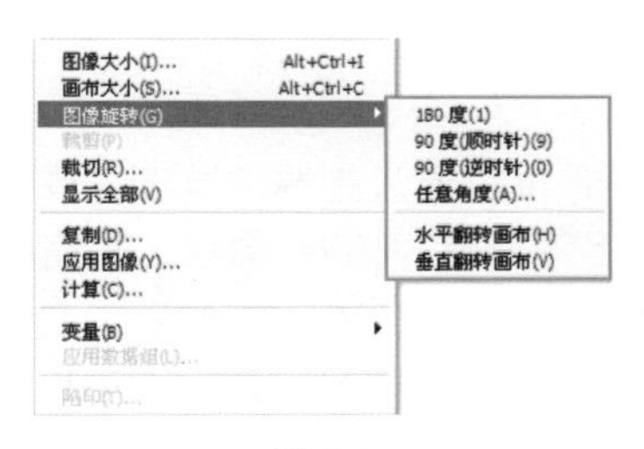

图 2-3

图 2-4

小提示：将图像旋转任意角度

若要将图像旋转任意角度，可以执行“图像 > 图像旋转 > 任意角度”命令，系统会弹出“旋转画布”对话框，在该对话框中可以设置旋转的角度和旋转的方式（顺时针和逆时针），输入所需旋转的数值为 60，如图 2-5 所示，图像会旋转 60 度，相对的画布大小也会发生改变，空白区域会被背景色填充，效果如图 2-6 所示。

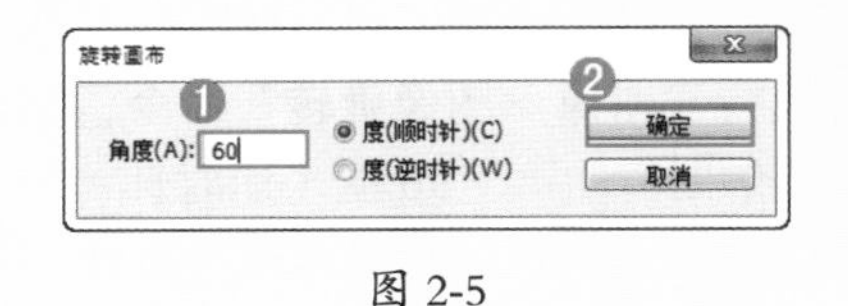

图 2-5

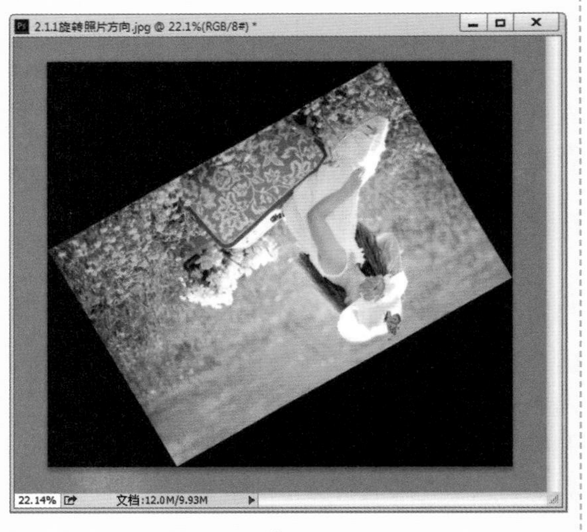

图 2-6

2.1.2 调整照片的尺寸

图像的尺寸与图像应用目的息息相关。当我们要将照片喷绘成巨大的宣传图时，那么照片的尺寸自然越大越好。但有时在网络上上传照片，或者进行考试报名时，对照片尺寸和大小都有严格的控制，而我们直接拍摄出的照片往往都与要求不符，所以就需要调整照片的尺寸。

（1）打开素材文件“1.jpg”，如图 2-7 所示。执行“图像 > 图像大小”菜单命令或按 <Alt+Ctrl+I> 快捷键打开“图像大小”对话框，在对话框的左侧可以看到缩览图，右侧的上半部可以看到图像的大小和尺寸，如图 2-8 所示。

图 2-7

图 2-8

（2）若要更改图像的大小，在“约束比例”的状态下，可以通过更改“宽度”或“高度”的参数来调整图像的大小，如图 2-9 所示。例如，将“宽度”更改为 1000 像素，“高度”会随即按等比更改为 667 像素，此时图像大小也会改变，如图 2-10 所示。

（3）图像的“分辨率”也决定了图像的大小，若将图像的分辨率降低，图像大小也会降低，如图 2-11 所示。

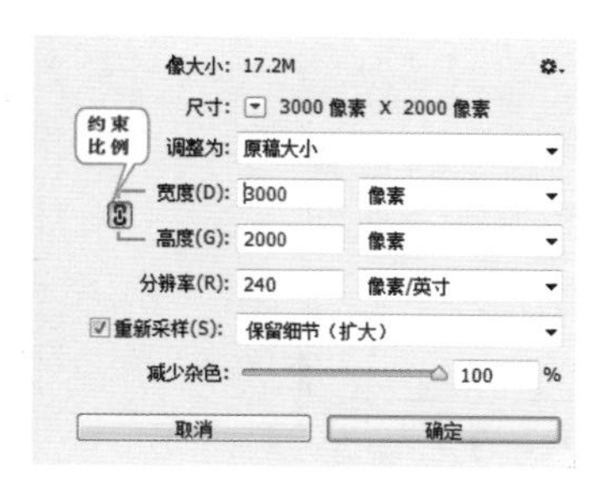

图 2-11

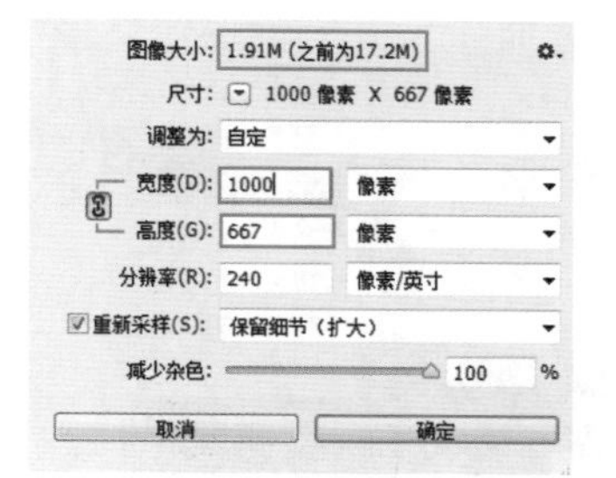

图 2-9

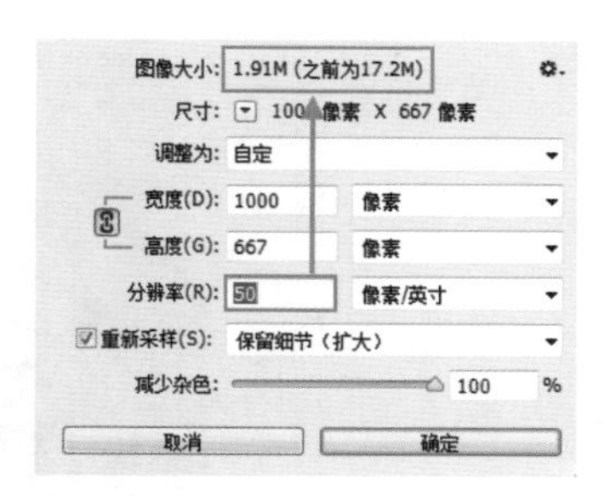

图 2-10

小提示：增加图像的尺寸和分辨率画面的质量会变好吗

如果增大图像大小或提高分辨率，则会增加新的像素，此时图像尺寸虽然变大了，但是画面的质量会下降。如果一张图像的分辨率比较低，并且图像比较模糊，即使提高图像的分辨率也不能使其变得清晰，因为 Photoshop 只能在原始数据的基础上进行调整，无法生成新的原始数据。

2.1.3　裁切：将合影变成两张单人相

“裁剪工具”可以将画面中不需要的内容裁剪掉，也可以将画板放大。接下来通过使用“裁剪工具”来裁剪照片，将合影变成两张单人照片。图 2-12 所示为原图，图 2-13 和图 2-14 所示为裁切后的单人照片。

图 2-12

图 2-13

图 2-14

（1）打开一张照片，可以看到图像为日常拍摄的照片，在构图上可能没有经过过多地考虑，所以整体效果不太美观，如图 2-15 所示。由于照片中有两个人物，所以要将一张照片变为两张。执行“图形 > 复制”菜单命令，在弹出的“复制图形”窗口中设置合适的名称，如图 2-16 所示。

图 2-15

图 2-16

（2）选择工具箱中的“裁剪工具”，在选项栏中设置裁切的比例为“4:5（8:10）”，此时画面中出现了裁剪框，然后在左侧人物的位置绘制一个裁剪框。当前裁剪框中的辅助线为典型的三分法辅助线，将画面中重点位置（也就是人像面部区域）置于线条交叉点处即可。所绘制的区域范围内为我们保留的部分，如图 2-17 所示。设置完成后，按 <Enter> 键确定裁剪操作，完成效果如图 2-18 所示。

图 2-17

（3）接着锐化图像。执行“滤镜 > 锐化 > 智能锐化”命令，在“智能锐化”对话框中设置“数量”为 220%，“半径”为 1.5 像素，参数设置如图 2-19 所示。设置完成后单击“确定”按钮，效果如图 2-20 所示。

（4）接下来调整画面的亮度。执行“图层 > 新建调整图层 > 曲线”命令，调整曲线形状如图 2-21 所示。此时画面中的亮度虽然提高了，但是画面的右侧出现了曝光过度的现象，如图 2-22 所示。

图 2-18

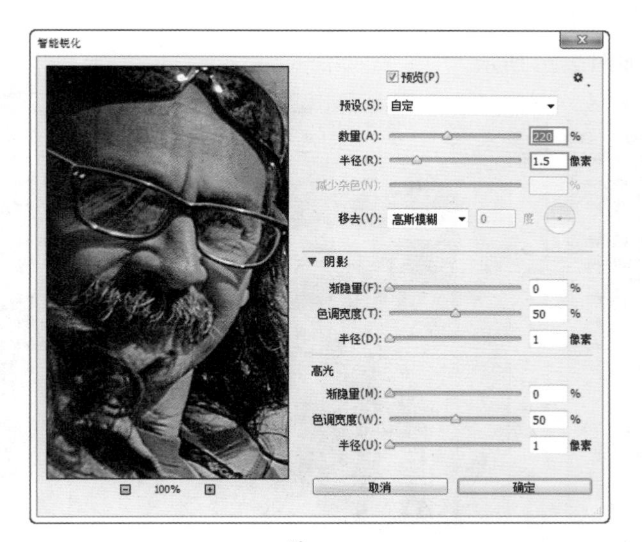

图 2-19

图 2-20

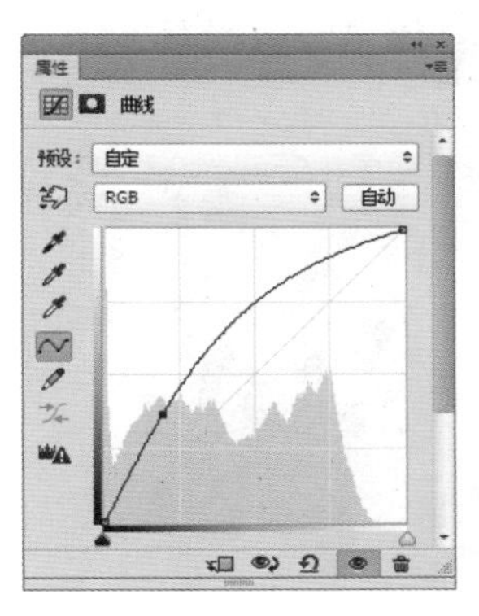

图 2-21

图 2-22

（5）接着利用图层蒙版隐藏画面中右侧的调色效果。选择调整图层的图层蒙版，再选择工具箱中的“渐变工具”，编辑一个由黑色到白色的渐变，然后在画面中拖动填充，将画面右侧的调色效果隐藏，蒙版状态如图 2-23 所示，效果如图 2-24 所示。

图 2-23

图 2-24

（6）选择“人像 2”文档，使用“裁剪工具”在右侧人像上进行绘制，如图 2-25 所示。绘制完成后按 <Enter> 键确定裁剪操作，如图 2-26 所示。

图 2-25

图 2-26

（7）接着新建一个曲线调整图层，调整曲线形状如图 2-27 所示，此时画面被提亮了，效果如图 2-28 所示。

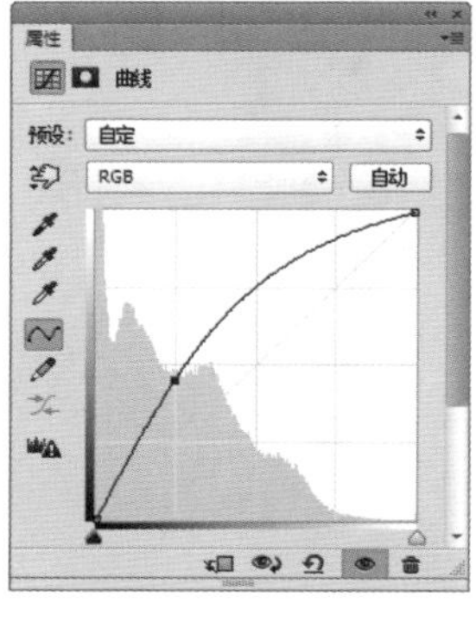

图 2-27

图 2-28

小提示：详解“裁剪工具”的选项设置

使用“裁剪工具” 可以裁剪掉多余的图像，并重新定义画布的大小。利用“裁剪工具”可以快速调整画面构图。单击工具箱中的“裁剪工具”，在选项栏中会显示其相关选项。约束方式［不受约束］：在下拉列表中可以选择多种裁切的约束比例，若需要自定义裁剪的区域，设置约束方式为“宽 × 高 × 分辨率”，如图 2-29 所示。

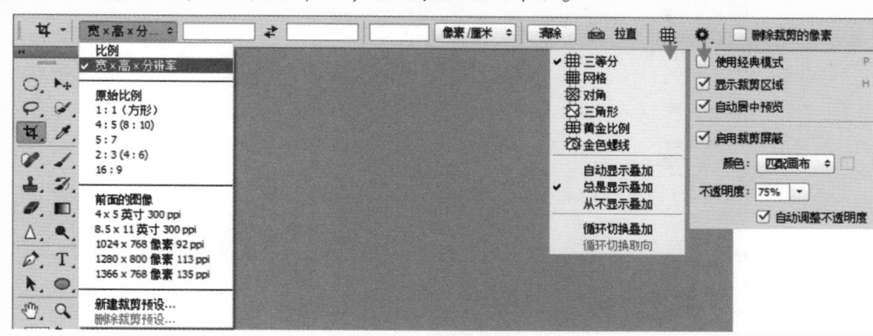

图 2-29

约束比例［　　］x［　　］：在这里可以输入自定的约束比例数值。

清除［清除］：单击［清除］按钮即可清除宽度、高度和分辨率值。

拉直：通过在图像上画一条直线来拉直图像。

视图：在下拉列表中可以选择裁剪的参考线的方式，例如“三等分”“网格”“对角”“三角形”“黄金比例”和“金色螺线”。也可以设置参考线的叠加显示方式。

设置其他裁切选项：在这里可以对裁切的其他参数进行设置，例如，可以使用经典模式，或设置裁剪屏蔽的颜色、透明度等参数。

删除裁剪的像素：确定是否保留或删除裁剪框外部的像素数据。如果不勾选该选项，多余的区域可以处于隐藏状态。如果想要还原裁切之前的画面只需要再次选择“裁剪工具”，然后随意操作即可看到原文档。

2.1.4 置入：向照片中添加其他元素

向画面中添加其他的元素也可以理解为“图像合成”的一个简单步骤。通常在照片处理完成后，为画面添加文字、卡通等装饰去丰富画面的内容。使用 Photoshop 中的“置入”命令就可以轻松实现将外部的素材置入到画面中，需要注意的是置入后的素材为“智能对象”，存在于 Photoshop 文档中，而智能对象是无法进行直接编辑的，只能进行移动、缩放等简单操作，所以需要将置入的智能对象进行栅格化。下面通过将人像照片转变为“封面人物”去学习如何置入素材。

（1）执行“文件 > 打开”命令，打开素材“1.jpg”，如图 2-30 所示。然后执行“文件 > 置入”命令，在打开的“置入”窗口中找到“2.png”，然后选择该素材，单击“置入”按钮，如图 2-31 所示。

图 2-30

图 2-31

（2）素材“2.png”随即将被置入到画面中，此时素材会自动显示适应画布大小并显示定界框。如果置入的素材与要求大小不符，可以更改素材的大小，使用鼠标左键按住界定框的控制点并拖动即可调整置入的素材的大小，如图 2-32 所示。调整完成后，按 <Enter> 键确定操作，此时可以看到置入的素材图层的缩览图的右下角有个一个标志，如图 2-33 所示，这就代表该图层为智能图层。

图 2-32

图 2-33

（3）对智能对象图层进行放大或缩小之后，该图层的分辨率也不会发生变化。智能对象会增加文件的存储大小，而且有些功能不能应用，这时就需要将智能图层转换为普通图层。选择智能对象图层，如图 2-34 所示。执行“图层 > 智能对象 > 栅格化”命令，也可以右击该图层，执行“栅格化图层”命令，如图 2-35 所示即可将智能图层转换为普通图层。

图 2-34

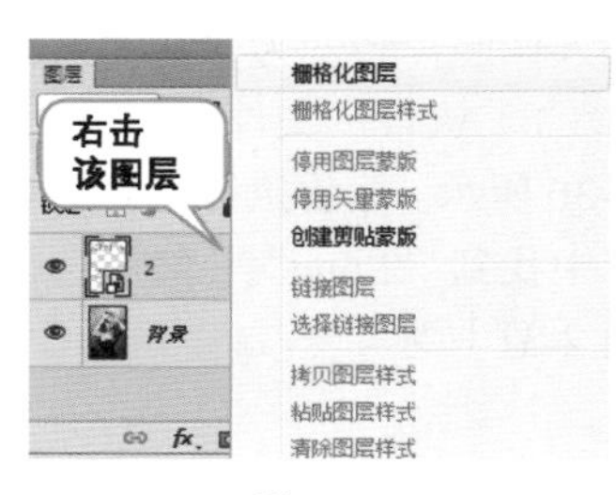

图 2-35

2.1.5 镜头校正：矫正相机拍摄出现的问题

在使用单反数字照相机拍摄照片时，因为摄影技巧不足或镜头原因经常会导致一些问题的出现。例如，镜头畸变、紫边和四角失光，而使用“镜头校正”滤镜可以轻松矫正这些问题。

小技巧：什么是畸变、紫边、四角失光

畸变：广角端的桶状失真、长焦端的枕状失真。

紫边：由于镜头对不同波长的光的作用不同而出现的假影。

四角失光：也叫“暗角”，当使用大光圈时易出现。

（1）打开素材“1.jpg”，如图 2-36 所示。在这张图像中，可以看到远处的山呈现出桶状失真，而且在人物衣服上产生了假影，画面的四个角出现了失光现象。接下来通过“镜头校正”滤镜来修复这些问题。执行“滤镜 > 镜头校正”命令，打开“镜头校正”对话框，打开“自定”选项卡，设置“移去扭曲”为 50，可以看到远处的山变得倾斜了，效果如图 2-37 所示。

图 2-36

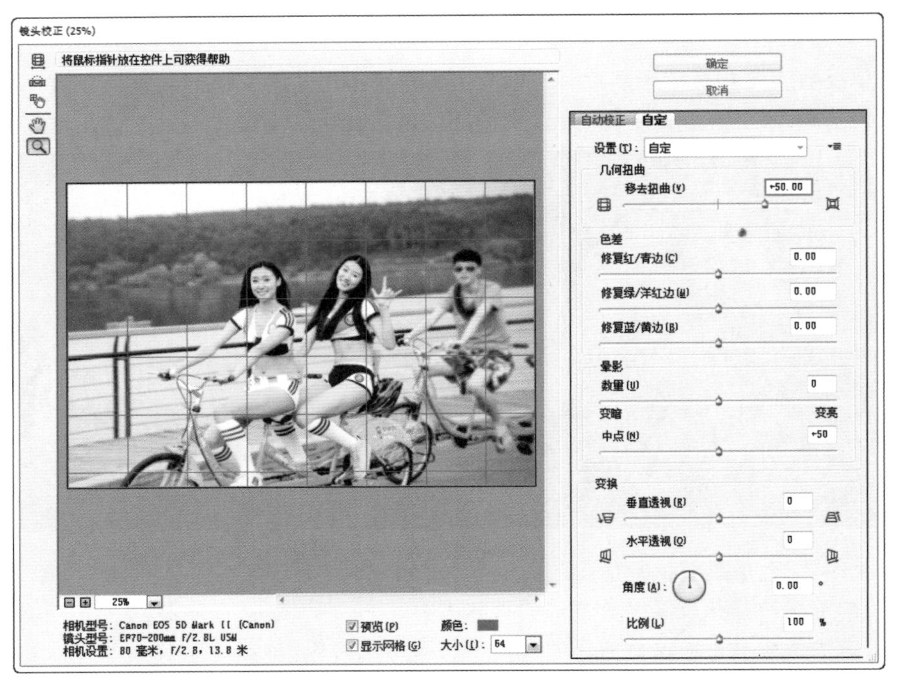

图 2-37

（2）此时可以看到衣服的边缘出现了假影，如图 2-38 所示。接着设置“修复绿 / 洋红边”的参数为 40，此时效果如图 2-39 所示。

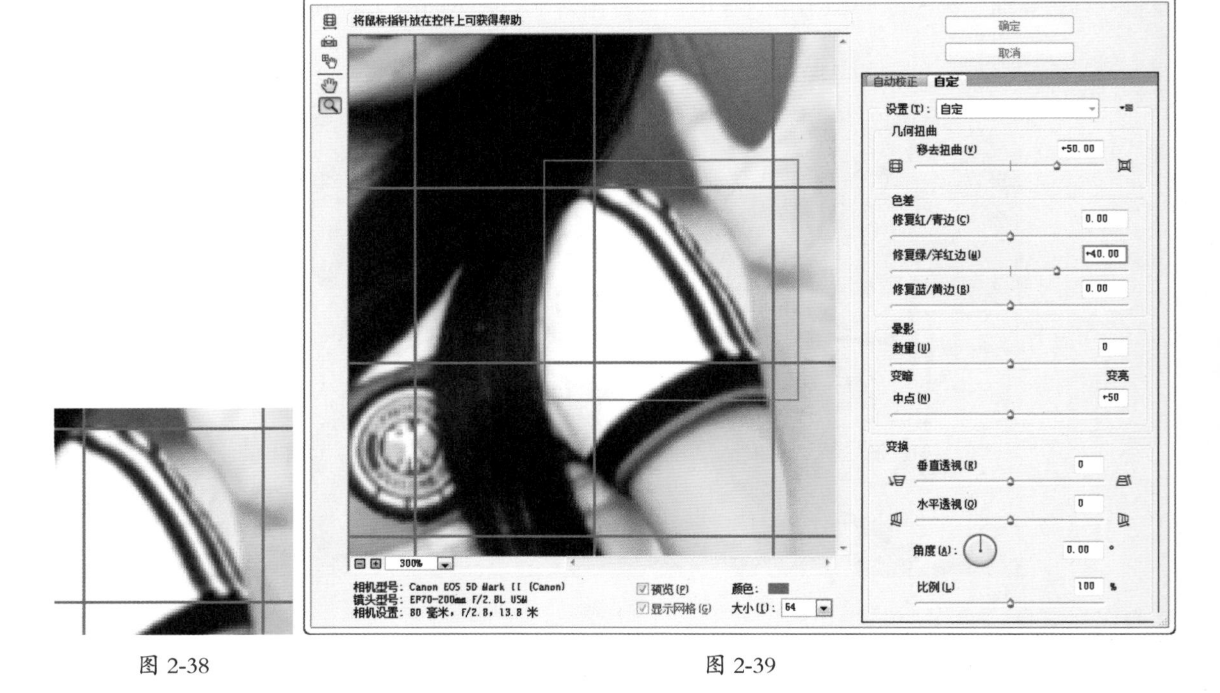

图 2-38

图 2-39

（3）接着修补“四角失光”的现象，如图 2-40 所示。设置“晕影”的“数量”为 20，参数设置如图 2-41 所示。

图 2-40

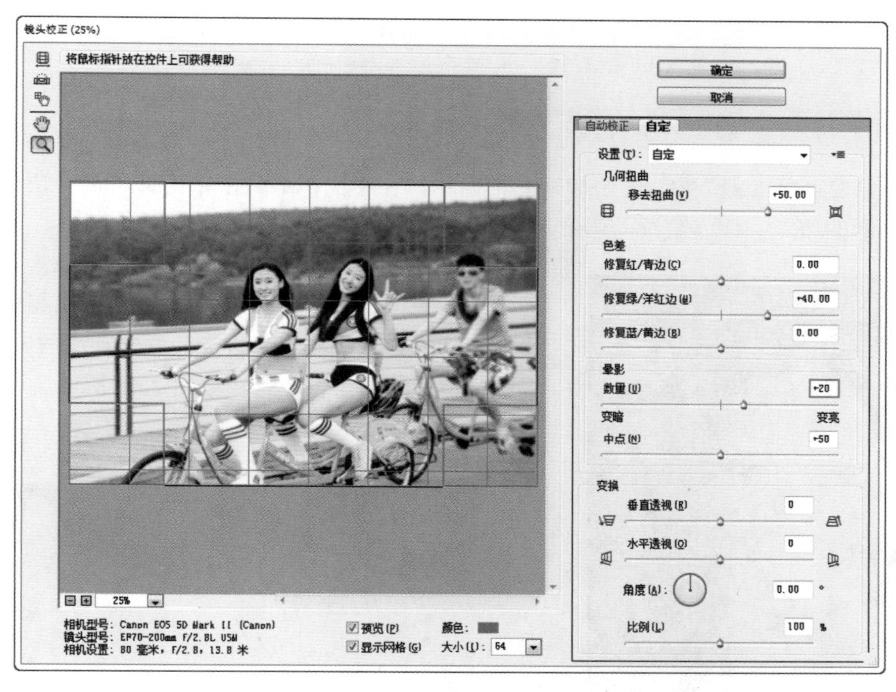

图 2-41

（4）设置完成后单击“确定”按钮。完成效果如图 2-42 所示。

图 2-42

2.2 人像照片的瑕疵处理

Photoshop 中提供了多个用于照片修复的工具，这些工具分别位于“修补工具组”和“图章工具组”中。使用“修补工具组”中的工具可以对图像中面积较小的瑕疵进行轻松修复，“修补工具组”中包括了污点修复画笔工具、修复画笔工具、修补工具、内容感知移动工具和红眼工具，如图 2-43 所示。“仿制图章工具”位于“图章工具组”中，主要是用来复制或遮盖图像，如图 2-44 所示。

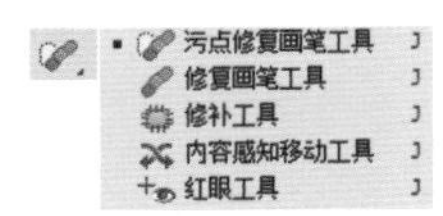

图 2-43

仿制图章工具 S
图案图章工具 S

图 2-44

2.2.1 哪里有斑点哪里：污点修复画笔

“污点修复画笔工具”使用起来非常简单，在小面积瑕疵上单击即可进行快速修复。常用于修补面部的斑点、痣、皱纹等瑕疵。

（1）打开素材“1.jpg”，可以看到在人物面部有很多密集的雀斑，如图 2-45 所示。选择工具箱中的“污点修复画笔工具”，然后将笔尖调整到比瑕疵稍大一点，将鼠标指针移动至雀斑处，如图 2-46 所示。

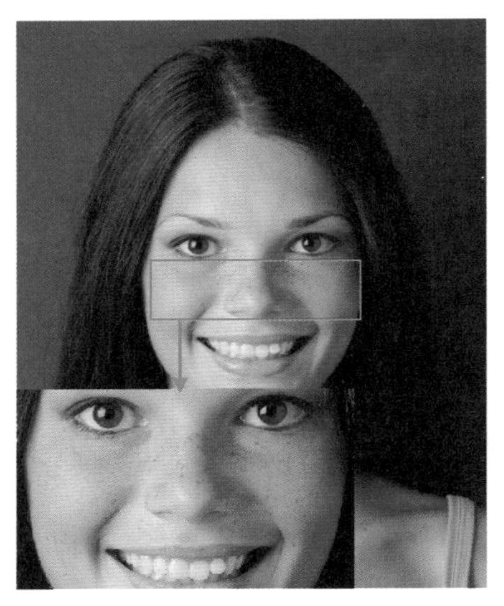

图 2-45

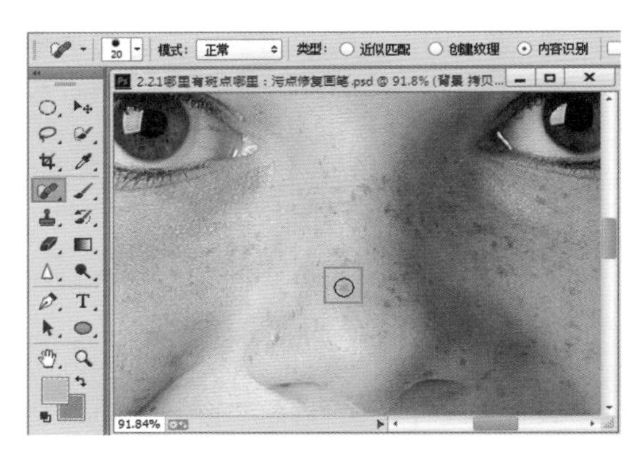

图 2-46

（2）单击，随即鼠标指针变为半透明的黑色，如图 2-47 所示。松开鼠标即可将瑕疵进行修复，如图 2-48 所示。

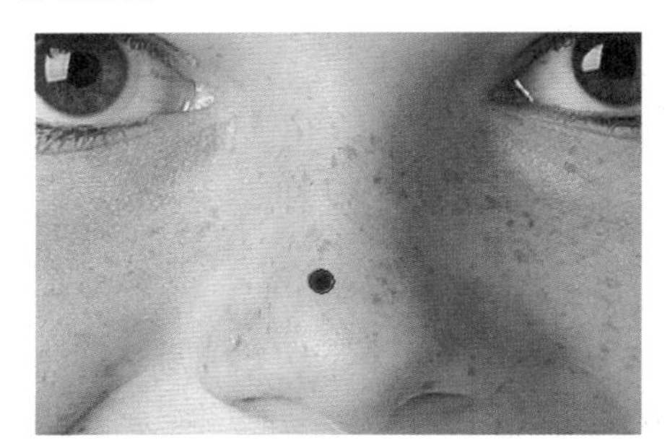

图 2-47

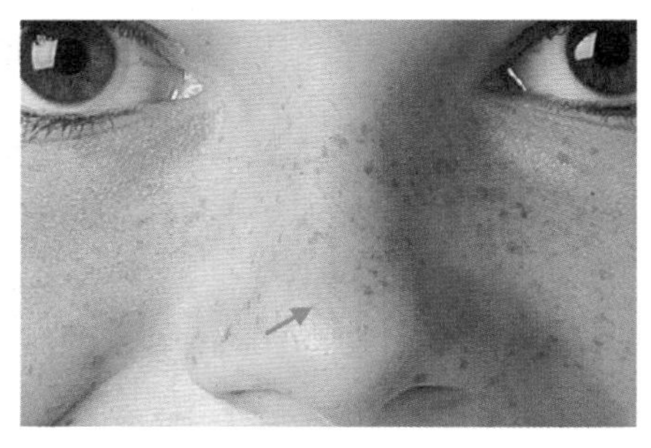

图 2-48

（3）继续使用“污点修复画笔工具”为人像进行祛斑，效果如图 2-49 所示。

图 2-49

2.2.2 智能修复瑕疵：修复画笔

“修复画笔工具” 可以用图像中的像素作为样本，通过将样本像素的纹理、光照、透明度和阴影与所修复的像素进行匹配，使修复后的像素不留痕迹地融入图像的其他部分，达到修复图像瑕疵的目的。

（1）打开人物素材，可以看到人物额头处有很深的皱纹，如图 2-50 所示。接下来就使用“修复画笔工具” 为人像去皱。选择工具箱中的“修复画笔工具”，设置合适的笔尖大小，设置“模式”为“正常”，“源”为“取样”，设置完成后将鼠标指针移动至皱纹处，按住 <Alt> 键进行取样，如图 2-51 所示。

图 2-50

图 2-51

（2）在皱纹处涂抹即可将皱纹去除，效果如图 2-52 所示。继续使用“修复画笔工具”去皱，完成效果如图 2-53 所示。

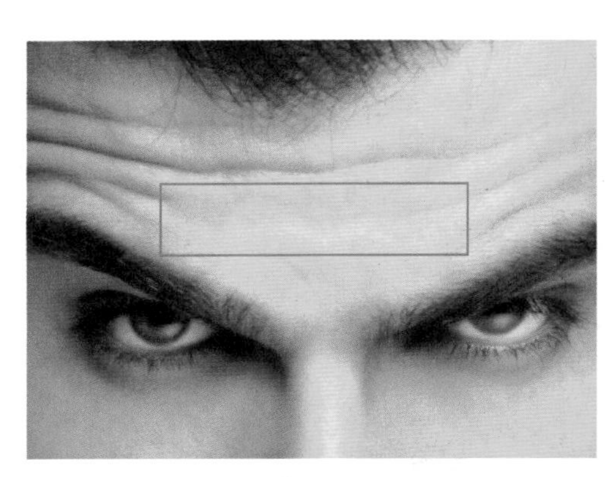

图 2-52

图 2-53

> 小提示：“修复画笔工具”选项栏中的参数详解
>
> **源：**设置用于修复像素的源。选择“取样”选项时，可以使用当前图像的像素来修复图像；选择“图案”选项时，可以使用某个图案作为取样点。
>
> **对齐：**勾选该选项以后，可以连续对像素进行取样，即使释放鼠标也不会丢失当前的取样点；关闭“对齐”选项以后，则会在每次停止并重新开始绘制时使用初始取样点中的样本像素。

2.2.3 修补工具

“修补工具”可以利用样本或图案来修复所选图像区域中不理想的部分。

（1）打开人物素材“1.jpg”，在画面中的左侧有一处与画面中不相干的文字，如图 2-54 所示。选择工具箱中的“修补工具”，接着使用该工具在文字上方绘制选区，将鼠标指针移动至选区内，鼠标指针变为状，如图 2-55 所示。

图 2-54

图 2-55

（2）按住鼠标左键将选区向正常背景的区域拖动，如图 2-56 所示。松开鼠标后即可进行自动修复，然后使用取消选区快捷键 <Ctrl+D> 取消选区，完成效果如图 2-57 所示。

图 2-56

图 2-57

小提示："修补工具"选项栏中的参数详解

修补：创建选区以后，选择"源"选项时，将选区拖动到要修补的区域以后，松开鼠标左键就会用当前选区中的图像修补原来选中的内容；选择"目标"选项时，则会将选中的图像复制到目标区域。如图 2-58 所示。

图 2-58

透明：勾选该选项以后，可以使修补的图像与原始图像产生透明的叠加效果，该选项适用于修补纯色背景或渐变背景。

使用图案：使用"修补工具"创建选区以后，单击"使用图案"按钮，可以使用图案修补选区内的图。

2.2.4 内容感知移动工具

"内容感知移动工具"是将画面中某处物体智能地进行移动位置的操作。使用该工具可以选择图像场景中的某个物体，然后将其移动到图像中的任何位置，接着选区中的内容会快速地利用周边环境中的像素重构图像。

（1）打开一张照片，可以看到人物位于画面的左侧，如图 2-59 所示。接下来利用"内容感知移动工具"将人物移动至画面中间。选择工具箱中的"内容感知移动工具"，然后按住鼠标左键在人像周围绘制选区，如图 2-60 所示。

图 2-59

图 2-60

（2）选区绘制完成后，在选项栏中设置“模式”为“移动”，“适应”为“严格”，设置完成后将鼠标指针移动至人物选区内，按住鼠标左键向右拖动，如图 2-61 所示。移动至合适位置后松开鼠标，稍等片刻后即可将人物进行移动，原位置的人物就被去除掉了，效果如图 2-62 所示。

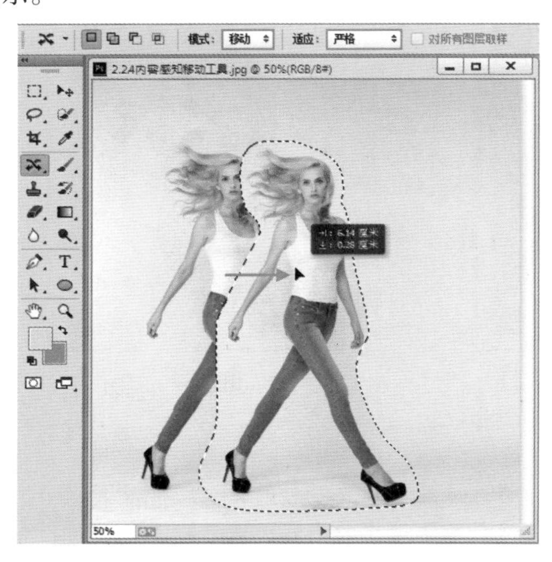

图 2-61

图 2-62

（3）若是设置“模式”为“扩展”，则会将选区中的内容复制一份，效果如图 2-63 所示。

图 2-63

2.2.5 轻轻一点“红眼”不见：红眼工具

“红眼工具”可以去除在光线较暗的环境中照相时经常会出现的“红眼”现象。使用方法非常简单，在选项栏中设置“瞳孔大小”数值，并调整“变暗量”以控制瞳孔的暗度。然后在红眼的位置单击即可去除由闪光灯导致的红色反光。打开带有红眼的照片，如图 2-64 所示。然后将鼠标指针移动至瞳孔处单击，可以去除红眼，如图 2-65 所示。使用同样的方法为另一只眼睛去除红眼。

图 2-64

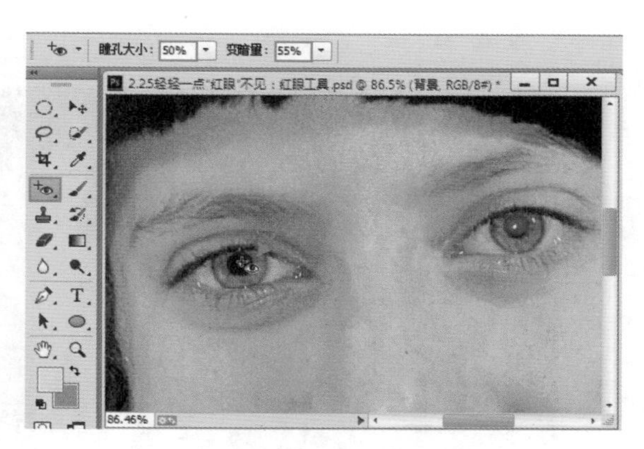

图 2-65

小技巧： 在拍摄时如何避免“红眼”

“红眼”是在昏暗的环境下，开启闪光灯拍摄照片产生的。这是因为，在昏暗的环境中，人眼瞳孔会放大让更多的光线通过。开启闪光灯拍摄照片，这时瞳孔会放大让更多的光线通过，因此视网膜的血管就会在照片上产生泛红现象。为了避免“红眼”产生，可以采用以下方法进行拍摄：

★尽量在光线充足的地方进行拍摄，这样瞳孔就会保持自然状态。

★最好不要在特别昏暗的地方采用闪光灯拍摄，开启红眼消除系统后要尽量保证拍摄对象都针对镜头。

★若必须开启闪光灯，需要采用“半按快门”的方式拍摄。首先让闪光灯预闪一下，让眼睛适应光线，再全按下快门，就可以防止“红眼”现象的产生了。

★采用可以进行角度调整的高级闪光灯，在拍摄的时候闪光灯不要平行于镜头方向，而应该同镜头呈 30° 的角度，这样的闪光实际上是产生环境光源，也能够有效避免强烈光线直射入瞳孔。

2.2.6 仿制图章工具

“仿制图章工具”可以在图像中某一区域进行取样，然后以绘制的方式将取样处的图像复制到指定的区域中。使用该工具可以快速地修饰画面中的缺陷。

（1）打开一张照片，如图 2-66 所示。在该图中左右两侧有多余的内容，需要我们去除。选择工具箱中的“仿制图章工具”，设置“笔尖大小”为 200 像素，“模式”为“正常”，“不透明度”

图 2-66

为 100%，“流量”为 100%。接下来将石柱右侧草丛利用“仿制图章工具”覆盖到石柱上方，如图 2-67 所示。

图 2-67

小提示：为什么要设置“仿制图章工具”的“模式”“不透明度”和“流量”

在使用“仿制图章工具”进行取样后，进行覆盖时有些为了效果自然，会设置它的“模式”“不透明度”和“流量”。使用较多的是设置“不透明度”，例如，在修补皮肤时，为了让覆盖的区域与被覆盖的区域融合在一起，就会降低“不透明度”数值。

（2）将鼠标指针移动至石柱右侧的草丛中，按住 <Alt> 键进行取样，如图 2-68 所示。这一步是非常重要的，如果不进行“取样”，该工具是无法应用的。接着将鼠标指针移动至石柱处，此时可以看到鼠标指针中带有图案，如图 2-69 所示。

图 2-68

鼠标指针效果

图 2-69

（3）接着可通过按住鼠标左键并拖动的方式在需要覆盖的位置进行涂抹，如图 2-70 所示。在修复的过程中，一次取样往往不够精确，可以多次取样进行修复，效果如图 2-71 所示。

小提示：什么是“取样”

“取样”就是在画面中选取覆盖的样本，然后利用“仿制图章工具”将取样的内容以复制的方法在瑕疵的位置进行覆盖。

图 2-70

图 2-71

（4）接下来修复画面中的右侧。右侧的位置与左侧草丛处不同，在这里有水平的阴影，如图 2-72 所示。所以在修补过程中，需要将阴影进行对齐，这样才能达到真正修补的作用。首先在合适的位置上按住 <Alt> 键并单击进行取样，将鼠标指针移动至右侧，然后将鼠标指针中的图案与光影处对齐后进行涂抹修复，如图 2-73 所示。

图 2-72

图 2-73

（5）依据此法进行修复，效果如图 2-74 所示。本案例制作完成后的效果如图 2-75 所示。

图 2-74

图 2-75

小提示：“仿制图章工具”小知识

★“仿制图章工具”可以选用不同大小的画笔进行操作。

★将一幅图像中的内容复制到其他图像时，这两幅图像的颜色模式必须是相同的。

2.2.7 颜色替换工具

“颜色替换工具”可以将选定的颜色替换为其他颜色，其工作原理是用前景色替换图像中指定的像素，因此使用时需选择好前景色。在使用该工具时，可以通过设置“混合模式”让替换的颜色更加自然，最常用的“混合模式”为“颜色”。

（1）打开一张照片，图片中的婴儿穿戴着绿色的衣帽，如图 2-76 所示。接下来使用“颜色替换工具”，将绿色的帽子更改为红色。

图 2-76

（2）选择工具箱中的“颜色替换工具”，将前景色设置为红色，设置合适的笔尖大小，然后设置“模式”为“颜色”，勾选“取样：连续”，“限制”为“连续”，“容差”为 50%，设置完成后在帽子的位置按住鼠标左键涂抹，随着涂抹可以看到帽子的位置变为了红色，如图 2-77 所示。继续涂抹，将帽子更改为红色，完成效果如图 2-78 所示。

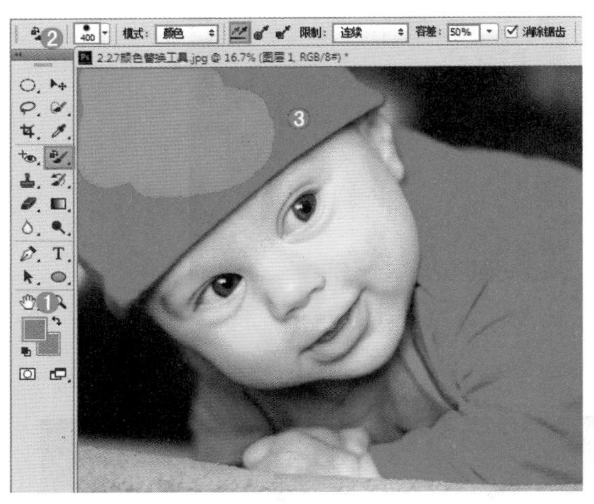

图 2-77

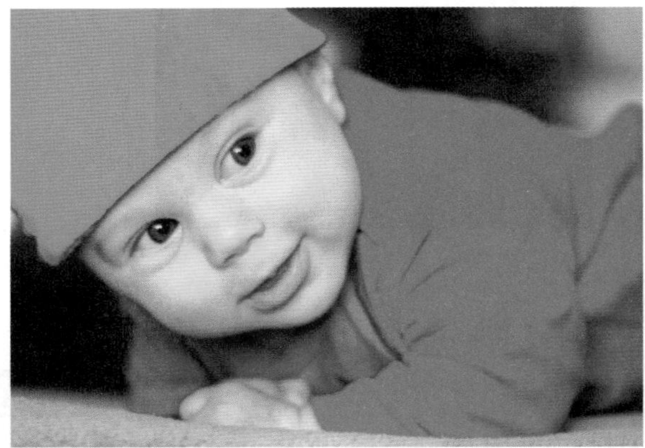

图 2-78

> **小提示：**“颜色替换工具”选项栏中的参数详解
>
> **设置替换颜色的混合模式：**为了能让替换的颜色更好地融入到被替换颜色的画面中，该工具提供了“色相”“饱和度”“颜色”和“明度”4 种混合模式。
>
> **颜色取样的方式：**激活“取样：连续”按钮以后，在拖动鼠标指针时，可以对颜色进行取样；激活“取样：一次”按钮以后，只替换包含第一次单击的颜色区域中的目标颜色；激活“取样：背景色板”按钮以后，只替换包含当前背景色的区域。
>
> **限制：**该选项用来控制更改颜色的区域，在 Photoshop 中提供了“连续”“不连续”和“查找边缘”3 种方法。当选择“不连续”选项时，可以替换出现在鼠标指针下任何位置的样本颜色；当选择“连续”选项时，只替换与鼠标指针下的颜色接近的颜色；当选择“查找边缘”选项时，可以替换包含样本颜色的连接区域，同时保留形状边缘的锐化程度。
>
> **容差：**该选项用来设置“颜色替换工具”的容差。
>
> **消除锯齿：**勾选该选项以后，可以消除颜色替换区域的锯齿效果，从而使图像变得平滑。

2.2.8 内容识别填充

“内容识别填充”位于“填充”对话框中，这个技术是继修补工具的又一大晋级。“内容识别填充”与“仿制图章工具”有异曲同工之妙，但是它的效果是仿制图章工具无法比拟的。一般情况下，图像中的小小瑕疵可以使用“内容识别填充”轻易解决。

（1）打开一张图片，可以看到图像的左上角有一处瑕疵。如图 2-79 所示。选择工具箱中“套索工具”，在画面中左上角的位置绘制选区，如图 2-80 所示。

（2）选区绘制完成后，执行“编辑 > 填充”命令，在打开的“填充”对话框中，设置“使用”为“内容识别”，“模式”为“正常”，“不透明度”为 100%，参数设置如图 2-81 所示。设置完成后单击“确定”按钮，可以看到左上角多余的树干被去除了，取而代之的是自然的树枝，效果如图 2-82 所示。

图 2-79

图 2-80

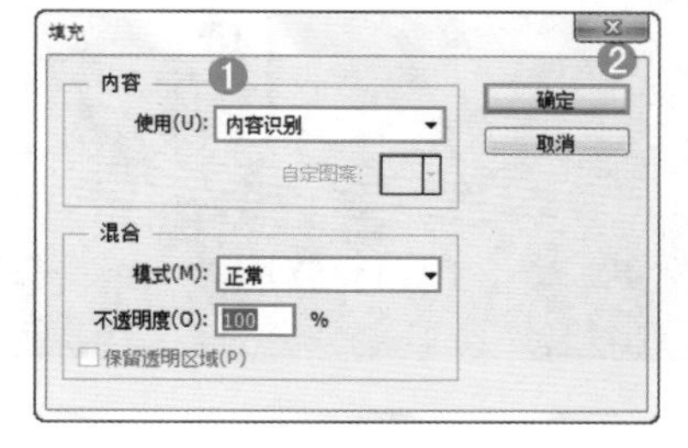

图 2-81

图 2-82

小提示："填充"对话框

在平时进行前景色或背景色填充时通常会使用快捷键。前景色填充快捷键为<Alt+Delete>；背景色填充快捷键为<Ctrl+Delete>。

使用"填充"对话框不仅可以填充前景色或背景色。还可在该对话框中设置任意颜色进行填充，或填充图案、历史记录、黑色、50% 灰色、白色，如图 2–83 所示。

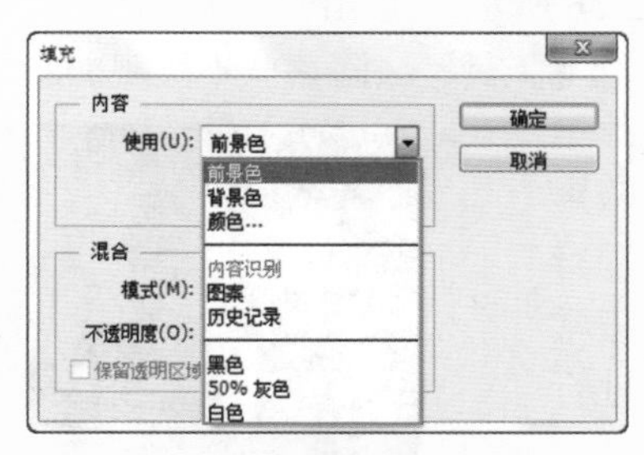

图 2-83

2.3 人像照片的简单润饰

随着数码电子产品的普及，图形图像处理技术逐渐被越来越多的人所应用，如美化照片、制作个性化的影集、修复已经损毁的图片等。使用 Photoshop 可以轻松地对图像进行润饰。例如，使用“画笔工具”调整面部妆容，使用减淡、加深工具调整画面亮度，使用“海绵工具”增加或减少画面颜色饱和度，等等。如图 2-84 和图 2-85 所示为优秀的数码照片作品。

图 2-84

图 2-85

2.3.1 画笔：修复逆光造成的阴影

Photoshop 提供了强大的绘画工具，其中“画笔工具”是绘画工具中最为常用的工具，也是对数码照片编辑修改的重要工具。画笔工具的神奇之处还在于可以将外挂笔刷载入到 Photoshop 中，例如，在处理人像图片时，人像的睫毛不够长，可以在网络上下载睫毛笔刷，然后载入到 Photoshop 中，为人像“嫁接”睫毛（在后面的章节中会出现相应案例）。接下来就来学习使用“画笔工具”为人像调整光影。

（1）打开人物素材，如图 2-86 所示。在该图中可以看到人像由于逆光，在脸部和颈部都有明显的暗影。接下来就来使用“画笔工具”去除这些不美观的暗部阴影。由于照片整体锐度并不是很高，而且照片整体追求一种柔和古典的美感，所以在这部分暗影的处理上可以利用肤色的画笔进行涂抹，使偏暗的区域也呈现出正常的肤色。在使用“画笔工具”进行绘制时，需要先设置前景色。双击“前景色”按钮，随即会打开“拾色器”对话框，然后将鼠标指针移动至人物脸部稍亮的位置，此时鼠标指针变为 ✐ 形状，单击就可“吸取”颜色，如图 2-87 所示。

图 2-86

图 2-87

小提示：前景色、背景色组件和拾色器的使用方法

在 Photoshop 中，使用画笔、文字、渐变、填充、蒙版、描边等工具修饰图像时，都需要通过前景色、背景色组件设置相应的颜色。默认情况下，前景色为黑色，背景色为白色。单击“切换前景色和背景色”图标可以切换所设置的前景色和背景色（快捷键为 <X>）。单击“默认前景色和背景色”图标可以恢复默认的前景色和背景色（快捷键为 <D>），如图 2–88 所示。

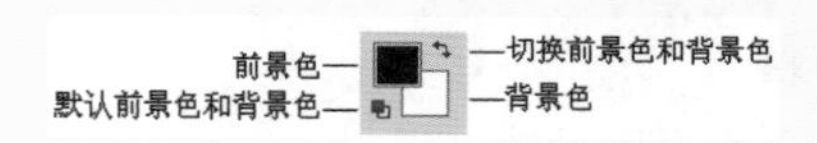

图 2-88

单击前景色 / 背景色图标，可以在弹出的“拾色器”对话框中选取一种颜色作为前景色 / 背景色。在拾色器中，可以选择用 HSB、RGB、Lab 和 CMYK4 种颜色模式来指定颜色。首先需要将鼠标指针定位在颜色滑块中选择需要选定颜色的大致方向，然后在色域中单击即可选定颜色，如图 2–89 所示。

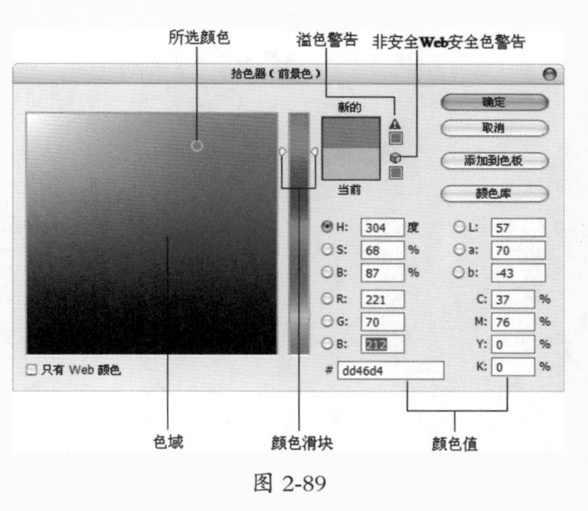

图 2-89

（2）新建图层，选择工具箱中的“画笔工具”，首先设置画笔笔尖，单击选项栏中的按钮，打开画笔选取器面板，在下拉面板中通过设置“大小”参数来设置笔尖大小，这里设置“大小”为 80 像素；通过设置“硬度”参数来设置笔尖边缘的柔和程度（当“硬度”为 0% 时笔尖为柔角边；当“硬度”为 100% 时笔尖为硬角边），这里设置“硬度”为 0%。接着设置“模式”为“正常”，画笔参数设置如图 2-90 所示。

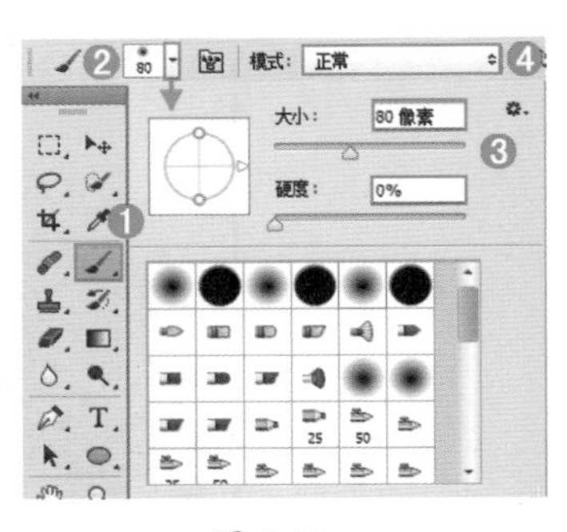

图 2-90

（3）设置完成后，接下来设置“不透明度”和“流量”参数。“不透明度”是用来设置笔触的透明程度，设置的数值越高，绘制的线条透明度越高，在这里设置“不透明度”为 20%。“流量”是用来设置鼠标指针移动到某个区域上方时应用颜色的速率，这里设置“流量”为 50%，如图 2-91 所示。设置完成后在人像面部涂抹，在阴影的位置按住鼠标左键并拖动，以涂抹出肤色。此时可以看到暗部区域变为了与肤色相协调的效果，面部显得圆润而柔和，如图 2-92 所示。

图 2-91

图 2-92

（4）继续使用“吸管工具”吸取脖子处正常肤色作为前景色，然后使用“画笔工具”在脖子的位置进行涂抹，完成的效果如图 2-93 所示。

> **小提示：**吸管工具的使用方法
>
> “吸管工具”可用于拾取图像中某位置的颜色。选择工具箱中的“吸管工具”，将鼠标指针移动到画面中需要拾取颜色的位置，单击即可将拾取的颜色作为前景色；按住 <Alt> 键拾取颜色，颜色则会作为背景色。

图 2-93

2.3.2 涂抹工具

“涂抹工具”是以涂抹的方式对图像中的特定区域进行涂抹。随着鼠标的拖动，使笔触周围的像素相互融合，从而创作出柔和、模糊、类似于模拟手指划过湿油漆时所产生的效果。除此之外，“涂抹工具”可以拾取鼠标单击处的颜色，并沿着拖动的方向展开这种颜色，这就是“手指绘画”模式。

打开一张图片，然后选择工具箱中的“涂抹工具”，设置合适的笔尖大小，设置“模式”为“正常”，“强度”为 100%，参数设置如图 2-94 所示。设置完成后按住鼠标左键在画面中拖动，涂抹效果如图 2-95 所示。

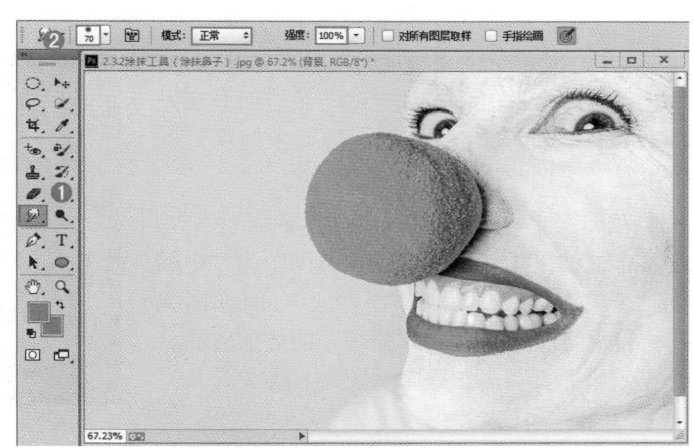

图 2-94

> **小提示：**“涂抹工具”选项栏中的参数详解
>
> 选择工具箱中的“涂抹工具”，即可看到它的选项栏，如图 2-96 所示。
>
> 
>
>
> 图 2-96
>
> **模式：**用来设置“涂抹工具”的混合模式，包括“正常”“变暗”“变亮”“色相”“饱和度”“颜色”和“明度”。
>
> **强度：**用来设置“涂抹工具”的涂抹强度。
>
> **手指绘画：**勾选该选项后，可以使用前景色进行涂抹绘制。

图 2-95

2.3.3 减淡工具：局部美白

“减淡工具”的工作原理是将某个区域的颜色明度提高，从而达到增加图像亮度的目的。“减淡工具”特别适用于局部曝光不足的情况，使用该工具在曝光不足的位置进行涂抹，涂抹的次数越多，该区域就会变得越亮。图 2-97 所示为使用“减淡工具”处理前的图片，图 2-98 所示为使用“减淡工具”处理后的照片效果。

图 2-97

图 2-98

（1）打开一张人物照片，由于拍摄的光效比较昏暗，此时皮肤曝光度不足，而且头发没有光泽，如图 2-99 所示。接下来使用“减淡工具”来调整皮肤和头发。

（2）选择工具箱中的“减淡工具”，设置合适的笔尖大小。设置“范围”为“中间调”，“曝光度”为 80%，然后在面部高光的位置涂抹，因为此时“强度”的数值较高，所以效果非常明显，效果如图 2-100 所示。

图 2-99

图 2-100

（3）接下来通过降低“曝光度”的数值来提亮面部的其他区域。将“曝光度”设置为 15%，然后在面部的其他区域涂抹，以提亮皮肤的亮度，效果如图 2-101 所示。接着，使用同样的方法提亮脖子和胳膊位置的亮度，效果如图 2-102 所示。

（4）接下来增加头发部分的光泽度，在选项栏中设置合适的笔尖大小（例如“300”）。强化头发的光泽度主要是处理头发亮部区域，而这部分区域相对于周边的深色头发而言则属于亮部。所以设置“范围”为“高光”，“曝光度”为 80%，然后在头发亮部、帽子和肩膀处涂抹，效果如图 2-103 所示。

图 2-101

图 2-102

小技巧：“减淡工具”的使用技巧

范围：在使用“减淡工具”时，最重要的一步是设置“范围”。“范围”用于选择要修改的色调。

选择“阴影”选项时，可以更改暗部区域；选择“中间调”选项时，可以更改灰色的中间范围；选择“高光”选项时，可以更改亮部区域。

曝光度：用于设置减淡的强度。

保护色调：可以保护图像的色调不受影响。

图 2-103

2.3.4 加深工具：打造纯黑背景

“加深工具”与“减淡工具”的选项栏相同，但是效果却相反。接下来将通过一个案例来学习如何使用“加深工具”。

（1）在摄影棚中拍摄一张黑色背景的照片，就算是背景布是黑色的，也拍摄不出绝对的黑色背景。这是因为背景布会受灯光、环境色的影响，这时就需要经过后期制作，接下来就使用“加深工具”来制作黑色背景。打开一张照片，如图 2-104 所示。

图 2-104

（2）选择工具箱中的“加深工具”，设置合适的笔尖大小，设置“范围”为“阴影”，“曝光度”为 100%，取消勾选“保护色调”，然后在背景位置涂抹，反复涂抹该区域就会变为黑色，如图 2-105 所示。继续在背景位置涂抹，完成效果如图 2-106 所示。

图 2-105

图 2-106

2.3.5 海绵工具：弱化环境色彩

“海绵工具”可以增加或降低图像中某个区域的饱和度。在使用“海绵工具”时，当“模式”设置为“去色”时可以降低画面中的饱和度；当“模式”设置为“加色”时可以增加画面颜色的饱和度。接下来就使用“海绵工具”为画面中的背景区域进行去色，使背景部分饱和度降低，从而突出主体人物。

（1）打开一张照片，如图 2-107 所示。选择工具箱中的“海绵工具”，设置合适的笔尖大小，因为是要减去画面中的颜色才能打造单色照片，所以 设置“模式”为“去色”，接着设置“流量”为 100%。设置完成后在树干的位置涂抹，随着涂抹可以看到树的颜色被去除掉了，如图 2-108 所示。

（2）接着将笔尖调大，在背景位置涂抹进行大面积去色，只保留人物皮肤的颜色，完成效果如图 2-109 所示。

图 2-107

图 2-108

小提示："海绵工具"选项栏中的参数详解

模式：选择"加色"选项时，可以增加色彩的饱和度；选择"去色"选项时，可以降低色彩的饱和度。

流量：可以为"海绵工具"指定流量。数值越高，"海绵工具"的强度越大，效果越明显。

自然饱和度：勾选该选项以后，可以在增加饱和度的同时防止颜色过度饱和而产生溢色现象。

图 2-109

2.4 提高照片清晰度

想要提高照片的“清晰度”（也称为“锐度”），我们就需要对照片进行“锐化”处理。在 Photoshop 中想要对画面中小范围的区域进行锐化可以使用工具箱中的“锐化工具”。而想要提高整个画面的清晰度时，则可以使用锐化滤镜，执行“滤镜 > 锐化”命令，可以看到 6 种锐化滤镜，下面将介绍其中几组较为常用的滤镜。图 2-110 所示为锐化前和锐化后的对比效果。

图 2-110

2.4.1 画面局部锐化：锐化工具

“锐化工具”[△]适合于手动进行局部锐化，它的工作原理是增加图像中相邻像素之间的对比，以提高图像的清晰度。使用“锐化工具”在画面中涂抹，涂抹次数越多锐化程度越强。但是过度地进行锐化，会造成图像失真。

打开一张图片，可以看到人像眼睛的位置有些模糊，如图 2-111 所示。选择工具箱中的“锐化工具”[△]，选择合适的笔尖大小，设置“模式”为“正常”，“强度”为 50%。设置完成后在眼睛位置进行涂抹锐化，效果如图 2-112 所示。锐化完成效果如图 2-113 所示。

图 2-111

小提示：“锐化工具”选项栏中的参数详解

模式：用来设置工具的混合模式。

强度：用来设置锐化的程度，数值越高锐化的程度越强。

对所有图层取样：如果文档中包含多个图层，勾选该选项，表示使用所有可见图层中的数据进行处理；取消勾选，则只处理当前图层中的数据。

图 2-112

图 2-113

2.4.2 智能锐化

“智能锐化”是对整个画面进行锐化的常用滤镜，使用该滤镜能够达到更好的锐化清晰效果。执行“滤镜 > 锐化 > 智能锐化”命令，在打开的“智能锐化”对话框中有两个数值特别常用：“数量”和“半径”。“数量”是用来设置锐化的精细程度，数值越大像素边缘的对比度越强，看起来就会更加锐利。“半径”是用于设置每个像素周围区域的大小，半径越大受影响的边缘就越宽，锐化的效果也就越明显。

使用“智能锐化”有两种常用的数值设置思路。第一种是设置较大的“数量”数值和较小的“半径”数值，这样调整出来的效果可以非常精细地增加画面的锐化程度。打开一张图片，如图 2-114 所示。接着执行“滤镜 > 锐化 > 智能锐化”命令，打开“智能锐化”对话框，设置“数量”为 250%，“半径”为 0.5 像素，其他参数为默认值，参数设置如图 2-115 所示。设置完成后，单击“确定”按钮，此时可以看到画面变得清晰了，细节也变得更加丰富，效果如图 2-116 所示。

图 2-114

图 2-115

图 2-116

另一种方法是将“数量”数值调小，“半径”数值调大，这样可以将图像打造出一种HDR效果，细节丰富，对比度增强，颜色也变得更加鲜艳了。但是这种方法对图像的损害是极大的，若不追求特殊效果只是想进行锐化，这种方法是不推荐使用的。在“智能锐化”对话框中设置“数量”为70%，“半径”为10像素，参数设置如图2-117所示。此时画面效果如图2-118所示。

图 2-117

图 2-118

小提示：“智能锐化”对话框中的参数详解

移去：选择锐化图像的算法。选择“高斯模糊”选项，可以使用“USM锐化”滤镜的方法锐化图像；选择“镜头模糊”选项，可以查找图像中的边缘和细节，并对细节进行更加精细的锐化，以减少锐化的光晕；选择“动感模糊”选项，可以激活下面的“角度”选项，通过设置“角度”值可以减少由于相机或对象移动而产生的模糊效果。

单击“阴影/高光”选项的三角按钮，即可展开高级选项，其中高级选项包括“阴影”和“高光”两个选项，在这两个选项中有3个一样的选项，其作用是相同的。

渐隐量：用于设置阴影或高光中的锐化程度。

色调宽度：用于设置阴影和高光中色调的修改范围。

半径：用于设置每个像素周围区域的大小。

2.4.3 USM锐化

“USM锐化”滤镜是一款非常强大而灵活的锐化滤镜，使用“USM锐化”可以查找图像颜色发生明显变化的区域，然后将其锐化。在“USM锐化”对话框中，有3个参数，分别是“数量”“半径”和“阈值”，其中“数量”和“半径”都与“智能锐化”滤镜的用途相同，唯独不同的是“阈值”。“阈值”选项是只有相邻像素之间的差值达到所设置的“阈值”数值时才会被锐化，该值越高，被锐化的像素就越少。

打开一张图片，如图2-119所示。然后执行“滤镜>锐化>USM锐化”，在“USM锐化”对话框中设置“数量”为21%，“半径”为35像素。“阈值”为2色阶，参数设置如图2-120所示。此时画面效果如图2-121所示。

图 2-119

图 2-120

图 2-121

2.4.4 防抖

“防抖”功能是 Photoshop CC 版本中推出的一个新功能，使用防抖滤镜可以将因为拍摄原因产生虚化的照片进行还原修复。

（1）打开人物素材“1.jpg”，可以看到人物面部不是很清晰，如图 2-122 所示。执行“滤镜 > 锐化 > 防抖”命令，会打开“防抖”对话框，设置“模糊描摹边界”为 31 像素，“平滑”为 30%，“伪像抑制”为 30%。设置完成后，防抖滤镜就会根据图像的模糊程度智能地进行锐化。我们可以在左侧的预览图中查看锐化后的效果。调整完成后可以单击“确定”按钮，如图 2-123 所示。

图 2-122

> **小提示：“防抖”对话框中的参数详解**
>
> **模糊描摹边界：**此选项是用来锐化的，它先勾出大体轮廓，再由其他参数辅助修正。取值范围由 10~199，数值越大锐化效果越明显。但是数值过大时，会产生晕影，所以在设置数值的时候既要保证画面足够清晰，还要保证不产生明显晕影。
>
> **源杂色：**此选项是对原片质量的一个界定，通俗来讲就是原片中的杂色是多还是少，有 4 个选项，分别是“自动”“低”“中”和“高”。最常用的选项为“自动”，因为在实践中“自动”的效果比较理想。
>
> **平滑：**此选项是对模糊描摹边界所导致的杂色的一个修正。取值范围在 0%~100% 之间，值越大去杂色效果越好，但细节损失也大，需要在清晰度与杂点程度上加以均衡。
>
> **伪像抑制：**用来处理锐化过度的问题，同样是 0%~100% 的取值范围。

图 2-123

（2）在“防抖”对话框的右下角有一个“细节”对话框，将鼠标指针移动至“细节”对话框中按住鼠标左键拖动即可查看图像的细节。在查看细节过程中若还有模糊区域，可以单击该对话框左下角的“在放大镜位置处增强”按钮，即可将“细节”对话框中的像素进行锐化，如图 2-124 所示。

图 2-124

（3）如果处理的图片比较特殊，在“防抖”滤镜中，可以对画面中某个位置进行取样，首先单击“高级”选项前方的三角按钮，然后展开高级选项。此时预览图中的虚线框就是“模糊评估区域”，我们可以理解为取样的范围，如图 2-125 所示。

（4）“模糊评估区域”是可以移动的，将鼠标指针移动至“模糊评估区域”的中心控制点的位置，按住鼠标左键拖动即可将其进行移动，如图 2-126 所示。“模糊评估区域”也是可以新建的，选择“模糊评估区域工具”，在需要新建取样的位置处按住鼠标左键拖动即可绘制新的“模糊评估区域”，如图 2-127 所示。

小提示：“锐化”滤镜组中的其他滤镜

在“锐化”滤镜组还有 3 个锐化滤镜，分别是“锐化”“进一步锐化”和“锐化边缘”。

“锐化”滤镜可以增加像素之间的对比度，使图像变得清晰。该滤镜没有参数设置对话框。

“进一步锐化”滤镜比“锐化”滤镜的效果明显些，是“锐化”滤镜效果的 2~3 倍。

“锐化边缘”滤镜只锐化图像的边缘，同时保留总体的平滑度。

图 2-125

图 2-126

图 2-127

2.5 为照片添加模糊效果

大部分情况下，照片本身是追求清晰准确的记录画面的，但是为了营造意境或突出主题会将画面中的某个部分进行模糊。尤其是针对人像皮肤部分的后期处理，往往会对皮肤进行适当的模糊，以打造出柔和光洁的肌肤质感。在 Photoshop 中有一个“模糊”滤镜组，这些“模糊”滤镜比较适合对图像大面积的进行模糊。除此之外，在工具箱中还有一个“模糊工具”，使用这个工具可以手动地对画面的局部区域进行模糊。图 2-128 所示为背景模糊的作品，图 2-129 所示为对肌肤模糊处理的作品。

图 2-128

图 2-129

2.5.1 模糊工具

“模糊工具”与“锐化工具”相反，使用“模糊工具”可柔化硬边缘或减少图像中的细节，对图像的局部区域进行模糊处理。其原理是降低相邻像素之间的反差，使图像的边界或区域变得柔和。该工具常用于人像磨皮以及制作景深的效果。

（1）打开人物素材，可以看到这是一张人物特写，但是人物皮肤较为粗糙，如图 2-130 所示。接下来就使用“模糊工具”进行磨皮。选择工具箱中的“模糊工具”，设置一个圆形柔角的画笔笔尖，设置“模式”为“正常”。因为“强度”数值越高模糊的强度越强，所以为了保证皮肤的真实感在这里设置“强度”为 60%，设置完成后在人物面板上进行涂抹，随着涂抹可以看见鼠标指针经过的位置变得模糊了，如图 2-131 所示。

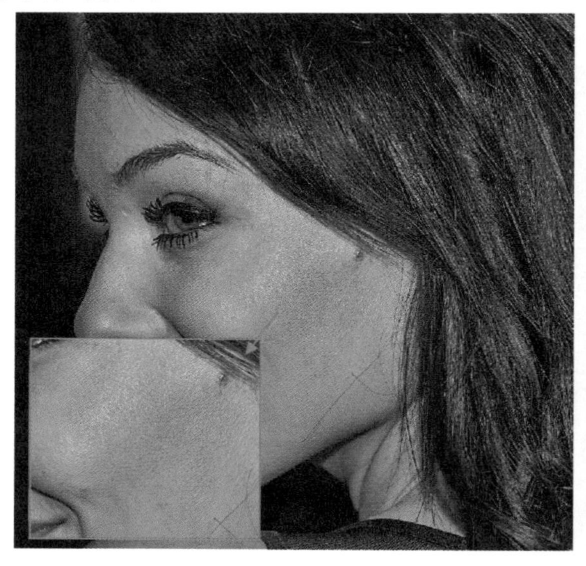

图 2-130

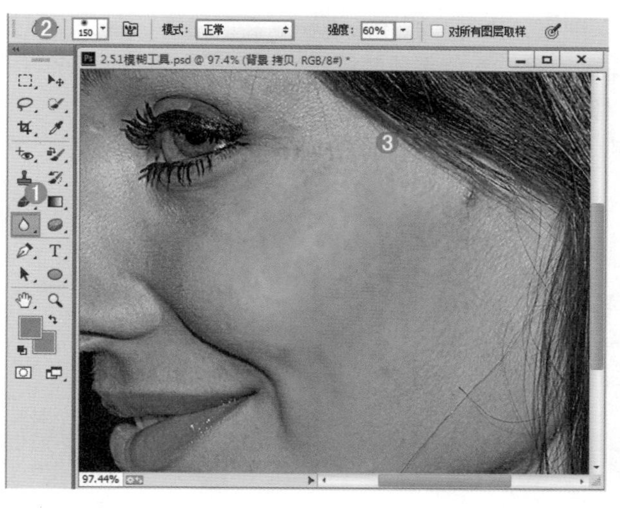

图 2-131

（2）继续使用“模糊工具”对其他细节部分进行磨皮，减小画笔大小，设置强度为 80%，如图 2-132 所示。在涂抹过程中遇到结构明显的区域时，可以降低强度。最终的磨皮效果如图 2-133 所示。

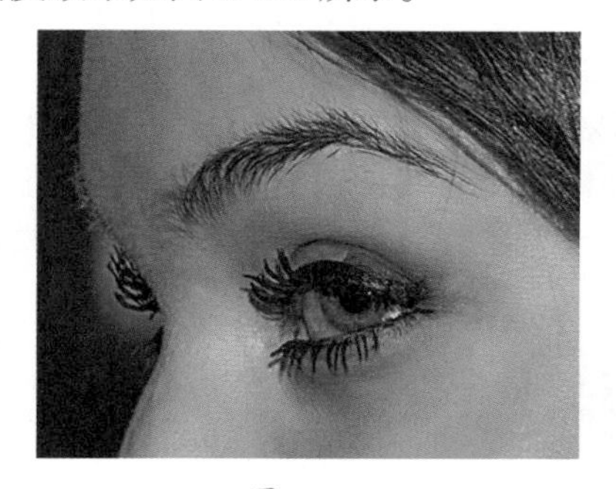

图 2-132

图 2-133

2.5.2　最常用的模糊滤镜：高斯模糊

“高斯模糊”滤镜是使用率较高的模糊滤镜。使用“高斯模糊”滤镜可以向图像中添加低频细节，使图像产生一种朦胧的模糊效果。

（1）打开一个带有两个图层的文档，在该文档中背景图层与人像图层是分开的，如图 2-134 所示。此时由于背景颜色饱和度很高，前景的人物在画面中并不是很突出，所以要将背景进行高斯模糊，使前景中的人物突出，如图 2-135 所示。

图 2-134

图 2-135

（2）选择“背景”图层，执行“滤镜 > 模糊 > 高斯模糊”命令，打开“高斯模糊”对话框。在该对话框中通过设置“半径”数值来控制模糊的程度，数值越大，产生的模糊效果越强。在这里设置“半径”为 10 像素，参数设置如图 2-136 所示。设置完成后单击“确定”按钮，画面效果如图 2-137 所示。

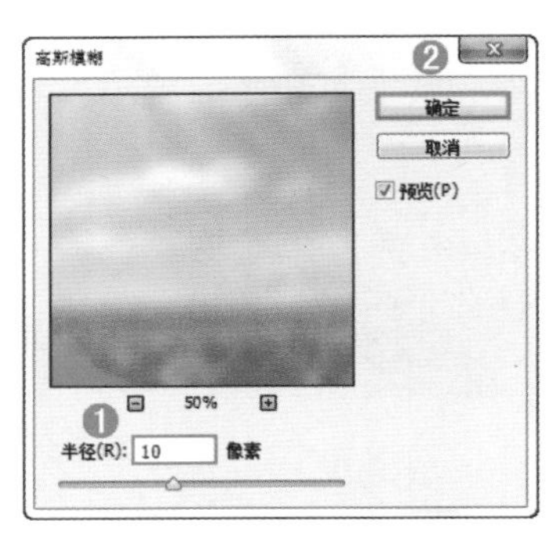

图 2-136

图 2-137

2.5.3 模拟景深感：镜头模糊

“镜头模糊”滤镜可以向图像中添加模拟相机镜头产生的近实远虚般的模糊感。模糊效果取决于模糊的“源”设置，如果图像中存在 Alpha 通道或图层蒙版，则可以为图像中的特定对象创建景深效果。

（1）打开素材文件，接下来就针对这张图打造景深效果。首先分析一下图片，画面中左下角的楼房和天空是整个场景最远的位置，也就最模糊。而楼梯的模糊也应该呈现出近实远虚的状态，所以模糊也要呈现出递增的感觉。为了营造画面中的景深效果，近景的位置也要进行模糊，图 2-138 所示为模糊效果的分析。

图 2-138

（2）因为使用“镜头模糊”滤镜需要根据 Alpha 通道的黑白关系来控制画面内容的模糊程度，所以我们在使用滤镜之前需要制作一个合适的 Alpha 通道。打开“通道”面板，在这里有一个已经制作好的“Alpha 1”通道，如图 2-139 所示。黑色区域为不模糊区域，白色区域为完全模糊的区域，而灰色区域则是过渡的半模糊区域，灰色越浅模糊程度越大。所以在本案例中的人像以及近处的栏杆台阶部分为黑色（不需要模糊），而栏杆以外的建筑以及天空部分为最浅的灰色。人像身后由于空间上的远近，所以在通道中呈现出渐变的灰色，如图 2-140 所示。

图 2-139

图 2-140

（3）回到“图层”面板中，执行“滤镜 > 模糊 > 镜头模糊”命令，在打开的“镜头模糊”对话框中设置“源”为 Alpha 1，“模糊焦距”为 28，“半径”为 50，参数设置如图 2-141 所示。设置完成后单击“确定”按钮，景深效果如图 2-142 所示。

图 2-141

图 2-142

小提示：“镜头模糊”对话框中的参数详解

预览：用来设置预览模糊效果的方式。选择“更快”选项，可以提高预览速度；选择“更加准确”选项，可以查看模糊的最终效果，但生成的预览时间更长。

深度映射：从“源”下拉列表中可以选择使用 Alpha 通道或图层蒙版来创建景深效果（前

提是图像中存在 Alpha 通道或图层蒙版），其中通道或蒙版中的白色区域将被模糊，而黑色区域则保持原样。

“模糊焦距”此选项用来设置位于角点内的像素的深度。

“反相”选项用来反转 Alpha 通道或图层蒙版。

光圈：该选项组用来设置模糊的显示方式。“形状”选项用来选择光圈的形状；“半径”选项用来设置模糊的数量；“叶片弯度”选项用来设置对光圈边缘进行平滑处理的程度；“旋转”选项用来旋转光圈。

镜面高光：该选项组用来设置镜面高光的范围。“亮度”选项用来设置高光的亮度；“阈值”选项用来设置亮度的停止点，比停止点值亮的所有像素都被视为镜面高光。

杂色：“数量”选项用来在图像中添加或减少杂色；“分布”选项用来设置杂色的分布方式，包含“平均分布”和“高斯分布”两种；如果勾选“单色”选项，则添加的杂色为单一颜色。

2.5.4 场景模糊

“场景模糊”滤镜是为景深效果量身定制的模糊滤镜，使用这个滤镜可以非常便捷地打造景深效果。

（1）打开一张照片，如图 2-143 所示。执行“滤镜 > 模糊 > 场景模糊”命令，打开“场景模糊”对话框，在左侧的缩览图中可以看到图像变得模糊，这是因为默认情况下会在图像中央位置有一处“图钉”，而且“模糊”参数为 15 像素，如图 2-144 所示。

图 2-143

图 2-144

（2）因为要制作景深效果，所以要将背景的位置进行模糊，所以选择图像中央位置的“图钉”将其向上角拖动，如图 2-145 所示。因为模糊效果还是影响了整个画面，所以要新建“图钉”，将鼠标指针移动到人物头部单击即可建立图钉，然后设置该图钉的“模糊”为 0 像素，如图 2-146 所示。

图 2-145

图 2-146

（3）为了让模糊效果过渡柔和，可以在画面左右两侧建立“图钉”，然后设置“模糊”为5像素，如图 2-147 所示。设置完成后，单击“确定”按钮，效果如图 2-148 所示。

图 2-147

图 2-148

小技巧：快速调整模糊强度

在“图钉”周围有个灰色圆环。按住鼠标左键顺时针拖动，可以增加“模糊”强度，逆时针拖动可以减少“模糊”的强度。

2.5.5 光圈模糊

“光圈模糊”滤镜可以非常便捷地制作出画面四角的模糊效果。

（1）打开一张照片，如图 2-149 所示。执行“滤镜 > 模糊 > 光圈模糊”命令，在打开的对话框中有一个椭圆形的调节框，这个调节框用来控制模糊的范围，拖动调整框右上侧的控制点即可调整控制框的大小，如图 2-150 所示。

图 2-149

图 2-150

（2）若要调整模糊过渡的区域，拖动调节框内侧的圆心控制点即可，如图 2-151 所示。在对话框的右侧位置可以设置“模糊”为 20 像素，设置完成后单击“确定”按钮，最终效果如图 2-152 所示。

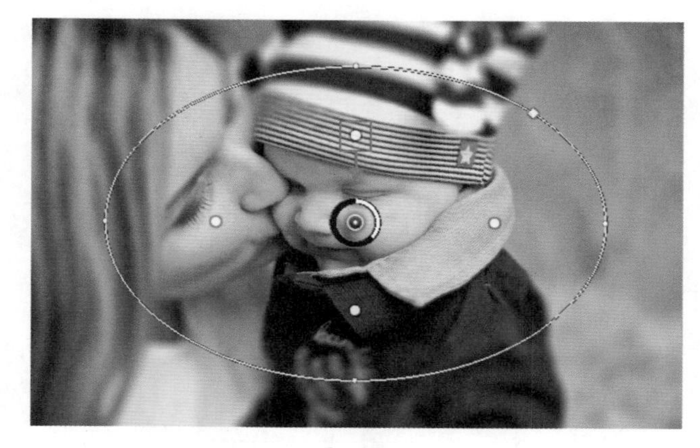

图 2-151

图 2-152

2.5.6　模拟玩具世界般的移轴摄影：移轴模糊

移轴摄影，即移轴镜摄影，泛指利用移轴镜头创作的作品。移轴摄影拍摄出来的照片效果就像是缩微模型一样，非常特别。在 Photoshop 中使用“移轴模糊”滤镜可以轻松地模拟移轴摄影效果。接下来就使用“移轴模糊”滤镜打造玩具般的世界。

（1）打开人物素材，如图 2-153 所示。执行“滤镜 > 模糊 > 移轴模糊”滤镜，打开“移轴模糊”对话框，会看到移轴模糊的控制框，如图 2-154 所示。

图 2-153

图 2-154

（2）因为模糊效果影响了人物的面部，所以首先要移动模糊区域。选中控制点，将其向上移动，如图 2-155 所示。为了让模糊效果过渡柔和，可以通过拖动的方法移动虚线的位置，如图 2-156 所示。

图 2-155

图 2-156

（3）为了让模糊效果更加强烈，可以设置“模糊”为 25 像素，接着设置“扭曲度”，“扭曲度”是用来设置模糊的扭曲程度，当参数为负数时扭曲为弧线；当参数为正数时，扭曲为向外放射状。在这里设置“扭曲度”为 –50%，参数设置如图 2-157 所示。设置完成后单击“确定”按钮，效果如图 2-158 所示。

小提示： 其他模糊滤镜

在“模糊”滤镜组中还有其他的模糊滤镜，这些模糊滤镜在处理人像作品时少有应用。可以尝试应用一下这些模糊滤镜，查看其滤镜效果。

图 2-157

图 2-158

2.5.7 减少细节：表面模糊

“表面模糊”滤镜可以在保留边缘的同时模糊图像，可以使用该滤镜创建特殊效果并消除杂色或粒度。

（1）打开一张照片，如图 2-159 所示。由于我们需要对背景部分进行操作，所以首先需要制作出背景部分的选区。如图 2-160 所示。

图 2-159

图 2-160

（2）执行“滤镜 > 模糊 > 特殊模糊”命令，在“特殊模糊”对话框中设置“半径”为 20，“阈值”为 50，“品质”为“低”，“模式”为“正常”，如图 2-161 所示。设置完毕后单击“确定”按钮，此时背景部分产生了细节减少、相似颜色区域合并的效果，如图 2-162 所示。

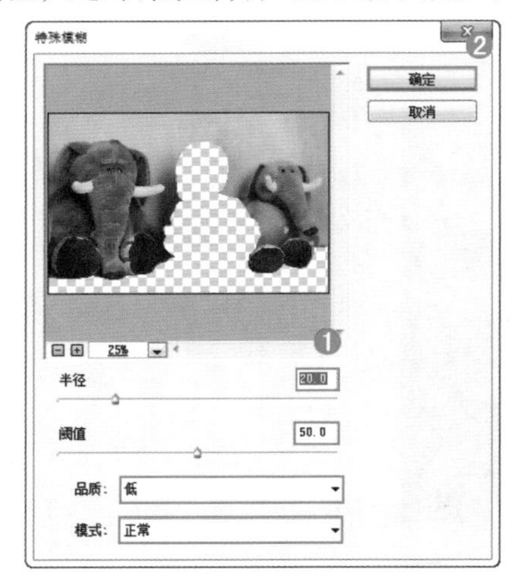

图 2-161

图 2-162

2.6 图层混合打造奇妙效果

两个或两个以上的图层之间可以进行不透明度以及混合模式的设置，通过设置图层的不透明度和混合模式能够得到多幅画面融合的艺术风格。本节就来学习图层混合打造奇妙的效果。图 2-163 和图 2-164 所示为使用图层混合功能制作的优秀作品。

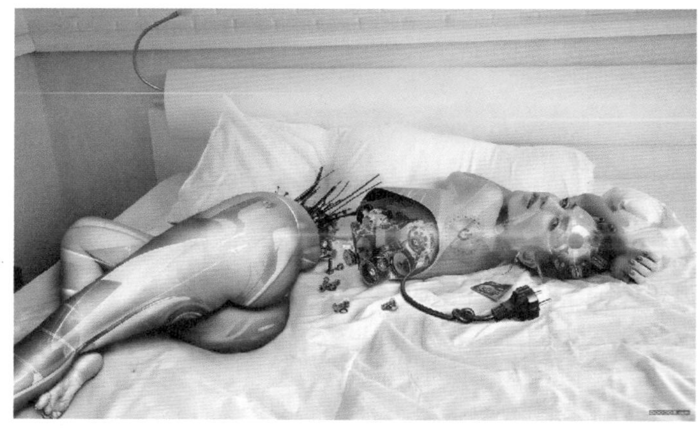

图 2-163

图 2-164

2.6.1 使用图层不透明度混合图层

图 2-165

“不透明度”是每个图层都具备的属性。可以通俗地理解为，通过上方图层去看下方图层的内容时的通透度。图层不透明度数值越高，图层越不透明；不透明度数值越低，图层越透明。

（1）打开带有两个图层的文档，如图 2-165 所示，其“图层”面板如图 2-166 所示。

图 2-166

（2）接着选择“人物”图层，设置该图层的“不透明度”为 50%，参数设置如图 2-167 所示。此时人物变为半透明的效果，如图 2-168 所示。

图 2-167

图 2-168

小提示： 调整不透明度的快捷键

按键盘上的数字键即可快速修改图层的“不透明度”，例如，按一下数字键 <5>，“不透明度”会变为 50%。如果按两次数字键 <5>，“不透明度”会变成 55%。

（3）接着将“不透明度”设置为0%，参数设置如图2-169所示。此时可以看到人物完全透明了，如图2-170所示。

图 2-169

图 2-170

小提示：调整图层的填充

与“不透明度”选项不同，“填充”对附加的图层样式效果没有影响。设置“填充”为20%，如图2–171所示。此时可以看到画面中红的白色描边的“不透明度”没有改变，只有画面中的主体部分变得透明，如图2–172所示。

图 2-171

图 2-172

2.6.2 详解各类混合模式

使用混合模式可以创建各种特殊的混合效果，其原理是上方图层与下方图层产生混合，不同的混合模式会产生不同的混合效果。

（1）打开包含多个图层的文档，如图2-173所示。在这里对顶部图层设置混合模式，“图层”面板如图2-174所示。

（2）默认情况下，图层的混合模式为“正常”，也就是不进行混合。单击“正常”按钮即可展开下拉菜单。可以看到其他的混合选项。“混合模式”分为6组，共27种，如图2-175所示。

（3）若要设置图层的“混合模式”，选中图层，在下拉菜单中选择相应的混合模式即可。在这里选择“内容图层”，设置图层的混合模式为“正片叠底”，即可达到如图2-176所示的效果。

图 2-173

图 2-174

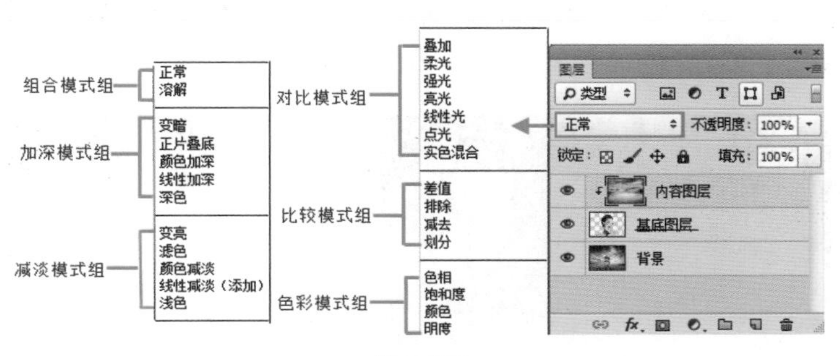

图 2-175

图 2-176

1. “组合”模式组

“组合”模式组中的混合模式需要降低图层的“不透明度”或“填充”数值才能起作用，这两个参数的数值越低，就越能看到下面的图像。

- 正常：这种模式是 Photoshop 默认的模式。在正常情况下（“不透明度”为 100%）如图 2-177 所示，上层图像将完全遮盖住下层图像，只有降低“不透明度”数值以后才能与下层图像相混合，图 2-178 所示是设置“不透明度”为 60% 时的混合效果。

图 2-177

图 2-178

- 溶解：在“不透明度”和“填充”数值为100%时，该模式不会与下层图像相混合，只有这两个数值中的任何一个低于100%时才能产生效果，使透明度区域上的像素离散，效果如图 2-179 所示。

图 2-179

2. “加深”模式组

“加深”模式组中的混合模式可以使图像变暗。在混合过程中，当前图层的白色像素会被下层较暗的像素替代。

- 变暗：比较每个通道中的颜色信息，并选择基色或混合色中较暗的颜色作为结果色，同时替换比混合色亮的像素，而比混合色暗的像素保持不变，如图 2-180 所示。

图 2-180

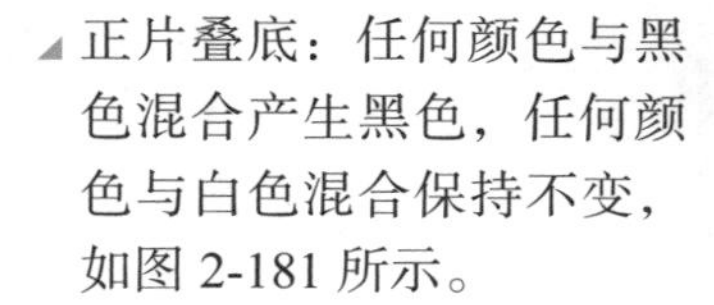

- 正片叠底：任何颜色与黑色混合产生黑色，任何颜色与白色混合保持不变，如图 2-181 所示。

图 2-181

- 颜色加深：通过增加上下层图像之间的对比度来使像素变暗，与白色混合后不产生变化，如图 2-182 所示。

图 2-182

- 线性加深：通过减小亮度使像素变暗，与白色混合不产生变化，如图 2-183 所示。

图 2-183

- 深色：通过比较两个图像的所有通道的数值的总和，然后显示数值较小的颜色，如图 2-184 所示。

图 2-184

3. “减淡”模式组

“减淡”模式组与“加深”模式组产生的混合效果完全相反，此模式组可以使图像变亮。在混合过程中，图像中的黑色像素会被较亮的像素替换，而任何比黑色亮的像素都可能提亮下层图像。

- 变亮：比较每个通道中的颜色信息，并选择基色或混合色中较亮的颜色作为结果色，同时替换比混合色暗的像素，而比混合色亮的像素保持不变，如图 2-185 所示。

图 2-185

▲ 滤色：与黑色混合时颜色保持不变，与白色混合时产生白色，如图 2-186 所示。

图 2-186

▲ 颜色减淡：通过减小上下层图像之间的对比度来提亮底层图像的像素，如图 2-187 所示。

图 2-187

▲ 线性减淡（添加）：与“线性加深”模式产生的效果相反，可以通过提高亮度来减淡颜色，如图 2-188 所示。

图 2-188

- 浅色：通过比较两个图像的所有通道的数值的总和，然后显示数值较大的颜色，如图 2-189 所示。

图 2-189

4. “对比”模式组

“对比”模式组中的混合模式可以加强图像的差异。在混合时，50% 的灰色会完全消失，任何亮度值高于 50% 灰色的像素都可能提亮下层的图像，亮度值低于 50% 灰色的像素则可能使下层图像变暗。

- 叠加：对颜色进行过滤并提亮上层图像，具体取决于底层颜色，同时保留底层图像的明暗对比，如图 2-190 所示。

图 2-190

- 柔光：使颜色变暗或变亮，具体取决于当前图像的颜色。如果上层图像比 50% 灰色亮，则图像变亮；如果上层图像比 50% 灰色暗，则图像变暗，如图 2-191 所示。

图 2-191

- 强光：对颜色进行过滤，具体取决于当前图像的颜色。如果上层图像比 50% 灰色亮，则图像变亮；如果上层图像比 50% 灰色暗，则图像变暗，如图 2-192 所示。

图 2-192

- 亮光：通过增加或减小对比度来加深或减淡颜色，具体取决于上层图像的颜色。如果上层图像比 50% 灰色亮，则图像变亮；如果上层图像比 50% 灰色暗，则图像变暗，如图 2-193 所示。

图 2-193

- 通过减小或增加亮度来加深或减淡颜色，具体取决于混合色。如果混合色（光源）比 50% 灰色亮，则通过增加亮度使图像变亮。如果混合色比 50% 灰色暗，则通过减小亮度使图像变暗，如图 2-194 所示。

图 2-194

- 点光：根据上层图像的颜色来替换颜色。如果上层图像比 50% 灰色亮，则替换比较暗的像素；如果上层图像比 50% 灰色暗，则替换较亮的像素，如图 2-195 所示。

图 2-195

- 实色混合：将上层图像的 RGB 通道值添加到底层图像的 RGB 值。如果上层图像比 50% 灰色亮，则使底层图像变亮；如果上层图像比 50% 灰色暗，则使底层图像变暗，如图 2-196 所示。

图 2-196

5. “比较”模式组

“比较”模式组中的混合模式可以比较当前图像与下层图像。将相同的区域显示为黑色，不同的区域显示为灰色或彩色。如果当前图层中包含白色，那么白色区域会使下层图像反相，而黑色不会对下层图像产生影响。

- 差值：上层图像与白色混合将反转底层图像的颜色，与黑色混合则不产生变化，如图 2-197 所示。

图 2-197

- 排除：创建一种与“差值”模式相似，但对比度更低的混合效果，如图 2-198 所示。

图 2-198

- 减去：从目标通道中相应的像素上减去源通道中的像素值，如图 2-199 所示。

图 2-199

- 划分：比较每个通道中的颜色信息，然后从底层图像中划分上层图像，如图 2-200 所示。

图 2-200

6. “色彩”模式组

使用“色彩”模式组中的混合模式时，Photoshop 会将色彩分为色相、饱和度和亮度 3 种成分，然后再将其中的一种或两种应用在混合后的图像中。

- 色相：用底层图像的明亮度和饱和度以及上层图像的色相来创建结果色，如图 2-201 所示。

图 2-201

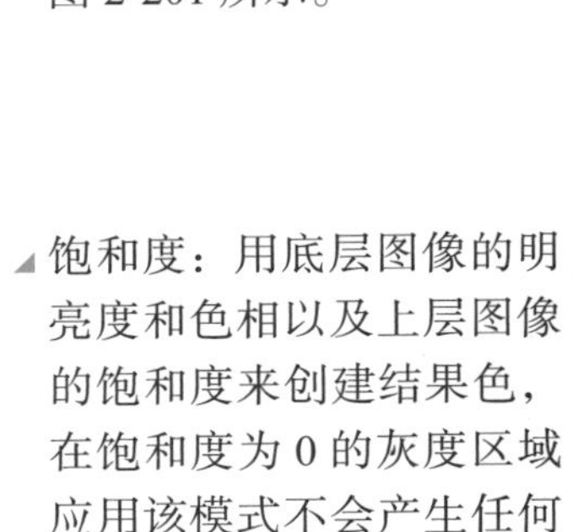

- 饱和度：用底层图像的明亮度和色相以及上层图像的饱和度来创建结果色，在饱和度为 0 的灰度区域应用该模式不会产生任何变化，如图 2-202 所示。

图 2-202

- 颜色：用底层图像的明亮度以及上层图像的色相和饱和度来创建结果色，这样可以保留图像中的灰阶，对于为单色图像上色或给彩色图像着色非常有用，如图 2-203 所示。

图 2-203

- 明度：用底层图像的色相和饱和度以及上层图像的明亮度来创建结果色，如图 2-204 所示。

图 2-204

2.6.3 颜色叠加下的多彩世界——使用混合模式混合图层

图层混合模式是与其下图层的色彩叠加方式，经过混合的图像画面的样子换了，但实质上图像的原始内容并没有发生变化。在“图层”面板中选择一个除“背景”图层以外的图层，单击面板顶部的 ⇕ 下拉按钮，在弹出的下拉列表中选择一种混合模式。如图 2-205 和图 2-206 所示都可以借助混合模式进行制作。

图 2-205

图 2-206

在数码照片修饰的过程中经常会使用到图层的“混合模式”，很多时候是图像本身的混合，或两张不同图片的混合都能产生非常神奇的效果。在想要使用混合模式时，我们往往会不知道使用哪种样式最合适，死记硬背每种混合模式的概念实际上并没有太多的帮助，最好的方法是选择一种混合模式，然后滚动鼠标中轮，切换其他模式进行观察，总会有一款模式适合你。下面将介绍几种比较常见的混合方式。

1. 暗调光效 + 滤色 = 炫彩光感

当我们看到一些照片上有绚丽的光斑却不知从何下手时，请把注意力移到一些偏暗（甚至是黑背景）的带有光斑的素材上，如图 2-207 所示。这类素材只要通过简单的混合模式的设置即可滤除图像中的黑色，使黑色之外的颜色（也就是光斑部分）保留下来，而想要滤除黑色“滤色”

模式与“变亮”模式是非常合适的，如图 2-208 和图 2-209 所示。学会了这一招是不是想要制作出“火焰上身”的效果呢？

图 2-207

图 2-208

图 2-209

2. 白背景图 + 正片叠底 = 去除白色，融合背景

在抠取白色背景的图片时，使用“钢笔工具”、图层蒙版等进行抠图是比较保守的。不如换一种思路，使用混合模式进行抠图。既然要将白色背景去除，首先要选择“加深”模式组中的“正片叠底”混合模式，此混合模式的效果最好，如图 2-210~ 图 2-212 所示。

图 2-210

图 2-211

图 2-212

3. 做旧纹理 + 正片叠底 = 旧照片

要制作照片上的纹理效果，通常会选择找到一张素材，然后与画面进行合成。使用抠图合成的方法是行不通的，因为生硬的边缘会让图像变得不自然。而且我们只需要纹理素材上的纹理，这时就可使用“正片叠底”混合模式将素材中颜色浅的部分“过滤”掉，只保留纹理部分，效果就会变得很自然，如图 2-213~ 图 2-215 所示。这样的方法适用于制作旧照片、为图像添加纹理等情况。

图 2-213

图 2-214

图 2-215

4. 偏灰照片 + 柔光 = 去“灰”增强对比度

画面色调偏灰的现象时有发生，处理色调偏灰有很多方式，例如，使用“曲线”、进行锐化这些方式都是可以的。有一种方法既实用又简单，就是将偏灰的图层复制一份，然后将上方图层的混合模式设置为“柔光”，即可校正图像偏灰现象。若画面清晰度仍然不够，可以将图层复制 1~2 份，如图 2-216~ 图 2-218 所示。

图 2-216

图 2-217

图 2-218

5. 纯色 + 混合模式 = 染色

更改图像颜色的方式有很多种，利用混合模式为画面添加色彩的方法是一种较为常见的方法。在需要“染色”的图层上方新建图层，然后进行绘制。接着可以设置该图层的混合模式，制作出染色的效果，如图 2-219~ 图 2-221 所示。这种“染色”的方法适用于画面调色、为面部添加腮红、画眼影等操作。

图 2-219

图 2-220

图 2-221

6. 不相干两张照片 + 某种混合模式 = 二次曝光

“二次曝光”是一种特殊的摄影效果，不仅能够使用相机拍摄出这样的效果，还可以利用混合模式制作出这样的效果。在设置混合模式的时候可以通过滚动鼠标中轮的方法去设置混合模式，因为这样可以快速地去试验哪个混合模式更合适，如图 2-222~ 图 2-224 所示。

图 2-223

图 2-222

图 2-224

2.7 有趣的滤镜

Photoshop 的滤镜菜单内容非常丰富，其中包含很多种滤镜，这些滤镜可以单独使用也可以配合使用制作出奇妙的视觉效果。滤镜菜单中的子菜单很多，用于制作特殊效果的滤镜几乎都集中在“滤镜库”和滤镜菜单的下半部分中，而且这些滤镜的参数设置都比较简单，只需要拖动鼠标调整数值就能直观地观察到画面效果。下面就来学习一下滤镜库的操作方法以及菜单中滤镜的使用方法。具体的各种滤镜详细参数解释请参阅本书光盘赠送的《Photoshop 滤镜速查手册》。图 2-225 和图 2-226 所示为使用滤镜制作的作品。

图 2-225

图 2-226

2.7.1 滤镜库的使用

滤镜库是一个包含着很多滤镜的大宝库，在“滤镜库”中包含“风格化”“画笔描边”“扭曲”“素描”“纹理”和“艺术效果”滤镜组。在滤镜库中可以通过缩览图查看滤镜效果，而且可以将多个滤镜同时应用在一个图像中。

（1）打开一张照片，如图 2-227 所示。执行“滤镜 > 滤镜库”命令，如图 2-228 所示。

图 2-227

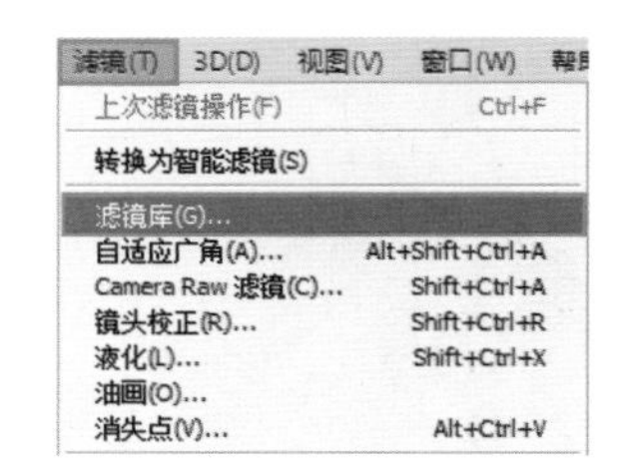

图 2-228

（2）打开“滤镜库”对话框，在该对话框中最左侧为缩览图，当应用某个滤镜后可以在缩览图中查看滤镜效果，对话框中间的是滤镜组的合集，单击滤镜组的名称可以展开这个滤镜组，然后在展开的面板中单击选择滤镜。滤镜选择完成后可以在对话框的右侧设置参数，如图 2-229 所示。设置完成后，单击“确定”按钮就可以为图层添加滤镜了，效果如图 2-230 所示。

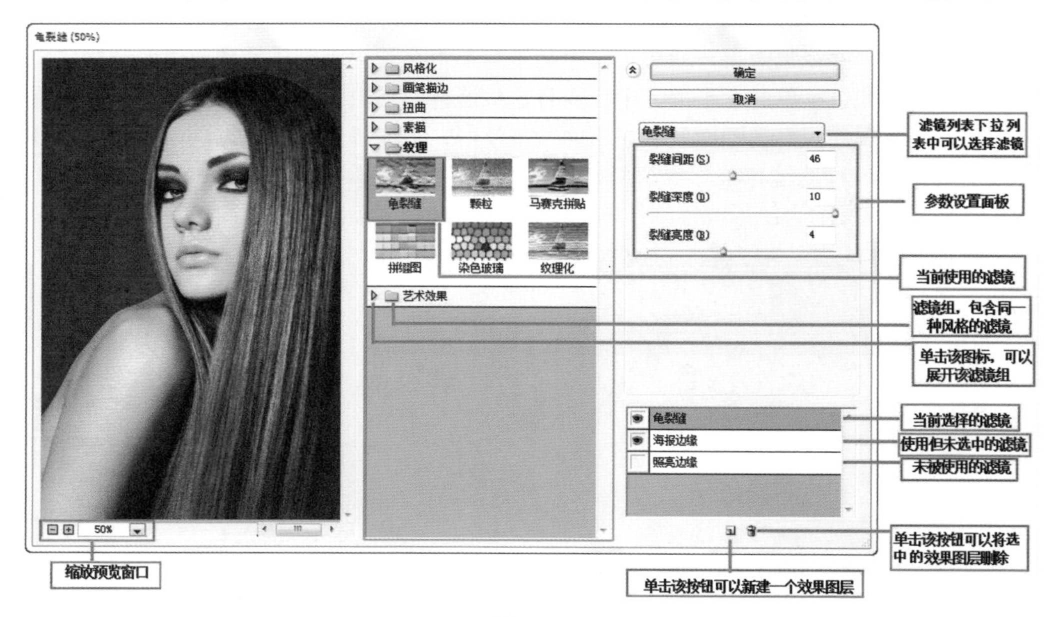

图 2-229

图 2-230

2.7.2 其他滤镜的使用方法

除了滤镜库中的滤镜外，在“滤镜”菜单中还有很多种滤镜，有一些滤镜在选择后，可以打开其相应的对话框，有一些则没有。虽然滤镜的效果不同，但使用方法却大同小异，接下来就来讲解滤镜的基本使用方法。

（1）打开一张图像，如图 2-231 所示。执行“滤镜 > 风格化 > 查找边缘”命令，这个滤镜选择后没有对话框可打开，直接可看到滤镜效果，如图 2-232 所示。

（2）使用 <Ctrl+Z> 快捷键还原上一步。接着执行“滤镜 > 风格化 > 拼贴”命令，这是一个需要进行参数设置的滤镜。所以随即会打开“拼贴”对话框，在该对话框中设置相应参数，如图 2-233 所示。设置完成后单击“确定”按钮完成滤镜操作，效果如图 2-234 所示。

图 2-231

图 2-232

图 2-233

图 2-234

（3）当应用完一个滤镜以后，“滤镜”菜单下的第一行会出现该滤镜的名称，如图 2-235 所示。执行该命令或按 <Ctrl+F> 快捷键，可以按照上一次应用该滤镜的参数设置再次对图像应用该滤镜。另外，按 <Alt+Ctrl+F> 快捷键可以重新打开滤镜的对话框，对滤镜参数进行重新设置。

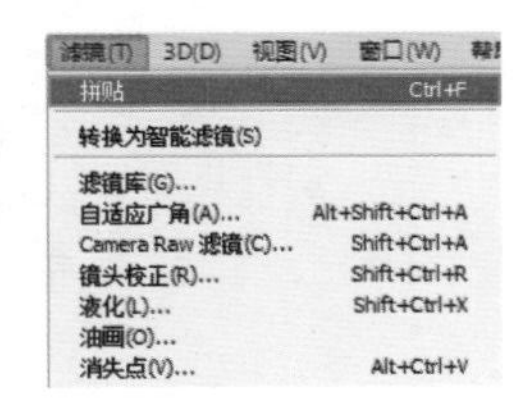

图 2-235

（4）智能滤镜就是应用于智能对象的滤镜。因为智能滤镜应用之后也还可以对参数以及滤镜应用范围进行调整，所以它属于“非破坏性滤镜”。因为智能滤镜应用于“智能对象”，所以在操作之前首先需要将普通图层转换为智能对象。在普通图层的缩略图上右击，在弹出的菜单中选择“转换为智能对象”命令，即可将普通图层转换为智能对象，如图2-236所示。之后为智能对象添加滤镜效果，如图 2-237 所示。在“图层”面板中可以看到该图层下方出现智能滤镜，如图 2-238 所示。

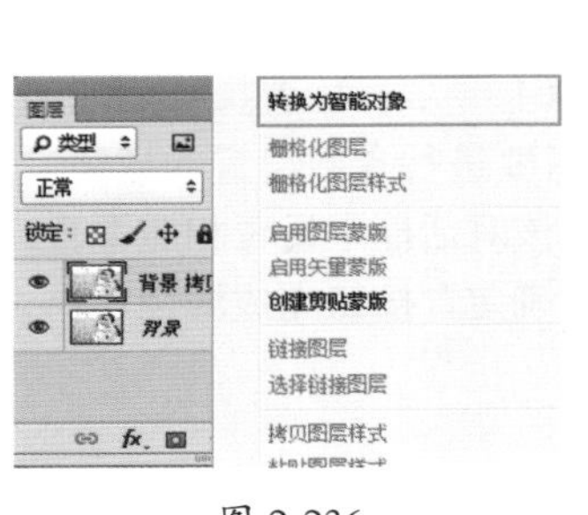

图 2-236

图 2-237

图 2-238

（5）添加了智能滤镜后该图层底部出现了智能滤镜的列表，在这里可以通过右击进行滤镜的隐藏、停用和删除滤镜，如图 2-239 所示。也可以在智能滤镜的蒙版中涂抹绘制，以隐藏部分区域的滤镜效果，如图 2-240 所示。

图 2-239

图 2-240

（6）另外，在“图层”面板中还可以设置智能滤镜与图像的混合模式，双击滤镜名称右侧的图标，如图 2-241 所示。可以在弹出的“混合选项”对话框中调节滤镜的“模式”和“不透明度”，如图 2-242 所示。

图 2-241

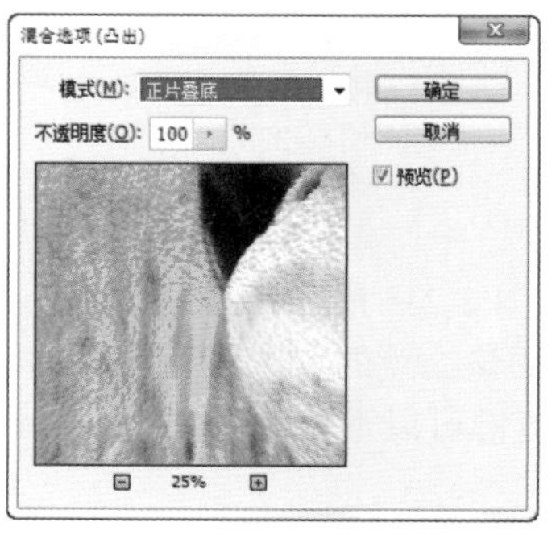

图 2-242

第3章

调色技术

关键词：调色、偏色、色相、饱和度、亮度、曝光度、对比度、色阶

在人类物质生活和精神生活发展的过程中，色彩始终焕发着神奇的魅力。对于一张数码照片而言，调色有两个目的：一是校正画面的偏色，还原真实的色彩；另一个目的是将画面调整为某种特殊的色调，以创造某种艺术效果。对此，Photoshop 提供了强大的技术支持，灵活地应用各种调色命令以及工具可以帮助我们顺利地完成调色操作。想要调出好的颜色不仅要熟悉调色命令的用法，还应掌握基本的色彩常识。

佳作欣赏

3.1 调色的基本方法

在 Photoshop 的数码照片处理功能中，调色是其最重要的功能之一。说到调色，那么就必须要明白究竟什么是调色。简单来说图像的“调色”就是借助一系列命令操作对图像的明暗以及色感进行调整，使图像发生颜色的变化。这一操作在数码照片处理以及平面设计中是非常重要的。准确的色彩使用不仅关系到信息的准确性，更关系到传达到观者脑中的印象。图 3-1 和图 3-2 所示为图像调色前后的对比效果。

图 3-1

图 3-2

想要调整图像的颜色其实有很多种办法，除了常规的使用“调色”命令外，使用混合模式、加深工具、减淡工具、海绵工具、画笔工具、颜色替换工具，甚至是“滤镜”都能够或多或少地影响图像的色彩。当然这些操作方式并不是本章的重点，本章着重讲解的是最常规的调色技法。Photoshop 提供了一系列调色命令，这些调色命令有两种操作方式，第一种是直接针对图像使用调色命令（“图像 > 调整”菜单下），另一种是以“调整图层”的形式去使用这些调色命令。这两种方式实际上使用的命令以及参数都是完全相同的，但是两者在使用方法以及优势上不太一样，下面我们来学习一下这两种方式。

3.1.1 调色命令的使用

调色命令被集中在“图像 > 调整”菜单下，这些命令可以直接作用于普通图层，通过一系列参数的设置使整个画面或者选区内的部分产生色彩的变化。但这种调色的方法属于一次性操作后不可修改的方式，也就是说一旦调整了图像的色调，就不可以再重新修改调色命令的参数。执行“图像 > 调整”命令，即可在打开的菜单中看到这些调色命令，如图 3-3 所示。

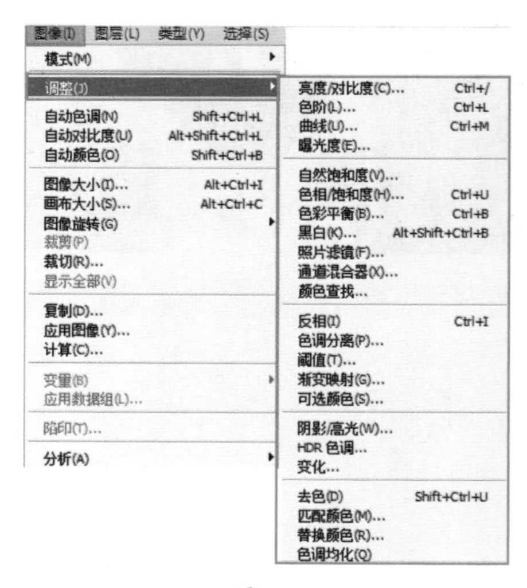

图 3-3

（1）这些命令的使用思路相差无几，下面我们以其中一个调色命令的使用为例，尝试对画面进行调色操作。打开一张图片，如图 3-4 所示。执行“图像 > 调整 > 色相 / 饱和度”命令，如图 3-5 所示。

图 3-4

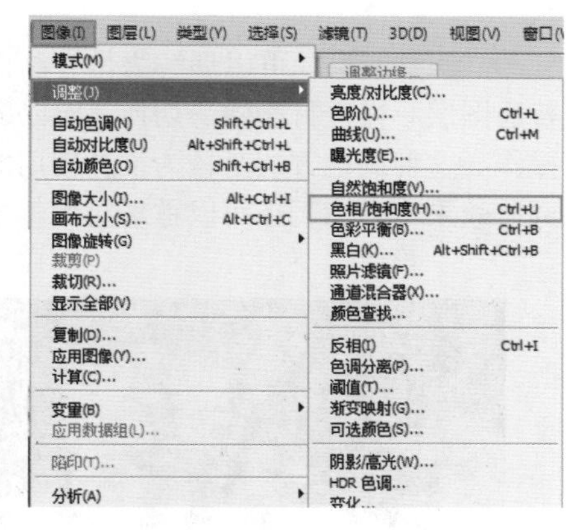

图 3-5

（2）随即打开“色相 / 饱和度”对话框，在该对话框中可以进行参数设置。在这里设置“色相”为 –20，参数设置如图 3-6 所示。随着参数的设置，画面颜色也发生了变化。设置完成后单击“确定”按钮，此时画面效果如图 3-7 所示。

图 3-6

图 3-7

小提示：调色命令对话框使用的小技巧

在调整参数过程中勾选“预览”选项，可以在调整参数过程中查看画面中的调整效果。若对调整的效果不满意，可以按住 <Alt> 键，此时对话框中的“取消”按钮会变为“复位”按钮，单击该“复位”按钮即可还原原始参数，如图 3–8 所示。

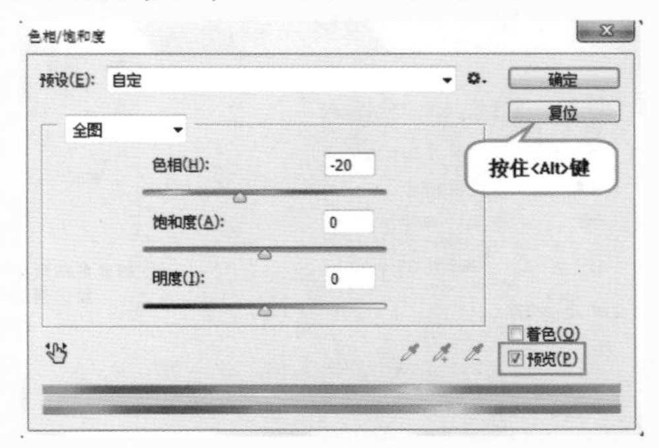

图 3-8

3.1.2 调整图层的使用

“调整图层”可以理解为带有调色属性的图层，我们既可应用调整图层进行调色，也可以像普通图层一样进行删除、切换显示隐藏、调整不透明度、混合模式、创建图层蒙版、剪贴蒙版等操作。这种调色方法是较为推荐使用的方法，因为这是一种可修改的调色方法，也就是说如果对调色效果不满意，还可以重新对调整图层的参数进行修改，直到满意为止。

（1）打开一张图片，如图 3-9 所示。执行“图层 > 新建调整图层”命令，即可看到调色命令，如图 3-10 所示。

图 3-9

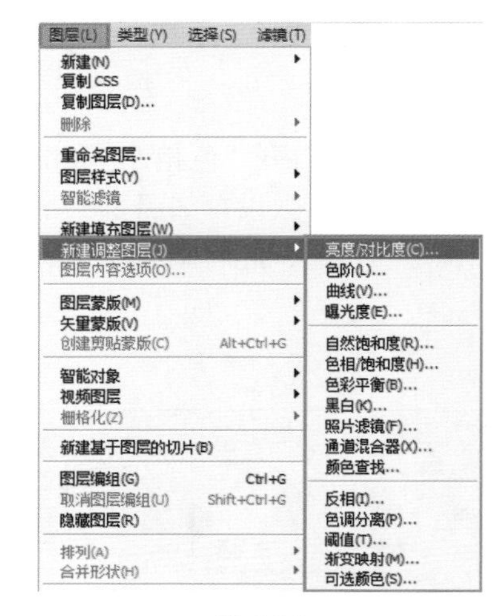

图 3-10

（2）在这里执行“亮度 / 对比度”命令，随即会弹出“新建图层”对话框，在这个对话框中可以设置“名称”“颜色”“模式”和“不透明度”，如图 3-11 所示。

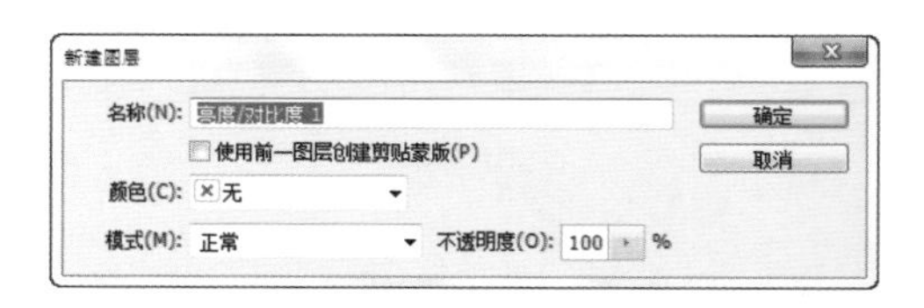

图 3-11

（3）设置完成后单击“确定”按钮，随即在“图层”面板中新建了一个调整图层，该调整图层会自带一个图层蒙版，如图 3-12 所示。在“属性”面板中可以设置相应的参数（执行“对话框 > 属性”命令可以打开“属性”面板）。在这里设置“亮度”为 40，如图 3-13 所示。

图 3-12

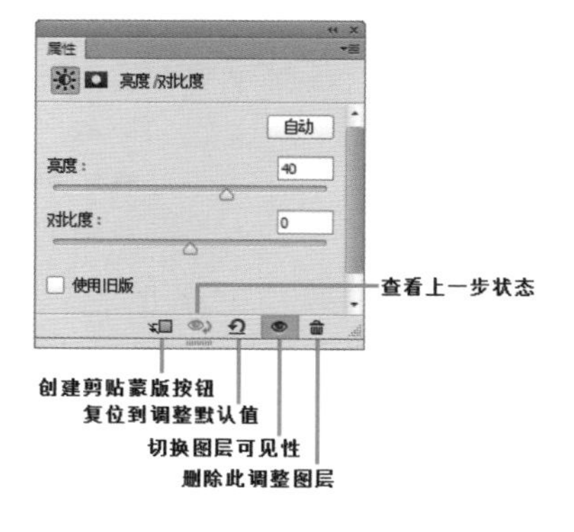

图 3-13

（4）每个调整图层都带有一个图层蒙版，在蒙版中可以使用黑色、白色控制该调整图层起作用的区域。选择调整图层的图层蒙版，然后单击工具箱中的“画笔工具”，将前景色调整为黑色，在画面中进行涂抹，即可将涂抹位置的调色效果隐藏，如图 3-14 所示。

图 3-14

小提示：创建调整图层的其他方法

创建调整图层还有两个方法，执行“对话框 > 调整”命令，即可打开“调整”面板，如图 3–15 所示。单击某一项按钮即可创建相应的调整图层。也可以单击“图层”面板底部的“创建新的填充或调整图层”按钮，在弹出的菜单中选择相应的调整命令，如图 3-16 所示。

图 3-15

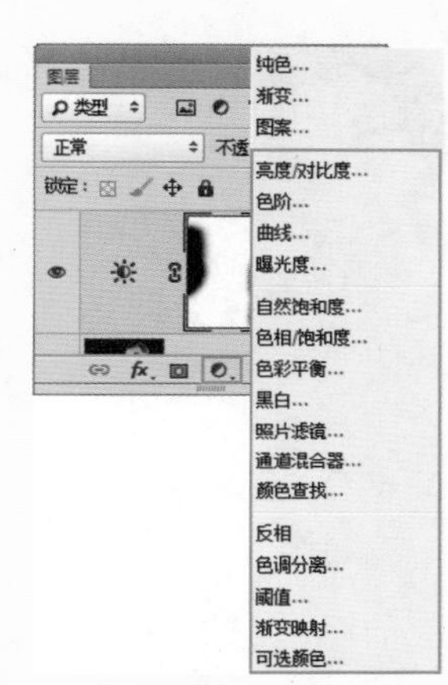

图 3-16

3.2 常用的明暗调整命令

使用相机拍摄照片时，快门速度、光圈大小、环境等因素都能够影响画面的明暗。一旦图像的明暗出现问题就会严重影响画面效果。Photoshop 中提供了多个可针对图像的明暗、曝光度、对比度等属性进行调整的命令，例如，“亮度 / 对比度”“色阶”“曲线”“曝光度”等。图 3-17 和图 3-18 所示为矫正画面明暗度的对比效果。

图 3-17

图 3-18

3.2.1 亮度 / 对比度

使用“亮度 / 对比度”命令可以调整图像的亮度和对比度。使用该命令可以使偏暗的图像变明亮，也可以使偏灰的图像变得更具冲击力。但是“亮度 / 对比度”命令不考虑图像中各个通道的颜色，而是对图像中的每个像素都进行同样的调整，因此它的调整会导致部分图像细节损失。

（1）打开一张图片，可以看到画面整体偏灰，缺乏层次感，如图 3-19 所示。

（2）执行“图层 > 新建调整图层 > 亮度 / 对比度”命令，在打开的“属性”面板中有“亮度”和“对比度”两个参数。因为画面偏暗，所以首先要调整画面亮度，当“亮度”为正数时表示提高图像的亮度；当“亮度”为负数时表示降低图像的亮度。在这是设置“亮度”为 30，参数设置如图 3-20 所示。此时画面明显变亮了很多，设置完成后的效果如图 3-21 所示。

图 3-19

图 3-20

图 3-21

（3）因为“亮度”是对画面整体亮度的调整，而导致画面中亮部和暗部的对比不足、整体效果偏灰调，下面通过设置“对比度”参数来设置图像亮度对比的强烈程度。设置“对比度”为 60，参数设置如图 3-22 所示。此时的画面效果如图 3-23 所示。

图 3-22

图 3-23

3.2.2 色阶

使用“色阶”命令可以调整图像的暗调、中间调和高光等强度级别，以校正图像的色调范围及色彩平衡效果。“色阶”命令以直方图作为调整图像基本色调的直观参考。“色阶”命令不仅适用于整个图像的明暗调整，还可以适用于图像的某一范围，或者对各个通道、图层进行调整。“色阶”命令与“亮度 / 对比度”命令相比可以比较精确地控制画面的明暗关系。

（1）打开一张照片，如图 3-24 所示，可以看到画面整体已经出现了“过曝”的问题，亮度非常高、对比度较低，背景没有层次，而且人物面部还处于阴影中，这些都是需要解决的问题。

图 3-24

（2）执行“图层 > 新建调整图层 > 色阶”命令，在打开的“色阶”属性面板中可以看到直方图，直方图是对一张数码照片的影调统计。直方图的横轴表示亮度级，黑的在左边，白的在右边，向右依次变亮。直方图的高度仅代表该影调级上的像素多少，如图 3-25 所示。此时可以从直方图中观察到画面中亮度的像素较多，暗的像素较少。

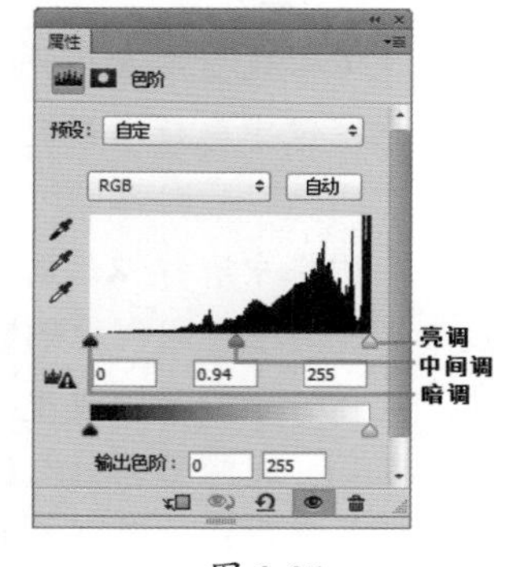

图 3-25

（3）画面中背景颜色不够鲜明是因为整体明度过高，亮调多，暗调少，所以要增加暗调，将代表亮调的黑色滑块向右拖动，以增加画面暗调的数量，如图 3-26 所示。在拖动滑块时可以观察画面的明度微微下降，色彩的艳丽程度增强很多，此时的画面效果如图 3-27 所示。

图 3-26

图 3-27

（4）因为人的面部处于阴影中，所以导致五官不是很清晰，而人像五官的表现是非常重要的，所以接下来需要调整面部的亮度。再次新建一个“色阶”调整图层，在“属性”面板中将控制亮部区域的白色滑块向左拖动，如图 3-28 所示。此时画面变亮，但是没有关系，我们只需要关注人像面部的亮度是否足够即可，效果如图 3-29 所示。

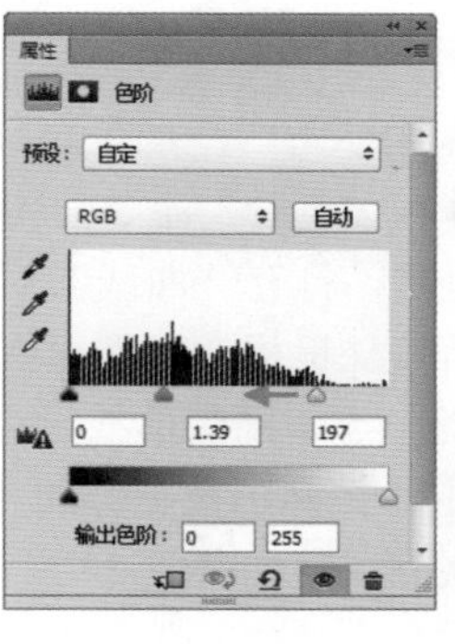

图 3-28

图 3-29

第
3
章

（5）因为只调整人像面部的光影，所以这时就需要利用色阶调整图层的图层蒙版将面部以外的调色效果隐藏。单击选中该调整图层的蒙版，如图 3-30 所示，将这个调整图层的图层蒙版填充为黑色。然后使用白色的柔角在人物面部进行涂抹。蒙版状态如图 3-31 所示。此时的画面效果如图 3-32 所示。

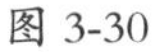

图 3-30

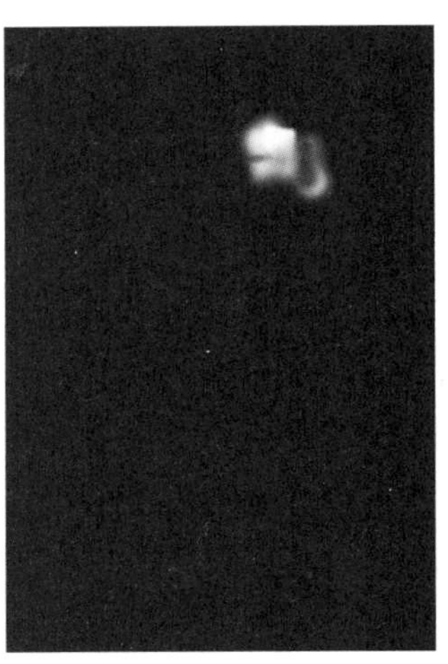

图 3-31

图 3-32

小提示：“色阶”属性面板中的参数详解

预设：单击下拉按钮，在弹出的下拉列表中选择一种预设的色阶调整选项来对图像进行调整。

通道：在“通道”下拉列表中可以选择一个通道来对图像进行调整，以校正图像的颜色。

在图像中取样以设置黑场：使用该吸管在图像中单击取样，可以将单击点处的像素调整为黑色，同时图像中比该单击点暗的像素也会变成黑色。

在图像中取样以设置灰场：使用该吸管在图像中单击取样，可以根据单击点像素的亮度来调整其他中间调的平均亮度。

在图像中取样以设置白场：使用该吸管在图像中单击取样，可以将单击点处的像素调整为白色，同时图像中比该单击点亮的像素也会变成白色。

输入色阶：这里可以通过拖动滑块来调整图像的阴影、中间调和高光，同时也可以直接在对应的输入框中输入数值。将滑块向左拖动，可以使图像变暗；将滑块向右拖动，可以使图像变亮。

输出色阶：这里可以设置图像的亮度范围，从而降低对比度。

3.2.3 曲线

“曲线”命令是调色中运用非常广泛的工具，不仅可以调节图片的明暗，还可以用来调色、校正颜色、增加对比。其功能与“色阶”命令的功能有异曲同工之妙。执行“曲线 > 调整 > 曲线”菜单命令或按 <Ctrl+M> 快捷键，打开“曲线”对话框。“曲线”命令的使用非常简单，只需将鼠标指针定位到曲线上，然后按住鼠标左键即可在曲线上添加一个“点”（最多可创建 14 个点），拖动点的位置即可改变曲线的形态，随着曲线形态的变化，画面的明暗以及色彩都会发生变化。整个曲线靠近右上方的部分主要控制图像亮部的区域，靠近左下方部分主要控制画面的暗部区域，中间部分则用于控制中间调的区域，如图 3-33 所示。

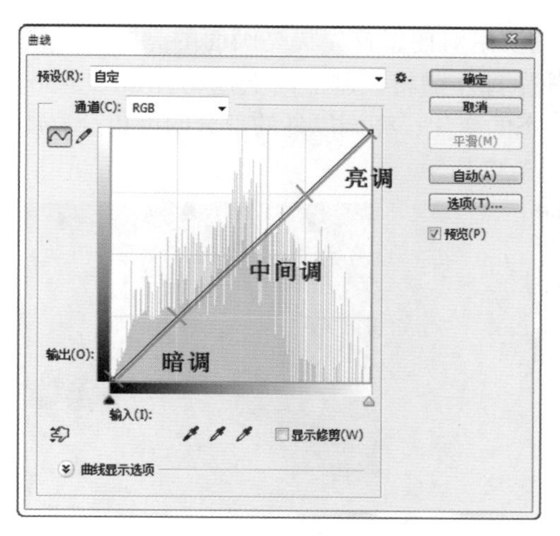

图 3-33

小提示：“曲线”对话框中的参数详解

预设：在此下拉列表中共有 9 种曲线预设效果，选中即可自动生成调整效果。

通道：在此下拉列表中可以选择一个通道来对图像进行调整，以校正图像的颜色。

在曲线上单击并拖动可修改曲线：选择该工具以后，将鼠标指针放置在图像上，曲线上会出现一个圆圈，表示鼠标指针处的色调在曲线上的位置，在图像上单击并拖动鼠标左键可以添加控制点以调整图像的色调。

编辑点以修改曲线：使用该工具在曲线上单击，可以添加新的控制点。通过拖动控制点可以改变曲线的形状，从而达到调整图像的目的。

通过绘制来修改曲线：使用该工具可以以手绘的方式自由绘制出曲线，绘制好曲线以后单击“编辑点以修改曲线”工具，可以显示出曲线上的控制点。

输入 / 输出：“输入”即“输入色阶”，显示的是调整前的像素值；“输出”即“输出色阶”，显示的是调整以后的像素值。

（1）打开一张照片，此时可以看到整个画面偏暗、偏灰、缺乏对比、颜色平平，如图 3-34 所示。图 3-35 所示为案例的完成效果，可以看到人物明暗对比强烈，画面具有青春活力感的色彩倾向，整体效果非常吸引人。

图 3-34

图 3-35

（2）接下来调整画面的明暗对比，首先提亮画面的亮度。将鼠标指针移动到曲线的中上方单击添加控制点，然后按住鼠标左键将控制点向上拖动，如图 3-36 所示。随着拖动画面的亮度有所提高。当然随着曲线形态的变化，亮调以外的部分明度也会有所上升，但受影响最大的部分仍然是亮部区域。效果如图 3-37 所示。

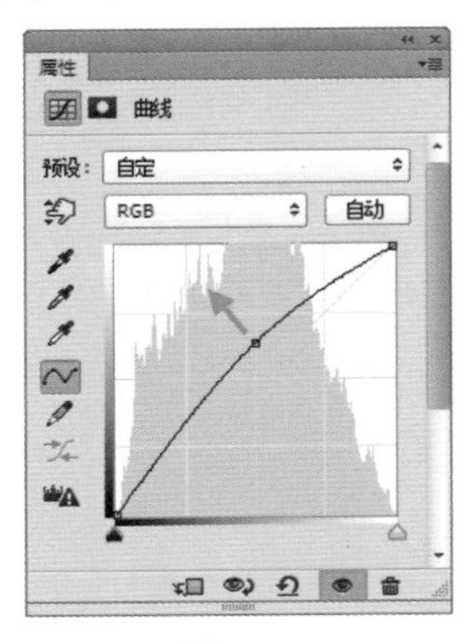

图 3-36

图 3-37

（3）为了增加画面的对比度，所以要压暗画面的暗部。在曲线的下半部添加控制点，然后将其向右下拖动，调整曲线形状如图 3-38 所示。调整曲线形状后，可以明显看到画面明暗对比增加了，效果如图 3-39 所示。

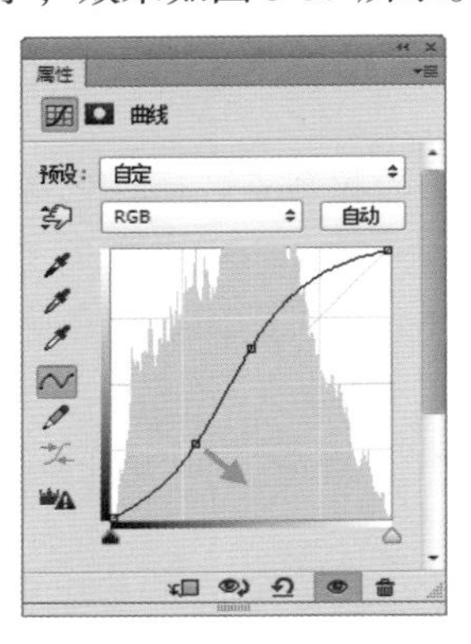

图 3-38

图 3-39

（4）为了让画面更加具有视觉冲击力，此时可以让暗部更加暗。在暗部添加一个控制点，将其稍微往下移动即可，如图 3-40 所示。此时可以看到画面中明暗对比更加强烈，画面效果如图 3-41 所示。

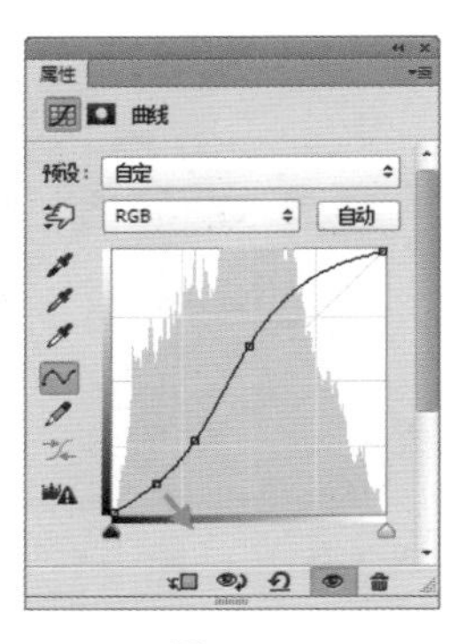

图 3-40

图 3-41

（5）接下来就通过调整曲线为画面调色。使用“曲线”进行调色的原理是调整各个通道中颜色的含量。如果想要对单个通道进行调整，可以在“通道”下拉列表中选择单独通道，在调整单独通道曲线形态时，画面则会产生颜色的变化。因为想将画面颜色调整为蓝色调，所以首先设置通道为“蓝”，然后在曲线的中间位置控制点将其向上拖动，如图 3-42 所示。此时增强了画面中蓝色的含量，画面效果如图 3-43 所示。

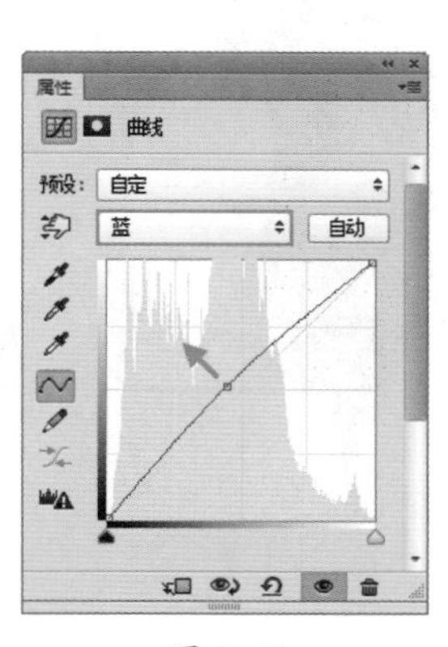

图 3-42

图 3-43

（6）画面中虽然有了蓝色的倾向，但是暗部区域的蓝色倾向还是不够强烈。在曲线的左下角部分添加控制点并向上轻移，如图 3-44 所示。画面效果如图 3-45 所示。

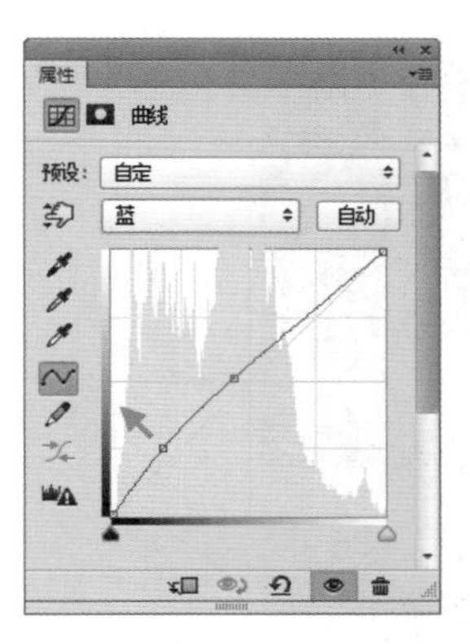

图 3-44

图 3-45

小提示：不同曲线形状所代表的相应效果

向上凸：图像像素变亮。

向下凹：图像像素变暗。

正 S：图像对比度增加。

反 S：图像对比度降低。

3.2.4 曝光度

在拍摄照片时，经常会因为光线过强或过暗使画面产生曝光过度或者画面昏暗的效果。曝光度是用来控制图片的色调强弱的工具。跟摄影中的曝光度有点类似，曝光时间越长，照片就会越亮。图 3-46 所示为曝光不足的照片，图 3-47 所示为一张曝光度正常的照片，图 3-48 所示为曝光过度的照片。

图 3-46

图 3-47

图 3-48

（1）打开一张照片，可以看到这张照片呈现出曝光不足的状态，如图 3-49 所示。

图 3-49

（2）执行“图层 > 新建调整图层 > 曝光度”命令，新建“曝光度”调整图层，向左拖动曝光度滑块，可以降低曝光效果；向右拖动滑块，可以增强曝光效果。“位移”主要对阴影和中间调起作用，可以使其变暗，但对高光基本不会产生影响。“灰度系数校正”是使用一种乘方函数来调整图像灰度系数，可以增加或减少画面的灰度系数。因为要调整画面曝光不足的现象，所以设置“曝光度”为 1.5，如图 3-50 所示。效果如图 3-51 所示。

图 3-50

图 3-51

3.2.5 阴影 / 高光

图像中的物体之所以具有立体感，很大一部分原因在于物体上由于光的影响而产生了阴影和高光区域。“阴影 / 高光”命令可以修复图像中过亮或过暗的区域，从而使图像尽量显示更多的细节。使用“阴影 / 高光”命令允许分别控制图像的阴影或高光，非常适合校正强逆光而形成的剪影照片，也适合校正由于太接近闪光灯而有些发白的焦点。以一张照片为例，从图像中可以直观地看出高光区域与阴影区域的分布情况，如图 3-52 所示。

图 3-52

（1）打开照片，如图 3-53 所示，可以看到照片中暗部区域范围较大，而且亮度偏低，这也就导致了画面中大面积的暗部细节都无法清晰展现。除此之外，亮部还存在曝光过度的情况，而“阴影 / 高光”命令非常适合于解决这种问题。

图 3-53

（2）执行“图像 > 调整 > 阴影 / 高光”命令，打开“阴影 / 高光”对话框。首先提高阴影区域的亮度，设置“数量”为 30%，如图 3-54 所示。此时画面效果如图 3-55 所示。

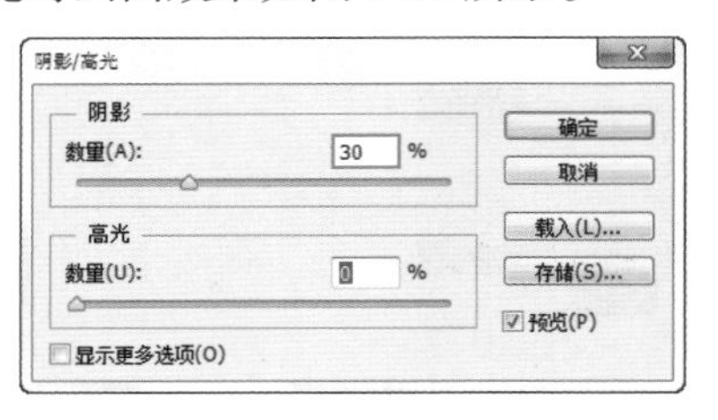

图 3-54

图 3-55

（3）接着降低亮部区域的曝光度，设置“数量”为 20%，如图 3-56 所示。此时画面效果如图 3-57 所示。

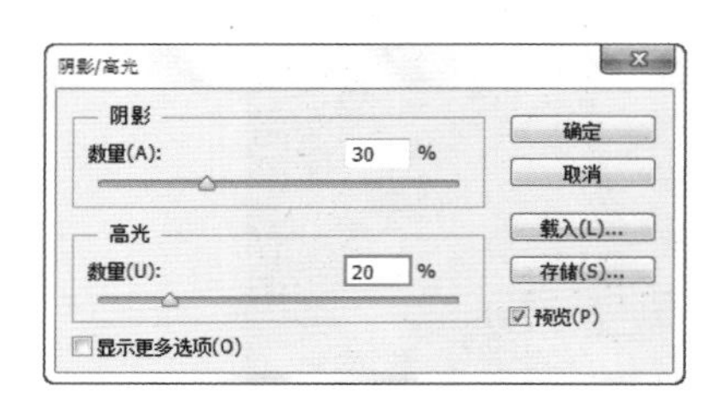

图 3-56

图 3-57

小提示：“阴影 / 高光”的高级选项

打开“阴影 / 高光”对话框，勾选对话框底部的“显示更多选项”，即可展开高级选项。

色调宽度： 用来控制色调的修改范围，值越小，修改的范围就只针对较暗的区域。

半径： 控制像素是在阴影中还是在高光中。

颜色校正： 用来调整已修改区域的颜色。

中间调对比度： 用来调整中间调的对比度。

修剪黑色和修剪白色： 这两个选项决定了在图像中将多少阴影和高光剪到新的阴影中。

3.3 超简单的入门调色命令

学会了调整图像的明暗，接下来就进行画面的调色。对于很多新用户来说，调色还很陌生。Photoshop 中提供了几种非常简单的调色方式，使用这些命令可以轻而易举地进行调色。

3.3.1 自动色调 / 对比度 / 颜色

打开图片，如图 3-58 所示。可以看到这照片可能是摄影师的“即兴之作”，在色彩上存在着一些问题，接下来就使用“自动色调”“自动对比度”和“自动颜色”3 个命令去调整画面。

（1）“自动色调”命令会自动调整图像中的暗部和亮部。该命令将画面中最亮和最暗的像素调整为纯白和纯黑，中间像素值按比例重新分布。执行“图像 > 自动色调”命令，画面效果如图 3-59 所示。

图 3-58

图 3-59

（2）使用“自动对比度”命令可以自动调整图像中颜色的对比度，将图像中最亮和最暗像素映射到白色和黑色，使高光显得更亮而暗调显得更暗。执行“图像 > 自动对比度”命令，画面效果如图 3-60 所示。

（3）使用“自动颜色”命令可以通过搜索实际像素来调整图像的色相饱和度，使画面颜色更为鲜艳。执行“图像 > 自动颜色”命令，画面效果如图 3-61 所示。

图 3-60

图 3-61

3.3.2　自然饱和度：打造高色感的外景“糖水片”

“自然饱和度”命令主要用于调整图像的自然颜色饱和度，这个命令非常适用于数码照片的调整。使用“自然饱和度”命令调整图像时，它在调节图像饱和度的时候会保护已经饱和的像素，即在调整时会大幅增加不饱和像素的饱和度，而对已经饱和的像素只做很少、很细微的调整，这对皮肤的肤色有很好的保护作用，这样不但能够增加图像某一部分的色彩，而且还能使整幅图像饱和度正常。

（1）打开一张照片，如图 3-62 所示，可以看到画面色彩不够艳丽，这是因为画面中颜色不够饱和。执行“图层 > 新建调整图层 > 自然饱和度”菜单命令，因为画面颜色不够饱和，所以要调整“自然饱和度”。调整该参数，向左拖动滑块可以降低饱和度；向右拖动滑块可以增加饱和度。在这里向右拖动滑块，当滑块移动到最右端时，画面中颜色最鲜艳。参数设置如图 3-63 所示。画面效果如图 3-64 所示。

图 3-62

图 3-63

图 3-64

（2）若要将画面颜色调整的更加鲜艳，可以调整“饱和度”选项。将“饱和度”调整为 20，如图 3-65 所示。此时画面效果如图 3-66 所示。

图 3-65

图 3-66

3.3.3 照片滤镜：暖调变冷调

照片滤镜是一款调整照片色温的工具，它可以模仿在相机镜头前面添加彩色滤镜的效果。使用该命令可以快速调整通过镜头传输的光的色彩平衡、色温和胶片曝光，对图像的色调进行调整。

（1）打开照片，如图 3-67 所示。

图 3-67

（2）执行“图层 > 新建调整图层 > 照片滤镜”命令，打开“属性”面板。在“照片滤镜”中有预设的“滤镜”，单击即可打开下拉菜单，可以通过滚动鼠标的中轮查看不同滤镜的效果，如图 3-68 所示。图 3-69 所示为“冷却滤镜（80）”的效果。

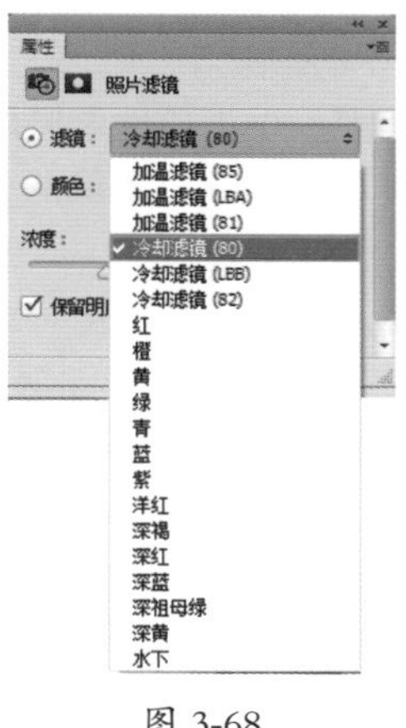

图 3-68

图 3-69

（3）使用“照片滤镜”还可以设置自定义颜色。首先选择“颜色”选项，然后单击后侧的色块即可打开“拾色器”对话框，在“拾色器”对话框中选择一种颜色，如图 3-70 所示。此时画面效果如图 3-71 所示。

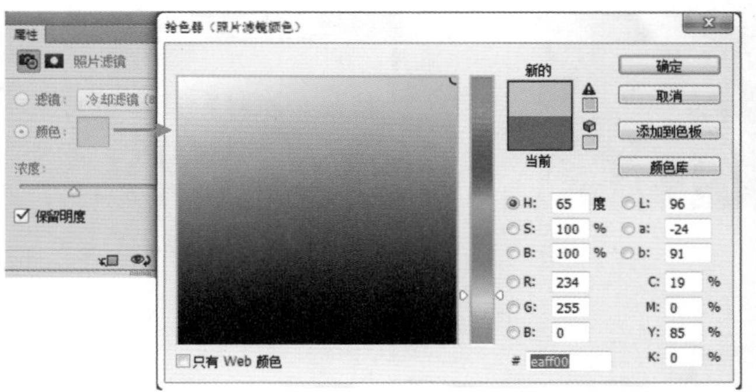

图 3-70

图 3-71

（4）“浓度”参数是用来设置调整滤镜颜色应用到图像中的颜色百分比。数值越高，应用到图像中的颜色浓度就越大，颜色倾向就会越明显，如图 3-72 所示。若勾选“保留明度”选项，可以保留图像的明度不变。

图 3-72

3.3.4 变化：超简单的色调调整法

“变化”命令通过显示调整效果的缩览图，可以使用户很直观、很简单地调整图像的色彩平衡、饱和度和对比度。“变化”命令使图像颜色调整变得较为直观，能够对图像的整体效果进行快速调整，但它的不足之处则是无法对图像做精确的色彩调整。

打开图片，如图 3-73 所示。执行“图像 > 调整 > 变化”命令，打开“变化”对话框。在对话框的主要位置包括了“加深绿色”“加深黄色”“加深青色”“加深红色”“加深蓝色”和“加深洋红”6 个颜色选项及相应的缩览图。若要加深某种颜色，单击某一个颜色选项，图片就会增加相应颜色的成分，在中间的“当前挑选”中展示着当前的效果，而四周则展示着被选的调色选项，如图 3-74 所示。

图 3-73

> **小提示**：“变化”对话框中的参数详解
>
> **饱和度 / 显示修剪**：专门用于调节图像的饱和度。另外，勾选“显示修剪”选项，可以警告超出了饱和度范围的最高限度。
>
> **精细 / 粗糙**：该选项用来控制每次进行调整的量。需要特别注意的是，每移动一格，调整数量会双倍增加。

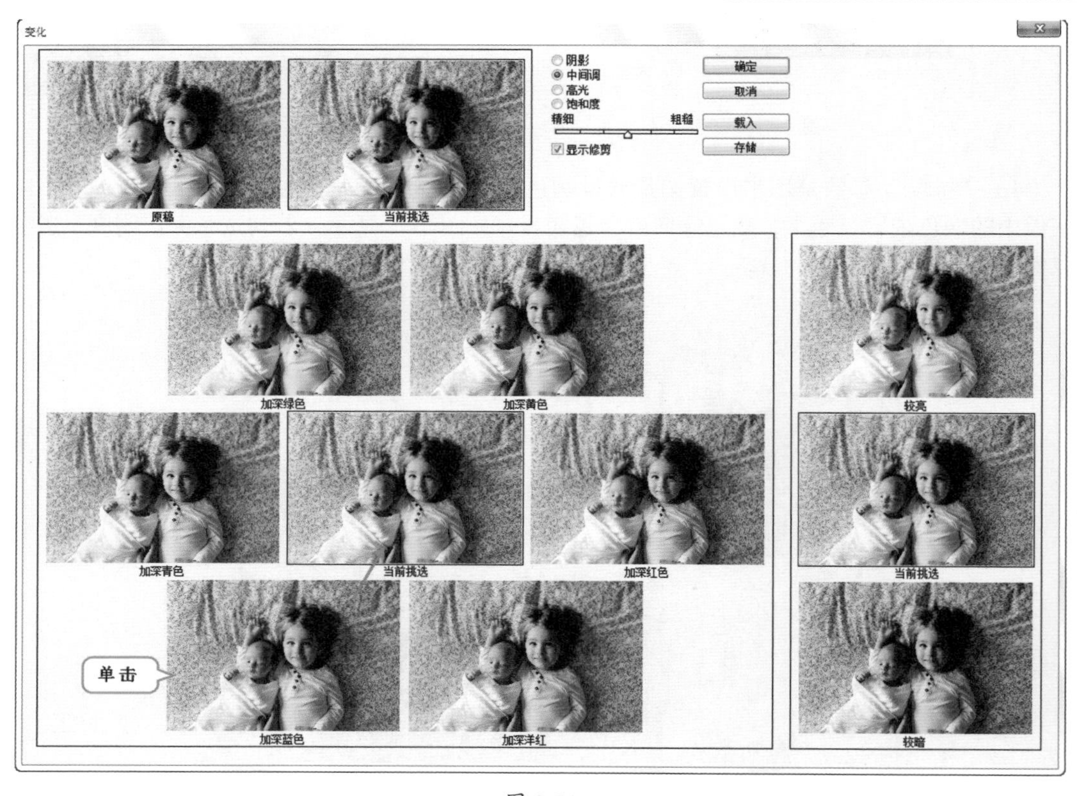

图 3-74

3.4 常用的色彩调整命令

图像色彩调整其实就是通过对图像中每种颜色的色相、饱和度、明度等属性进行调整，从而实现整个画面颜色的变化。在 Photoshop 中存在了许多调整色彩的命令，例如色相 / 饱和度、色彩平衡、可选颜色、替换颜色等命令。图 3-75 和图 3-76 所示为调色的对比效果。

图 3-75

图 3-76

3.4.1 色相 / 饱和度：画面色彩变变变

"色相 / 饱和度"命令是较为常用的色彩调整命令，该命令可以对色彩的三大属性——色相、饱和度（纯度）、明度进行修改。还可以调整图像中单个通道的色相、饱和度和明度，非常适用于数码照片的调整。

（1）打开一张图片，可以看到女孩穿着青绿色的衣服，如图 3-77 所示。接下来就通过"色相 / 饱和度"调整人物衣服的颜色。执行"图层 > 新建调整图层 > 色相 / 饱和度"命令，打开"色相 / 饱和度"属性面板。因为要调整衣服颜色，所以首先设置通道为"青色"，然后通过拖动"色相"滑块去更改衣服的色相。在拖动过程中可以查看调色效果，如图 3-78 所示。随着参数的调整，只有青色的衣服部分发生了颜色变化，其他区域都没有改变，如图 3-79 所示。

图 3-77

图 3-78

图 3-79

（2）确定了衣服的颜色，接下来调整衣服颜色的鲜艳程度。“饱和度”选项可以用来调整颜色的鲜艳程度，向左拖动滑块可以降低饱和度；向右拖动滑块可以增加饱和度。例如，将“饱和度”设置为50，参数设置如图 3-80 所示。此时衣服的效果如图 3-81 所示。

图 3-80

图 3-81

（3）接着调整“明度”，明度是指色彩的明暗程度。数值越大，明度越低；数值越小，明度越高。当“明度”为 100，本来洋红的颜色变为最亮，也就是白色，如图 3-82 所示。此时衣服效果如图 3-83 所示。

图 3-82

图 3-83

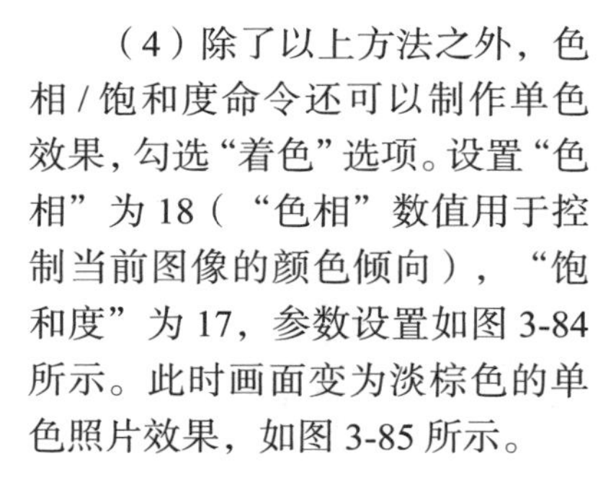

（4）除了以上方法之外，色相 / 饱和度命令还可以制作单色效果，勾选“着色”选项。设置“色相”为 18（“色相”数值用于控制当前图像的颜色倾向），“饱和度”为 17，参数设置如图 3-84 所示。此时画面变为淡棕色的单色照片效果，如图 3-85 所示。

图 3-84

图 3-85

> **小提示：“色相/饱和度”属性面板中的参数详解**
>
> **预设：**在“预设”下拉列表中提供了 8 种色相/饱和度预设。
>
> **通道下拉列表：**在通道下拉列表中可以选择全图、红色、黄色、绿色、青色、蓝色和洋红通道进行调整。选择好通道以后，拖动下面的“色相”、“饱和度”和“明度”滑块，可以对该通道的色相、饱和度和明度进行调整。
>
> **在图像上单击并拖动可修改饱和度**：使用该工具在图像上单击设置取样点以后，向右拖动鼠标可以增加图像的饱和度，向左拖动鼠标可以降低图像的饱和度。
>
> **着色：**勾选该选项以后，图像会整体偏向于单一的红色调，还可以通过拖动 3 个滑块来调节图像的色调。

3.4.2 色彩平衡：校正偏色，制作风格化色彩

“色彩平衡”命令用于更改图像的总体颜色混合，通过对图像的色彩平衡处理，可以校正图像色偏、过饱和或饱和度不足的情况，也可以根据自己的喜好和制作需要，调整出需要的色彩。要熟练使用“色彩平衡”命令，首先需要了解一下补色的概念。在标准色轮上，处于相对位置的颜色被称为补色，如绿色和洋红色为互补色，黄色和蓝色为互补色，红色和青色为互补色，如图 3-86 所示。“色彩平衡”命令的一个重要特征是画面中某一种颜色成分的减少，必然导致其补色成分的增加。另外，每一种颜色都可以由它的相邻颜色混合得到，如洋红色可以由红色和蓝色混合而成，青色可以由绿色和蓝色混合而成，黄色可以由绿色和红色混合而成等，因此可以通过增减互补色来调整颜色，如图 3-87 所示。

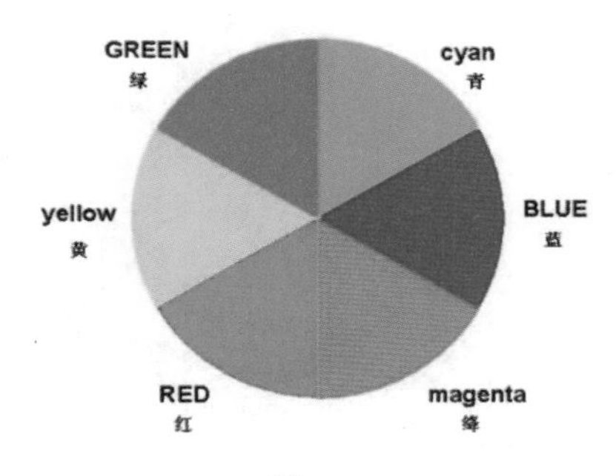

图 3-86

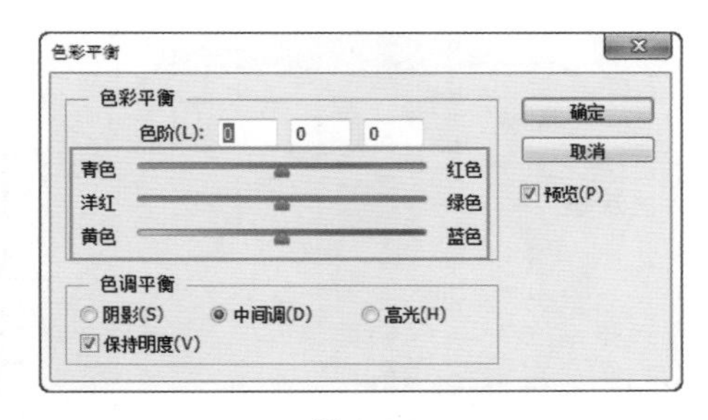

图 3-87

（1）打开一张图片，如图 3-88 所示。这是一张普通的儿童摄影，画面有些偏色，接下来就通过“色彩平衡”命令校正画面偏色现象。

图 3-88

（2）执行“图层 > 新建调整图层 > 色彩平衡”命令，打开“色彩平衡”属性面板。因为中间调区域占了画面中的很大一部分，所以先将“色调”设置为“中间调”。因为画面中的红色较多，所以需要减少红色的含量，这就需要向左拖动“青色 / 红色”滑块，拖动到 -21，如图 3-89 所示。画面效果如图 3-90 所示。

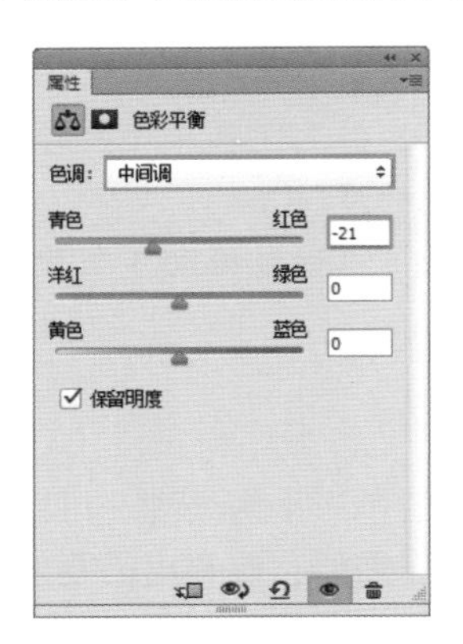

图 3-89

图 3-90

（3）此时画面中还是有一些偏红，接着向右侧拖动“洋红 / 绿色”的滑块，拖动到 1，如图 3-91 所示。画面效果如图 3-92 所示。

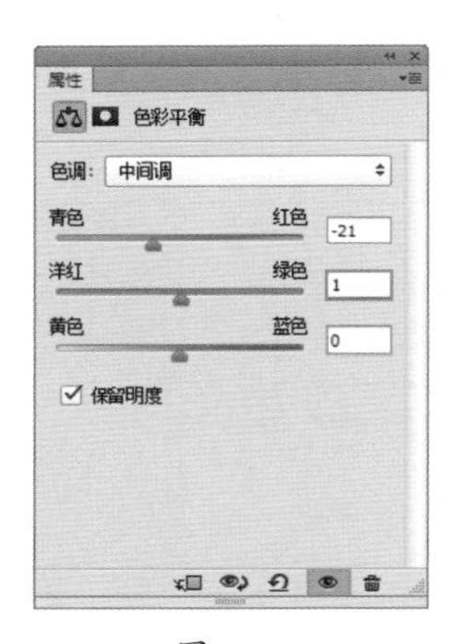

图 3-91

图 3-92

（4）接着调整中间调中黄色的含量。向左拖动“黄色 / 蓝色”滑块，拖动到 -9，如图 3-93 所示。此时画面效果如图 3-94 所示。中间调的部分制作完成。

图 3-93

图 3-94

（5）接着设置“色调”为“阴影”，设置“青色 / 红色”为 –14，“洋红 / 绿色”为 –9，“黄色 / 蓝色”为 3，参数设置如图 3-95 所示。此时画面效果如图 3-96 所示。

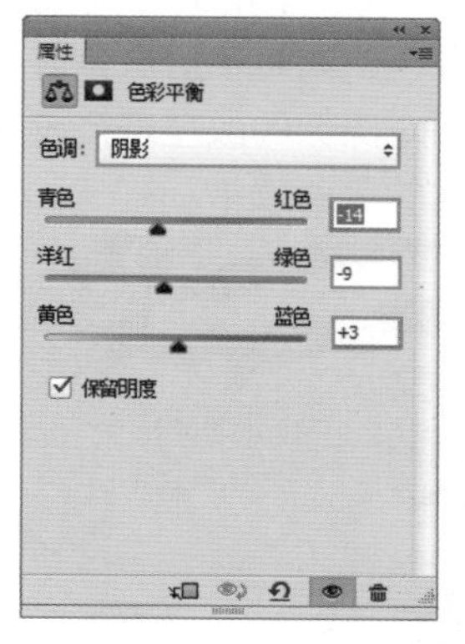

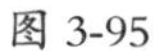

图 3-95

图 3-96

（6）接着设置“色调”为“高光”，设置“青色 / 红色”为 42，“洋红 / 绿色”为 51，“黄色 / 蓝色”为 83，参数设置如图 3-97 所示。到这里画面的偏色问题基本被矫正了，此时画面效果如图 3-98 所示。

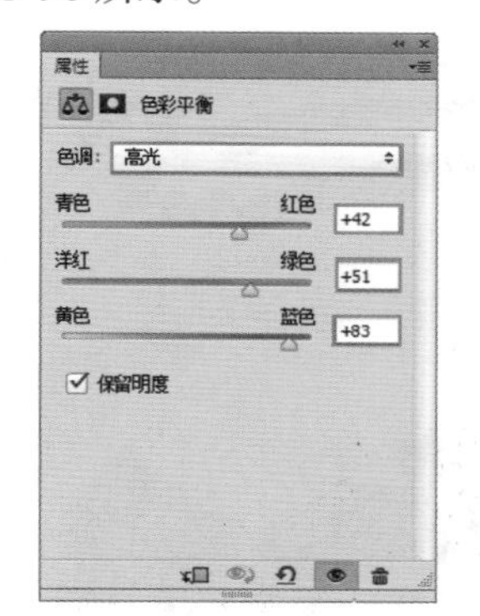

图 3-97

图 3-98

（7）也可以使用“色彩平衡”命令进行风格化的调色。其实很多风格化的调色效果就是一种“偏色”现象，但是为了追求艺术化的效果，在某种程度上偏色问题也是可以被接受的。例如，要将图 3-88 所示的照片调整为淡雅柔和的色调。首先设置“青色 / 红色”的数值为 47，“黄色 / 蓝色”的数值为 68，参数设置如图 3-99 所示。接着设置“色调”为“高光”，“黄色 / 蓝色”的数值为 – 37，参数设置如图 3-100 所示。此时画面效果如图 3-101 所示。

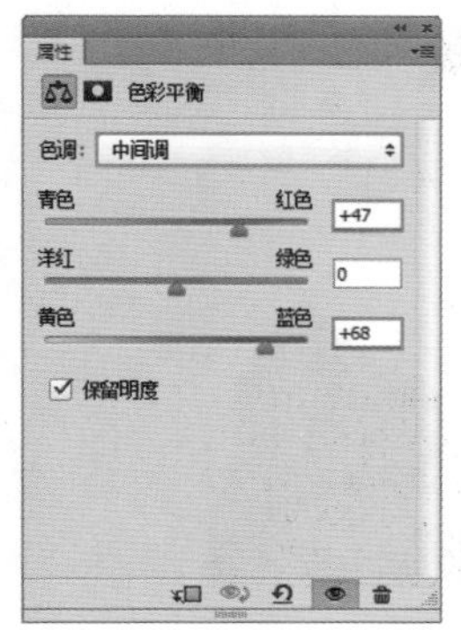

图 3-99

图 3-100

图 3-101

3.4.3 可选颜色：模拟 LOMO 色调

使用“可选颜色”命令可以调整单个颜色分量的印刷色数量，它基于组成图像某一主色调的 4 种基本印刷色（CMYK），例如，减少图像中蓝色成分中的青色，同时保留绿色成分中的青色不变，这样就可以不影响该印刷色在其他主色调中的含量，从而对图像的颜色进行校正。使用“可选颜色”命令既可以校正图像的颜色，也可以用来制作风格化的色调效果。

（1）打开一张照片，画面整体色调倾向为黄色调，如图 3-102 所示。接下来通过“可选颜色”命令将画面色调更改为小清新感的淡紫 LOMO 色调。首先增加一下画面的对比度，可以通过增加画面中黑色的含量让暗的位置更暗。设置“颜色”为黑色，然后设置“黑色”为 50%，参数设置如图 3-103 所示。此时画面效果如图 3-104 所示。

图 3-102

图 3-103

图 3-104

（2）接下来调整画面中的高光。先设置“颜色”为“白色”，然后调整“黑色”为 – 50%，参数设置如图 3-105 所示。此时画面效果如图 3-106 所示。

图 3-105

图 3-106

（3）接下来调整“白色”的色彩倾向。因为高光的位置主要是皮肤的颜色，而皮肤的颜色为黄色，所以先不去调整“黄色”的参数。减少“青色”和“洋红”的数量为 – 100%，参数设置如图 3-107 所示。此时画面效果如图 3-108 所示。

图 3-107

图 3-108

（4）接着设置“颜色”为“中性色”，以减少黄色的含量。设置“黄色”为 – 30%，参数设置如图 3-109 所示。画面效果如图 3-110 所示。

图 3-109

图 3-110

（5）此时皮肤和头发的颜色不是很自然，接着增加黄色的含量。设置“颜色”为“黄色”，然后设置“黄色”为 50%，参数设置如图 3-111 所示。画面效果如图 3-112 所示。

图 3-111

图 3-112

> 小提示：“可选颜色”属性面板的参数详解
>
> **方法：**单击“相对”单选按钮，可以根据颜色总量的百分比来修改青色、洋红、黄色和黑色的数量；单击“绝对”单选按钮，可以采用绝对值来调整颜色。

3.4.4 替换颜色

“替换颜色”命令可以为图像中选定的颜色创建一个选区，然后用其他的颜色替换选区中的颜色。可以通过调整色相、饱和度和明度进行调色。接下来就通过调整人物衣服的颜色来学习“替换颜色”命令。

（1）打开一张图片，如图 3-113 所示。接着就使用“替换颜色”命令将紫色裙子更改为粉色。执行“图像 > 调整 > 替换颜色”命令，打开“替换颜色”对话框。首先选中需要更改颜色的区域，将鼠标指针移动至裙子处，然后单击，接着可以在“颜色容差”窗口的缩览图中看到裙子的轮廓，白色的区域就是选中的区域（调整颜色的区域），如图 3-114 所示。

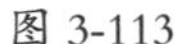

图 3-113

图 3-114

> 小提示：“替换颜色”对话框中的参数详解
>
> **本地化颜色簇：**该选项主要用来同时在图像上选择多种颜色。
>
> **吸管：**利用“吸管工具”可以选中被替换的颜色。使用“吸管工具”在图像上单击，可以选中单击点处的颜色，同时在“选区”缩略图中也会显示出选中的颜色区域（白色代表选中的颜色，黑色代表未选中的颜色）；使用“添加到取样”在图像上单击，可以将单击点处的颜色添加到选中的颜色中；使用“从取样中减去”在图像上单击，可以将单击点处的颜色从选定的颜色中减去。
>
> **颜色容差：**该选项用来控制选中颜色的范围。数值越大，选中的颜色范围越广。
>
> **选区 / 图像：**单击“选区”单选按钮，可以以蒙版方式进行显示，其中白色表示选中的颜色，黑色表示未选中的颜色，灰色表示只选中了部分颜色；单击“图像”单选按钮，则只显示图像。
>
> **替换：**“替换”中的 3 个选项与“色相 / 饱和度”命令的 3 个选项相同，可以调整选定颜色的色相、饱和度和明度。调整完成后，画面选区部分即可变成替换的颜色。

（2）在缩览图中，白色的区域没有包含裙子的全部，所以还得继续选取。单击“添加到取样”按钮，继续在裙子上方单击取样，直到缩览图中的裙子变为白色，如图 3-115 所示。

（3）取样完成后，接下来开始替换颜色。通过拖动“色相”滑块来调整选中区域的颜色。设置“色相”为 100，如图 3-116 所示。此时裙子效果如图 3-117 所示。

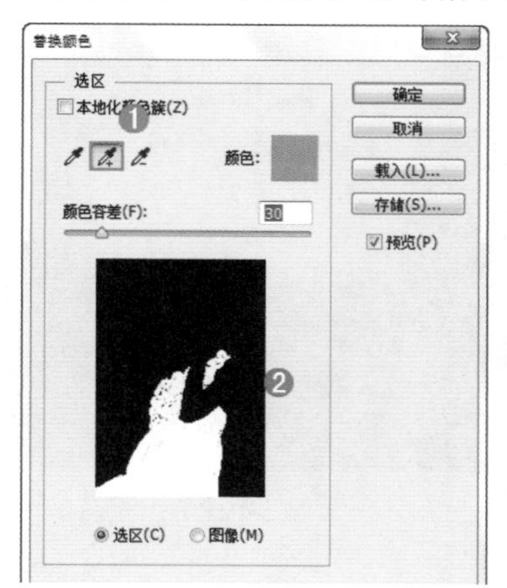

图 3-115

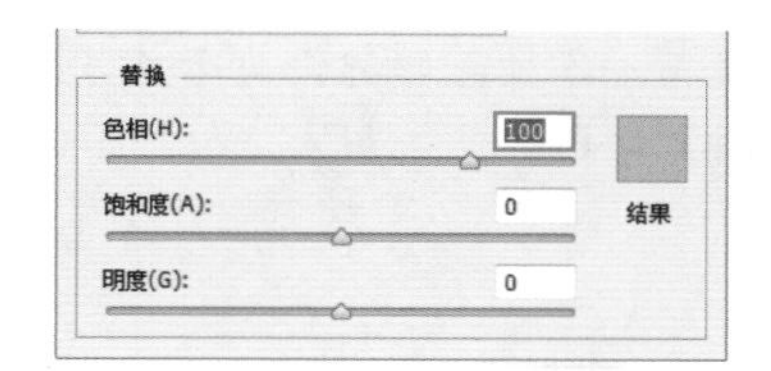

图 3-116

图 3-117

3.5 制作灰度图像的命令

常用于制作灰度图像的命令有两个，一个是“去色”命令，使用该命令可以制作黑白照片；另一个是“黑白”命令，使用该命令不仅可以制作黑白照片还可以制作单色照片。图 3-118 与图 3-119 所示为使用这两个命令进行调色的前后对比效果。

图 3-118

图 3-119

3.5.1 去色：快速打造黑白照片

“去色”命令可以将图像中的颜色去掉，使其成为灰度图像，但会保留图像原有的亮度与色彩模式不变。打开图片，如图 3-120 所示。接着执行“图像 > 调整 > 去色”命令或使用快捷键 <Ctrl+Shift+U>，此时画面中的颜色就会消失变为黑白照片，效果如图 3-121 所示。

图 3-120

图 3-121

小技巧： 黑白摄影的魅力

黑白摄影的魅力在于摒弃无关紧要的细节，将画面以纯粹的方式表现出来。黑白摄影并非将色彩丢失，而是以不同的灰度层次再现景物的色彩和深浅，各种色彩都化为千差万别的灰色来表现层次、质感，在抒发情感、渲染气氛方面更有独到之处。

3.5.2 黑白：制作黑白照片与单色照片

“黑白”命令在把彩色图像转换为黑色图像的同时还可以控制每一种色调的量（也就是这种颜色转换为黑白图像后的明度）。另外“黑白”命令还可以将黑白图像转换为带有颜色的单色图像。

（1）打开图片，如图 3-122 所示。接着执行“图层 > 新建调整图层 > 黑白”命令，打开“属性”面板后，画面也会变为黑色。“黑白”命令会像“去色”命令一样将画面进行去色。此时参数面板如图 3-123 所示。画面效果如图 3-124 所示。

图 3-122

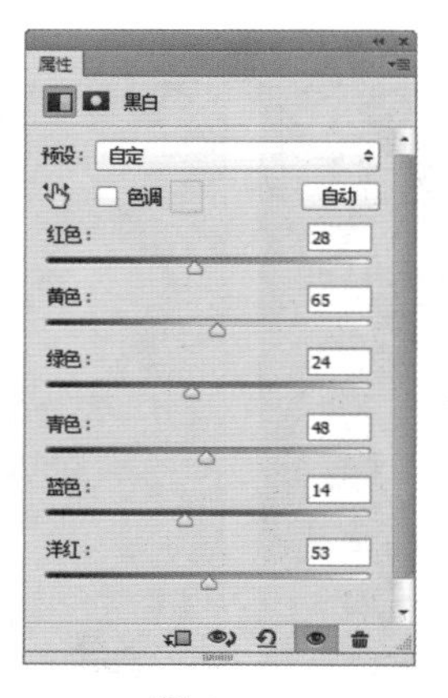

图 3-123

图 3-124

（2）画面颜色对比还是不够强烈，可以用“曝光度”命令进行调整。新建一个“曝光度”调整图层，参数设置如图 3-125 所示。画面效果如图 3-126 所示。

图 3-125

图 3-126

（3）若要制作其他颜色的单色照片，可以在“黑白”调整面板中勾选“色调”复选框，然后单击颜色色块随即会打开“拾色器”对话框，在“拾色器”对话框中设置一种颜色，如图 3-127 所示。颜色设置完成后单击“确定”按钮，此时画面效果如图 3-128 所示。

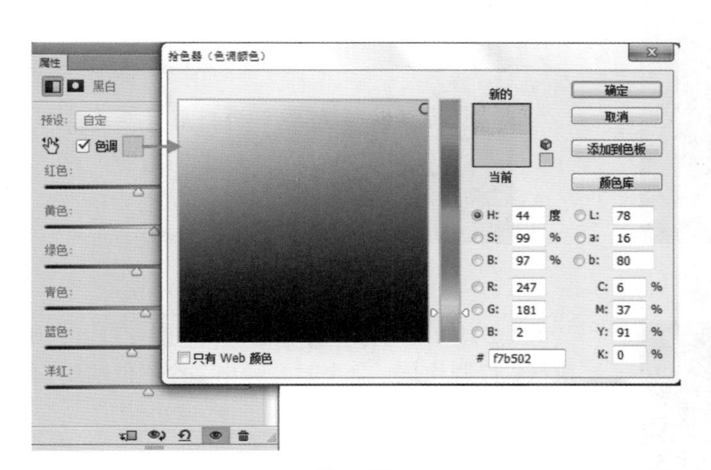

图 3-127

图 3-128

小提示：“黑白”属性面板中的参数详解

预设：在其下拉列表中提供了 12 种黑色效果，可以直接选择相应的预设来创建黑白图像。

颜色：这 6 个选项用来调整图像中特定颜色的灰色调。例如，在这张图像中，向左拖动“红色”滑块，可以使由红色转换而来的灰度色变暗；向右拖动滑块，则可以使灰度色变亮。

色调：勾选“色调”选项，可以为黑色图像着色，以创建单色图像。另外还可以调整单色图像的色相和饱和度。

3.6 其他调色命令

“调整”菜单中还有一部分调整命令为特殊的色调控制命令，这些命令可以改变图像的颜色和亮度，或者产生特殊的图像效果。例如“色调均化”命令、“匹配颜色”命令、“通道混合器”命令、“颜色查找”命令、“反相”命令、“色调分离”命令、“阈值”命令、“渐变映射”命令和“HDR 色调”命令。

3.6.1 色调均化

“色调均化”命令的作用是重新分布图像中像素的亮度值，以便它们更均匀地呈现所有范围的亮度级。使用此命令时，Photoshop 尝试对图像进行直方图均衡化，即在整个灰度范围中均匀分布每个色阶的灰度值。

（1）打开一个图像，如图 3-129 所示。执行“图像 > 调整 > 色调均化”命令，效果如图 3-130 所示。

图 3-129

图 3-130

图 3-131

（2）如果图像中存在选区（图 3-131），则执行“色调均化”命令时会弹出一个“色调均化”对话框。如图 3-132 所示。

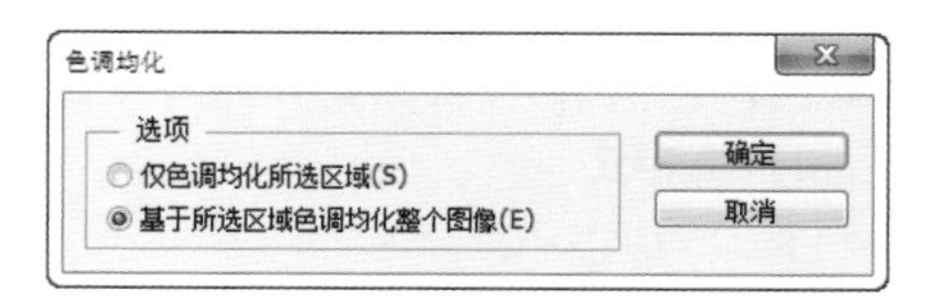

图 3-132

（3）若单击“仅色调均化所选区域”单选按钮，就会仅均化选区内的像素，效果如图 3-133 所示。若单击“基于所选区域色调均化整个图像”单选按钮，就会按照选区内的像素均化整个图像的像素，效果如图 3-134 所示。

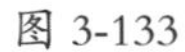

图 3-133

图 3-134

3.6.2 匹配颜色：“套用”其他照片的色调

“匹配颜色”命令可以在多个图像、图层或色彩选区之间进行颜色匹配。该命令通过更改图像的亮度、色彩范围的方式调整图像中的颜色。“匹配颜色”命令仅适用于 RGB 颜色的图像。

（1）打开包含两个图层的文档，如图 3-135 所示的“背景”图层，如图 3-136 所示的“图层 1”图层。接下来就将“图层 1”的颜色“匹配”到“背景”图层。

图 3-135

图 3-136

（2）选择“背景”图层，接着执行“图像 > 编辑 > 匹配颜色”命令，打开“匹配颜色”对话框。首先要设置用来匹配的“源”为本文件，然后设置“图层”为“图层 1”，参数设置如图 3-137 所示。

（3）接着就来调整画面的颜色，首先调整“明亮度”，它是用来调整图像匹配的明亮程度，设置参数为 120；然后设置“颜色强度”，该选项是用来调整图像的饱和度，设置参数为 150；

最后设置“渐隐”，该选项用来设置匹配到目标图像的颜色浓度，设置参数为 30，参数设置如图 3-138 所示。设置完成后单击“确定”按钮，然后将“图层 1”隐藏，此时画面效果如图 3-139 所示。

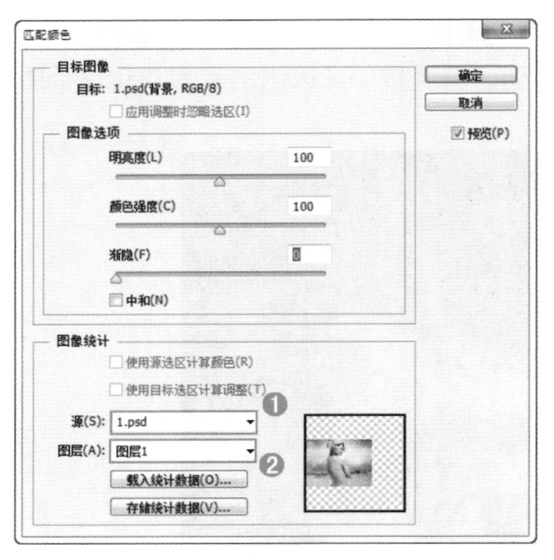

图 3-137

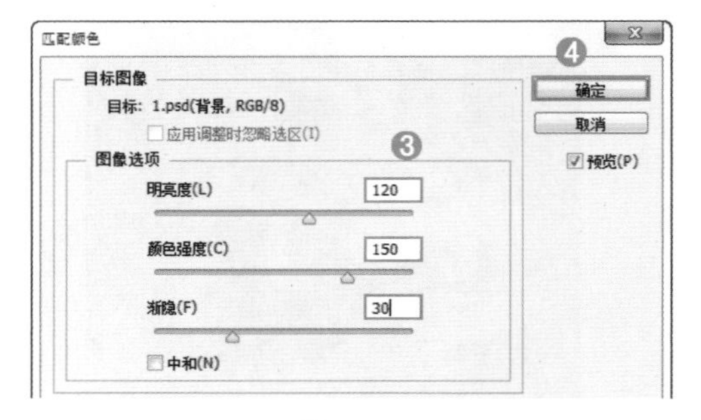

图 3-138

> 小提示：“匹配颜色”对话框中的参数详解
>
> **目标：**这里显示要修改的图像的名称以及颜色模式。
>
> **应用调整时忽略选区：**如果目标图像（即被修改的图像）中存在选区，勾选该选项，Photoshop 将忽视选区的存在，会将调整应用到整个图像；如果不勾选该选项，那么调整只针对选区内的图像。
>
> **渐隐：**此选项有点类似于图层蒙版，它决定了有多少源图像的颜色匹配到目标图像的颜色中。
>
> **使用源选区计算颜色：**该选项可以使用源图像中的选区图像的颜色来计算匹配颜色。
>
> **使用目标选区计算调整：**该选项可以使用目标图像中的选区图像的颜色来计算匹配颜色（注意，这种情况必须选择源图像为目标图像）。
>
> **源：**该选项用来选择源图像，即将颜色匹配到目标图像的图像。

图 3-139

3.6.3 通道混合器

“通道混合器”命令是通过混合当前通道颜色与其他通道的颜色像素，从而改变图像的颜色。该命令主要用于创建出各种不同色调的图像，同时也可以用来创建高品质的灰度图像。“通道混合器”的混合原理很简单，在 RGB 模式下共有 R: 红色、G: 绿色、B: 蓝色 3 种颜色，“红色 + 绿色 = 黄色”“红色 + 蓝色 = 紫色”“蓝色 + 绿色 = 青色”。同样在通道中有红、绿、蓝 3 种通道，三者通过混合就构成了照片的颜色。

（1）打开一张图片，如图 3-140 所示。接下来就通过“通道混合器”命令改变照片色调。

图 3-140

（2）执行“图层>新建调整图层>通道混合器”命令，打开“通道混合器”属性面板。首先设置“输出通道”为“红”，然后设置“红色”为100%，参数设置如图3-141所示。此时画面效果如图3-142所示。

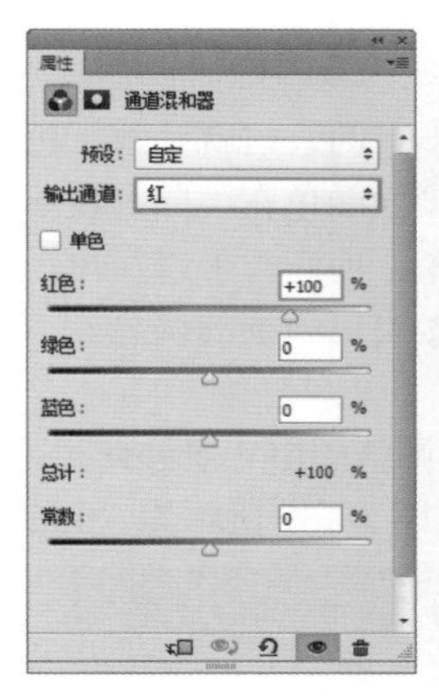

图 3-141

图 3-142

（3）接着设置“输出通道”为“绿”，然后设置“绿色”为100%，参数设置如图3-143所示。此时画面效果如图3-144所示。

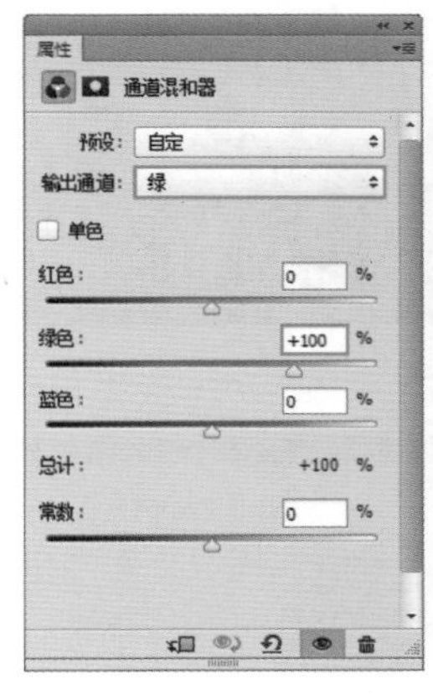

图 3-143

图 3-144

（4）接着设置“输出通道”为“蓝”，然后设置“蓝色”为56，参数设置如图3-145所示。此时画面效果如图3-146所示。

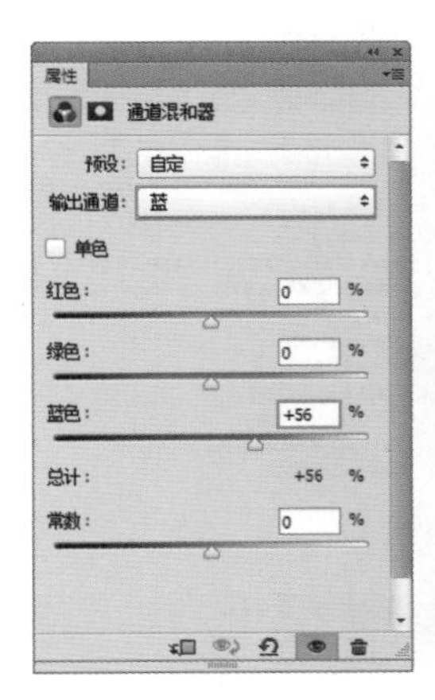

图 3-145

图 3-146

小提示：“通道混合器”属性面板中的参数详解

预设：Photoshop 提供了 6 种制作黑白图像的预设效果。

输出通道：在其下拉列表中可以选择一种通道来对图像的色调进行调整。

总计：显示源通道的计数值。如果计数值大于100%，则有可能会丢失一些阴影和高光细节。

常数：用来设置“输出通道”的灰度值，负值可以在通道中增加黑色，正值可以在通道中增加白色。

3.6.4 颜色查找：为照片赋予风格化调色效果

数字图像输入或输出设备都有自己特定的色彩空间，这就导致了色彩在不同的设备之间传输时出现不匹配的现象。“颜色查找”命令可以使画面颜色在不同的设备之间精确传递和再现。虽然“颜色查找”命令不是最好的精细色彩调整命令，但它却可以在短短几秒钟内创建多个颜色版本，因为其本身就是调整图层，可以再配合蒙版做出更精细的调色。“颜色查找”命令也可以用来更换画面的整体风格。

打开图片，如图 3-147 所示。执行“图层>新建调整图层>颜色查找”命令，单击“3DLUT 文件”选项在下拉列表中有多个命令，如图 3-148 所示。图 3-149 所示为“fimstosk_50.3dl”的调色效果。

图 3-147

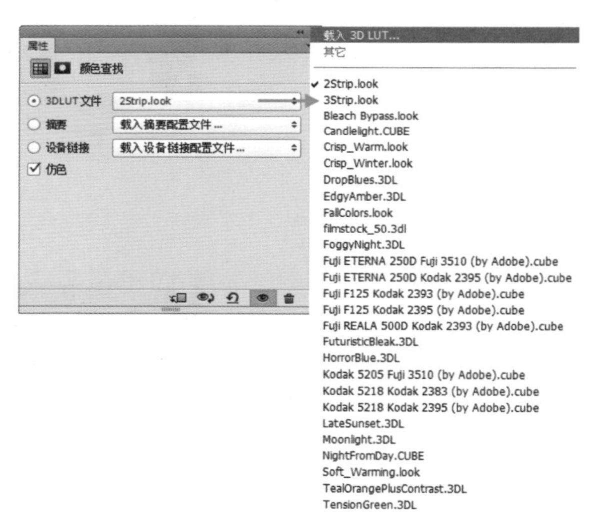

图 3-148

图 3-149

3.6.5 反相

“反相”命令非常简单，从名称上就可以看出该命令是将图像中的某种颜色转换为它的补色，从而将图像的颜色反相。“反相”命令是一个可以逆向操作的命令，可以将黑白照片转换为负片效果后，还可以再将负片转换为正片。打开一张照片，如图 3-150 所示。执行“图像 > 调整 > 反相”命令，或使用快捷键 <Ctrl+I> 进行反相，反相效果如图 3-151 所示。

图 3-150

图 3-151

3.6.6 色调分离

“色调分离”命令的原理是将图像中每个通道的色调级数目或亮度值指定级别，然后将其余的像素映射到最接近的匹配级别。

图 3-152

（1）打开图片，如图 3-152 所示。执行“图像 > 调整 > 色调分离”命令，打开“色调分离”对话框，如图 3-153 所示。

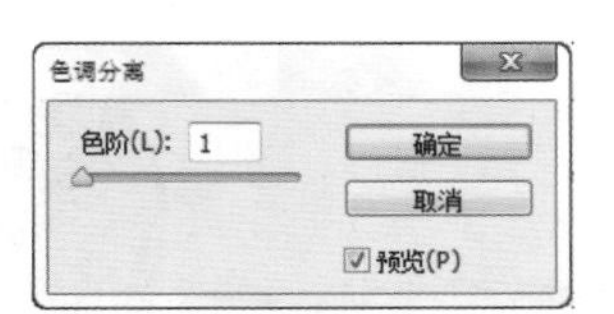

图 3-153

（2）在“色调分离”对话框中可以进行“色阶”数量的设置。设置的“色阶”值越小，分离的色调越多；“色阶”值越大，保留的图像细节就越多。图 3-154 所示为“色阶”为 2 时的画面。图 3-155 所示为“色阶”为 8 时的画面。

图 3-154

图 3-155

3.6.7 阈值：黑白人像剪影

“阈值”命令可以将图像转换为高对比的黑白图像。在 Photoshop 中阈值实际上是基于图片亮度的一个黑白分界值，也就是说亮度高于这个数值的区域会变白，亮度低于这个数值的区域会变黑。

（1）打开一个图像，如图 3-156 所示。执行“图层 > 新建调整图层 > 阈值”命令，“属性”面板如图 3-157 所示。此时画面变为非黑即白的效果，如图 3-158 所示。

图 3-156

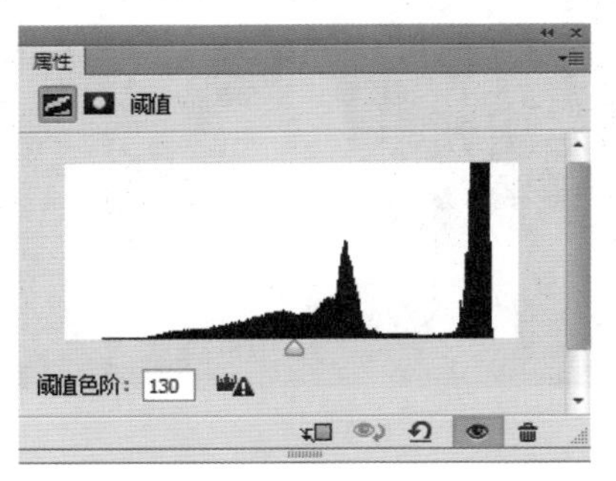

图 3-157

图 3-158

（2）在“阈值”属性面板中拖动直方图下面的滑块或输入“阈值色阶”数值可以指定一个色阶作为阈值，阈值越大，黑色像素分布就越广，效果如图 3-159 所示。阈值越小，黑色像素分布就越少，如图 3-160 所示。

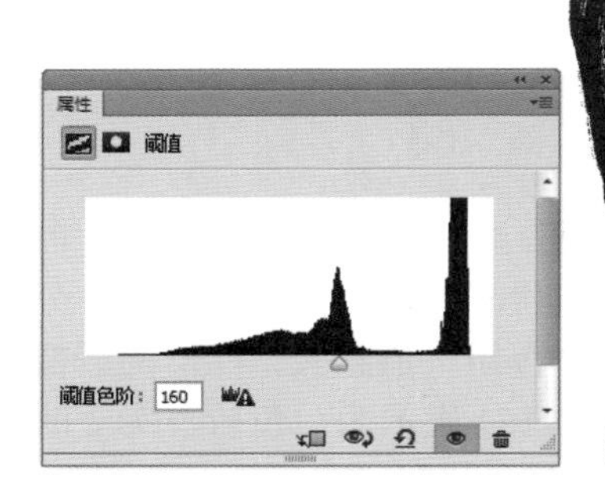

图 3-159

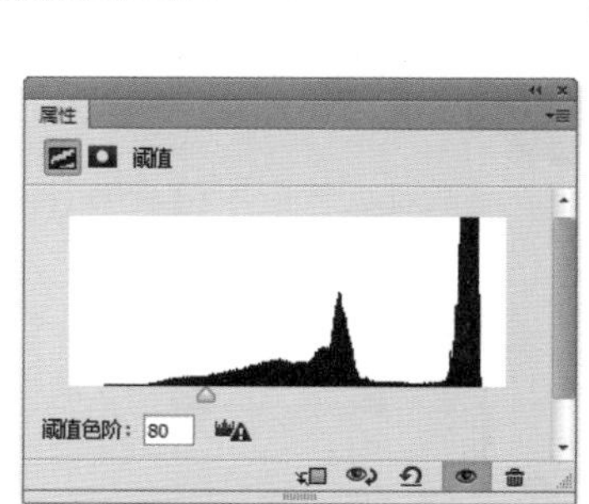

图 3-160

3.6.8 渐变映射：为婚纱照赋予新的色感

“渐变映射”命令是将设定好的渐变颜色按照明暗关系映射到图像中不同亮度的区域上，从而实现画面颜色的变更。

（1）打开一张照片，如图 3-161 所示。执行“图层 > 新建调整图层 > 渐变映射”命令，打开“渐变映射”属性面板，如图 3-162 所示，单击“属性”面板中的渐变色条，打开“渐变编辑器”对话框。

图 3-161

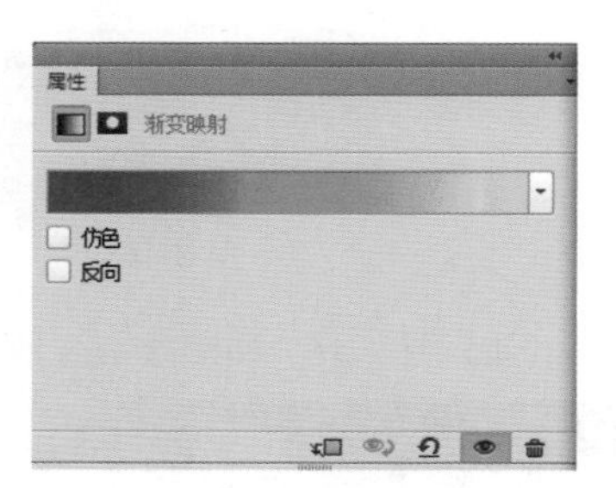

图 3-162

（2）在“渐变编辑器”对话框中编辑一个合适的渐变颜色，如图 3-163 所示。渐变编辑完成后，单击“确定”按钮，此时画面效果如图 3-164 所示。

图 3-163

图 3-164

小提示：“渐变映射”参数详解

仿色：勾选该选项后，Photoshop 会添加一些随机的杂色来平滑渐变效果。

反向：勾选该选项后，可以反转渐变的填充方向，映射出的渐变效果也会发生变化。

（3）画面中的颜色太过浓烈，可以通过降低图层的不透明度和设置混合模式来调整颜色。接着设置该图层的“混合模式”为“变暗”，“不透明度”为 50%，如图 3-165 所示。此时画面效果如图 3-166 所示。

图 3-165

图 3-166

（4）图 3-167 和图 3-168 所示为其他的渐变映射进行调色的效果。

图 3-167

图 3-168

3.6.9 HDR 色调

在数字图像的世界中，“HDR”其实是“High Dynamic Range”的简称，即高动态范围图像。这一类图像的特点是亮部非常亮，暗部非常暗，细节又非常明显。Photoshop 中的“HDR 色调”命令可以用来修补太亮或太暗的图像，制作出高动态范围的图像效果，这对于处理风景图像非常有用。图 3-169、图 3-170 所示为 HDR 色调作品欣赏。

图 3-169

图 3-170

打开图片，如图 3-171 所示。接着执行“图像 > 调整 >HDR 色调”命令，打开“HDR 色调”对话框，Photoshop 会根据图像的特点自动地进行调色，此时的参数设置如图 3-172 所示。画面效果如图 3-173 所示。

图 3-171

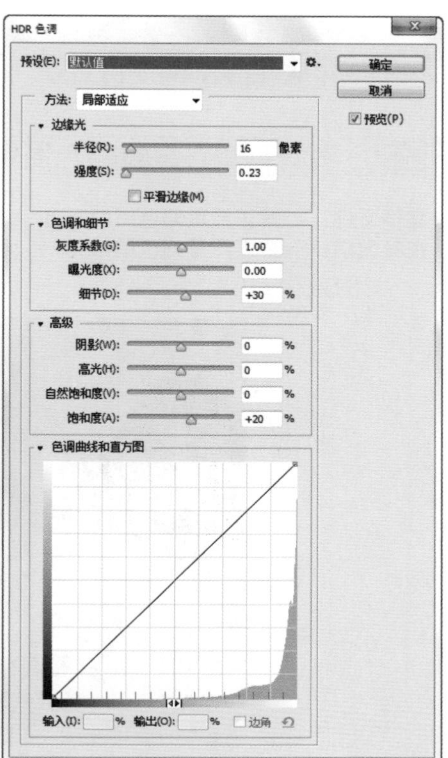

图 3-172

图 3-173

小提示：“HDG 色调”对话框中的参数详解

预设：在其下拉列表中可以选择预设的 HDR 效果，既有黑白效果，也有彩色效果。

方法：选择调整图像采用何种 HDR 方法。

边缘光：该选项组用于调整图像边缘光的强度。强度越大，画面细节越突出。

色调和细节：调节该选项组中的选项可以使图像的色调和细节更加丰富细腻。

高级：在该选项组中可以控制画面整体阴影、高光、自然饱和度以及饱和度。

色调曲线和直方图：该选项组的使用方法与“曲线”命令的使用方法相同。

3.7 风格化调色技法

3.7.1 案例：矫正严重偏色图像

案例文件：	矫正严重偏色图像 .psd
视频教学：	矫正严重偏色图像 .flv

案例效果：

操作步骤：

(1) 按下 <Ctrl+O> 快捷键打开图片，可以看到这张图片的偏色情况非常严重，整体画面红、黄成分过多，如图 3-174 所示。本案例利用“补色中和”的方法进行画面颜色的矫正。在“图层”面板中“背景”图层的位置右击，在打开的菜单中选择“复制图层”命令，将“背景”图层复制一份。然后执行“图像 > 调整 > 反相”命令，画面变为了补色效果，如图 3-175 所示。

图 3-174

图 3-175

(2) 接着设置“反相”图层的“混合模式”为“色相”，“不透明度”为 40%，如图 3-176 所示。此时画面效果如图 3-177 所示。

(3) 由于色彩较弱，需要增加颜色的饱和度。执行“图层 > 新建调整图层 > 自然饱和度”命令，在“属性”面板中设置“自然饱和度”为 100，“饱和度”为 100，参数设置如图 3-178 所示。此时画面效果如图 3-179 所示。

(4) 此时整体图片仍然偏红色，所以需要新建一个曲线调整图层来调整偏色现象。在这里需要在“自然饱和度调整图层”下方新建曲线调整图层。选择“反相”图层，执行“图层 > 新建调整图层 > 曲线”命令，“图层”面板如图 3-180 所示。

(5) 因为画面中红色数量较多，所以首先要减少红色的数量。设置通道为“红”，调整曲线形状如图 3-181 所示。此时画面效果如图 3-182 所示。

图 3-176

图 3-177

图 3-178

图 3-179

图 3-180

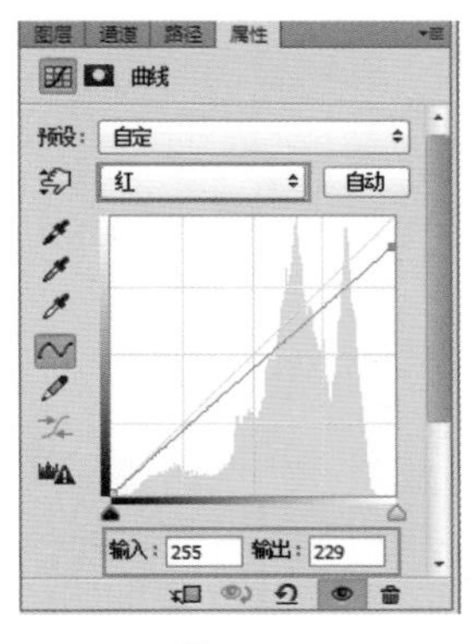

图 3-181

图 3-182

(6) 调整红色后可以看到图片偏向于绿色，因此把通道设置为“绿”，以降低绿色亮度。调整曲线形状如图 3-183 所示。画面效果如图 3-184 所示。

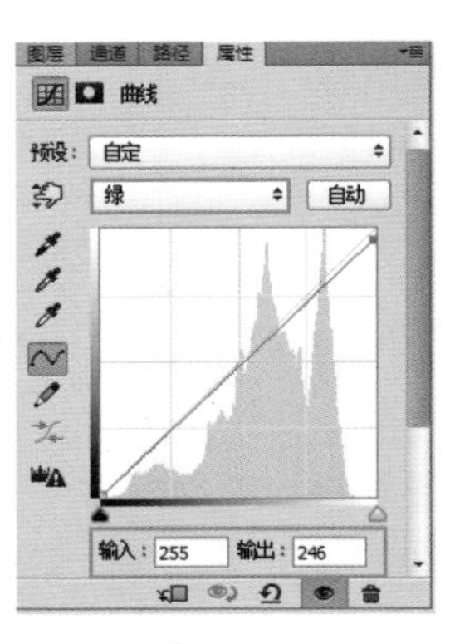

图 3-183

图 3-184

(7) 接下来把通道设置为“蓝”，略微提高蓝色亮度，使图片更加清新。调整曲线形状如图 3-185 所示。画面效果如图 3-186 所示。

(8) 最后将模式调到 RGB 模式，以增加画面亮度以及对比度，调整曲线形状如图 3-187 所示。最终效果如图 3-188 所示。

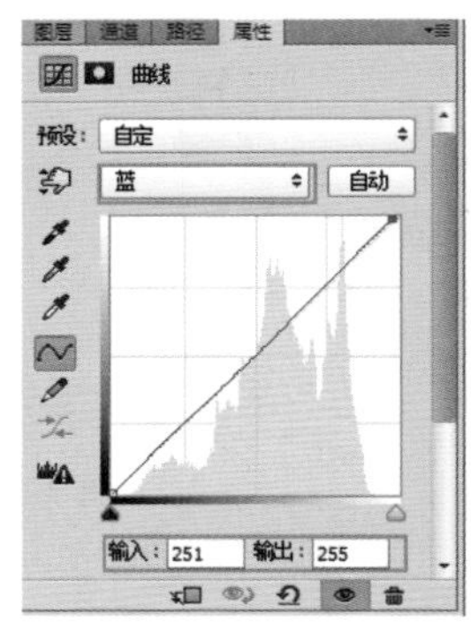

图 3-185

图 3-186

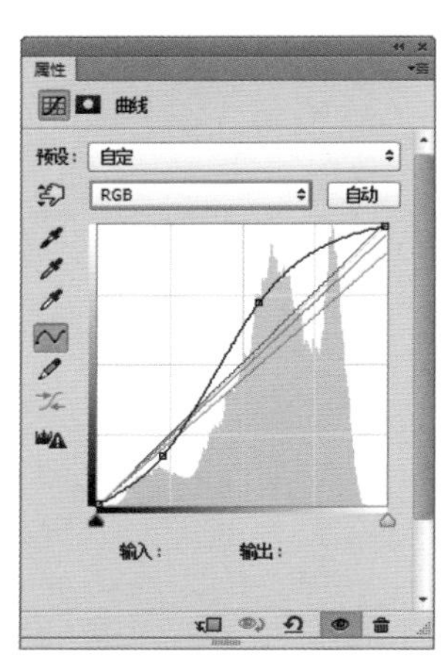

图 3-187

图 3-188

3.7.2 案例：唯美金秋

案例文件：	唯美金秋 .psd
视频教学：	唯美金秋 .flv

案例效果：

操作步骤：

(1) 执行“文件 > 打开”命令，打开素材“1.jpg”，如图 3-189 所示。

图 3-189

(2) 可以看到画面以绿色调为主色调，所以需要调整一下画面的整体色调，使画面变得温暖。执行“图层 > 新建调整图层 > 可选颜色”命令，打开“可选颜色”属性面板，选中“颜色”为“黄色”，设置“青色”为 –100%，“黄色”数值为 100%。如图 3-190 所示。继续选择“颜色”为“绿色”，设置“青色”为 –100%，“洋红”数值为 100%，“黄色”数值为 100%，“黑色”数值为 100%，如图 3-191 所示。

图 3-190

图 3-191

(3) 调整完成后，画面中黄色调增加了，画面变得温暖，效果如图 3-192 所示。因为对画面进行了整体色调处理，人物的肤色也变黄了。单击“画笔工具”按钮，在选项栏中选择圆形柔角的画笔，设置前景色为黑色。在人物的肤色部分涂抹，使调整隐藏，人物显示出原来的肤色，画面效果如图 3-193 所示。

图 3-192

图 3-193

(4) 继续执行“图层 > 新建调整图层 > 自然饱和度”命令，设置“自然饱和度”数值为 100，“饱和度”数值为 10，如图 3-194 所示。调整完成后画面颜色变得明亮饱满，如图 3-195 所示。

图 3-194

图 3-195

(5) 选中“自然饱和度”调整图层的图层蒙版，使用黑色的圆形柔角画笔在人物的肤色部分涂抹，画面效果如图 3-196 所示。最后将文字素材“2.png”放在画面合适的位置，最终效果如图 3-197 所示。

图 3-196

图 3-197

3.7.3 案例：浪漫樱花色调

案例文件：	浪漫樱花色调 .psd
视频教学：	浪漫樱花色调 .flv

案例效果：

操作步骤：

(1) 执行“文件 > 打开”命令，打开素材“1.jpg”，如图 3-198 所示。

(2) 新建图层，命名为“渐变”，单击工具箱中的“渐变工具”，在选项栏中设置“渐变颜色”为紫色至透明渐变，“渐变模式”为线性，然后在画面中由右上角向左下角拖动，如图 3-199 所示。设置“图层混合模式”为柔光，效果如图 3-200 所示。

图 3-198

图 3-199

图 3-200

(3)执行“图层 > 新建调整图层 > 可选颜色”命令，在“可选颜色”属性面板中分别设置“颜色”为白色，“黄色”数值为 57%；“颜色”为“中性色”，“黄色”数值为 38%；“颜色”为“黑色”，“青色”数值为 62%，“黄色”数值为 –33%，如图 3-201 所示。效果如图 3-202 所示。

可选颜色	可选颜色	可选颜色
预设：自定	预设：自定	预设：自定
颜色：白色	颜色：中性色	颜色：黑色
青色：0 %	青色：0 %	青色：+62 %
洋红：0 %	洋红：0 %	洋红：0 %
黄色：+57 %	黄色：-38 %	黄色：-33 %
黑色：0 %	黑色：0 %	黑色：0 %
⊙相对 ○绝对	⊙相对 ○绝对	⊙相对 ○绝对

图 3-201

图 3-202

(4)执行“文件 > 置入”命令，置入光效素材“2.jpg”，如图 3-203 所示。设置图层“混合模式”为滤色，效果如图 3-204 所示。

图 3-203

图 3-204

(5) 接下来为图层绘制边框。使用工具箱中的“圆角矩形工具”，在选项栏中设置“绘制模式”为路径，“填充颜色”为白色，“描边样式”为无，“半径”为 30 像素，设置完成后在画面中绘制圆角矩形路径，如图 3-205 所示。按快捷键 <Ctrl+Enter> 路径转换为选区，如图 3-206 所示。

图 3-205

图 3-206

(6) 然后按快捷键 <Ctrl+Shift+I> 将选区反向，如图 3-207 所示。新建图层，命名为“边框”，设置前景色为白色，按快捷键 <Alt+Delete> 为选区填充颜色，然后删除圆角矩形图层，效果如图 3-208 所示。

图 3-207

图 3-208

(7)选中“边框”图层，执行“图层>图层样式>外发光”命令，在“图层样式”对话框中设置“混合模式”为“正常”，“不透明度”为20%，“颜色”为黑色，“方法”为“柔和”，“大小”为20像素，如图3-209所示。单击“确定”按钮后效果如图3-210所示。

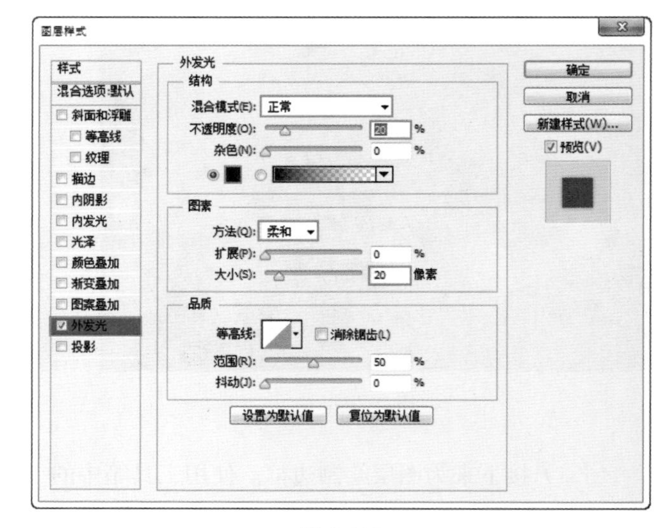

图 3-209

图 3-210

3.7.4 案例：柔和的粉灰色调

案例文件：	柔和的粉灰色调 .psd
视频教学：	柔和的粉灰色调 .flv

案例效果：

操作步骤：

(1) 按下 <Ctrl+O> 快捷键打开图片“1.jpg”，如图 3-211 所示。为了使画面柔和并使画面充满粉灰色调，首先需要新建图层，设置前景色为粉色，按快捷键 <Alt+Delete> 为前景色填粉色，将“混合模式”设置为“柔光”，如图 3-212 所示。画面效果如图 3-213 所示。

图 3-211

图 3-212

图 3-213

(2) 因为混合粉色的原因，人物面部受到影响，为了凸显人物面部表情，选择粉色图层，单击“图层”面板下方的“添加图层蒙版”按钮，为该图层添加图层蒙版。然后使用黑色的柔角画笔在眼睛和嘴唇的位置涂抹，隐藏该图层对底部图层的影响效果，蒙版状态如图 3-214 所示。画面效果如图 3-215 所示。

图 3-214

图 3-215

(3) 再次新建图层，设置前景色为粉色，按快捷键 <Alt+Delete> 为前景色填充粉色，将“混合模式”设置为“柔光”，为了不让人物肤色受到影响，单击“添加图层蒙版”，用黑色笔刷画出主题人物区域，将上方的调色效果隐藏，如图 3-216 所示。效果如图 3-217 所示。

图 3-216

图 3-217

(4) 为了配合周围颜色，需要将人物的肤色调整到更加偏向于粉色，执行“图层 > 新建调整图层 > 可选颜色”命令，打开“可选颜色”属性面板，选择颜色通道为“黄色”，设置“洋红”为 41，“黄色”为 –100，“黑色”为 –34，如图 3-218 所示。设置“颜色”为“黑色”，“青色”为 19，“洋红”为 60，“黄色”为 45，“黑色”为 –27，如图 3-219 所示。效果如图 3-220 所示。

图 3-218

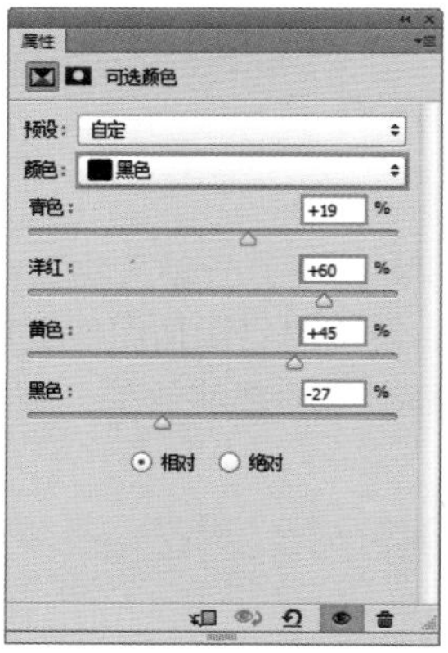

图 3-219

图 3-220

(5) 将图片周围变暗以突出主体，执行“图层 > 新建调整图层 > 曲线”命令，打开“曲线”属性面板，选择“RGB”通道使画面整体变暗，调整曲线如图 3-221 所示。选择“蒙版”，使用黑色画笔，将硬度调整为“0”，大小为“2500”像素，在画面中单击一下，画出主题人物区域，将上方的调色效果隐藏，如图 3-222 所示。

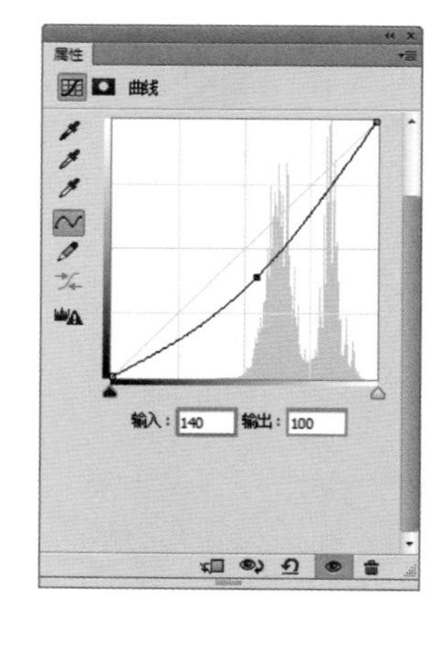

图 3-221

图 3-222

(6) 画面效果如图 3-223 所示。最后选择文字工具添加文字，最终效果如图 3-224 所示。

图 3-223

图 3-224

3.7.5 案例：复古色感婚纱照

案例文件：	复古色感婚纱照 .psd
视频教学：	复古色感婚纱照 .flv

案例效果：

操作步骤：

(1) 打开本书配套光盘中的素材“1.jpg”文件，如图 3-225 所示。

图 3-225

(2) 复制背景，使用“自由变换工具”或按快捷键 <Ctrl+T> 执行“自由变换”命令，在画面中右击，在打开的菜单中选择“透视”命令，将图像上半部分向中间拖动，如图 3-226 所示。变换完毕后，按 <Enter> 键，完成自由变换，并为其添加图层蒙版，使用黑色画笔在蒙版中绘制两边多余的大树部分，使两张照片融合，如图 3-227 所示。效果如图 3-228 所示。

图 3-226

图 3-227

图 3-228

(3) 下面制作景深效果。按 <Ctrl + Alt + Shift + E > 快捷键盖印图层。执行“滤镜 > 模糊 > 高斯模糊”命令，调整模糊半径数值为 1 像素，如图 3-229 所示。效果如图 3-230 所示。

图 3-229

图 3-230

(4) 回到图层中，打开“历史记录”面板，标记最后一项“高斯模糊”操作，并单击回到上一步操作状态下，使用“历史记录画笔”绘制图像上半部分，制作景深效果。如图 3-231 所示。效果如图 3-232 所示。

(5) 创建新的“曲线”调整图层，调整曲线的弯曲形状如图 3-233 所示。单击“曲线”图层蒙版，设置蒙版背景为黑色，使用白色画笔绘制人像及婚纱，如图 3-234 所示。效果如图 3-235 所示。

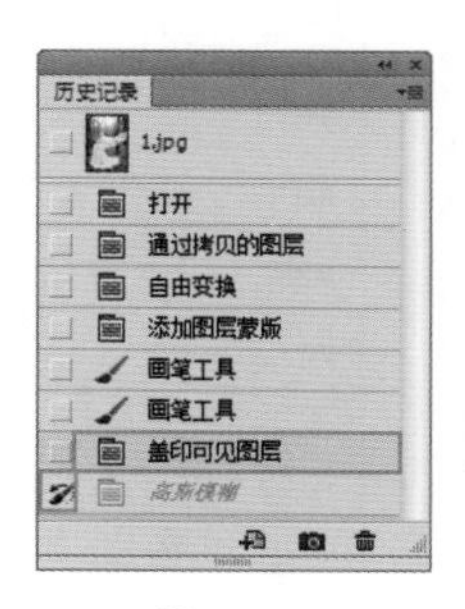

图 3-231

图 3-232

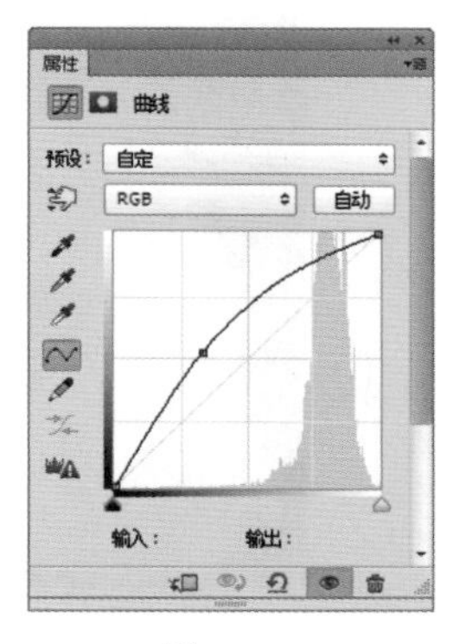

图 3-233

图 3-234

图 3-235

(6) 执行“图层 > 新建调整图层 > 可选颜色”命令，创建新的“可选颜色”调整图层，设置“颜色”为红色，“黑色”数值为 100%，如图 3-236 所示。设置“颜色”为黄色，“黄色”数值为 -100%，如图 3-237 所示。设置“颜色”为白色，“黄色”数值为 -24%，如图 3-238 所示。设置“颜色”为中性色，“黄色”数值为 14，如图 3-239 所示。设置“颜色”为黑色，“黄色”数值为 -62%，“黑色”数值为 42%，如图 3-240 所示。效果如图 3-241 所示。

图 3-236

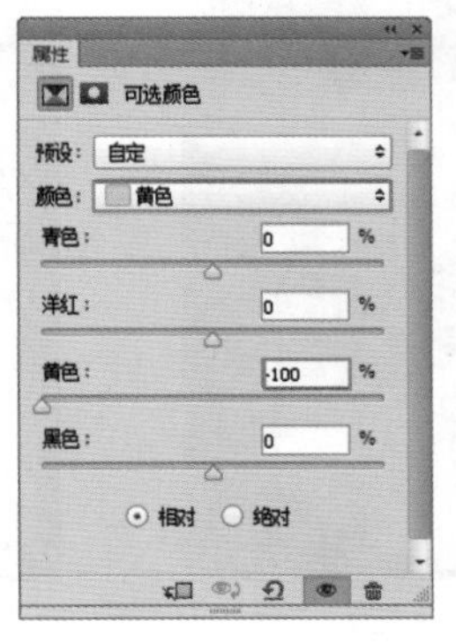

图 3-237

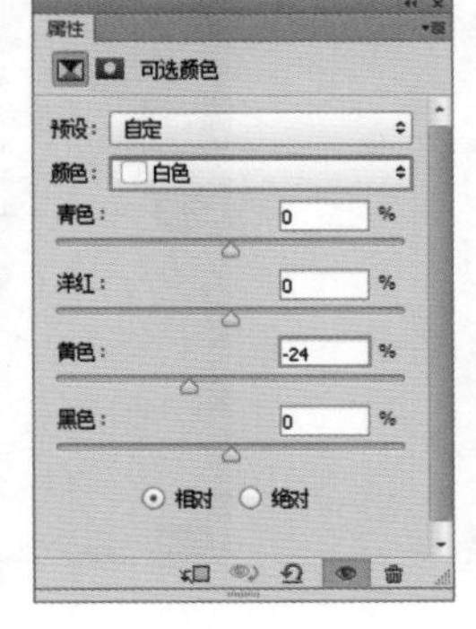

图 3-238

图 3-239

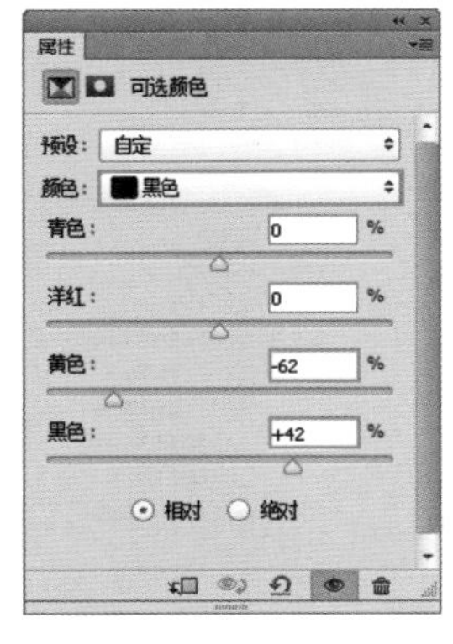

图 3-240

图 3-241

(7) 创建新的“曲线 2”调整图层，设置“通道”为“红色”，调整红通道曲线形状如图 3-242 所示。设置“通道”为“绿”，调整绿通道曲线的形状如图 3-243 所示。选择曲线图层的蒙版，使用黑色画笔，适当降低不透明度，稍微涂抹一下脸部，效果如图 3-244 所示。

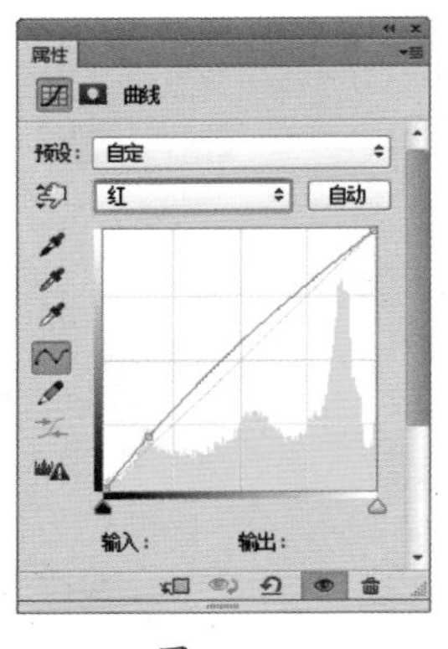

图 3-242

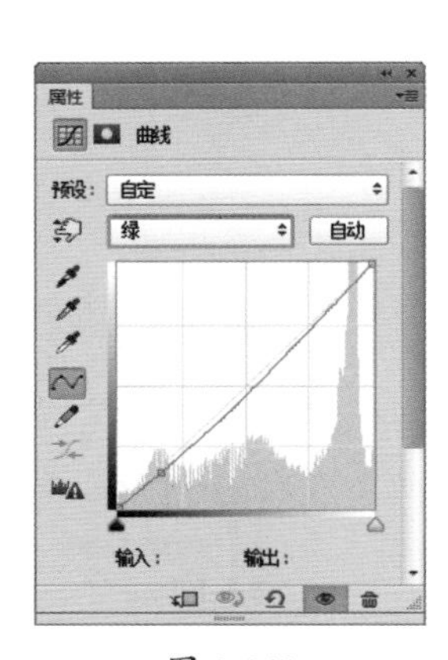

图 3-243

图 3-244

(8) 创建新的“曲线 3”调整图层，调整曲线的形状如图 3-245 所示。效果如图 3-246 所示。最后将艺术字和边框素材“2.png”置于画面中合适位置，效果如图 3-247 所示。

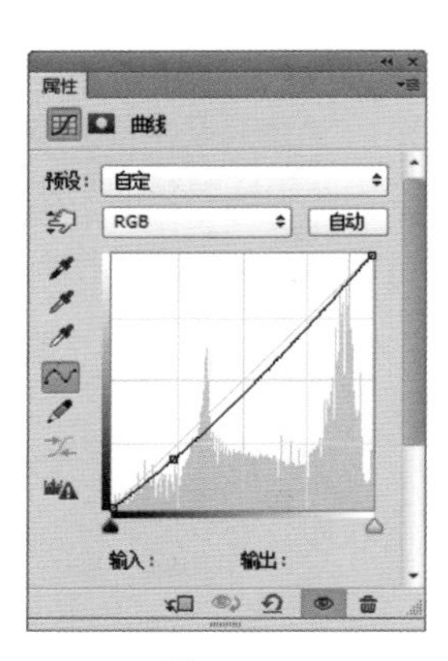

图 3-245

图 3-246

图 3-247

3.7.6 案例：摩登感洋红色调

案例文件：	摩登感洋红色调 .psd
视频教学：	摩登感洋红色调 .flv

案例效果

操作步骤

（1）执行“文件 > 打开”命令，打开人像素材“1.jpg”，如图 3-248 所示。按快捷键 <Ctrl+J> 复制人像图层，如图 3-249 所示。

图 3-248

图 3-249

（2）新建图层命名为“渐变”，单击工具箱中的“渐变工具”按钮，在选项栏中设置“渐变颜色”为粉色系渐变，“渐变类型”为线性，然后在图层中按住鼠标左键由左至右拖动，如

图 3-250 所示。然后设置“图层混合模式”为滤色，效果如图 3-251 所示。

图 3-250

图 3-251

(3) 然后将复制的人像图层移置渐变图层上方，单击工具箱中的“快速选择工具”按钮，在选项栏中设置合适的画笔大小，按住鼠标左键在人像背景处拖动，如图 3-252 所示。选中部分选区后，在选项栏中单击“添加到选区”按钮，继续在没有被选中的区域拖动，当背景部分全部被选中后，如图 3-253 所示。按 <Delete> 快捷键将背景删除，如图 3-254 所示。

图 3-252

图 3-253

图 3-254

(4) 此时可以看到人物边缘处非常生硬。单击“图层”面板底端的“添加图层蒙版”按钮，为图层添加蒙版。选择工具箱中的“画笔工具”，设置画笔颜色为黑色，并适当调整其不透明度，使用画笔在蒙版中涂抹人像边缘区域，使人像边缘柔和，效果如图 3-255 所示。

(5) 执行“图层 > 新建调整图层 > 曲线”命令，在“曲线”属性面板中调整曲线形状如图 3-256 所示。然后使用“画笔工具”，设置画笔颜色为黑色，使人物右侧产生高光，如图 3-257 所示。选中人像图层，执行“图层 > 创建剪贴蒙版”命令，为图层创建剪贴蒙版，效果如图 3-258 所示。

图 3-255

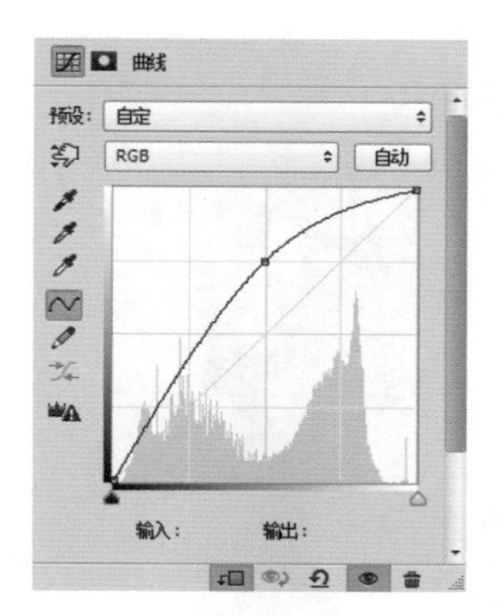

图 3-256

图 3-257

图 3-258

(6) 选中渐变图层，按快捷键<Ctrl+J>复制渐变图层，并将复制的渐变图层移至曲线图层上方，并设置“图层混合模式”为滤色，如图 3-259 所示。单击“图层”面板底端的“添加图层蒙版”按钮，为图层添加蒙版，使用黑色柔角画笔工具在蒙版中涂抹画面左侧区域，效果如图 3-260 所示。

图 3-259

(7)新建图层，选择工具箱中的“画笔工具”，设置画笔颜色为粉色，适当调整画布不透明度，使用柔角画笔在图层中涂抹画面右侧区域，然后设置图层的“不透明度”为 70%，效果如图 3-261 所示。

图 3-260

图 3-261

(8) 可以看到画面整体较浑浊，执行“图层 > 新建调整图层 > 曲线”命令，在“曲线”属性面板中调整曲线形状如图 3-262 所示。此时画面效果如图 3-263 所示。

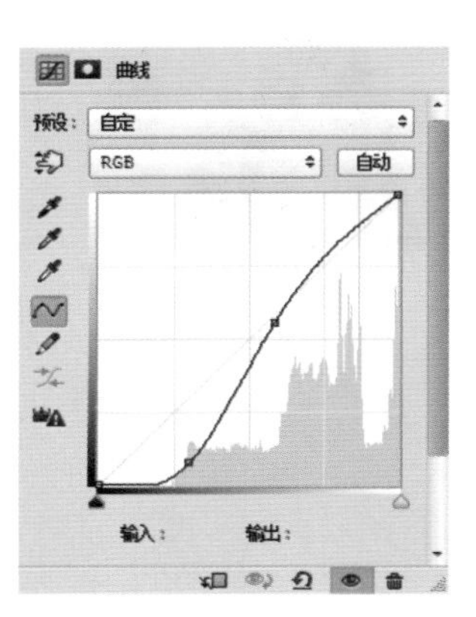

图 3-262

图 3-263

(9) 下面输入文字。单击工具箱中的“横排文字工具”按钮 T，设置适当的字体、颜色及大小，输入文字并摆放至合适位置，如图 3-264 所示。最后新建图层，命名为“光线”，在工具箱中选择“画笔工具”，选择柔角画笔，设置画笔颜色为白色，在图层中绘制一圆点，如图 3-265 所示。然后按快捷键 <Ctrl+T> 伸长圆点，并调整其位置，最终效果如图 3-266 所示。

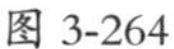
图 3-264

图 3-265

图 3-266

3.7.7 案例：神秘蓝紫色

案例文件：	神秘蓝紫色 .psd
视频教学：	神秘蓝紫色 .flv

案例效果

操作步骤：

(1) 打开本书配套光盘中的素材“1.jpg”文件，如图 3-267 所示。执行“图层 > 新建填充图层 > 可选颜色”命令，使用黑色画笔在调整图层蒙版中绘制人物皮肤部分，如图 3-268 所示。

(2) 设置“颜色”为“黄色”，“青色”数值为 100，“洋红”数值为 67，“黄色”数值为 –100，如图 3-269 所示。设置“颜色”为“绿色”，“青色”数值为 –100，“洋红”数值为 72，“黄色”数值为 –100，如图 3-270 所示。设置“颜色”为黑色，“青色”数值为 12，“洋红”数值为 8，“黄色”数值为 –14，如图 3-271 所示。效果如图 3-272 所示。

图 3-267

图 3-268

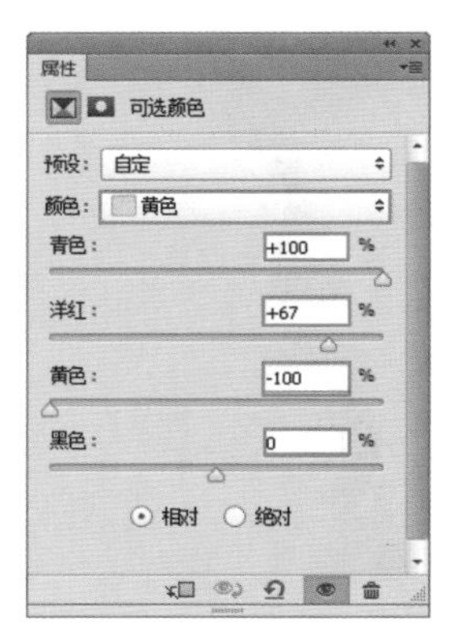

图 3-269

图 3-270

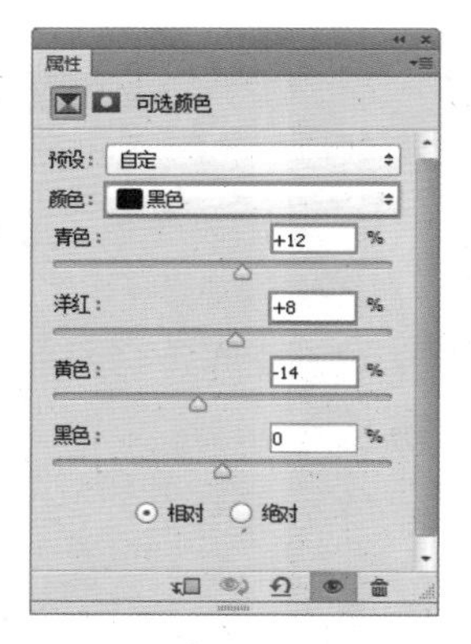

图 3-271

图 3-272

(3) 此时可以看到人物肤色偏黄，执行“图层 > 新建调整图层 > 曲线”命令，创建曲线调整图层，使用黑色画笔在调整图层蒙版中绘制人物皮肤以外的部分，如图 3-273 所示。设置“通道”为“红”，调整红通道曲线的形状如图 3-274 所示。

图 3-273

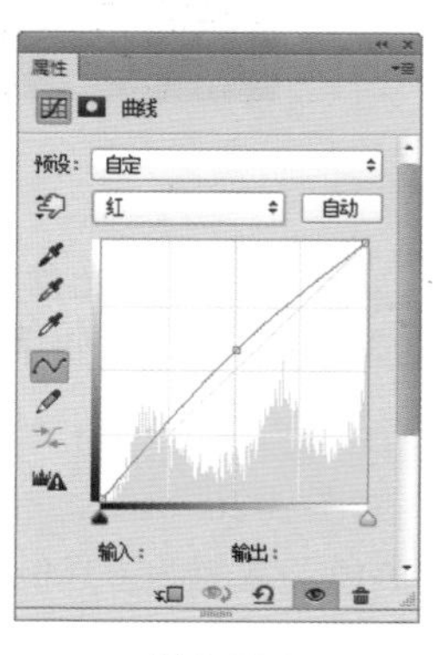

图 3-274

(4) 设置“通道”为“蓝”，调整蓝通道曲线的形状，如图 3-275 所示。设置 RGB，调整 RGB 曲线的形状如图 3-276 所示。效果如图 3-277 所示。

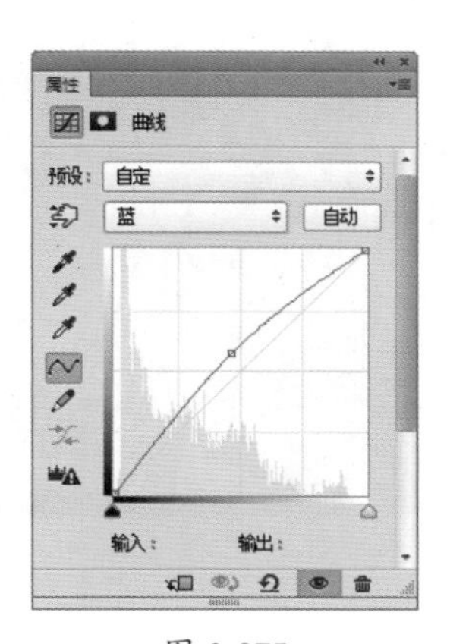

图 3-275

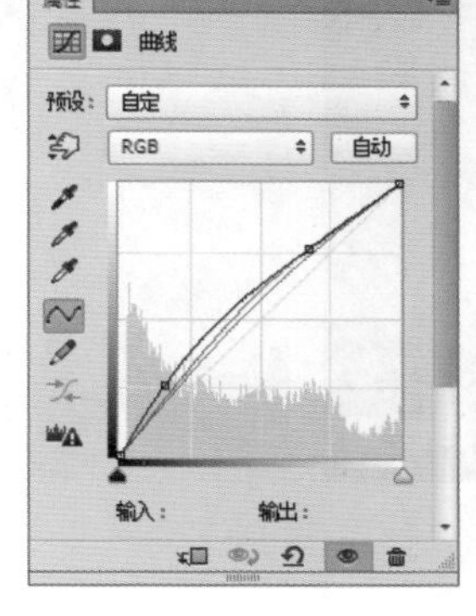

图 3-276

图 3-277

(5) 将素材文字“2.png”置于画面中合适位置，如图 3-278 所示。

图 3-278

3.7.8 案例：电影感色调

案例文件：	电影感色调 .psd
视频教学：	电影感色调 .flv

案例效果：

操作步骤：

(1) 执行“文件 > 打开”命令，打开人像素材“1.jpg”，如图 3-279 所示。

图 3-279

(2) 选中图层，执行“图像 > 调整 > 阴影 / 高光”菜单命令，弹出“阴影 / 高光”对话框，在对话框中设置“高光”数量为 10%，如图 3-280 所示。设置完成后，单击“确定”按钮，效果如图 3-281 所示。

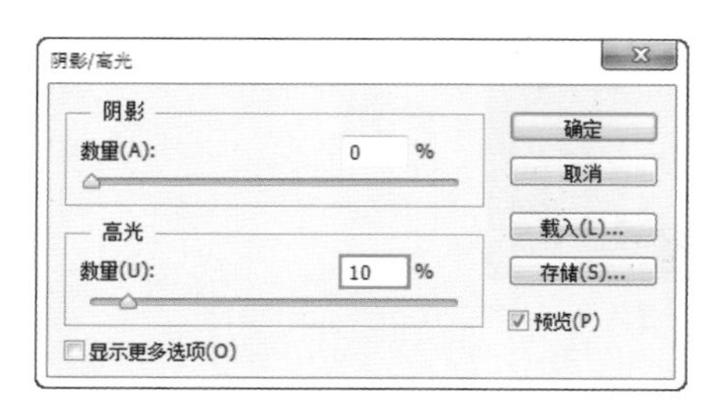

图 3-280

图 3-281

(3) 执行“图层 > 新建调整图层 > 曲线”菜单命令，在“曲线”属性面板中调节曲线形状如图 3-282 所示。效果如图 3-283 所示。

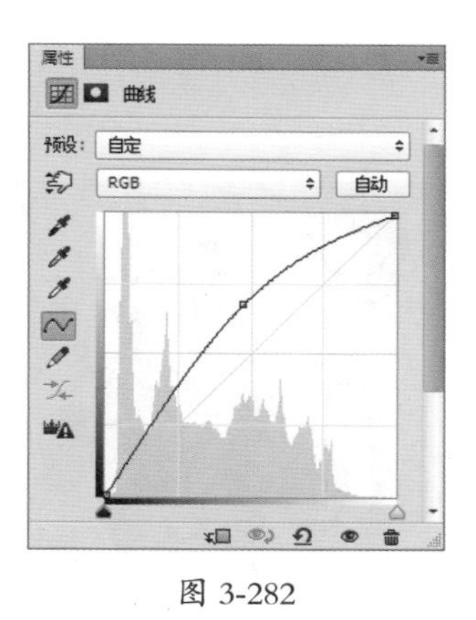

图 3-282

图 3-283

(4) 执行“图层 > 新建填充图层 > 纯色”命令，在弹出的拾色器中选择填充颜色为青蓝色，如图 3-284 所示。在“图层”面板中设置“图层混合模式”为“叠加”，效果如图 3-285 所示。

图 3-284

图 3-285

(5) 选中颜色填充图层，然后单击工具箱中的“画笔工具”按钮，设置画笔颜色为黑色，并适当调整画笔大小，在图层蒙版中修饰人像面部区域，如图 3-286 所示。

图 3-286

(6) 按快捷键<Ctrl+J>复制颜色填充图层，如图3-287所示。然后设置复制图层为“颜色减淡”，不透明度为20%，效果如图3-288所示。

图 3-287

图 3-288

(7) 接下来调整人物面部色调。执行“图层 > 新建调整图层 > 色彩平衡”菜单命令，在“色彩平衡”属性面板中设置色调为中间调，调节“青色 / 红色”数值为12，“洋红 / 绿色”数值为 -3，“黄色 / 蓝色”数值为30，如图3-289所示。效果如图3-290所示。

图 3-289

图 3-290

(8) 然后设置前景色为黑色，选中色彩平衡图层蒙版，按快捷键<Alt+Delete>，为图层蒙版填充前景色。在工具箱中选择“画笔工具”，设置画笔颜色为白色，然后使用画笔在蒙版中涂抹人像面部区域，效果如图3-291所示。

图 3-291

(9) 新建图层，在工具箱中单击“渐变工具”按钮 ，打开“渐变编辑器”对话框，在对话框中设置渐变颜色，如图 3-292 所示。单击“确定”按钮后，在画面中由右至左拖动鼠标，为画面填充渐变色，如图 3-293 所示。

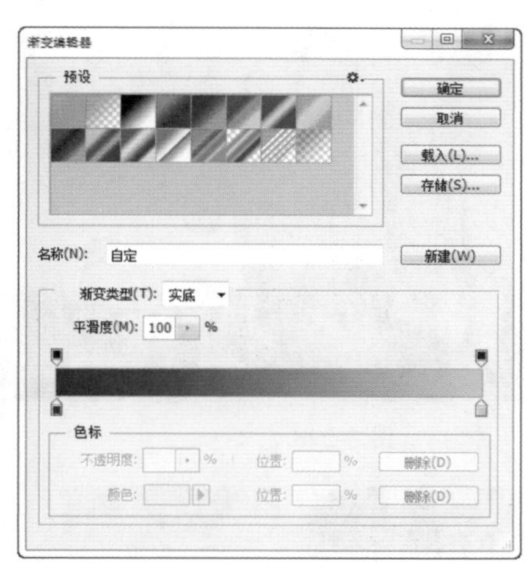

图 3-292

图 3-293

(10) 设置渐变图层的图层混合模式为“柔光”，效果如图 3-294 所示。然后为渐变图层添加图层蒙版，使用黑色画笔在蒙版中涂抹人像部分，效果如图 3-295 所示。

图 3-294

图 3-295

(11) 此时图像颜色调整完毕，接下来为画面输入文字，在工具箱中选择“横排文字工具” ，设置文字颜色为白色，并设置合适的字体及大小，然后在画面右下角处输入文字，如图 3-296 所示。文字输入完成后，设置其不透明度为 70%，效果如图 3-297 所示。

图 3-296

图 3-297

(12) 下面为文字制作装饰。新建图层，在工具箱中选择“柔角画笔工具”，设置画笔颜色为白色，并适当调整画笔大小，然后在新建图层中绘制形状，如图 3-298 所示。

图 3-298

(13) 按快捷键 <Ctrl+T> 调出定界框，将鼠标指针放置在顶端控制点处，按下鼠标左键将图像进行压缩，如图 3-299 所示。调节后的效果如图 3-300 所示。

图 3-299

图 3-300

(14) 设置该图层不透明度为 80%，然后按 <Ctrl+J> 快捷键复制该图层，并调整其位置，如图 3-301 所示。画面最终效果如图 3-302 所示。

图 3-301

图 3-302

3.7.9 案例：超强震撼力的 HDR 效果

案例文件：	超强震撼力的 HDR 效果 .psd
视频教学：	超强震撼力的 HDR 效果 .flv

案例效果：

操作步骤：

(1) 执行“文件 > 打开”命令，打开图片“1.jpg”，如图 3-303 所示。

(2) 首先观察图片，发现图片暗部区域的细节不明显，执行“图像 > 调整 > 阴影 / 高光”命令，在打开的对话框中设置“阴影数量”为 80%，参数设置如图 3-304 所示。画面效果如图 3-305 所示。

图 3-303

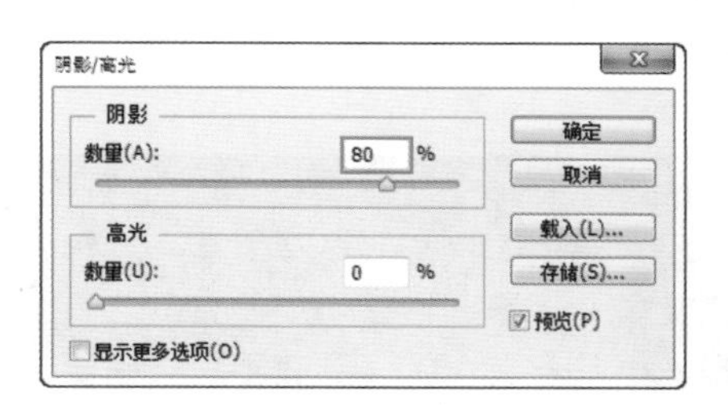

图 3-304

图 3-305

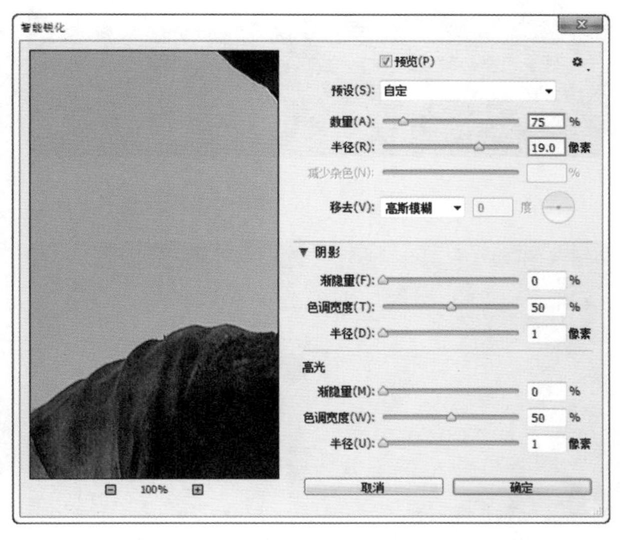

图 3-306

(3) 接下来制作 HDR 效果。执行“滤镜 > 锐化 > 智能锐化”命令，在打开的对话框中设置“数量”为 75%，“半径”为 19 像素，参数设置如图 3-306 所示。画面效果如图 3-307 所示。

图 3-307

(4) 为了改变图片风格，以增加视觉冲击力，使用“颜色查找”命令进行调整。执行“图层 > 新建调整图层 > 颜色查找”命令，在打开的“属性”面板中设置“3DLUT 文件”为“LateSunset.3DL”，如图 3-308 所示。此时画面效果如图 3-309 所示。

(5) 最后为了突出主体人物，应该把四周压暗。使用“曝光度”进行调整。执行“图层 > 新建调整图层 > 曝光度”命令，在打开的“属性”面板中设置“曝光度”为 –3.5，“灰度系数校正”为 1.00。参数设置如图 3-310 所示。此时画面效果如图 3-311 所示。因为我们只想把图像四周压暗，以将人物凸显出来。所以接下来在曝光度的图层蒙版上用大小为 1900、硬度为 0 的黑色画笔进行绘制。蒙版的绘制形态如图 3-312 所示。画面最终效果如图 3-313 所示。

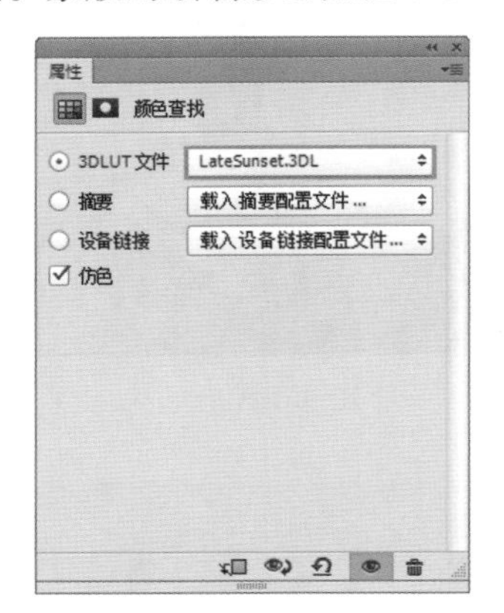

图 3-308

图 3-309

图 3-310

图 3-311

图 3-312

图 3-313

第4章

抠图与合成

关键词：抠图、去背、换背景、合成、蒙版、钢笔抠图、通道抠图

“抠图”是指将画面中的一部分从画面中分离的过程，也被称为“去背”。“抠图”的主要目
的是为了将抠出的内容与其他图像合成，这在图像编辑和创意设计中是很常见的任务。“抠图”作
为 Photoshop 最常进行的操作之一，并非是单一的工具或是命令操作。想要进行抠图几乎可以使用到
Photoshop 的大部分工具命令，例如擦除工具、修饰绘制工具、选区工具、蒙版技术、通道技术、图层操作、
调色技术、滤镜等。虽然看起来抠图操作纷繁复杂，实际上大部分工具命令都是用于辅助用户进行更快捷、
更容易地抠图，而制作“选区”才是抠图真正的核心所在。

佳作欣赏

4.1 认识抠图

抠图是把图片中我们需要的内容从原始图片或影像中分离出来成为单独的图层，主要是为了后期的合成做准备。例如，需要制作一个儿童主题的创意摄影作品，首先需要找到一张儿童素材照片，如图 4-1 所示。然后通过使用 Photoshop 进行抠图，如图 4-2 所示。然后再为画面添加素材，制作出儿童插画，效果如图 4-3 所示。

图 4-1

图 4-2

图 4-3

4.1.1 抠图的两种思路

抠图有两种思路，我们可以根据图像的状况去选择抠图的思路。一种是“去除背景”，就是将画面中不需要的部分去除，只保留需要的部分。图 4-4 所示为原图，如图 4-5 所示为使用“橡皮擦工具” 擦除背景进行抠图的过程。

另一种是“提取主体”。“提取主体”则是制作出需要保留部分的选区，然后将它复制 / 剪切出来。例如，要得到人像，就需要得到人像的选区，如图 4-6 所示。然后将人物复制到新文档中，如图 4-7 所示。

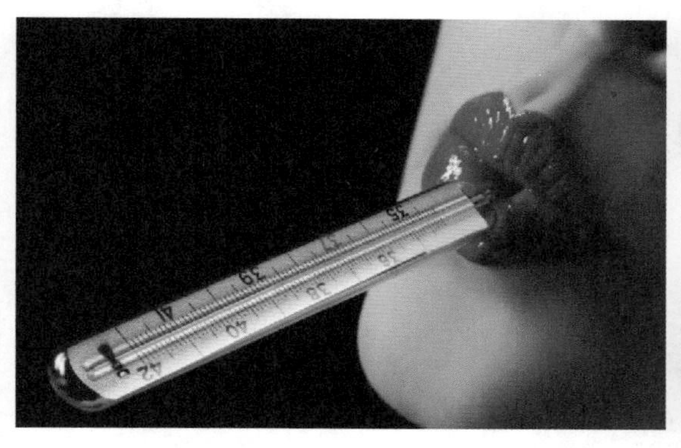

图 4-4

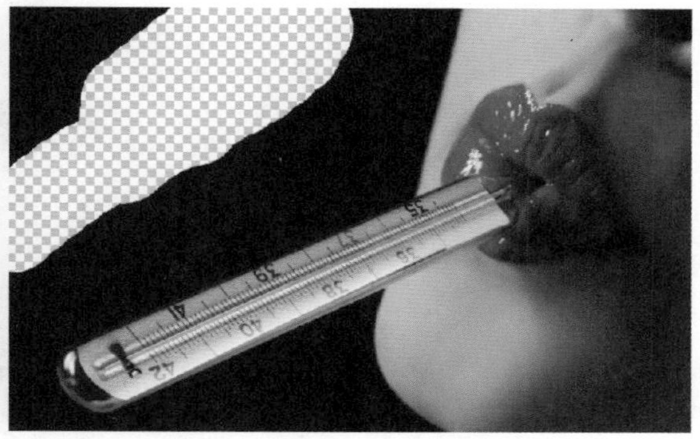

图 4-5

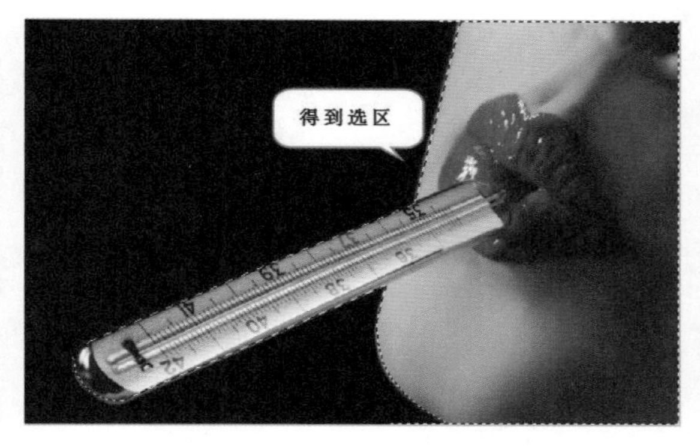

图 4-6

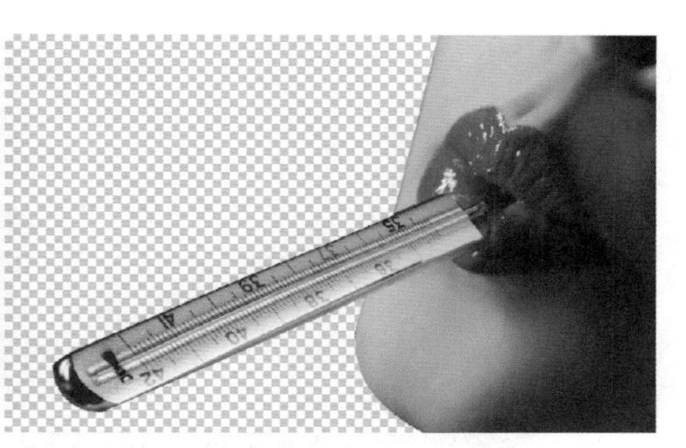

图 4-7

4.1.2 从抠图到合成的基本流程

抠图的主要目的就是为了合成，让画面呈现预想的一个效果。合成并不难，例如，将在空白墙壁前拍摄的人像从单色的背景中抠取出来，然后换一个新背景，这样就是一个最简单的合成了。接下来就来了解从抠图到合成的基本流程。

（1）首先需要选择抠图的对象以将图中的人物作为抠图的对象，如图 4-8 所示。然后将人物从背景中“抠”出来，如图 4-9 所示。

图 4-8

图 4-9

（2）将透明背景的人物置入或粘贴到带有漂亮背景的文档中，如图 4-10 所示。若觉得画面效果不够丰富，可以添加装饰，完成效果如图 4-11 所示。

图 4-10

图 4-11

4.2 如何抠图

在 Photoshop 中有很多抠图的方法。不同的工具或命令适用于不同的情况。有些时候要使用多种方法配合使用才能成功地将地图像“抠”出来。例如，抠人像时，经常是先使用“钢笔工具”将身体部分“抠”出来，然后再使用“通道”进行头发部分的抠图。所以在抠图之前通常需要分析图像的特征，然后找到一种合适的抠图方式后再进行操作。图 4-12 和图 4-13 所示为优秀的抠图合成作品。

图 4-12

图 4-13

4.2.1 根据边缘复杂程度进行抠图

在抠图时，边缘简单、明确的对象，抠图是最简单的，例如，圆形，方形，多边形等。如图 4-14 所示中，每个人像照片都处于一个矩形区域内，使用“矩形选框工具”沿着图像边缘绘制选区即可得到准确的选区，复制并粘贴到新的文件中，就完成了抠图的操作。如图 4-15 所示的相框边缘转角明显，使用“多边形套索工具”沿外轮廓绘制选区也可以轻松地进行抠图。

图 4-14

图 4-15

但是很多情况下，要抠取的对象边缘没有那么规则，而是一些边缘细节复杂而且锐利的选区，图 4-16 和图 4-17 所示的人物部分。这些对象就没有办法使用套索、选框工具进行抠图了，这时就要使用“钢笔工具”进行抠图。

图 4-16

图 4-17

4.2.2 根据颜色差异进行抠图

在每一个彩色照片中都有颜色、明度的差异，正因为如此，Photoshop 提供了多种基于色彩进行抠图的工具，可以根据颜色的差异来获取主体物的选区。如图 4-18 所示人物的颜色与背景的颜色差别非常大，而图 4-19 所示的人物明度低于背景。

图 4-18

图 4-19

4.2.3 边缘“虚化”的对象

在抠图中，抠毛发等边缘虚化的对象是很让人头痛的，如图 4-20 和图 4-21 所示。这些边缘异常复杂或包含羽化效果的对象使用“钢笔工具”仔细绘制显然不是合适的做法。这时就需要应用通道抠图法，通过调整通道的灰度图像制作复杂的选区。

图 4-20

图 4-21

4.2.4 透明 / 半透明对象

在抠图中还有一个难点，就是抠取透明或半透明的对象，例如，云朵、婚纱、光效、冰块、玻璃等对象。例如，将人物从原图中抠出来，放置到其他颜色背景中进行合成，如图 4-22 所示。如果使用“钢笔工具”进行抠取并合成，此时婚纱的半透明蕾丝会看到原图中的背景，合成以后画面显得非常不自然，如图 4-23 所示。

此时可以利用通道中灰度图像与选区之间可以相互转换的关系，利用通道抠图配合图层蒙版进行抠取，得到半透明的效果，如图 4-24 所示。

图 4-22

图 4-23

图 4-24

4.3　抠图常用工具与技法

抠图有很多种方法，不同特征的图像适合于不同的抠图方法。对于边缘整齐、像素对比强烈，而且主体物颜色与背景颜色差异较大的情况，可以使用“魔棒工具”、“快速选择工具”等工具得到选区，然后进行抠图。对于人像、毛茸茸的动物等就需要使用通道抠图了。本节就来讲解抠图的常用工具与技法。图 4-25 和图 4-26 所示为优秀的抠图合成作品。

图 4-25

图 4-26

4.3.1 磁性套索工具

使用“磁性套索工具”会自动识别边缘像素，并沿着颜色差异的边缘建立选区，该工具特别适合于快速选择与背景对比强烈且边缘复杂的对象。

（1）打开一张人物照片，如图 4-27 所示，可以看到人物颜色与背景虽然色系相近，但是由于边缘锐利而且颜色具有一定的反差，所以可以利用“磁性套索工具”进行抠图，选择工具箱中的“磁性套索工具”，将鼠标指针移动至人像的边缘单击以建立起始锚点，如图 4-28 所示。

图 4-27

图 4-28

（2）然后将鼠标指针沿着人物边缘拖动（不用按住鼠标左键），随着拖动可以看到产生了一条路径且路径上带有锚点，如图 4-29 所示。如果在拖动过程中生成的锚点位置远离了对象，可以按 <Delete> 键删除最近生成的一个锚点，然后继续绘制。继续拖动鼠标指针沿着人物边缘进行绘制，当鼠标指针移动至起始锚点的位置时，鼠标指针变为形状，单击即可建立选区，如图 4-30 所示。

图 4-29

图 4-30

（3）得到人物选区后，选择“背景”图层，执行“编辑 > 复制”命令，然后打开新背景，如图 4-31 所示。执行“编辑 > 粘贴”命令到新背景中进行合成。完成效果如图 4-32 所示。

图 4-31

图 4-32

小技巧：“磁性套索工具”选项栏中的参数详解

宽度：此值决定了以鼠标指针中心为基准，鼠标指针周围有多少个像素能够被“磁性套索工具”检测到，如果对象的边缘比较清晰，可以设置较大的值；如果对象的边缘比较模糊，可以设置较小的值。

对比度：该选项主要用来设置“磁性套索工具”感应图像边缘的灵敏度。如果对象的边缘比较清晰，可以将该值设置得高一些；如果对象的边缘比较模糊，可以将该值设置得低一些。

频率：在使用“磁性套索工具”勾画选区时，Photoshop 会生成很多锚点，该选项就是用来设置锚点的数量。数值越高，生成的锚点越多，捕捉到的边缘越准确，但是可能会造成选区不够平滑。

“钢笔压力”按钮：如果计算机配有数位板和压感笔，可以激活该按钮，Photoshop 会根据压感笔的压力自动调节“磁性套索工具”的检测范围。

4.3.2 快速选择工具

“快速选择工具”是一款智能选取工具，使用该工具可以自动寻找并沿着图像的边缘来描绘边界。

（1）打开一张人物照片，如图 4-33 所示。接下来通过“快速选择工具”得到人物选区，从而进行抠图。选择工具箱中的“快速选择工具”，将笔尖大小设置为 100 像素，然后在画面中拖动，随即可以看到选区会追踪画面的颜色进行创建，如图 4-34 所示。

图 4-33

图 4-34

（2）继续拖动鼠标得到人物的选区。在拖动的过程中若有选区超出了人像以外，可以单击选项栏中的“从选区减去”按钮，鼠标指针即可变为⊖状，然后在多余的选区位置涂抹将选区减去，如图 4-35 所示。通过使用“快速选择工具”得到人物的选区，如图 4-36 所示。

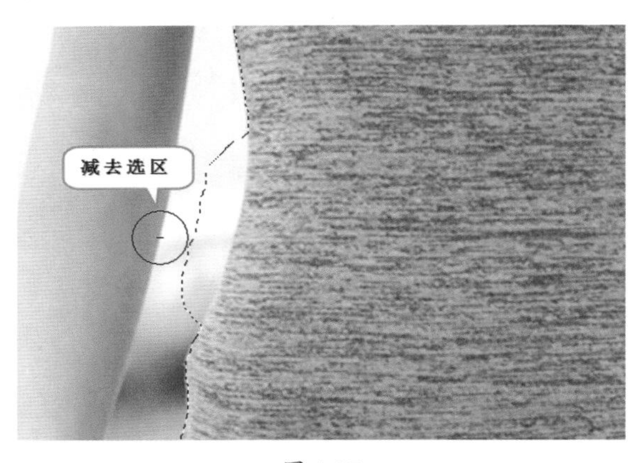

图 4-35

图 4-36

（3）得到人物选区后就可以进行合成了。执行“编辑 > 复制”命令，然后打开新背景，如图 4-37 所示。执行两次“编辑 > 粘贴”命令，得到两个人像图层，分别放置在画布两侧，并将右侧的人像图层执行“编辑 > 变换 > 水平翻转”命令，完成效果如图 4-38 所示。

图 4-37

图 4-38

小提示：“快速选择”工具的工具选项栏中的参数详解

对所有图层取样： Photoshop 会根据所有的图层建立选取范围，而不仅是只针对当前图层。

自动增强： 可以降低选取范围边界的粗糙度与区块感。

4.3.3 魔棒工具

“魔棒工具”通过分析颜色区域来创建选择区域。在使用该工具时，首先要设置“容差”。“容差”选项决定了所选像素之间的相似性或差异性，“容差”值越高，选择的范围越大；“容差”值越低，选择的范围越小。“魔棒工具”适合对颜色较为单一的图像进行快速选取。

（1）打开一张人物照片，如图 4-39 所示。下面就来使用“魔棒工具”得到背景的选区，然后将人像抠取出来。选择工具箱中的“魔棒工具”，设置“容差”为 15，设置完成后在画面中单击，随即可以看到颜色相近的区域都被选中，如图 4-40 所示。

图 4-39

图 4-40

（2）但是背景中还有没被选择中的区域，接着设置选区模式为“添加到选区”，可以适当地增加“容差”参数，然后在没被选中的区域单击，如图 4-41 所示。继续添加到选区，得到背景的选区，如图 4-42 所示。

图 4-41

图 4-42

（3）得到选区后，可以将原来的背景删除或使用图层蒙版隐藏。然后为其更换一个新的背景，完成效果如图 4-43 所示。

图 4-43

小提示："魔棒工具"选项栏中的参数详解

取样大小：用来设置"魔棒工具"的取样范围。选择"取样点"可以只对鼠标指针所在位置的像素进行取样；选择"3×3 平均"可以对鼠标指针所在位置 3 个像素区域内的平均颜色进行取样，其他的以此类推。

容差：决定所选像素之间的相似性或差异性，其取值范围为 0~255。数值越低，对像素的相似程度的要求越高，所选的颜色范围就越小；数值越高，对像素的相似程度的要求越低，所选的颜色范围就越广。

连续：当勾选该选项时，只选择颜色连接的区域；当不勾选该选项时，可以选择与所选像素颜色接近的所有区域，当然也包含没有连接的区域。

对所有图层取样：如果文档中包含多个图层，当勾选该选项时，可以选择所有可见图层上颜色相近的区域；当不勾选该选项时，仅选择当前图层上颜色相近的区域。

4.3.4 色彩范围

选择菜单中的"色彩范围"命令，可根据图像中的某一颜色区域进行选择创建选区。此命令与"魔棒工具"比较相似。但是"色彩范围"命令提供了更多的控制选项，因此该命令的选择精度也要高一些。

（1）打开一张图片，按住 <Alt> 键双击背景图层将其转换为普通图层，如图 4-44 所示。接下来就通过"色彩范围"命令将人物从绿色背景中抠取出来。因为画面中背景为绿色调，色彩比较统一，我们可以先得到背景的选区，然后将选区反选得到人物选区。执行"图层 > 色彩范围"命令，打开"色彩范围"对话框。设置"选择"为"取样颜色"，然后设置"颜色容差"为 30，设置完成后将鼠标指针移动到画面中单击进行颜色拾取，此时可以在"色彩范围"对话框中的缩览图中看到部分变为了白色，如图 4-45 所示。白色的区域就是需要得到的区域。

图 4-44

图 4-45

（2）接着继续选择背景。单击对话框中的“添加到取样”按钮，将鼠标指针移动到背景中的其他区域单击，随着单击鼠标可以看到白色的区域增大了，如图 4-46 所示。继续在背景处单击进行取样，直到缩览图中的背景变为白色，如图 4-47 所示。

图 4-46

图 4-47

（3）单击“确定”按钮，得到背景选区，如图 4-48 所示。接着可以将背景删除，如图 4-49 所示。

图 4-48

图 4-49

（4）为抠取出来的图像添加一个新的背景，如图 4-50 所示。为了让画面更加丰富，可以添加前景进行装饰，效果如图 4-51 所示。

图 4-50

图 4-51

小提示：“色彩范围”对话框中的参数详解

选择：用来设置选区的创建方式。

本地化颜色簇：勾选该选项后，拖动“范围”滑块可以控制要包含在蒙版中的颜色与取样点的最大和最小距离。

选区预览图：选区预览图下面包含“选择范围”和“图像”两个选项。当勾选“选择范围”选项时，预览区域中的白色代表被选择的区域，黑色代表未选择的区域，灰色代表被部分选择的区域（即有羽化效果的区域）；当勾选“图像”选项时，预览区内会显示彩色图像。

选区预览：用来设置文档对话框中选区的预览方式。

存储 / 载入：单击“存储”按钮，可以将当前的设置状态保存为选区预设；单击“载入”按钮，可以载入存储的选区预设文件。

反相：将选区进行反转，也就是说创建选区以后，相当于执行了“选择 > 反向”菜单命令。

4.3.5 调整边缘

用 Photoshop 抠图时最常遇到的一个问题就是建立的选区并不是特别标准，利用选区抠图之后经常会残留一些背景部分的像素，对于这类问题可以使用“调整边缘”命令解决。

（1）打开一张人物照片，然后选择工具箱中的“快速选择工具”，设置合适的笔尖大小，然后在人像上方拖动得到人物大致的选区，如图 4-52 所示。得到选区后可以看到头发的选区边缘并不准确，接下来就使用“调整边缘”命令调整选区。得到选区后执行“选择 > 调整边缘”命令，打开“调整边缘”对话框，如图 4-53 所示。

图 4-52

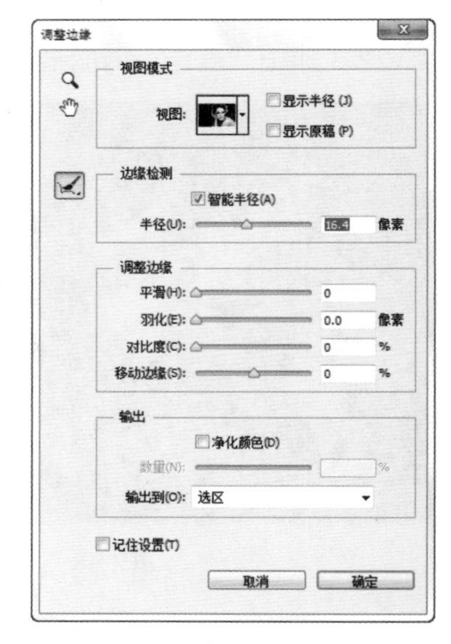

图 4-53

（2）首先选择“视图”，单击视图后的倒三角按钮，即可看到 7 种视图模式，在本案例中选择“黑底”这种视图模式，如图 4-54 所示。

图 4-54

（3）接下来调整头发的边缘。首先勾选“智能半径”选项，该选项用来自动调整边界区域中发现的硬边缘和柔化边缘的半径。然后设置“半径”为 8 像素，“半径”选项确定发生边缘调整的选区边界的大小。对于锐边，可以使用较小的半径；对于较柔和的边缘，可以使用较大的半径。此时画面效果如图 4-55 所示。

（4）头发的边缘还存在白色的边缘，接下来继续调整头发的边缘。单击对话框左侧的“调整半径工具”，然后选项合适的笔尖大小，接着在头发边缘的白色像素处涂抹，如图 4-56 所示。随着涂抹可以看到白色的像素减少了，如图 4-57 所示。

图 4-55

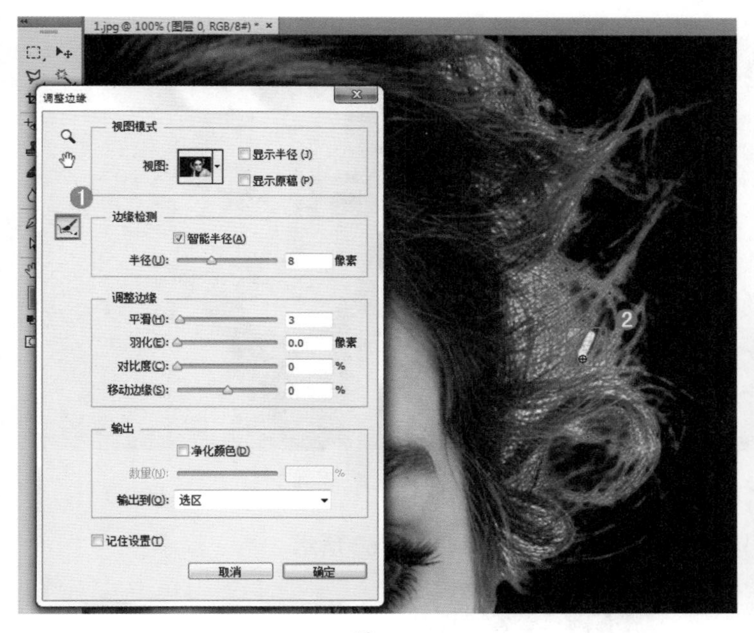

图 4-56

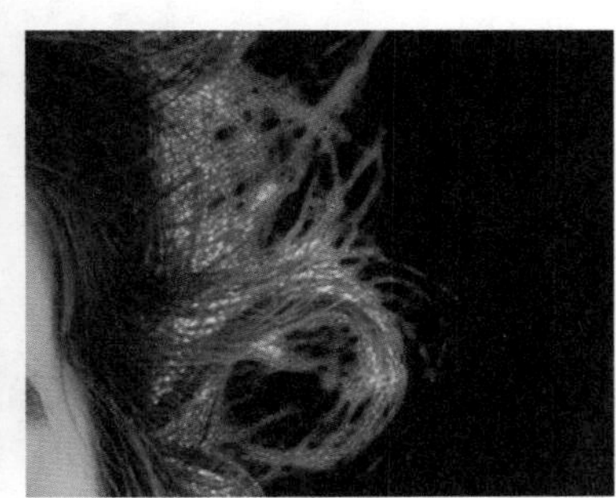

图 4-57

小提示：“调整边缘”对话框中的参数详解

“缩放工具”：使用该工具可以缩放图像，与工具箱中的“缩放工具”的使用方法相同。

“抓手工具”：使用该工具可以调整图像的显示位置，与工具箱中的“抓手工具”的使用方法相同。

“调整半径工具”、**“抹除调整工具”**：使用这两个工具可以精确调整发生边缘的边界区域。制作头发或毛皮选区时可以使用“调整半径工具”柔化区域以增加选区内的细节。

智能半径：自动调整边界区域中发现的硬边缘和柔化边缘的半径。

半径：确定发生边缘调整的选区边界的大小。对于锐边，可以使用较小的半径；对于较柔和的边缘，可以使用较大的半径。

平滑：减少选区边界中的不规则区域，以创建较平滑的轮廓。

羽化：模糊选区与周围像素之间的过渡效果。

对比度：锐化选区边缘并消除模糊的不协调感。在通常情况下，配合“智能半径”选项调整出来的选区效果会更好。

移动边缘：当设置为负值时，可以向内收缩选区边界；当设置为正值时，可以向外扩展选区边界。

净化颜色：将彩色杂边替换为附近完全选中的像素颜色。颜色替换的强度与选区边缘的羽化程度是成正比的。

数量：更改净化彩色杂边的替换程度。

输出到：设置选区的输出方式。

（5）设置完成后单击“确定”按钮，随即即可得到调整完成后的选区，如图 4-58 所示。得到选区后以当前选区为该图层添加图层蒙版，此时效果如图 4-59 所示。

图 4-58

图 4-59

（6）最后可以为画面添加背景及装饰文字，完成效果如图 4-60 所示。

图 4-60

4.3.6 钢笔抠图

"钢笔工具"可以绘制 3 种类型的对象："形状""路径"以及"像素"。在进行钢笔抠图时只需要绘制出可以转化为选区的"路径"即可，所以就需要将绘制模式设置为"路径"。单击工具箱中的"钢笔工具"，然后在选项栏中单击"路径"选项，此时进行绘制可以创建工作路径，如图 4-61 所示。路径是一种轮廓，虽然路径不包含像素，但是可以使用颜色填充或描边路径。

图 4-61

(1) 打开一张照片，如图 4-62 所示。单击工具箱中的"钢笔工具"，设置绘制模式为"路径"，然后将鼠标指针移动到人物的边缘单击，单击完成后随即会建立锚点，如图 4-63 所示。

图 4-62

图 4-63

(2) 将鼠标指针移动到下一个位置单击，即可建立下一个锚点，在两个锚点之间会有一段路径连接，如图 4-64 所示。继续使用"钢笔工具"沿着人物边缘绘制路径，如图 4-65 所示。

图 4-64

图 4-65

（3）接下来调整锚点位置，让路径贴合人物边缘。单击工具箱中的“直接选择工具”，然后选择一个锚点，选中的锚点为黑色。然后将锚点向人物边缘移动，如图 4-66 所示。继续移动锚点，当需要曲线路径时，单击工具箱中的“转换点工具”，选中需要转换为平滑点的锚点，使用“转换点工具”按住鼠标左键拖动锚点，让路径贴合人物边缘，此时角点转换为平滑点，如图 4-67 所示。

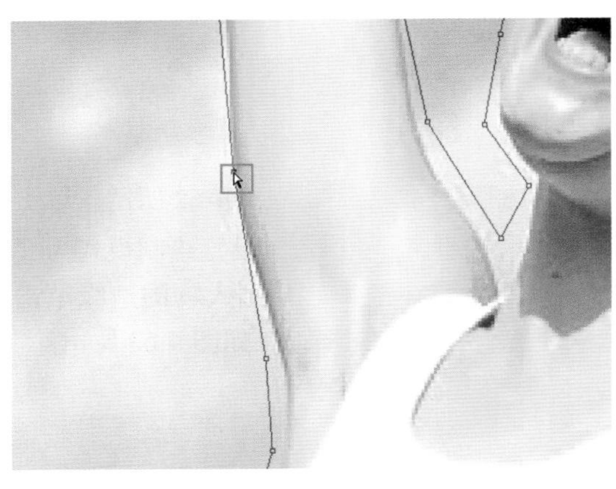

图 4-66

图 4-67

（4）继续使用“直接选择工具”调整锚点的位置，锚点调整完后整个路径形状发生了很大变化。也可以在适当的位置添加锚点，单击工具箱中的“添加锚点工具”，将鼠标指针移动到需要添加锚点的路径处，单击以添加锚点，如图 4-68 所示。在平滑路径上添加的锚点也会为平滑点，使用“转换点工具”可以将其转换为角点。然后使用“直接选择工具”继续调整锚点位置，完成效果如图 4-69 所示。

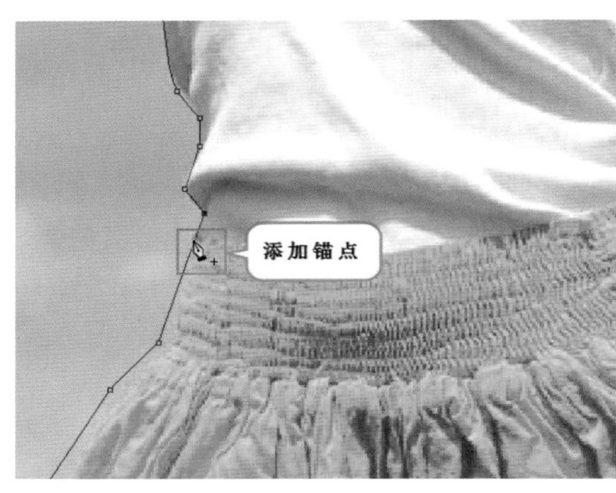

图 4-68

图 4-69

（5）路径绘制完成后，可以将其转换为选区。闭合路径绘制完成后在路径上右击，在弹出的菜单中选择“建立选区”命令打开“建立选区”对话框，如图 4-70 所示。也可以按快捷键 <Ctrl+Enter> 将路径转换为选区，如图 4-71 所示。

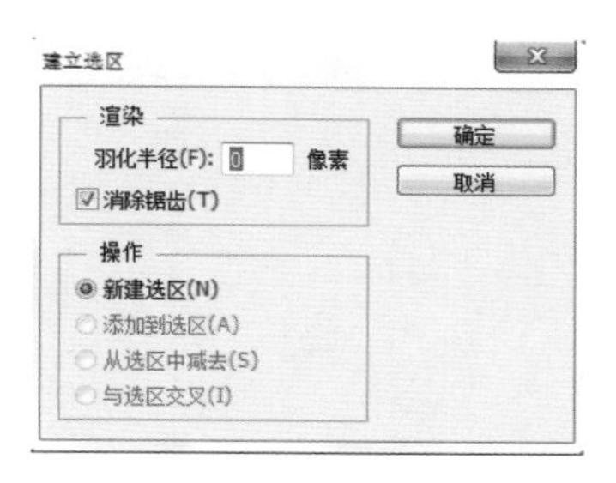

图 4-70

图 4-71

（6）转换为选区后，可以选择该图层，单击“图层”面板底部的添加“图层蒙版”按钮，基于选区为该图层添加图层蒙版，然后为其添加一个新背景，如图 4-72 所示。接着为画面添加前景装饰，一个简单的合成就制作完成了，效果如图 4-73 所示。

图 4-72

图 4-73

4.3.7 通道抠图：长发、动物、婚纱和云朵

抠图有很多种方式，但是在抠取半透明对象、毛茸茸的边缘时，边缘总是很不自然。在 Photoshop 中有一种抠图方法——“通道抠图”，可以说就是为抠取这种半透明、毛茸茸对象量身定制的抠图方法。通道抠图流程如下：

（1）隐藏其他图层，进入“通道”面板，逐一观察并选择主体物与背景黑白对比最强烈的通道。

（2）在“通道”面板复制该通道。

（3）利用调整命令来增强复制出的通道黑白对比，使选区与背景区分开来。

（4）调整完毕后，选中该通道载入复制出的通道选区，为图层添加图层蒙版，即可将选区与背景分离开。

小提示：“通道”面板

通道是用于存储图像颜色信息和选区信息等不同类型信息的灰度图像，主要用来保存选区和编辑选区。执行“对话框 > 通道”命令，打开“通道”面板，在此面板中展示了当前文档中的通道，图像颜色、格式的不同决定了通道的数量和模式。图 4–74 所示为在 Photoshop 中存在的多种形式的通道。

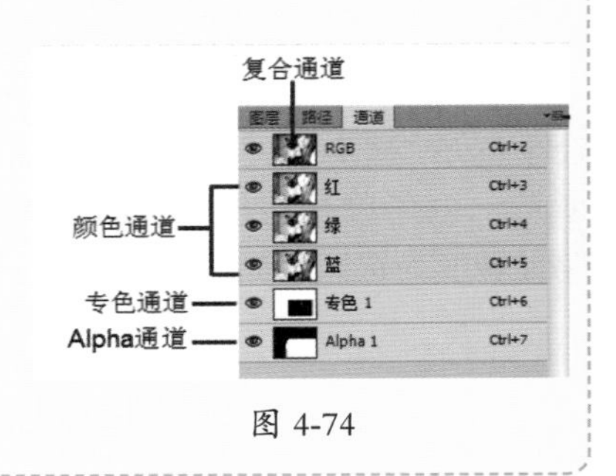

图 4-74

接着就来通过一个案例来练习如何使用通道抠取长发、动物、婚纱和云朵。

（1）执行“文件 > 打开”命令，打开背景素材“1.jpg”，如图 4-75 所示。

图 4-75

（2）接着提亮背景的亮度。执行“图层 > 新建调整图层 > 曲线”命令，在打开的“曲线”属性面板中调整曲线形状如图 4-76 所示。画面效果如图 4-77 所示。

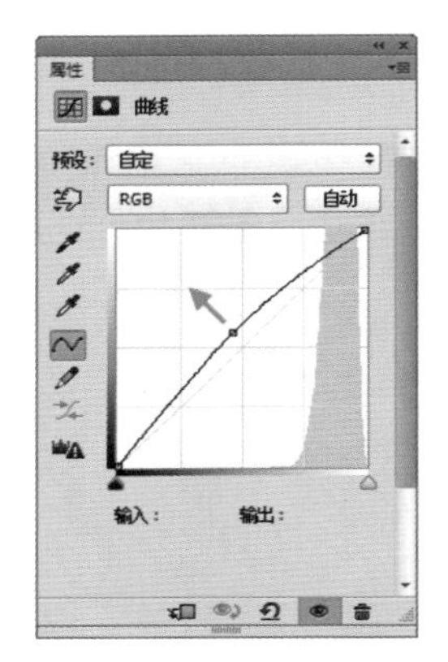

图 4-76

图 4-77

（3）接着将风景图片素材“2.jpg”置入到画面中，然后将图层进行栅格化。使用“椭圆工具”在画面中绘制选区，如图 4-78 所示。选中风景图片图层，单击“图层”面板底部的“添加图层蒙版”按钮，基于选区为该图层添加蒙版，效果如图 4-79 所示。

图 4-78

图 4-79

（4）下面为风景素材添加“内发光”图层样式。执行“图层 > 图层样式 > 内发光”命令，在“图层样式”对话框中设置“混合模式”为“正常”，“不透明度”为 75%，“颜色”为白色，“方法”为“柔和”，“源”为“边缘”，“阻塞”为 2%，“大小”为 59 像素，参数设置如图 4-80 所示。画面效果如图 4-81 所示。

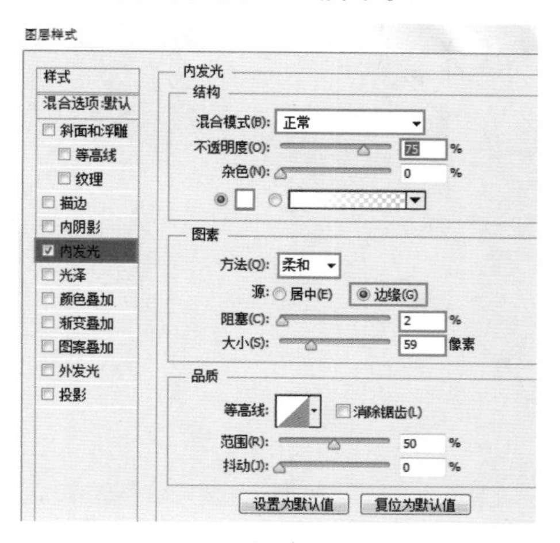

图 4-80

图 4-81

（5）选择工具箱中的“椭圆工具”，设置绘制模式为“形状”，“填充”为“无”，“描边”为由淡蓝色到白色的渐变，“描边宽度”为 6 点，然后在画面中绘制椭圆形状的边框，如图 4-82 所示。

图 4-82

（6）将企鹅素材“3.jpg”置入到画面中并栅格化。然后使用“快速选择工具”，设置合适的笔尖大小在企鹅上方拖动得到其选区，如图 4-83 所示。单击“图层”面板底部的“添加图层蒙版”按钮，基于选区为该图层添加图层蒙版，效果如图 4-84 所示。

图 4-83

图 4-84

（7）接着通过图层蒙版进行抠图。将人物素材“4.jpg”置入到画面中并进行栅格化，如图 4-85 所示。然后将人物图层以外的图层隐藏，如图 4-86 所示。

图 4-85

图 4-86

（8）通常情况下，通道抠图会配合钢笔抠图。首先使用“钢笔工具”沿着人像周围绘制路径，在绘制到头发和裙摆的位置时可以留出一些背景，如图 4-87 和图 4-88 所示。

图 4-87

图 4-88

（9）路径绘制完成后，按快捷键 <Ctrl+Enter> 将路径转换为选区。按快捷键 <Ctrl+J> 将选区复制到独立图层。然后将其他图层隐藏，画面效果如图 4-89 所示。

图 4-89

（10）下面利用通道抠取头发。执行“对话框 > 通道”命令，进入到“通道”面板中查看各个通道的对比状态。经过观察，红通道中头发与背景的黑白对比最为强烈，如图 4-90 所示。选择“红”通道右击，在弹出的菜单中执行“复制通道”命令，复制红通道，如图 4-91 所示。

图 4-90

图 4-91

（11）接着增加头发与背景的对比度。执行“图像 > 调整 > 色阶”命令，在“色阶”对话框中将黑色滑块向右拖动，将白色滑块向左拖动，如图 4-92 所示。此时画面效果如图 4-93 所示。

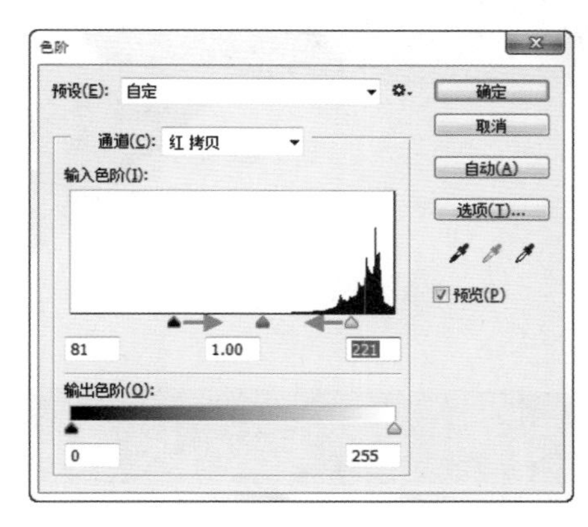

图 4-92

图 4-93

（12）因为在通道中黑色代表非选区，白色为选区，所以在通道中将颜色进行反相。按快捷键 <Ctrl+I> 将颜色反相，如图 4-94 所示。然后使用“减淡工具”减淡头部的颜色，将画面中其他位置使用黑色的画笔涂抹成黑色，只保留头发的区域，如图 4-95 所示。

图 4-94

图 4-95

第 4 章

（13）然后单击“通道”面板底部的“将通道作为选区载入”按钮，如图 4-96 所示，将通道作为选区进行载入。回到“图层”面板中，选择“人像”图层，按快捷键 <Ctrl+J> 将选区复制到独立图层，如图 4-97 所示。将复制得到的图层命名为“头部”，如图 4-98 所示。

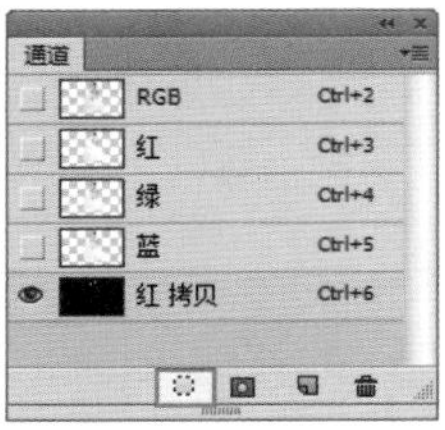

图 4-96

图 4-97

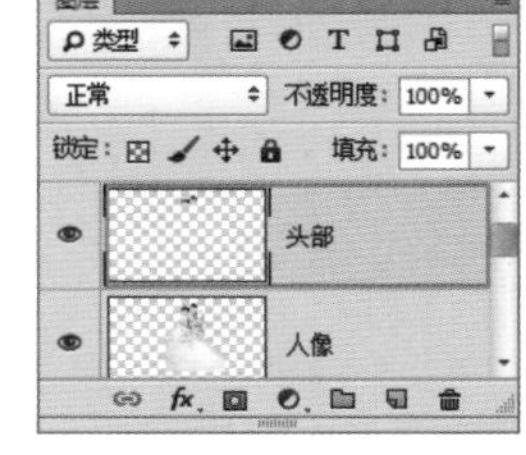

图 4-98

（14）接着抠取婚纱部分。再次将其他图层隐藏，只显示“人像”图层，然后进入到“通道”面板中观察各个通道的对比，通过观察可以发现绿通道婚纱和背景对比最明显，如图 4-99 所示。复制“绿”通道，然后将婚纱以外的部分填充为黑色，如图 4-100 所示。

图 4-99

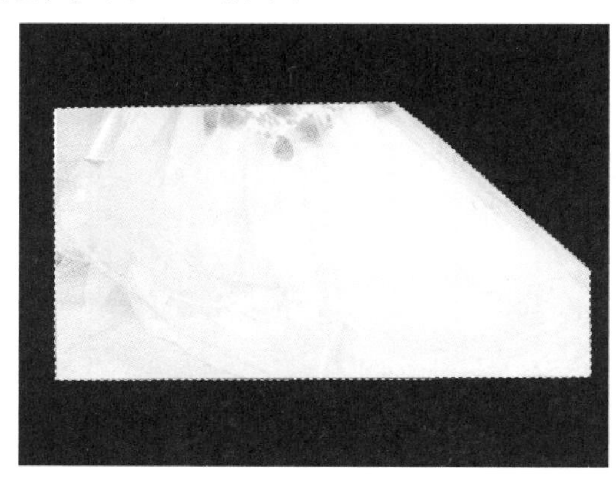

图 4-100

（15）婚纱的特点是半透明，因为在通道中白色为选区，灰色为羽化选区，所以婚纱边缘的位置太亮，得到选区后会显示背景，如图 4-101 所示。接着选择工具箱中的“加深工具”，设置范围为“中间调”，然后在婚纱的边缘涂抹，将这部分进行加深，如图 4-102 所示。

图 4-101

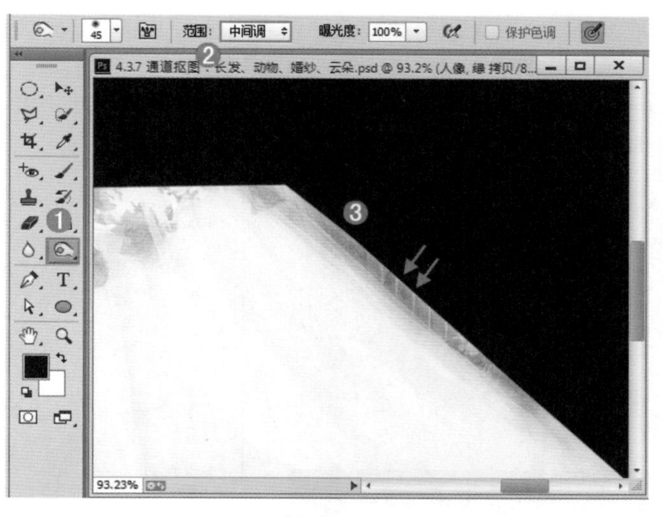

图 4-102

（16）加深完成后单击“通道”面板底部的“将通道作为选区载入”按钮，得到选区。然后回到“图层”面板中，选择“人物”图层将选区进行复制，复制得到独立图层。将其他图层隐藏，以查看婚纱效果，如图 4-103 所示。接着可以将这个图层命名为“裙子”。

（17）接着显示“头部”“裙子”和“人像”图层。为“人像”图层添加图层蒙版，如图 4-104 所示。然后使用黑色的柔角画笔在头发和裙摆处涂抹，在涂抹过程中要结合这 3 个图层的关系，将残留的背景去除。头发效果如图 4-105 所示，裙摆效果如图 4-106 所示。

图 4-103

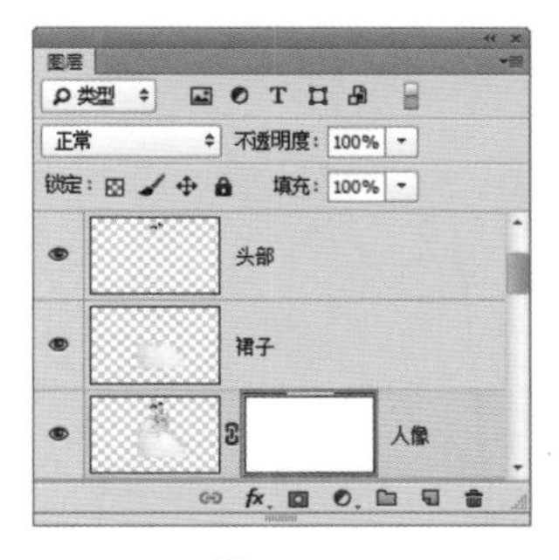

图 4-104

图 4-105

图 4-106

（18）接下来抠取云朵。将云朵素材“5.jpg”置入到画面中并将其栅格化，如图 4-107 所示。将其他图层隐藏，只显示云朵图层。然后进入到“通道”面板中，复制“红”通道。接着执行“图像 > 调整 > 色阶”命令，打开“色阶”对话框，将黑色滑块向右拖动，将白色滑块向左拖动，如图 4-108 所示。此时画面效果如图 4-109 所示。

图 4-107

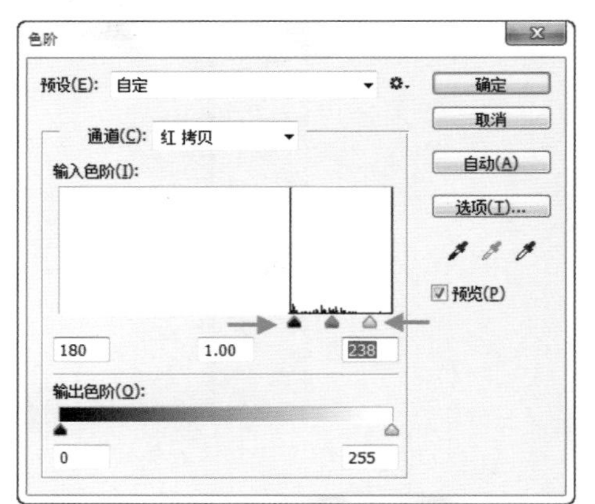

图 4-108

图 4-109

（19）选中“红通道副本”，然后单击“通道”面板底部的“将通道作为选区载入”按钮，得到选区，如图 4-110 所示。单击“图层”面板底部的“添加图层蒙版” 按钮，基于选区为该图层添加图层蒙版，效果如图 4-111 所示。

图 4-110

图 4-111

（20）此时云朵还有颜色倾向，接着进行调整。执行“图层 > 新建调整图层 > 色相 / 饱和度”命令，在打开的“色相 / 饱和度”属性面板中设置“通道”为“青色”，“明度”为 –100，设置完成后单击“创建剪贴蒙版”按钮，如图 4-112 所示，此时云朵变为纯白色，效果如图 4-113 所示。

（21）显示出其他的画面内容，将云朵摆放在裙摆处。接着可通过复制的方式制作更多的云朵，如图 4-114 所示。最后可以为画面添加文字、图形的装饰，案例完成效果如图 4-115 所示。

图 4-112

图 4-113

图 4-114

图 4-115

4.4 图像合成必备：蒙版

蒙版在图像合成过程中常常被用到，蒙版除了能保护选择区域以外的不被删除外，还可以利用图层蒙版制作透明或半透明的效果，所以蒙版工具经常被称为非破坏性的合成工具。图 4-116 和图 4-117 所示为使用该功能制作的作品。

图 4-116

图 4-117

4.4.1 图层蒙版

图层蒙版是比较常用的合成技术，通常会利用蒙版遮盖部分图像，只保留画面所需要的内容。这种隐藏而非删除的编辑方式是一种非常方便的非破坏性编辑方式。在 Photoshop 中，蒙版是将不同的灰度色值转化为不同的透明度，并作用于它所在的图层，使图层不同部位的透明度产生相应的变化。图层蒙版是位图工具，通过使用“画笔工具”、填充命令等处理蒙版的黑白关系，从而控制图像的显示隐藏。在蒙版中显示黑色为完全透明，白色则是完全不透明。接下来就一起来了解一下图层蒙版的工作原理。

（1）执行“文件 > 打开”命令，将背景素材打开，如图 4-118 所示。接着将人物素材置入到画面中，并将其栅格化，如图 4-119 所示。

图 4-118

图 4-119

（2）选择“人像”图层，单击“图层”面板底部的“添加图层蒙版”按钮，就可以为这个图层添加图层蒙版，如图 4-120 所示。

（3）接下来进行抠图，首先将白色的背景去除。单击选择图层蒙版，然后选择工具箱中的“画笔工具”，将前景色设置为黑色，然后设置“笔尖大小”为 150 像素，“硬度”为 80%，将鼠标指针移动至画面中白色背景的位置上涂抹。随着涂抹可以看到画面中笔触经过的位置的像素消失了，如图 4-121 所示。

图 4-120

图 4-121

（4）继续沿着人物边缘涂抹，在涂抹过程中可以适当地调整笔尖大小和笔尖硬度。将白色的背景在蒙版中隐藏，效果如图 4-122 所示。此时图层蒙版如图 4-123 所示。

图 4-122

图 4-123

（5）使用图层蒙版也能打造渐隐的效果。选择工具箱中的“渐变工具”，在“渐变编辑器”对话框中编辑一个由黑色到白色的渐变，如图 4-124 所示。接着设置渐变的类型为线性，然后按 <Ctrl> 键单击蒙版缩览图蒙版的选区，如图 4-125 所示。

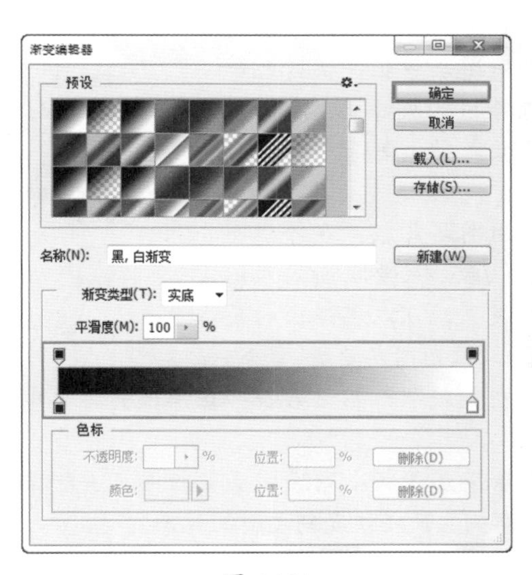

图 4-124

图 4-125

（6）然后按住鼠标左键进行拖动（白色在上面黑色在下面），此时蒙版状态如图 4-126 所示。画面效果如图 4-127 所示。此时可以发现，在蒙版中不同的灰色代表不同的透明等级，灰色的颜色越深，表示越透明。使用渐变填充蒙版的好处在于，可以让过渡更加柔和、自然。

图 4-126

图 4-127

（7）最后可以为画面添加前景的装饰，案例制作完成的效果如图 4-128 所示。

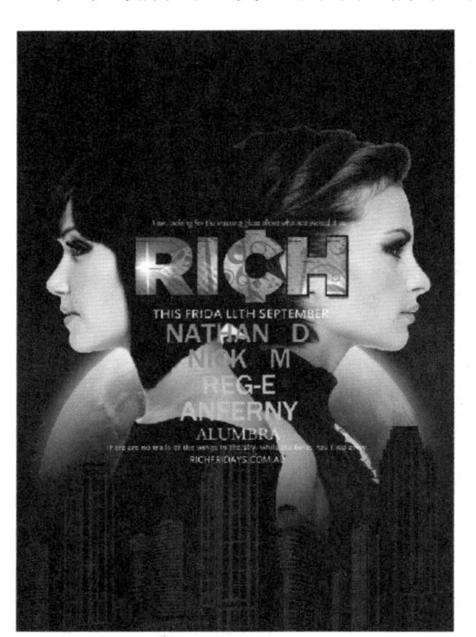

图 4-128

小提示：图层蒙版的其他基本操作

在图层蒙版上右击可以弹出蒙版操作的子菜单，在这里有一些常用的命令操作，如图 4-129 所示。

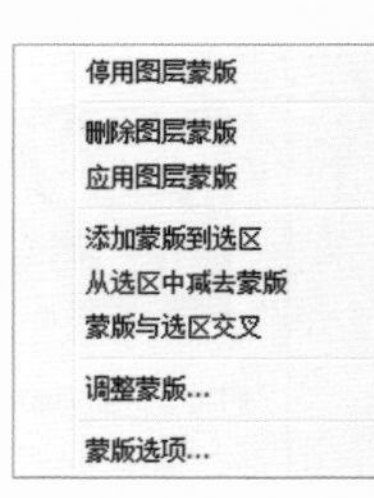

图 4-129

停用图层蒙版：执行此命令可以停用蒙版效果，在停用的图层蒙版的上方有个红色交叉线 ×。

启用图层蒙版：在停用图层蒙版以后如果要重新启用图层蒙版效果，可以在弹出的菜单中选择“启用图层蒙版”命令，或直接在蒙版缩略图上右击，在弹出的菜单中选择此命令。

删除图层蒙版：删除图层蒙版即可去除蒙版对图像的影响，使之恢复到之前的效果。

应用图层蒙版：将图像中对应蒙版中的黑色区域删除，白色区域保留下来，而灰色区域将呈透明效果，并且删除图层蒙版。

添加蒙版到选区 / 从选区中减去蒙版 / 蒙版与选区交叉：通过将选区与蒙版进行相加、相减的运算，从而得到新的选区。

调整蒙版：执行该命令可以打开“调整蒙版”对话框，该对话框与“调整选区”对话框中的操作方法相同，主要用于调整蒙版边界效果。

蒙版选项：用于设置蒙版的显示效果。

4.4.2 剪贴蒙版

剪贴蒙版主要由两个部分组成，即“基底图层”和“内容图层”，这两个部分缺一不可，如图 4-130 所示。“剪贴蒙版”的工作原理是通过使用处于下方图层的形状来限制上方图层的显示状态，也就是说基底图层用于限定最终图像的形状，而内容图层则用于限定最终图像显示的颜色图案。效果如图 4-131 所示。

图 4-130

图 4-131

“基底图层”位于整个“剪贴蒙版”的最底层。决定了位于其上面的图像的显示范围。基底图层只有一个，如果对基底图层进行移动、变换等操作，那么上面的图像也会随之受到影响。

“内容图层”位于剪贴蒙版的上方，可以是一个或多个，不仅可以是普通的像素图层，还可以是“调整图层”“形状图层”和“填充图层”等类型图层。对“内容图层”的操作不会影响“基底图层”，但对其进行移动、变换等操作时，其显示范围也会随之而改变。需要注意的是剪贴蒙版虽然可以应用在多个图层中，但这些图层不能是隔开的，必须是相邻的图层。

接下来通过一个案例来创建剪贴蒙版。

（1）执行“文件 > 打开”命令，打开一个包含两个图层的文档，如图 4-132 所示。其中一个为背景层，上方的将作为剪贴蒙版中的基底图层，如图 4-133 所示。

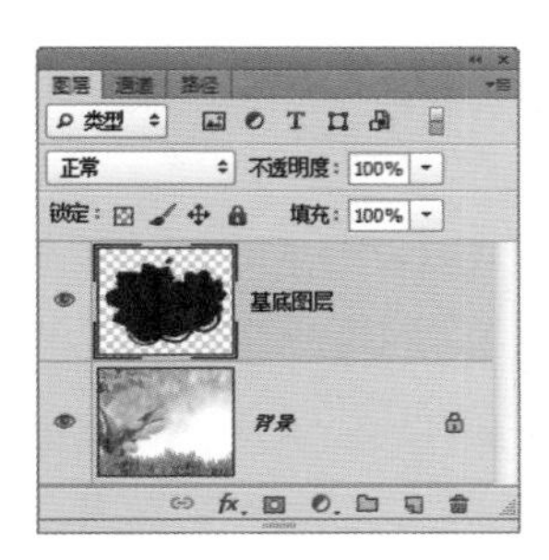

图 4-132

图 4-133

（2）然后将人物素材置入到画面中，并将其移动到“基底图层”上方，如图 4-134 所示。接着选择人物图层，执行“图层 > 创建剪贴蒙版”命令，此时画面效果如图 4-135 所示。

图 4-134

图 4-135

（3）此时画面中人像部分没有从背景中凸显出来，可以通过为“基底图层”添加图层样式，让人像凸显出来。选择“基底图层”，执行“图层 > 图层样式 > 描边”命令，在打开的“图层样式”对话框中设置参数如图 4-137 所示。勾选“外发光”选项，参数设置如图 4-138 所示。

小提示： 创建剪贴蒙版的其他方法

将鼠标指针移动至“内容图层”和“基底图层”之间，然后按住 <Alt> 键当鼠标指针变为 形状时，单击即可创建剪贴蒙版，如图 4-136 所示。

图 4-136

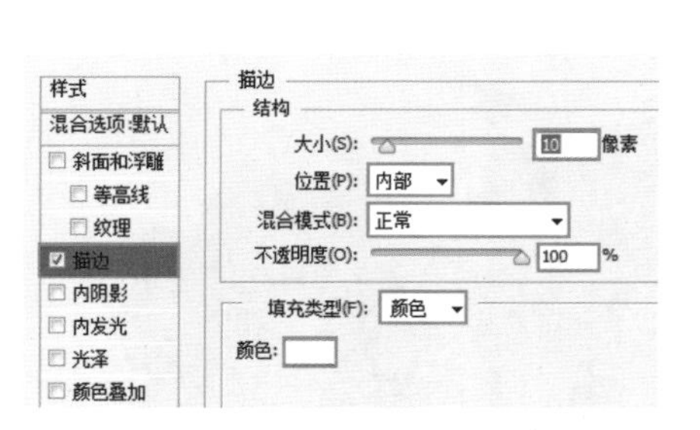

图 4-137

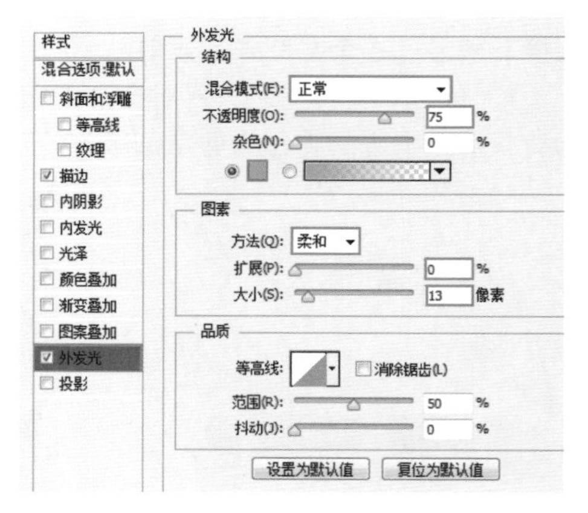

图 4-138

小技巧： 剪贴蒙版小知识

在剪贴蒙版中，“内容图层”之间可以进行顺序调整，但是需要注意的是，“内容图层”一旦移动到“基底图层”的下方就相当于释放了剪贴蒙版。如果将剪贴蒙版以外的图层拖动到“基底图层”上方，则可将其加入到剪贴蒙版组中。

（4）设置完成后单击“确定”按钮，效果如图 4-139 所示。最后为画面中添加装饰，本案例制作完成的效果如图 4-140 所示。

图 4-139

图 4-140

4.5　案例：长颈鹿先生

案例文件：	长颈鹿先生 .psd
视频教学：	长颈鹿先生 .flv

案例效果：

操作步骤：

（1）执行“文件 > 新建”命令，新建一个 A4 大小的文件。单击工具箱中的“渐变工具”，然后打开“渐变编辑器”对话框编辑一个青色系的渐变，如图 4-141 所示。设置“渐变类型”为“实底”，然后在画面中拖动填充，画面效果如图 4-142 所示。

第 4 章

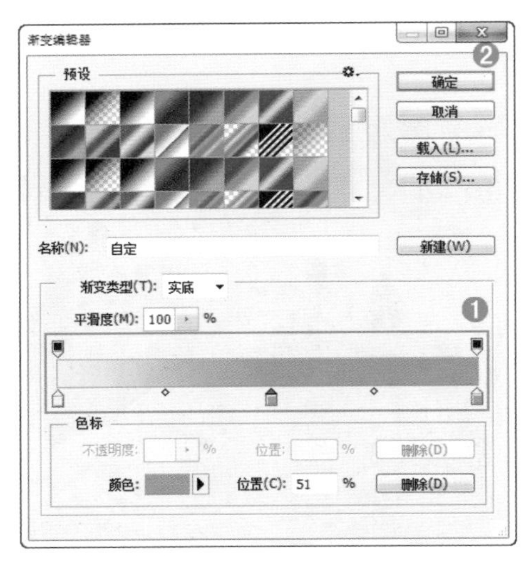

图 4-141

图 4-142

(2) 将长颈鹿素材置入到画面中，并将图层栅格化，如图 4-143 所示。接着执行“图像 > 调整 > 阴影 / 高光”命令，在打开的“阴影 / 高光”对话框中设置“阴影”的数量为 35%，参数设置如图 4-144 所示。画面效果如图 4-145 所示。

图 4-143

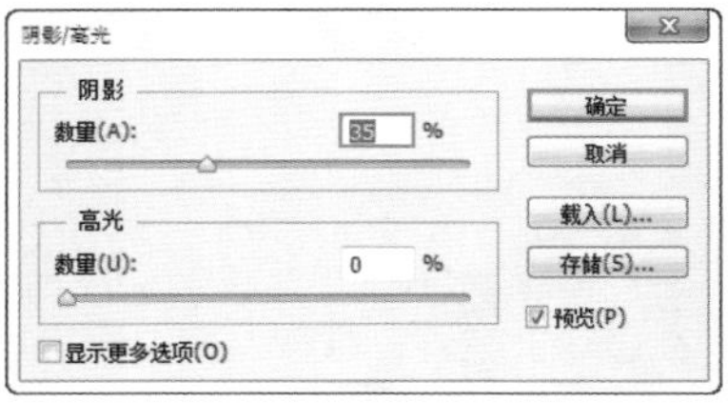

图 4-144

图 4-145

(3) 接下来进行抠图。首先观察一下图像，以确定抠图方法。长颈鹿的边缘较为清晰，但是耳朵的位置毛茸茸的，所以可以将长颈鹿的轮廓使用“钢笔工具”抠取出来，然后再使用通道进行抠图。选择工具箱中的“钢笔工具”，设置绘制模式为“路径”，然后沿着长颈鹿的边缘绘制路径，绘制到眼、睫毛和耳朵的位置时可以保留背景，路径绘制如图 4-146 所示。路径绘制完成后，按快捷键 <Ctrl+Enter> 将路径转换为选区，如图 4-147 所示。

(4) 单击“图层”面板底部的“添加图层蒙版”按钮 ，基于选区为该图层添加图层蒙版，此时画面效果如图 4-148 所示。接着使用通道进行抠图，在“通道”面板中观察蒙版的状态，发现“蓝”通道的对比最强烈，选择“蓝”通道右击，在弹出的菜单中选择“复制通道”命令，复制蓝通道，如图 4-149 所示。

图 4-146

图 4-147

图 4-148

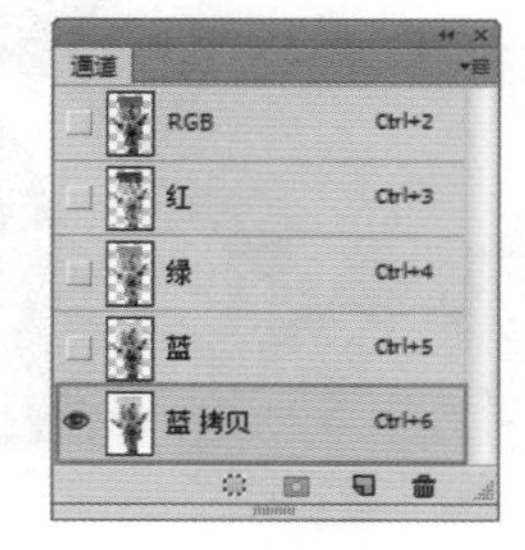

图 4-149

(5) 接着增加长颈鹿和背景的对比度。执行“图像 > 调整 > 色阶”命令，打开“色阶”对话框，将黑色滑块向右拖动，将白色滑块向左拖动，如图 4-150 所示。此时画面效果如图 4-151 所示。因为需要得到长颈鹿的选区，所以将画面颜色进行反相，按快捷键 <Ctrl+I> 将颜色反相，画面效果如图 4-152 所示。

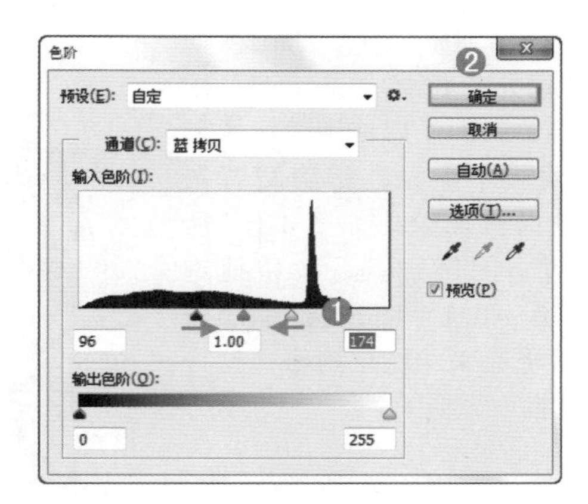

图 4-150

图 4-151

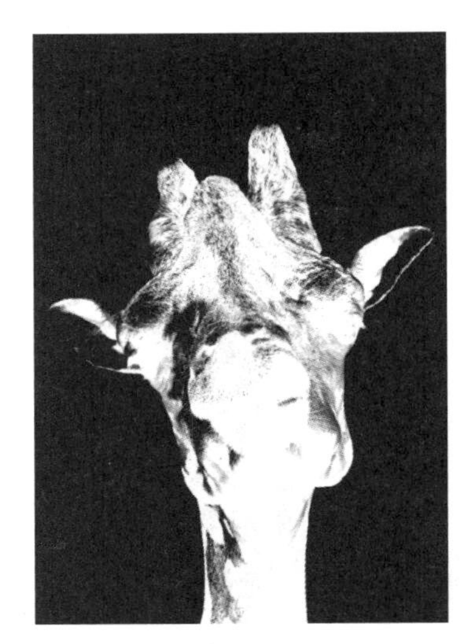

图 4-152

（6）此时长颈鹿的耳朵还有黑色，可以使用白色的画笔进行涂抹，在涂抹过程中保留长颈鹿边缘，如图 4-153 所示。接着单击“通道”面板底部的“将通道作为选区载入”按钮，得到长颈鹿的选区。然后回到“图层”面板中，按快捷键 <Ctrl+J> 将选区复制到独立图层，并将长颈鹿图层隐藏，抠图效果如图 4-154 所示。

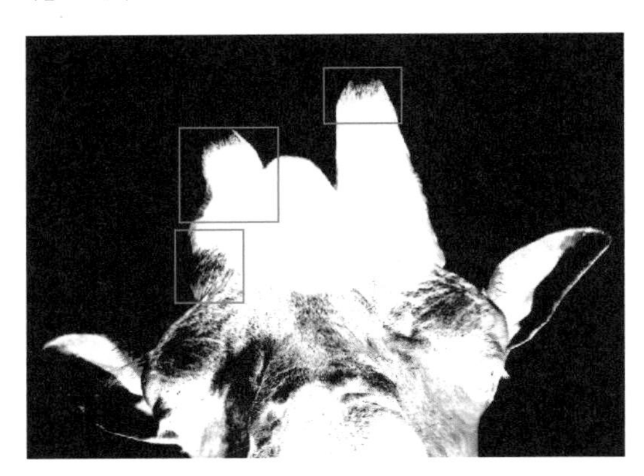

图 4-153

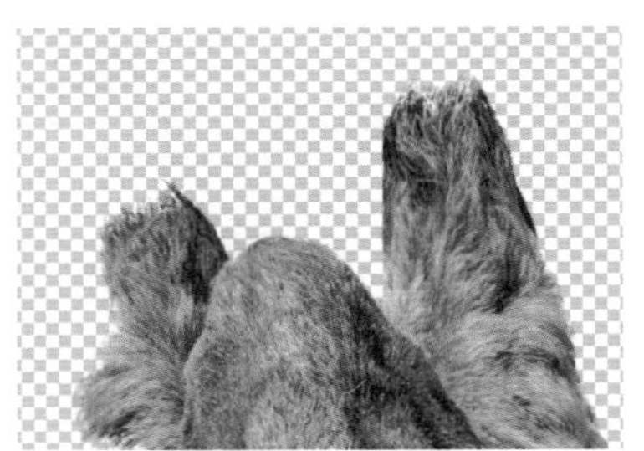

图 4-154

（7）接着显示“长颈鹿”图层和“蒙版抠图”两个图层，如图 4-155 所示。选择“长颈鹿”图层的图层蒙版，然后使用黑色柔角画笔在蒙版中涂抹，将隐藏背景部分，此时画面效果如图 4-156 所示。将两个图层加选，按快捷键 <Ctrl+Shift+Alt+E> 将选区进行盖印，然后将原来的图层隐藏，这样长颈鹿就抠取完成了。

图 4-155

图 4-156

(8) 将人物素材置入到画面中并栅格化，如图 4-157 所示。接着选择工具箱中的“钢笔工具”，设置“绘制模式”为“路径”，然后沿着人物的边缘绘制路径（只要身体的部分），如图 4-158 所示。路径绘制完成后，按快捷键 <Ctrl+Enter> 将路径转换为选区。然后单击“图层”面板底部的“添加图层蒙版”按钮，基于选区为该图层添加图层蒙版，画面效果如图 4-159 所示。

图 4-157

图 4-158

图 4-159

(9) 将人像和长颈鹿进行缩放调整合适位置，效果如图 4-160 所示。此时人物肩膀太宽可以通过液化为其“瘦身”，将长颈鹿和人像图层加选并盖印，然后将盖印的图层进行液化，效果如图 4-161 所示。最后为画面添加文字，本案例制作完成的效果如图 4-162 所示。

图 4-160

图 4-161

图 4-162

第5章 美化肌肤

5.1 案例：轻松美白

案例文件：	轻松美白 .psd
视频教学：	轻松美白 .flv

案例效果：

操作步骤：

(1) 白皙的皮肤是每个女人的梦想，而亚洲人的肤色普遍偏黄，另外，还有部分个人因素让女人无法拥有白皙的皮肤。现在可以使用 Photoshop 为女人们实现这一“梦想”了。首先将人物素材“1.jpg”在 Photoshop 中打开，可以看到人物皮肤颜色暗沉，如图 5-1 所示。

图 5-1

(2) 想要调整皮肤的亮度，最直接、最管用的方式就是使用“曲线”命令进行提亮肤色。执行“图层 > 新建调整图层 > 曲线”命令，新建一个调整图层。然后在“属性”面板中曲线的中间位置单击新建一个控制点，然后将曲线向上提，如图 5-2 所示。此时人物的皮肤亮度被提亮了，如图 5-3 所示。

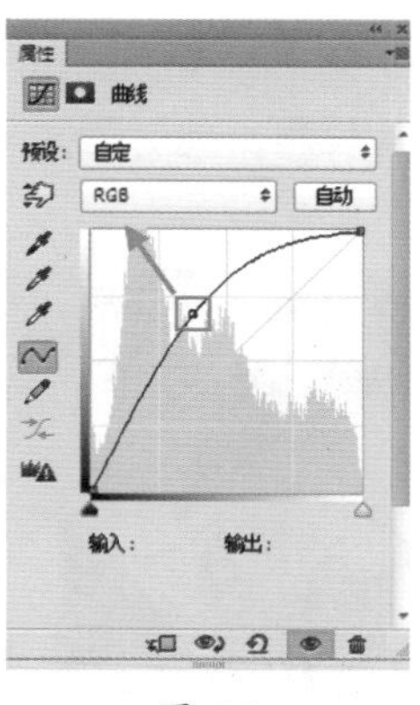

图 5-2

图 5-3

(3) 此时人物皮肤的亮度虽然有所改善，但是暗部依旧很暗，这种对比使人物皮肤颜色看起来不自然。接着需要提亮暗部的亮度。在曲线的下半部分单击添加控制点，然后将其向上拖动，如图 5-4 所示。此时可以看到暗部的皮肤亮度也被提高了，如图 5-5 所示。

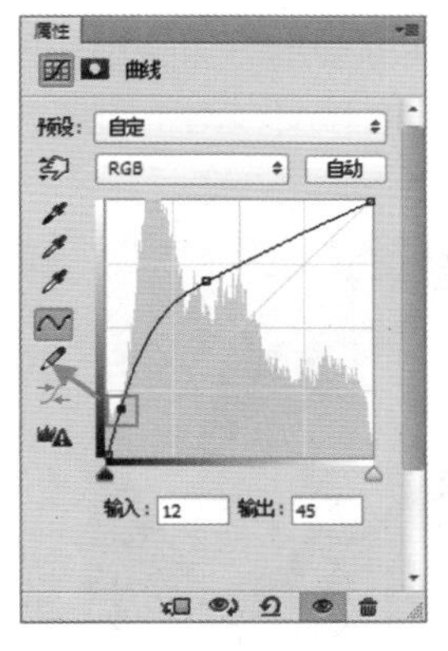

图 5-4

图 5-5

(4) 依据步骤（2）和步骤（3）的操作方法，继续调整皮肤的亮度。图 5-6 所示为“曲线”形状，图 5-7 所示为人物皮肤的效果。

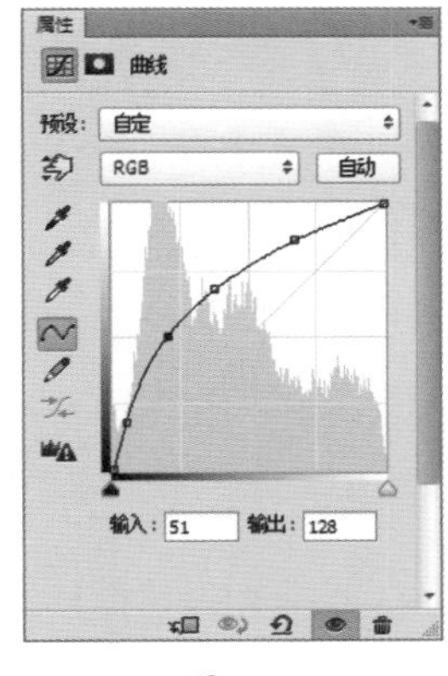

图 5-6

图 5-7

(5) 接着利用图层蒙版将皮肤以外的调色效果隐藏。选中蒙版，将其填充为黑色，然后使用白色的柔角画笔在人物皮肤位置涂抹，图 5-8 所示为蒙版中的涂抹位置。此时的人物效果如图 5-9 所示。

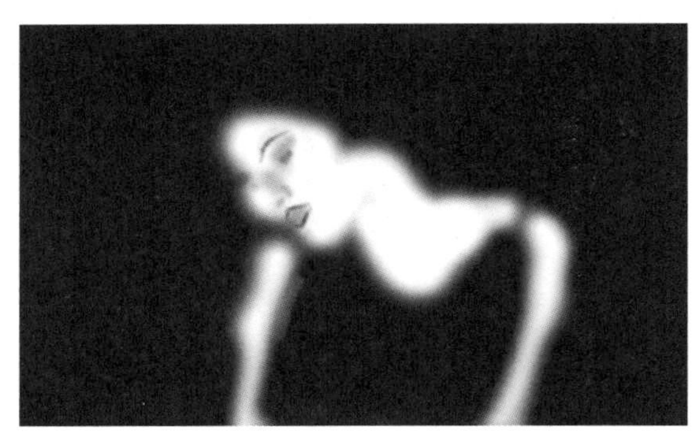

图 5-8

图 5-9

(6) 为了让皮肤颜色更加粉嫩自然，可以新建一个“自然饱和度”调整图层。执行“图层 > 新建调整图层 > 自然饱和度”命令，在“属性”面板中设置“自然饱和度”为 –20，参数设置如图 5-10 所示。然后将“曲线”调整图层的图层蒙版复制给“自然饱和度”调整图层，此时画面效果如图 5-11 所示。

图 5-10

图 5-11

小提示： 如何复制图层蒙版

选择需要复制的蒙版，按住 <Alt> 键将其拖动到需要复制蒙版的图层处，然后松开鼠标，即可复制图层蒙版，如图 5–12 所示。若需要复制的图层蒙版图层原来带有蒙版，松开鼠标后将会弹出一个对话框，单击“是”按钮即可将蒙版进行替换，如图 5-13 所示。

图 5-12

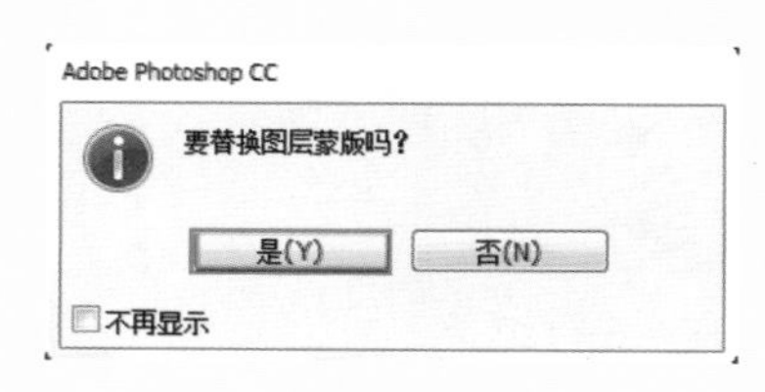

图 5-13

5.2　案例：肤色均化

案例文件：	肤色均化 .psd
视频教学：	肤色均化 .flv

案例效果：

操作步骤：

(1) 执行“文件 > 打开”命令，打开图片“1.jpg”，如图 5-14 所示。首先观察图片，发现人物的脸部与颈部偏暗，下面使用“曲线”命令进行调整。

(2) 执行“图层 > 新建调整图层 > 曲线”命令，打开“曲线”属性面板，先在“RGB”通道中调整曲线形态，以将人物整体提亮。曲线形态如图 5-15 所示。效果如图 5-16 所示。

图 5-14

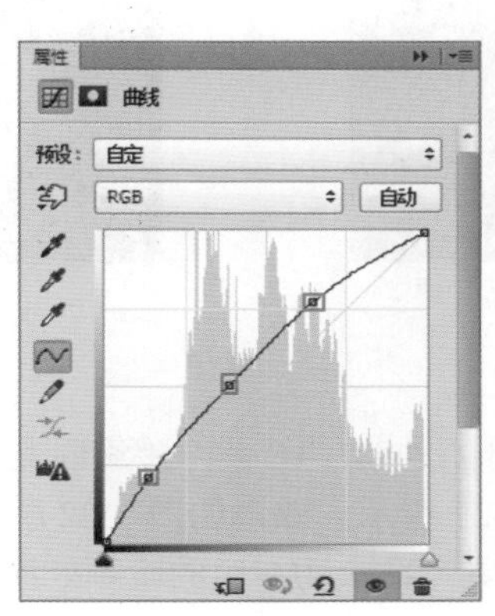

图 5-15

图 5-16

(3)因为人物的脸部与颈部偏红，所以选择“红”通道，调整曲线形态，将人物中的红色降低，曲线形态如图 5-17 所示。效果如图 5-18 所示。

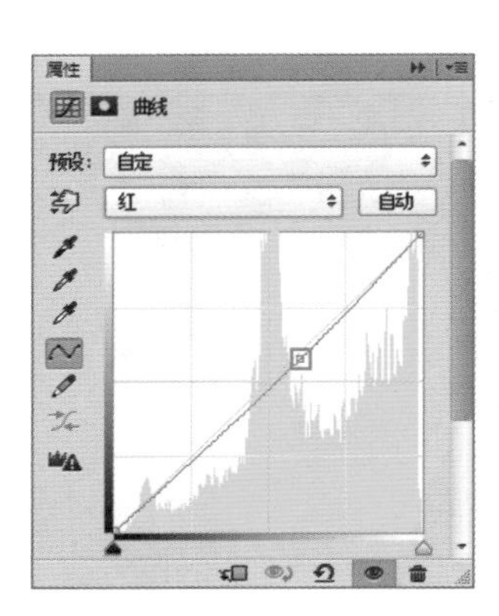

图 5-17

图 5-18

(4) 因为我们只想调整人物的脸部与颈部，所以接下来将前景色设置为黑色，使用填充前景色快捷键 <Alt+Delete> 填充“曲线”图层的图层蒙版。将前景色设置为白色，在工具箱中选择“画笔工具”，在画笔选取器中选择大小合适、硬度为 0 的柔角笔尖，适当变换画笔的透明度，在人物脸部与颈部涂抹。蒙版效果如图 5-19 所示。效果如图 5-20 所示。

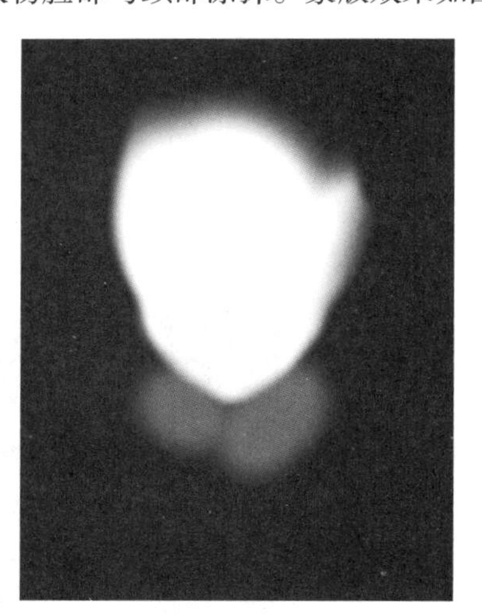

图 5-19

图 5-20

(5) 下面提亮人物右边的脸颊。执行“图层 > 新建调整图层 > 曲线”命令，调整曲线形态以提亮人物脸部。曲线形态如图 5-21 所示。效果如图 5-22 所示。同样我们只想提亮人物右边的脸颊，利用上述方法使用“画笔工具”在人物右边的脸颊处涂抹。最终效果如图 5-23 所示。

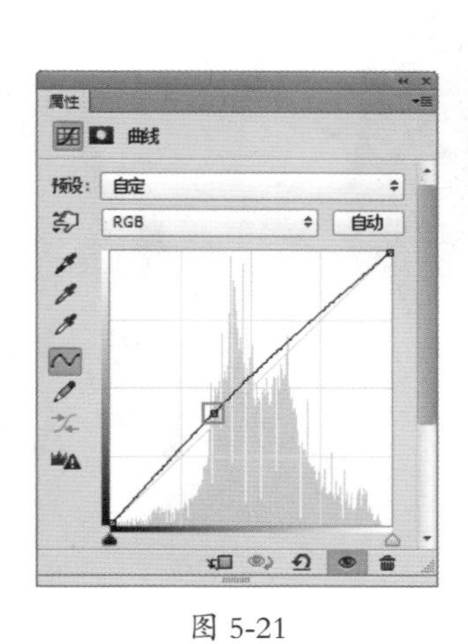

图 5-21

图 5-22

图 5-23

5.3 案例："黑白"大不同

案例文件：	"黑白"大不同 .psd
视频教学：	"黑白"大不同 .flv

案例效果：

操作步骤：

(1) 执行"文件 > 打开"命令，打开包含两个皮肤白皙女孩的照片"1.jpg"，如图 5-24 所示。从图片中可以发现最明显的问题就是左侧女孩的头发太暗，导致细节不明显。

(2) 首先调整左侧人物。使用"曲线"命令将左侧人物的头发细节提亮。执行"图层 > 新建调整图层 > 曲线"命令，在打开的"曲线"属性面板中，调整曲线形态，如图 5-25 所示。此时效果如图 5-26 所示。

图 5-24

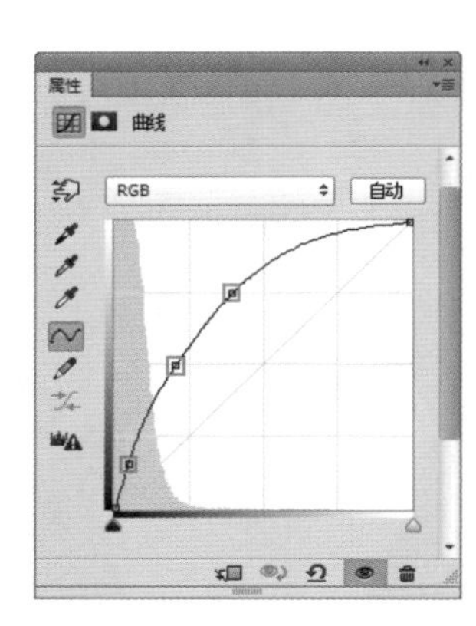

图 5-25

图 5-26

(3) 因为只需要提亮左侧人物的头发细节，所以需要将头发以外的提亮效果隐藏。首先将前景色设置为黑色，使用填充前景色快捷键 <Alt+Delelte> 填充“曲线”图层的图层蒙版。再将前景色设置为白色，选择工具箱中的“画笔工具” ，在画笔选取器中选择大小合适、“硬度”为 0 的柔角笔尖在左侧人物的头发上涂抹。蒙版如图 5-27 所示，效果如图 5-28 所示。

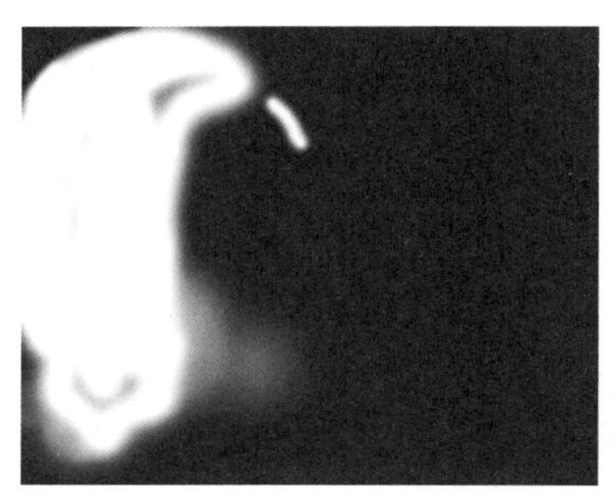

图 5-27

图 5-28

(4) 接下来使用“曲线”命令来压暗左侧人物的肤色。执行“图层 > 新建调整图层 > 曲线”命令在打开的“曲线”属性面板中，调整曲线形态如图 5-29 所示。同样只想压暗左侧人物的肤色，接下来利用相同方法将人物皮肤以外的压暗效果隐藏。蒙版效果如图 5-30 所示。此时效果如图 5-31 所示。

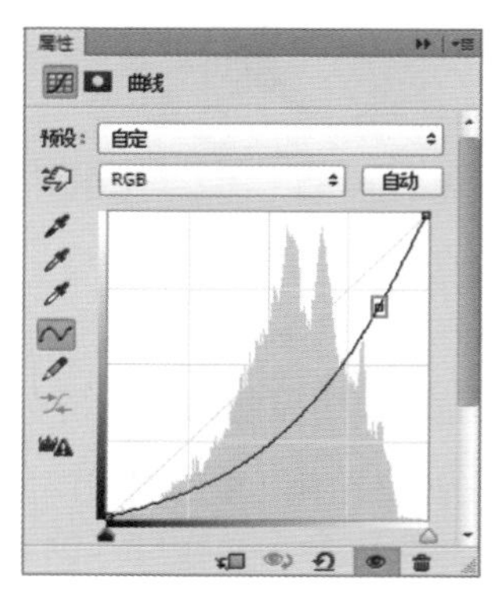

图 5-29

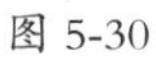
图 5-30

图 5-31

(5) 此时可以观察到，左侧人物的肤色并不均匀，如图 5-32 所示。下面使用“曲线”命令来调整。执行“图层 > 新建调整图层 > 曲线”命令，在打开的“曲线”属性面板中，调整曲线形态，如图 5-33 所示。同样我们只想调整左侧人物皮肤的某些部分，所以使用白色柔角画笔在蒙版中需要提亮的细节处涂抹，蒙版效果如图 5-34 所示。此时效果如图 5-35 所示。

图 5-32

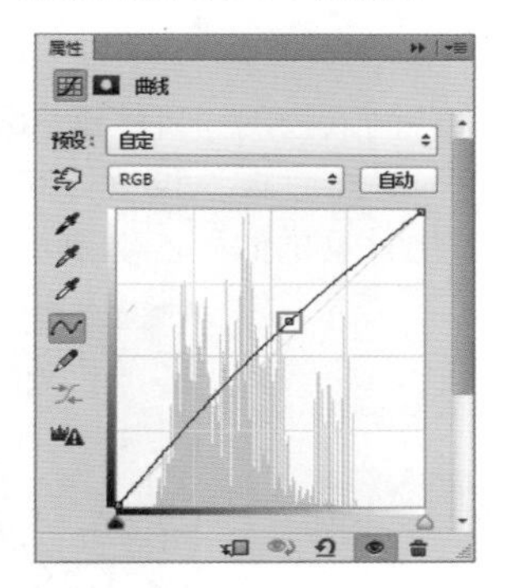

图 5-33

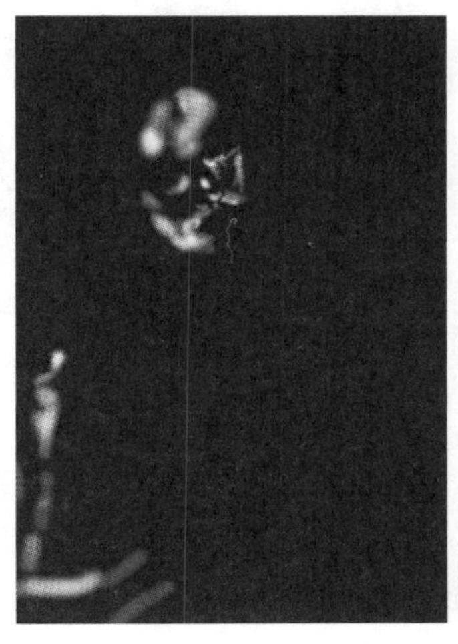
图 5-34

图 5-35

(6) 接下来需要调整右侧人物，为了增大两个人像之间的反差，需要将右侧的女孩皮肤变得更白一些。首先使用“曲线”命令提亮人物肤色。执行“图层 > 新建调整图层 > 曲线”命令，在打开的“曲线”属性面板中，调整曲线形态，如图 5-36 所示。因为我们只想提亮右侧人物的皮肤，所以接下来使用相同方法将皮肤以外的提亮效果隐藏。蒙版效果如图 5-37 所示。此时效果如图 5-38 所示。

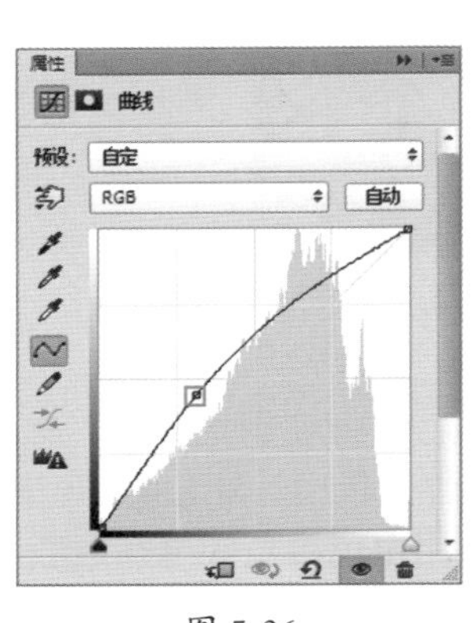

图 5-36

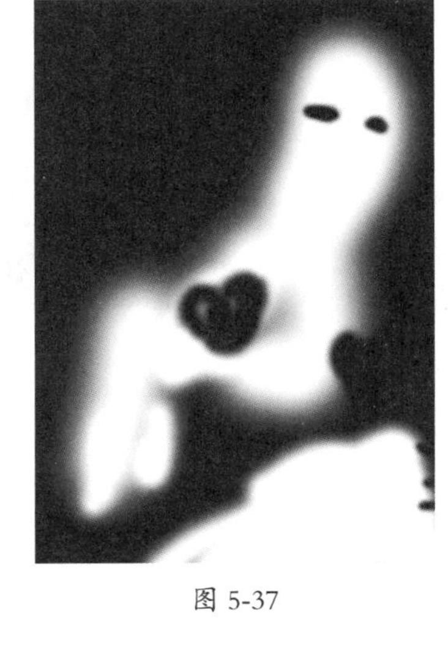
图 5-37

图 5-38

(7) 下面降低右侧人物的“自然饱和度”。执行“图层 > 新建调整图层 > 自然饱和度”命令，打开“自然饱和度”属性面板，设置“自然饱和度”为 –40，参数设置如图 5-39 所示。蒙版效果如图 5-40 所示。此时效果如图 5-41 所示。

图 5-39

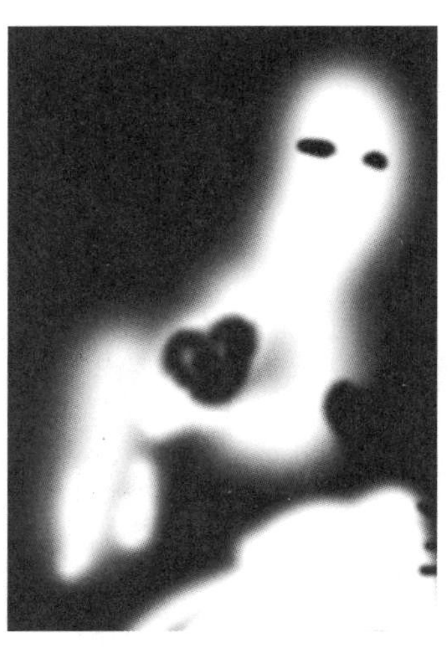
图 5-40

图 5-41

(8) 接下来更换右侧人物头发的颜色。新建图层，将前景色设置为黄色，选择工具箱中的“画笔工具”，在画笔选取器中选择“大小”为 80、“硬度”为 0 的柔角画笔，适当变换画笔的“不透明度”，在新建图层上涂抹出人物头发的形态，效果如图 5-42 所示。接着设置“头发”图层的“混合模式”为柔光，如图 5-43 所示。此时效果如图 5-44 所示。

图 5-42

图 5-43

图 5-44

(9) 为了使人物的头发更加艳丽，按快捷键 <Ctrl+J> 复制“头发”图层，得到“头发拷贝”图层，再设置“头发拷贝”图层的“不透明度”为 60%，如图 5-45 所示。最终效果如图 5-46 所示。

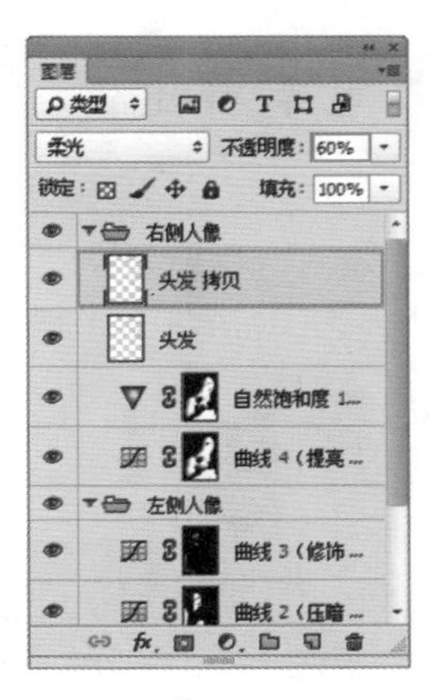

图 5-45

图 5-46

5.4 案例：使用外挂滤镜快速磨皮

案例文件：	使用外挂滤镜快速磨皮 .psd
视频教学：	使用外挂滤镜快速磨皮 .flv

案例效果：

操作步骤：

(1) 执行“文件 > 打开”命令，打开图片“1.jpg”，如图 5-47 所示。细节如图 5-48 所示。

图 5-47

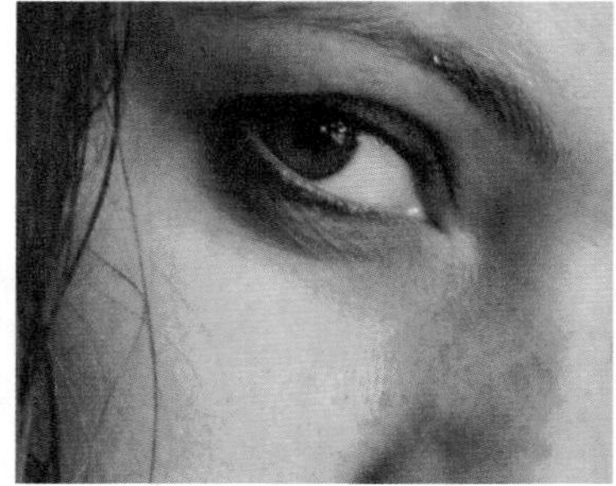

图 5-48

(2) 首先观察图片，可以发现人物的皮肤不是很光滑，可以使用“外挂滤镜”对人物进行磨皮。执行“滤镜 >Imagenomic>portraiture”命令，弹出磨皮滤镜对话框后设置“较细”为 20，“羽化”为 11，再使用对话框中的“吸管工具”吸取人物皮肤的颜色，接着设置“清晰度”为 3，“柔和度”为 5，参数设置如图 5-49 所示。效果如图 5-50 所示。

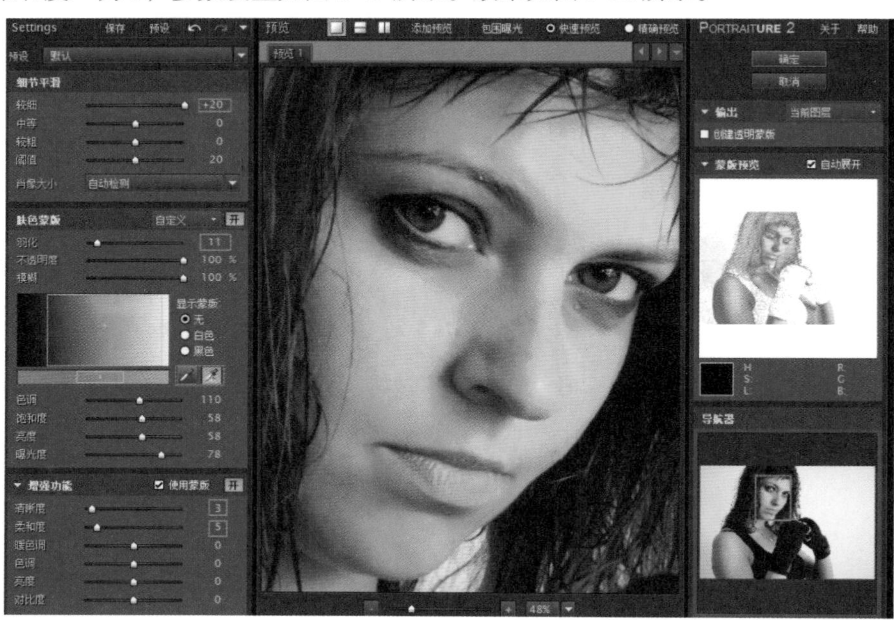

图 5-49

小提示：

Portraiture 是一款用于人像图片磨皮润色的外挂滤镜，它能智能地对图像中的皮肤材质、头发、眉毛、睫毛等部位进行平滑和减少疵点处理。Portraiture 操作简单，效果显著，常用于人像肌肤的美化操作。如果尚未安装这款滤镜，可以尝试利用搜索引擎搜索“Portraiture”，了解该滤镜的相关资料。

图 5-50

(3) 利用外挂滤镜磨皮之后，人像的肤质明显有所提升，但外挂滤镜并不能去除皮肤上的全部瑕疵，仍然需要手动修补人物脸部没有被去除掉的瑕疵。选择工具箱中的“修补工具”，在人物面部瑕疵处绘制选区。如图 5-51 所示。接着将选区拖动到人物面部没有瑕疵的区域，如图 5-52 所示。以此方法去除面部其他部分的瑕疵，效果如图 5-53 所示。

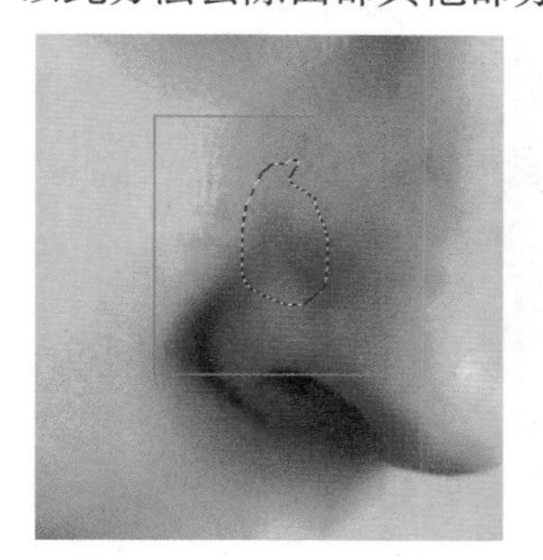

图 5-51

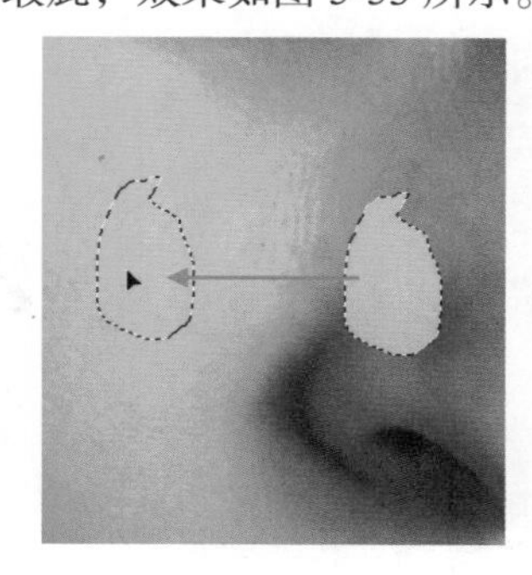

图 5-52

图 5-53

(4) 下面使用“减淡工具”去除人物的黑眼圈以及某些阴影区域。首先按快捷键 <Ctrl+Shift+Alt+E> 盖印图层，然后选择工具箱中“减淡工具”，设置“大小”为合适、“硬度”为 0 的柔角画笔，设置“范围”为“中间调”，“曝光度”为 10%，在人物额头、嘴角等区域绘制，如图 5-54 所示。效果如图 5-55 所示。

图 5-54

图 5-55

(5) 接下来使用“液化”命令来调整人物的身体形态。首先盖印图层，然后执行“滤镜 > 液化”命令，在打开的“液化”对话框中单击“向前变形工具”，设置“画笔大小”为 500，“画笔密度”为 50，“画笔压力”为 100，调整人物的头发、肩膀与手臂，如图 5-56 所示。

图 5-56

(6) 观察图片，发现人物面部偏红，且人物肤色不够白皙，接下来调整人物肤色。首先盖印图层，然后执行“图像 > 调整 > 去色”命令，得到一个黑白的图层，接着设置这个黑白图层的“混和模式”为“柔光”，如图 5-57 所示。效果如图 5-58 所示。

图 5-57

图 5-58

(7) 因为我们只想调整人物皮肤的某些部分，接下来单击“图层”面板下方的“添加图层蒙版”按钮，为“去色”图层添加蒙版。接着将前景色设置为黑色，按快捷键 <Alt+Delete> 填充图层蒙版。再将前景色设置为白色，选择工具箱中的“画笔工具”，设置“大小”为合适、“硬度”为 0 的柔角笔尖，在人物面部等区域绘制，蒙版效果如图 5-59 所示。效果如图 5-60 所示。

图 5-59

图 5-60

(8) 使用“曲线”命令提亮人物的头发以及阴影部分。执行“图层 > 新建调整图层 > 曲线”命令，在打开的“曲线”属性面板中调整曲线形态如图 5-61 所示。同样我们只想提亮人物的头发以及某些阴影部分，利用上述方法将其他部分的效果隐藏。蒙版效果如图 5-62 所示。此时效果如图 5-63 所示。

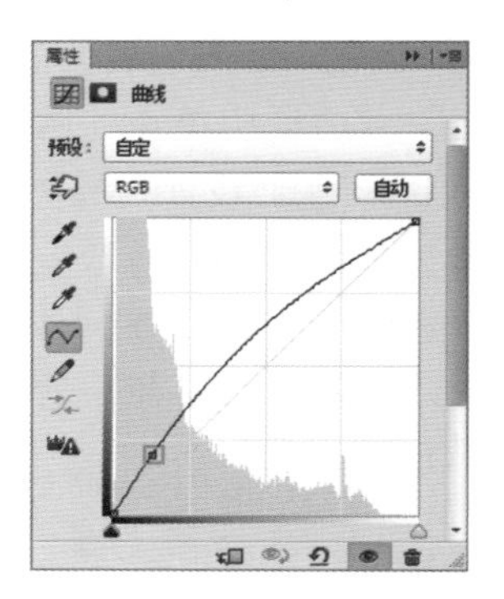

图 5-61

(9) 观察人物，发现人物的皮肤偏黄，可以使用“可选颜色”命令来降低人物皮肤中的黄色。执行“图层 > 新建调整图层 > 可选颜色”命令，打开“可选颜色”属性面板，在“颜色”中选择“黄色”，设置“黄色” –10%，“黑色”为 –30%，参数设置如图 5-64 所示。最终效果如图 5-65 所示。

图 5-62

图 5-63

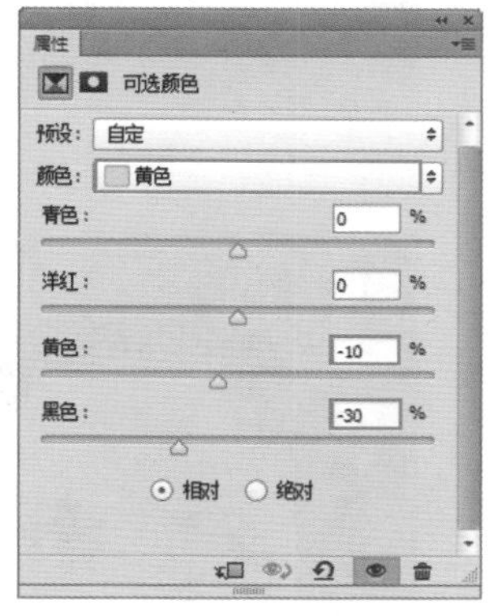

图 5-64

图 5-65

5.5 案例：肌肤“减龄”大法

案例文件：	肌肤“减龄”大法 .psd
视频教学：	肌肤“减龄”大法 .flv

案例效果：

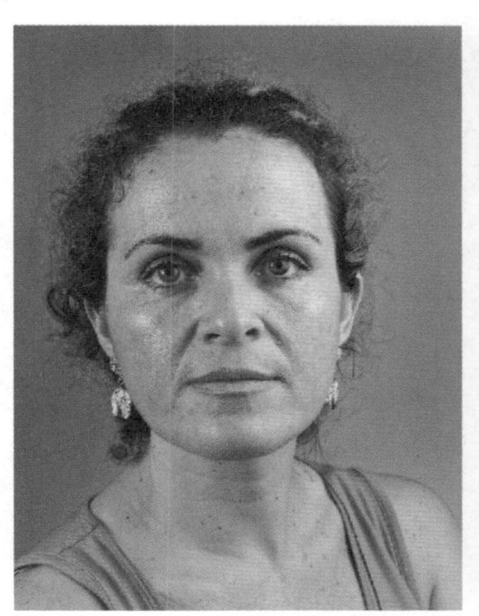

操作步骤：

(1) 随着年纪的增长，皮肤总是不可抗拒地开始松弛，失去原有的弹性。本案例的照片素材“1.jpg”中的人物，由于面部肌肉松弛，法令纹和眼袋都很深，所以让整个人看起来略微“显老”。本案例主要为人像去除脸上的瑕疵、皱纹，提亮肤色和使用“液化”滤镜将肌肉向上提拉，使皮肤看起来更加紧致，这样整个人也就显得更加年轻了。执行“文件 > 打开”命令，打开人像照片“1.jpg”，如图 5-66 所示。

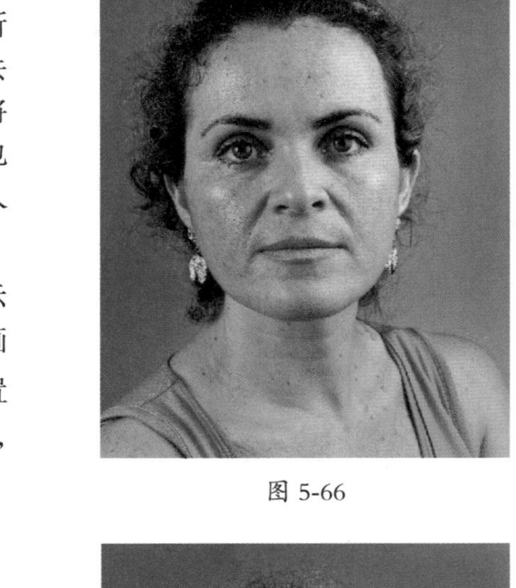

图 5-66

(2) 首先需要去除人物面部的斑点，图 5-67 所示为人物斑点集中的位置。在工具箱中选择“污点修复画笔工具”，调整合适的笔尖大小，在人物雀斑位置单击，将人物额头、脸颊、下巴、胸口位置的斑点去除，完成效果如图 5-68 所示。

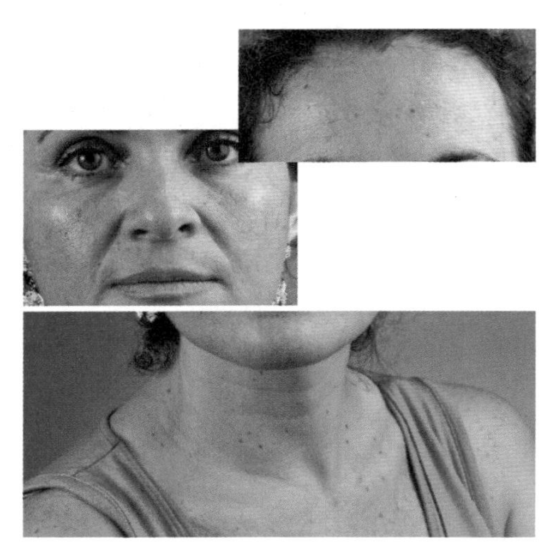

图 5-67

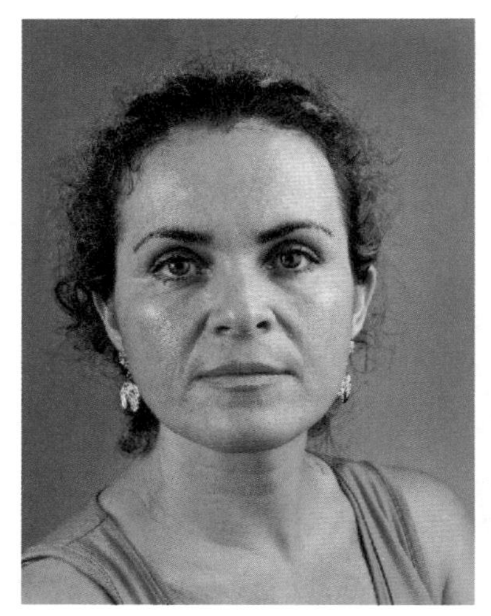

图 5-68

(3) 选择工具箱中的“修补工具”，设置“模式”为“正常”，然后绘制出法令纹的选区，如图 5-69 所示。接着将选区拖动至其他正常的皮肤位置，即可将正常的皮肤替换掉选区的像素，效果如图 5-70 所示。继续使用“修补工具”将其他的皱纹进行去除，效果如图 5-71 所示。

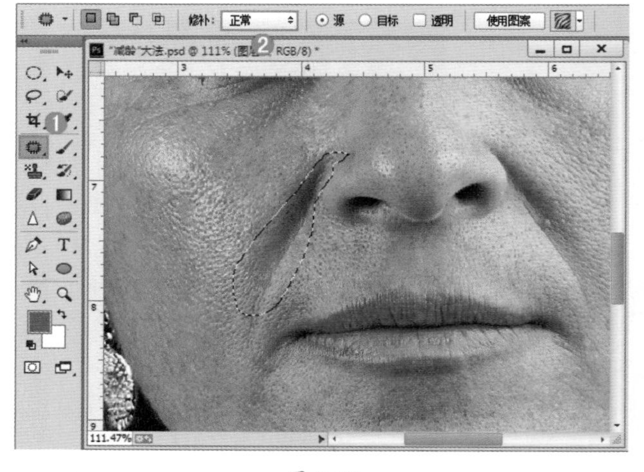

图 5-69

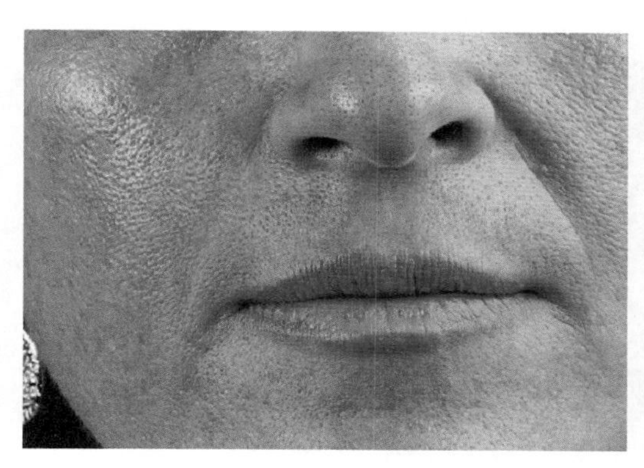

图 5-70

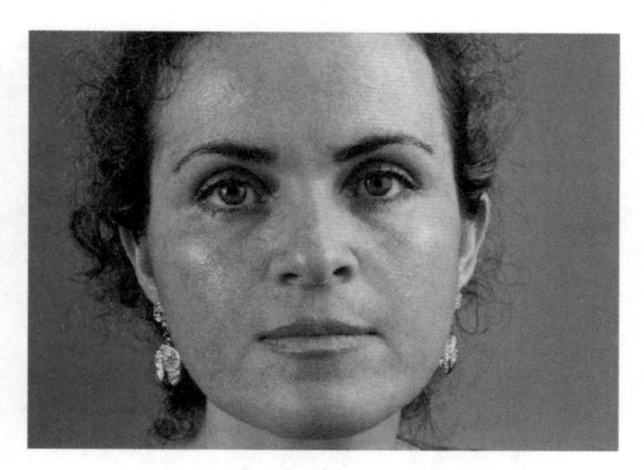

图 5-71

(4) 接下来使用“仿制图章工具”去除黑眼圈。选择工具箱中的“仿制图章工具”，设置笔尖大小为 35，“模式”为正常，“不透明度”为 50%，设置完成后，在黑眼圈周围的正常皮肤处按住 <Alt> 键进行取样，如图 5-72 所示。然后在黑眼圈上涂抹，去除黑眼圈，效果如图 5-73 所示。

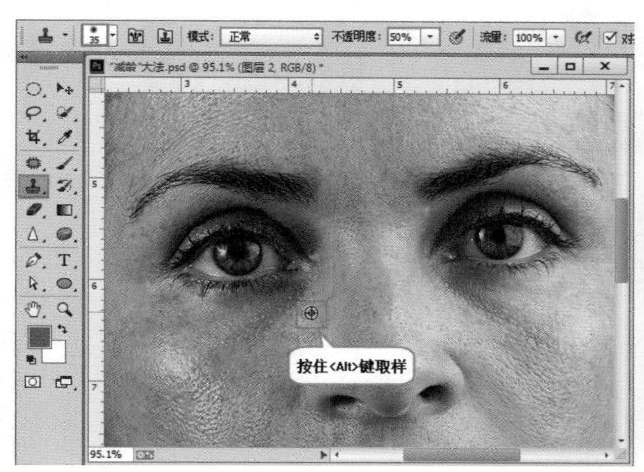

图 5-72

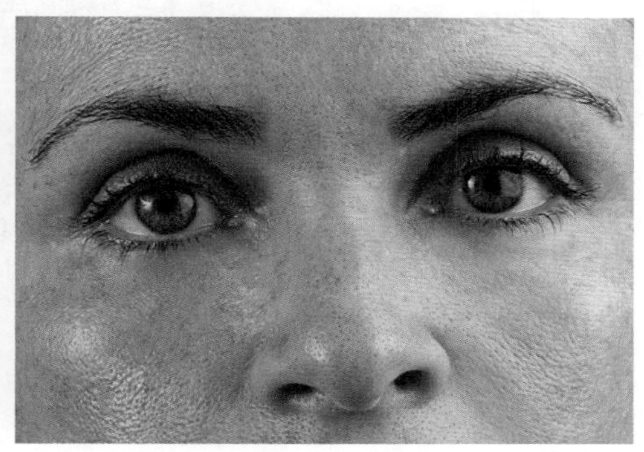

图 5-73

(5) 此时人物的毛孔比较粗大，接着使用磨皮滤镜进行磨皮。首先将图层进行盖印，然后执行“滤镜 >Imagenomic>Portraiture”命令，在打开的滤镜窗口中使用“取样工具”在皮肤上单击，在右侧的缩览图中查看选中的区域，若有未选中的皮肤区域，可以使用“添加取样”按钮，继续在皮肤上单击。面部皮肤选中后，设置“柔和度”为 10，参数设置如图 5-74 所示。设置完成后，皮肤效果如图 5-75 所示。

(6) 接着使用“液化”滤镜进行瘦脸。将图层进行盖印，然后执行“滤镜 > 液化”命令，在打开的“液化”对话框中选择“向前变形工具”，设置“画笔大小”为 150，“画笔密度”为 50，“画笔压力”为 100，设置完成后，将人物的发际线向下移动，然后将人物的嘴角和下颌骨的位置向上移动，如图 5-76 所示。效果如图 5-77 所示。

(7) 接着提亮皮肤颜色。执行“图层 > 新建调整图层 > 曲线”命令，在打开的“曲线”属性面板中调整曲线形状。因为人物面部亮部的亮度够亮，只要提亮暗部即可，所以在曲线的下半部建立控制点，然后将其向上拖动，提亮暗部的亮度，曲线形状如图 5-78 所示。此时画面效果如图 5-79 所示。

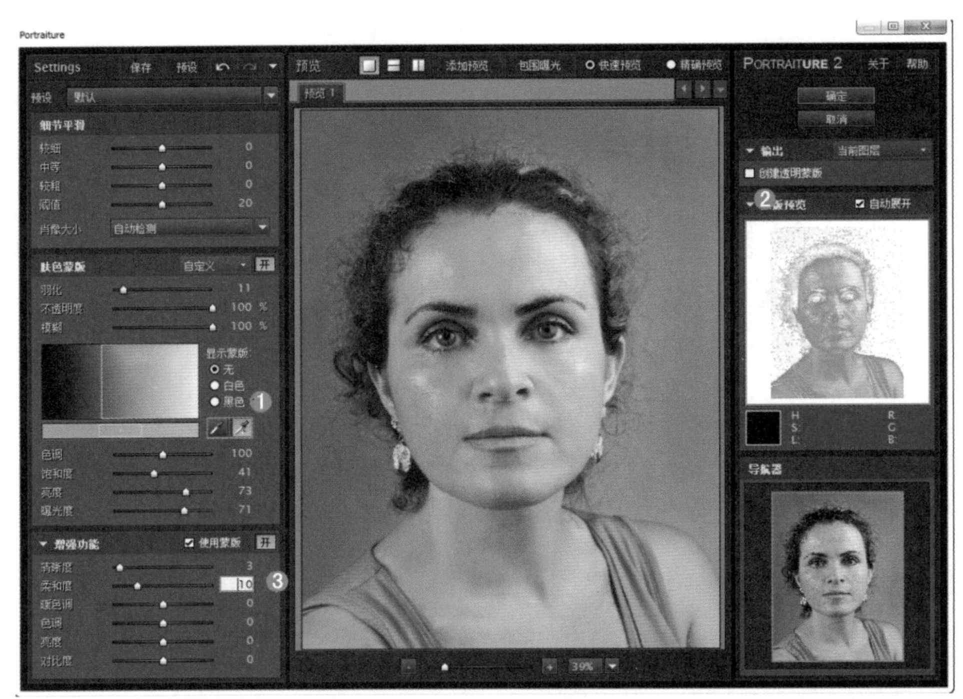

图 5-74

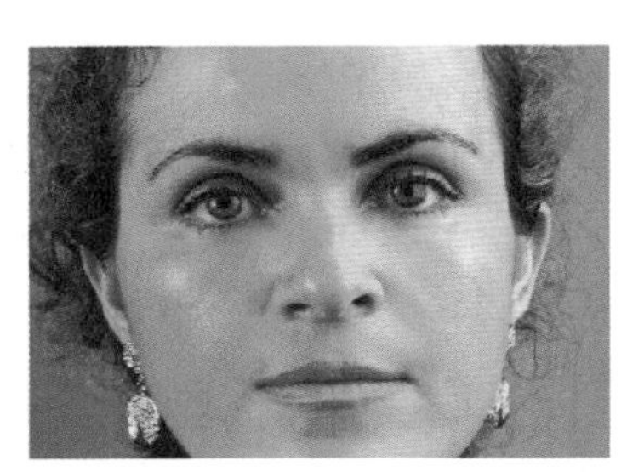
图 5-75

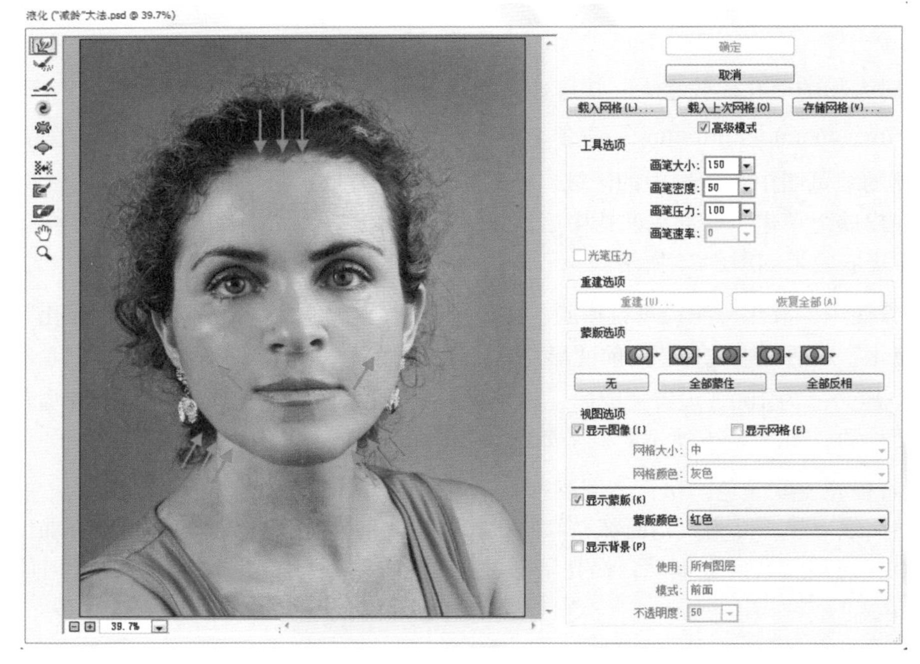

图 5-76

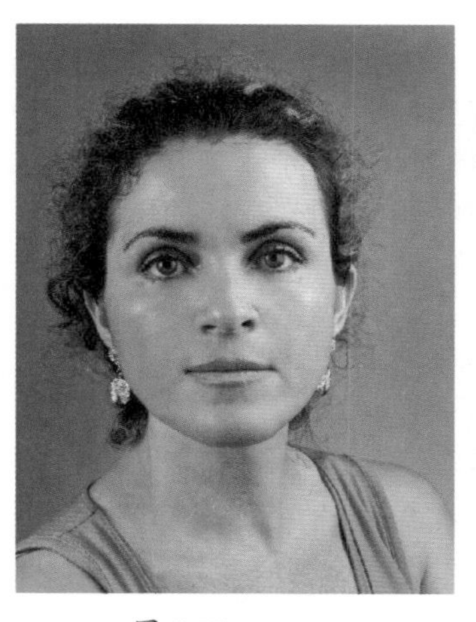

图 5-77

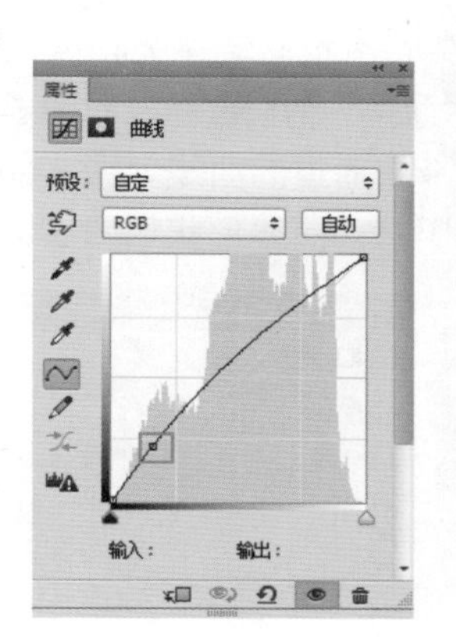

图 5-78

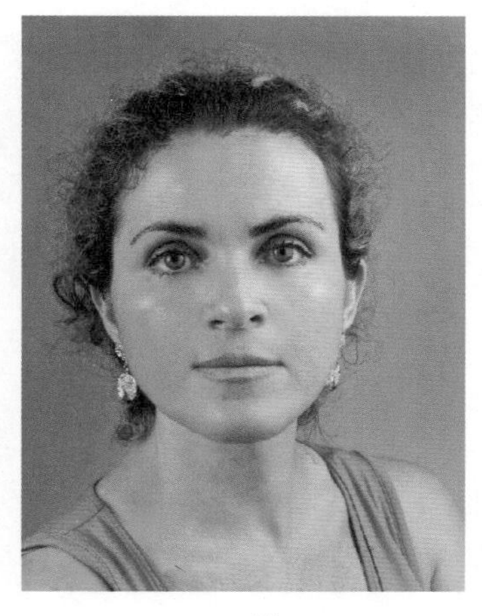

图 5-79

(8) 接着利用图层蒙版将皮肤以外的位置的调色效果进行隐藏。首先将图层蒙版填充为黑色，然后使用白色的柔角画笔在人物皮肤处涂抹，蒙版状态如图 5-80 所示。此时人物效果如图 5-81 所示。

(9) 因为光源是从人物的右前方照射过来，所以右侧面部曝光度略高，导致的后果是面部效果不够立体。这一步需要还原右侧面部细节。新建“曲线调整图层”，然后在“曲线”属性面板中调整曲线形状，只将其亮度压暗一点点，如图 5-82 所示。然后将蒙版填充为黑色，使用白色的柔角画笔在蒙版中涂抹，蒙版状态如图 5-83 所示。人物效果如图 5-84 所示。

图 5-80

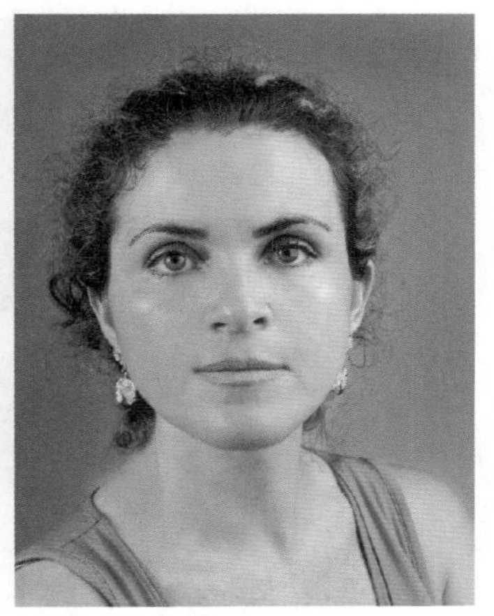

图 5-81

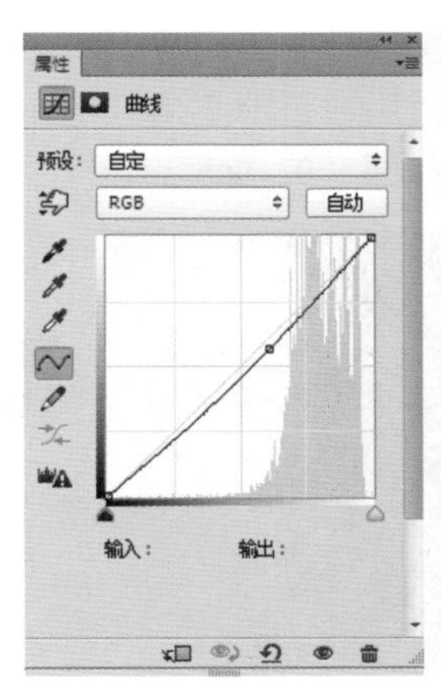

图 5-82

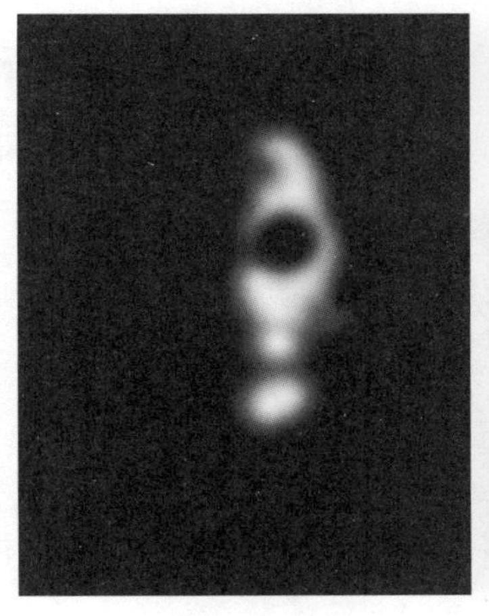

图 5-83

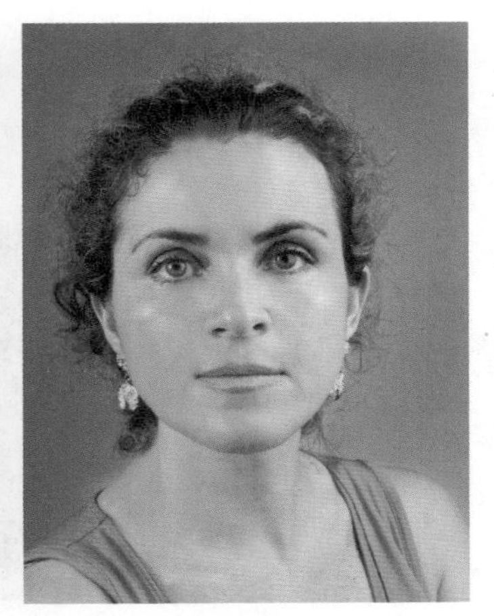

图 5-84

(10) 此时可以看到人物面部呈现出年轻的状态。为了让人物看起来有一个好气色，可以调整嘴唇的颜色。新建“曲线调整图层”，将嘴唇调整为红色。首先要在“红”通道中提亮红色曲线，所以，在“曲线”属性面板中设置“通道”为“红”，如图 5-85 所示。为了让颜色更加鲜艳一些，接着设置“通道”为“蓝”，调整“蓝”通道的曲线如图 5-86 所示。为了让嘴唇的颜色更深一些，接着在“RGB” 通道中将曲线形状压暗，曲线形状如图 5-87 所示。

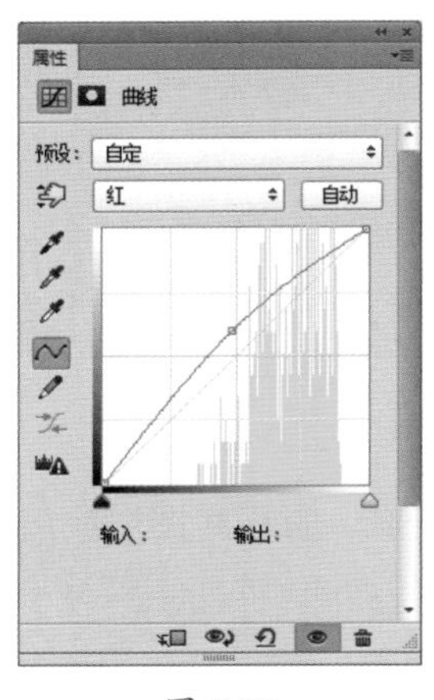

图 5-85

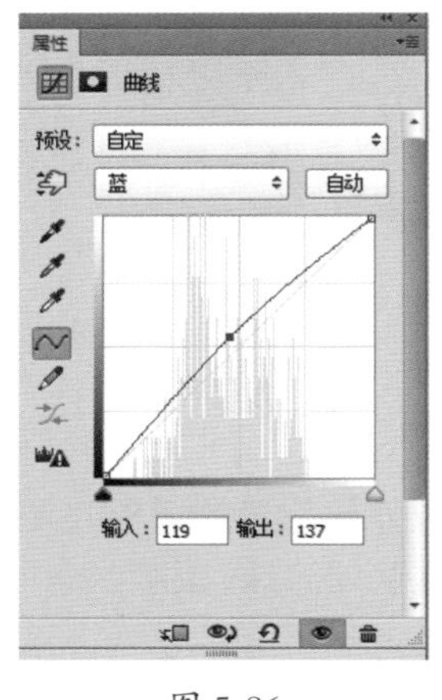

图 5-86

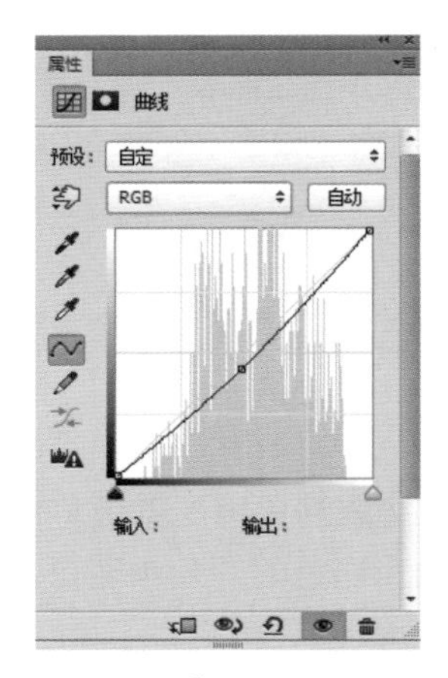

图 5-87

(11) 设置完成后将蒙版填充为黑色，然后使用白色的柔角画笔在嘴唇的上方进行涂抹。蒙版状态如图 5-88 所示。嘴唇效果如图 5-89 所示。

图 5-88

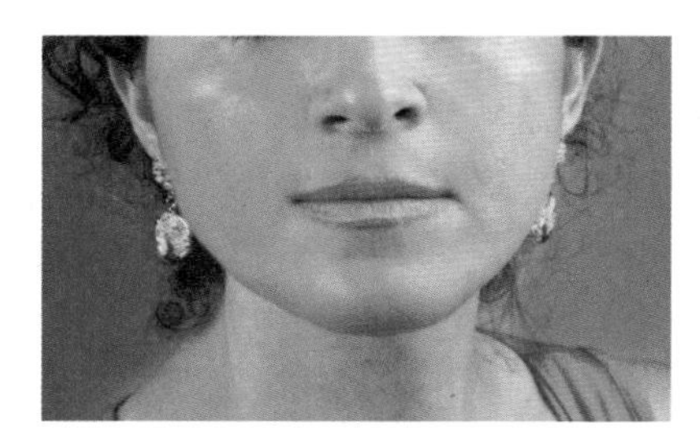

图 5-89

(12) 人物的眼白位置较为浑浊，这会使人看起来没有精神，最后调整眼白和眼窝部分。新建“曲线调整图层”，调整曲线形状如图 5-90 所示。接着将蒙版填充为黑色，然后使用白色的柔角画笔在蒙版中进行涂抹，蒙版状态如图 5-91 所示。效果如图 5-92 所示。

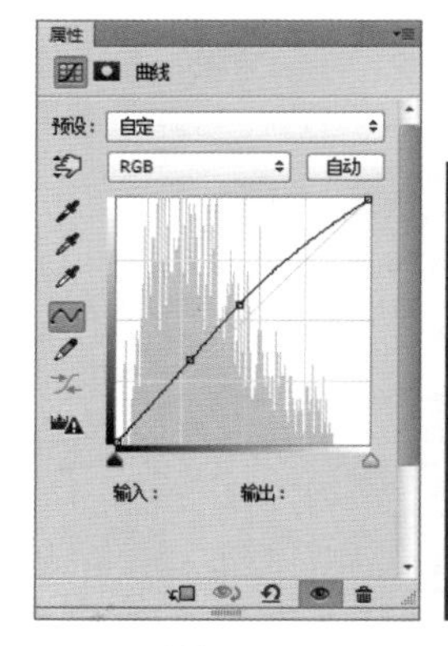

图 5-90

图 5-91

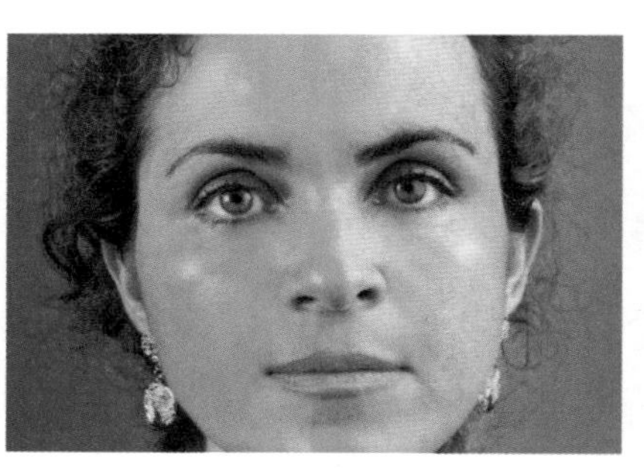

图 5-92

(13) 本案例制作完成，效果如图 5-93 所示。

图 5-93

第 6 章

精修五官

6.1 修饰眼部

6.1.1 案例：为眼睛添神采

案例文件：	为眼睛添神采 .psd
视频教学：	为眼睛添神采 .flv

案例效果：

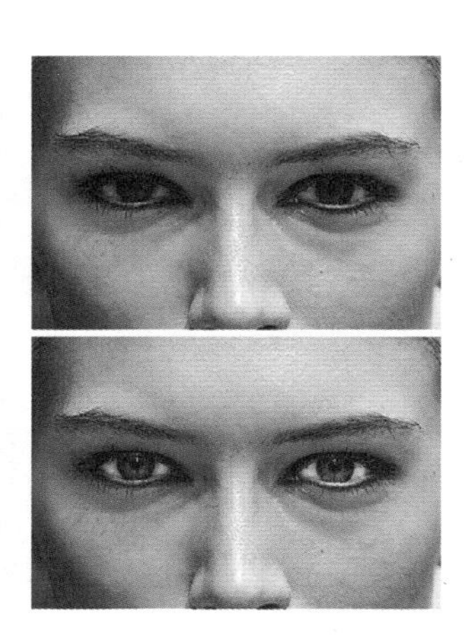

操作步骤：

(1) 眼睛是心灵的窗口，拍照时如果有一双明亮的大眼睛绝对可以让整个人精神百倍。在本案例中，就来讲解如何让眼睛变得神采奕奕。打开人物素材“1.jpg”，如图 6-1 所示。

图 6-1

(2) 首先为眼球增加光泽感。新建图层，将前景色设置为白色，然后在工具箱中选择“画笔工具”，设置“笔尖大小”为 5 像素，“硬度”为 0。为了让绘制出的光效更加自然，可以设置“不透明度”为 50%，设置完成后在眼球的上半部单击以绘制光泽，如图 6-2 所示。继续绘制另一侧眼球的光泽感，效果如图 6-3 所示。

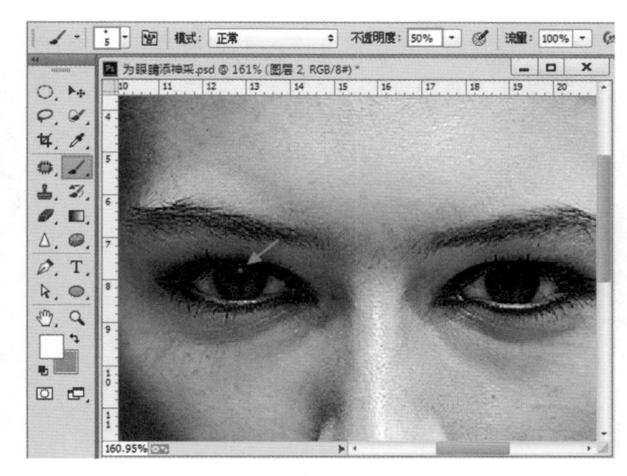

图 6-2

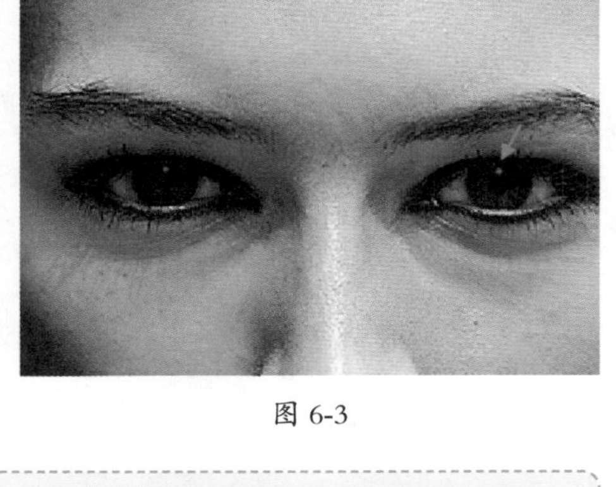

图 6-3

(3) 接下来为眼睛添加高光。将“笔尖大小”设置为 1 像素，“硬度”设置为 100%，“模式”为“颜色加深”，“不透明度”和“流量”为 100%，然后在刚刚绘制的光泽上单击绘制高光，效果如图 6-4 所示。继续绘制另一侧眼睛上的高光，效果如图 6-5 所示。

小技巧： 如何在拍照的时候能让眼睛更有神

★佩戴一款适合自己的美瞳。

★拍摄时要化妆，画眼妆，贴假睫毛。

★拍摄时不要紧紧地盯着镜头，放松心情，把眼睛微微睁大。

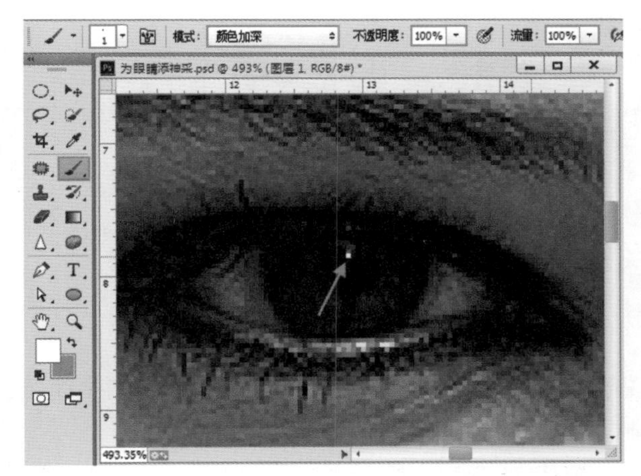

图 6-4

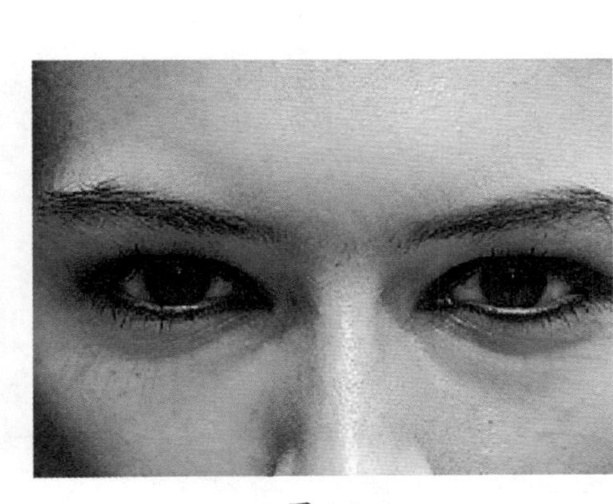

图 6-5

(4) 接下来增加眼球的亮度。执行“图层 > 新建调整图层 > 曲线”命令，打开“曲线”属性面板，在曲线的中间位置建立一个控制点，然后将其向上拖动，如图 6-6 所示。此时可以看到眼睛的整体亮度提升了，效果如图 6-7 所示。

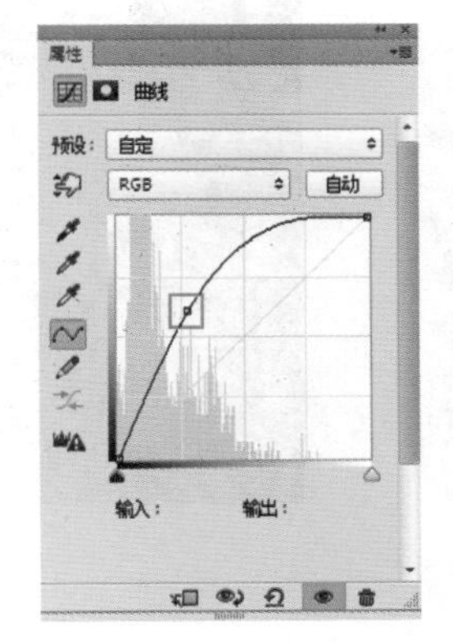

图 6-6

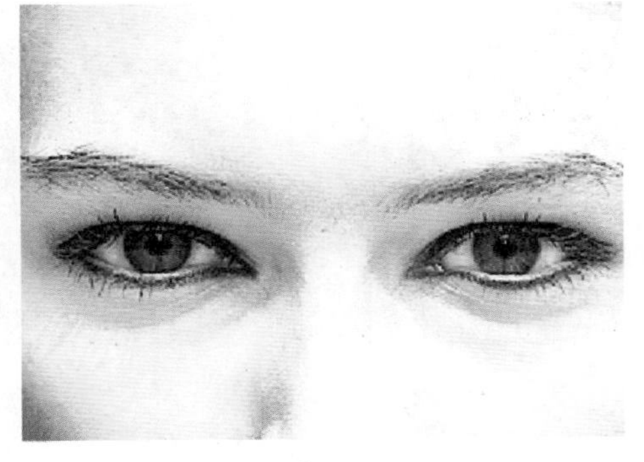

图 6-7

(5)瞳孔的位置明度还不够亮，在阴影的位置建立控制点，然后将这个控制点轻轻向上拖动，曲线形状如图 6-8 所示。眼睛阴影部分的亮度也有所提升，效果如图 6-9 所示。

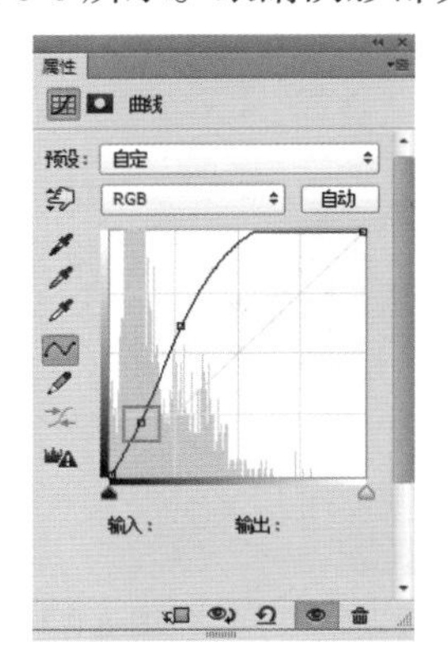

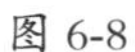

图 6-8

图 6-9

(6)在亮部的位置建立控制点，然后将这个控制点轻轻向下拖动，曲线形状如图 6-10 所示。此时眼球效果如图 6-11 所示。

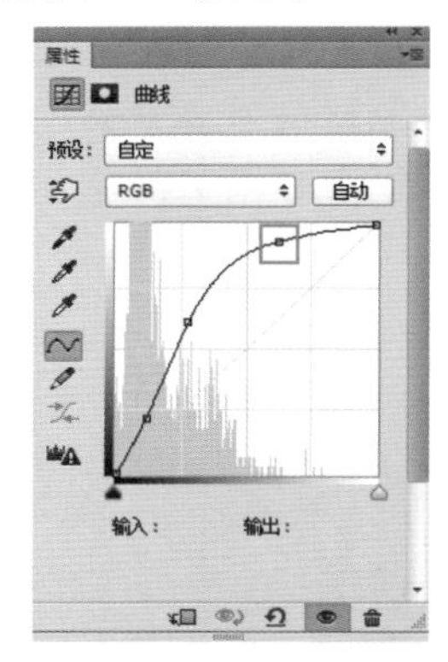

图 6-10

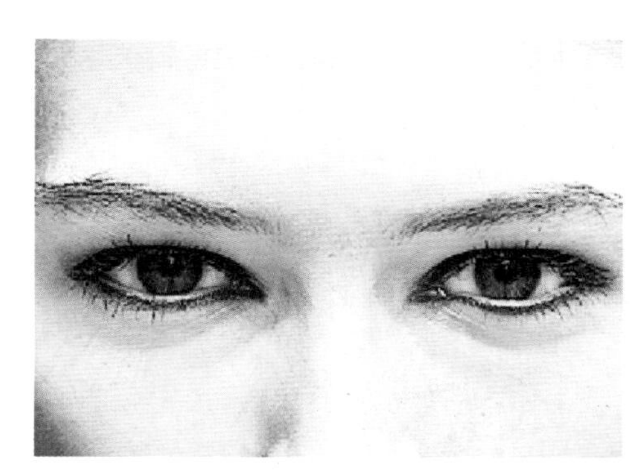

图 6-11

(7)选择该调整图层的图层蒙版，将其填充为黑色，然后使用白色的柔角画笔在眼睛上涂抹，眼睛局部的效果如图 6-12 所示。此时人物眼睛有了神采，完成效果如图 6-13 所示。

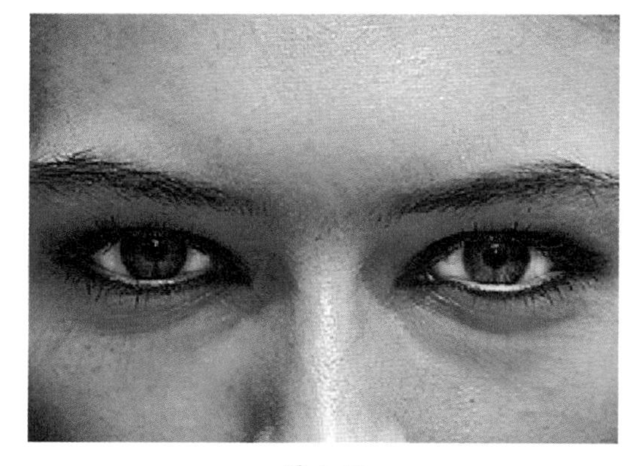

图 6-12

图 6-13

6.1.2 案例：放大双眼

案例文件：	放大双眼 .psd
视频教学：	放大双眼 .flv

案例效果：

操作步骤：

(1) 拍照时眯眼了怎么办？使用“液化”滤镜中的“膨胀工具”轻轻一点就可将眼睛放大。首先打开素材“1.jpg”，如图 6-14 所示。

图 6-14

(2) 将“背景”图层复制一份，然后执行“滤镜 > 液化”命令，打开“液化”对话框，选择“膨胀工具”，设置“画笔大小”为 100，“画笔密度”为 50，“画笔速率”为 80，设置完成后单击“确定”按钮，在眼睛的上方单击即可放大眼球，放大到合适大小松开鼠标，如图 6-15 所示。继续放大另一侧的眼球，效果如图 6-16 所示。

图 6-15

图 6-16

(3) 接着提亮眼球的亮度，使眼睛更有神采。执行“图层 > 新建调整图层 > 曲线”命令，在打开的“曲线”属性面板中调整曲线形状如图 6-17 所示，然后将图层蒙版填充为黑色，接着使用白色的柔角画笔在眼球上涂抹，眼球效果如图 6-18 所示。

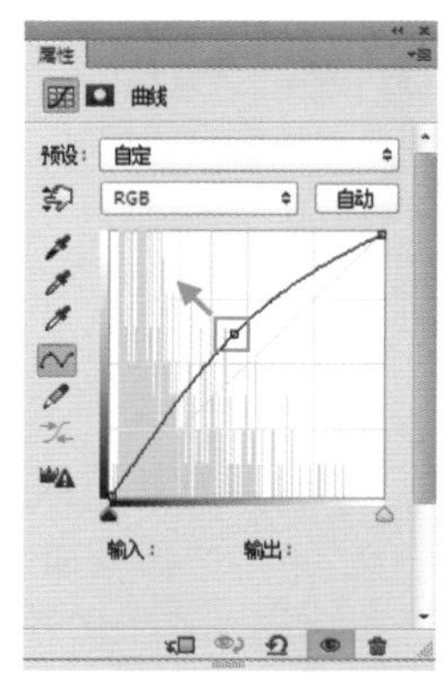

图 6-17

图 6-18

6.1.3　案例：去除下眼袋

案例文件：	去除下眼袋 .psd
视频教学：	去除下眼袋 .flv

案例效果：

操作步骤：

(1) 眼袋主要是因脂肪突出所致，会随着年纪的增长出现下垂现象。要去除人物眼袋也不是难事，使用“污点修复画笔”，配合绘制工具就可以轻松去除下眼袋。打开素材“1.jpg”，如图 6-19 所示。

(2) 首先去除眼睛附近的皱纹。将原图层复制一份，选择工具箱中的“污点修复画笔”，设置合适的笔尖大小在皱纹上拖动，如图 6-20 所示。松开鼠标后，皱纹即可被去除，效果如图 6-21 所示。继续去除皱纹，效果如图 6-22 所示。

图 6-19

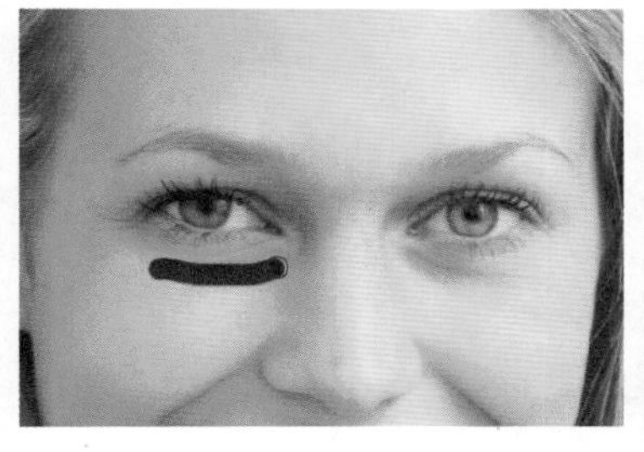

图 6-20

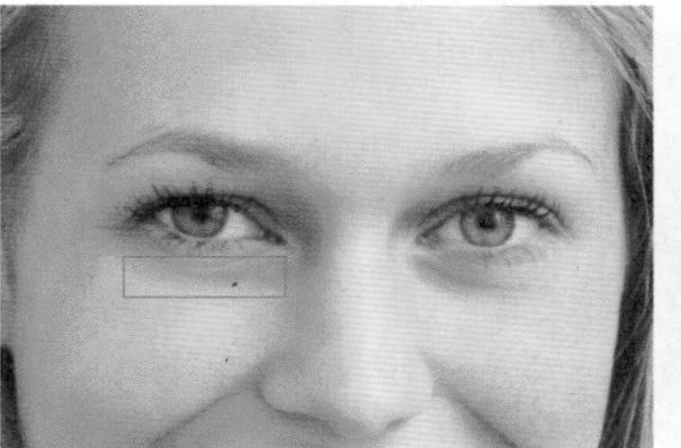

图 6-21

图 6-22

(3) 接着去除眼袋。可以采用绘制的方式进行覆盖。新建图层，选择工具箱中的“吸管工具”，在皮肤亮度区域吸取颜色。然后选择“画笔工具”，设置“笔尖大小”为 60，“画笔硬度”为 100%，“模式”为“正常”，“不透明度”为 80%，设置完成后在黑眼圈的位置涂抹，如图 6-23 所示。若觉得效果不自然，可以适当地降低图层的“不透明度”，如图 6-24 所示。

(4) 继续调整另一侧的眼袋，效果如图 6-25 所示。去除眼袋后，人像显得更精神了，效果如图 6-26 所示。

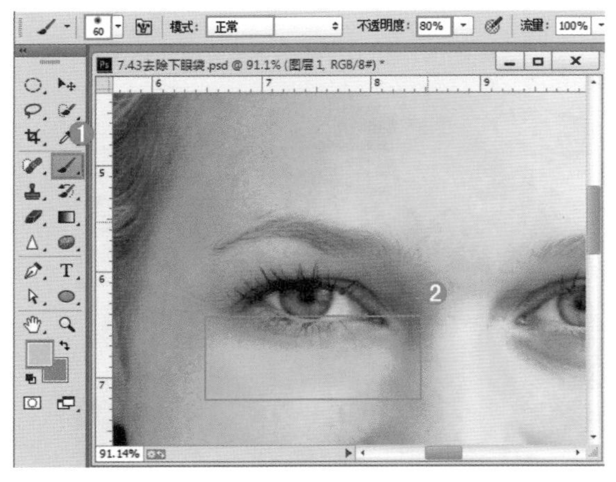

图 6-23

图 6-24

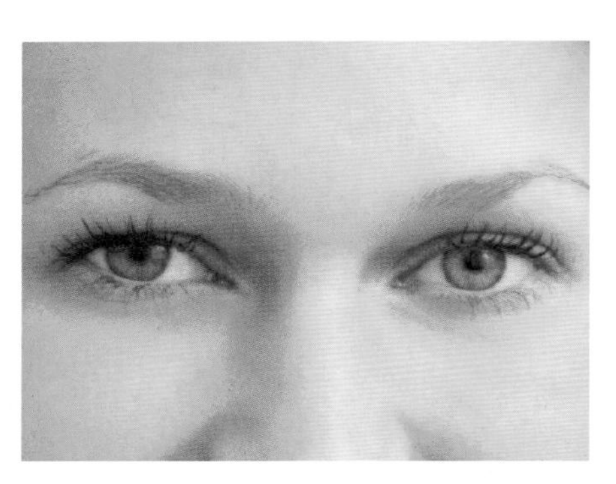

图 6-25

图 6-26

6.1.4 案例：“提神”必备——眼线 + 睫毛

案例文件：	“提神”必备——眼线 + 睫毛 .psd
视频教学：	“提神”必备——眼线 + 睫毛 .flv

案例效果：

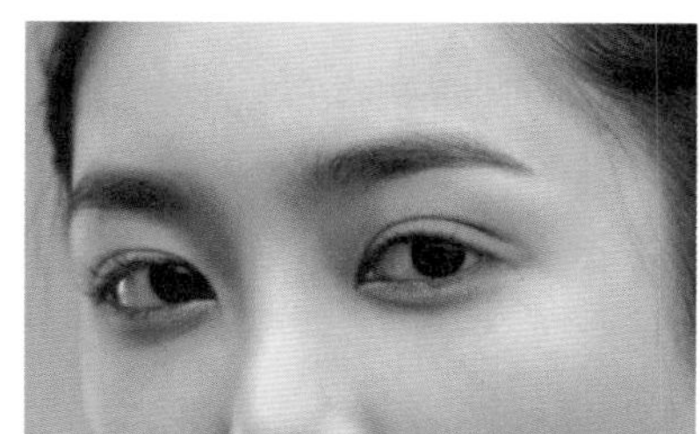

操作步骤：

(1) 眼睛是面部的核心，是心灵的窗口。眼睛修饰的成败也将影响化妆的整体效果。随手拍了张自拍照，整体效果还不错，就是没化妆，看起来没有精神，这时就可以通过合成的方式为人物面部添加眼妆。打开素材“1.jpg”，如图 6-27 所示。

图 6-27

(2) 执行“图层 > 新建调整图层 > 曲线”命令，打开“曲线”属性面板，在曲线的中间位置建立一个控制点，然后将此控制点向下拖动，如图 6-28 所示。此时画面效果如图 6-29 所示。

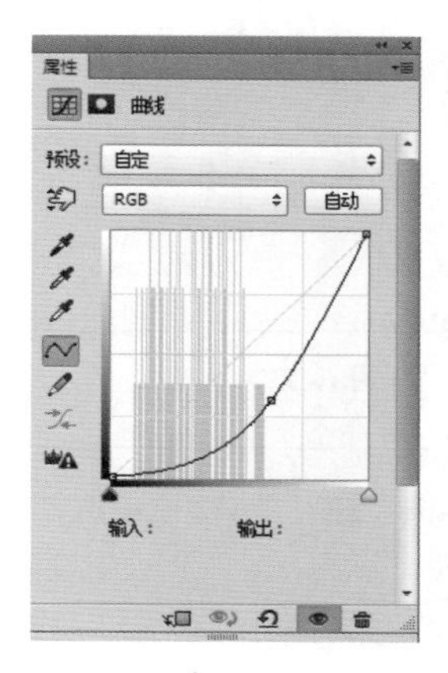

图 6-28

图 6-29

(3) 接着将调整图层的图层蒙版填充为黑色，然后使用白色的柔角画笔在右眼的眼线位置涂抹，蒙版状态如图 6-30 所示。此时右眼的效果如图 6-31 所示。

(4) 再次新建一个“曲线”调整图层，使用同样的方式制作另一侧的眼线，效果如图 6-32 所示。

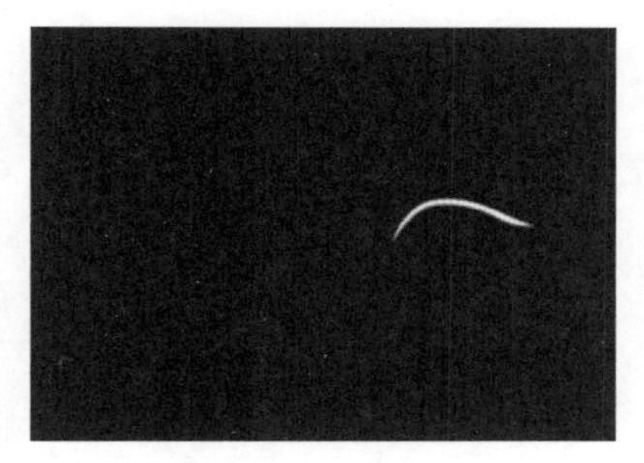

图 6-30

图 6-31

图 6-32

(5) 下面制作睫毛部分。首先需要将睫毛笔刷载入到 Photoshop 中。执行“编辑 > 预设 > 预设管理器”命令，在打开的“预设管理器”对话框中设置“预设类型”为“画笔”，然后单击对话框右侧的“载入”按钮，如图 6-33 所示。在“载入”对话框中找到笔刷“2.abr”的位置，然后单击“载入”按钮，如图 6-34 所示。随即可以看到笔刷被载入到“预设管理器”对话框中，如图 6-35 所示。

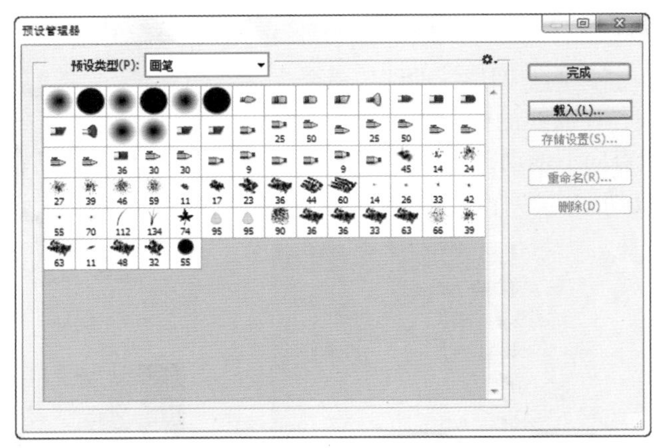

图 6-33

图 6-34

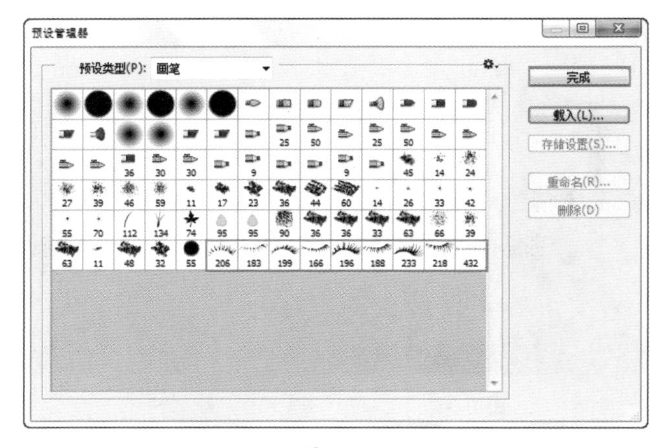

图 6-35

(6) 新建图层，选择工具箱中的“画笔工具”，选择一个合适的上睫毛的笔刷，设置笔尖大小为 200 像素左右，然后在眼睛的位置单击即可绘制睫毛，如图 6-36 所示。此时睫毛太长，不太自然，接着执行“编辑 > 变换 > 变形”命令，将睫毛进行变形，如图 6-37 所示。调整完成后按 <Enter> 键确定操作，效果如图 6-38 所示。

图 6-36

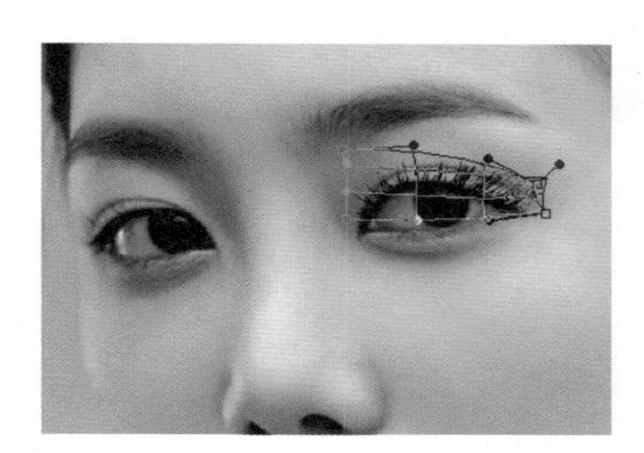

图 6-37

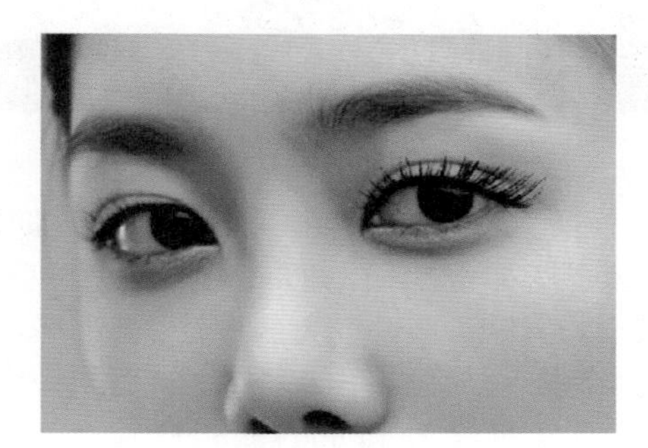

图 6-38

(7) 使用同样的方式制作另一侧的睫毛，效果如图 6-39 所示。画完眼线和睫毛后，可以看出整个人的气质都有所提升，效果如图 6-40 所示。

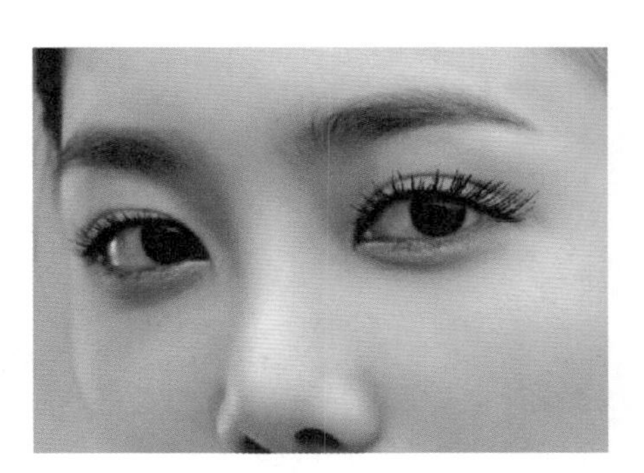

图 6-39

图 6-40

6.1.5 案例：神秘紫瞳

案例文件：	神秘紫瞳 .psd
视频教学：	神秘紫瞳 .flv

案例效果：

操作步骤：

(1) 现在为了拍出神采奕奕的人像照片，很多女孩子都会尝试佩戴“美瞳”。佩戴“美瞳”不仅会给人一种眼睛变大的错觉，而且不同颜色的“美瞳”还能制造出奇妙的视觉效果。当然，这些效果也可以通过 Photoshop 进行后期调色。打开素材“1.jpg”，如图 6-41 所示。

图 6-41

(2) 首先需要为眼睛添加光泽感。新建一个图层，将前景色设置为白色，选择工具箱中的“画笔工具”，选择一个柔角画笔在眼球的下半部绘制一个半弧形状，如图 6-42 所示。接着设置该图层为“柔光”，如图 6-43 所示。此时画面效果如图 6-44 所示。

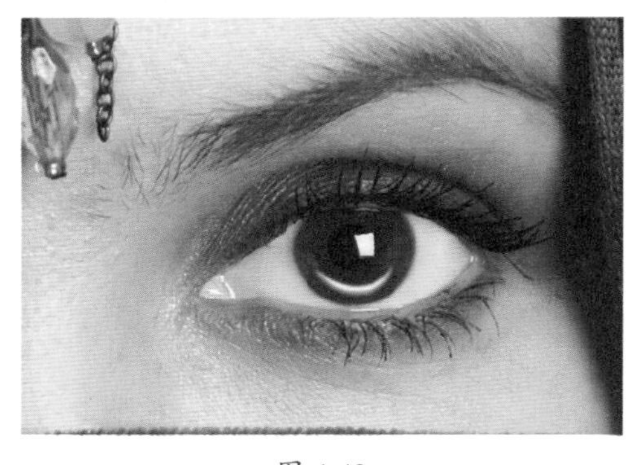

图 6-42

图 6-43

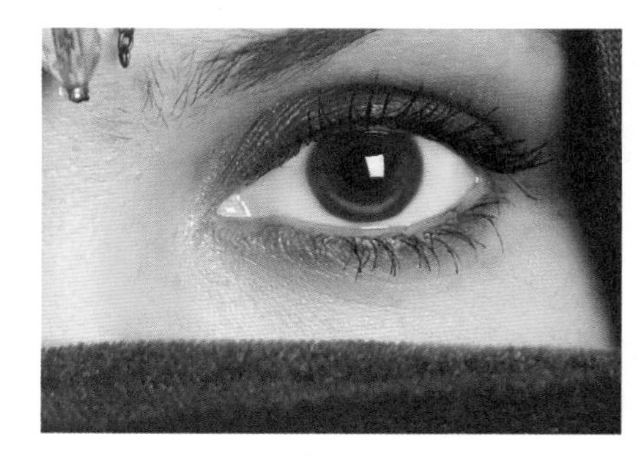

图 6-44

(3) 接下来制作眼球上的反光。新建图层，选择工具箱中的“钢笔工具”，设置绘制模式为“路径”，然后在眼球左侧绘制路径，如图 6-45 所示。接着按快捷键 <Ctrl+Enter> 将路径转换为选区。然后选择工具箱中的“渐变工具”，在“渐变编辑器”对话框中编辑一个由白色到透明的渐变，如图 6-46 所示。设置完成后，设置渐变类型为“线性渐变”，然后在选区内拖动填充，效果如图 6-47 所示。

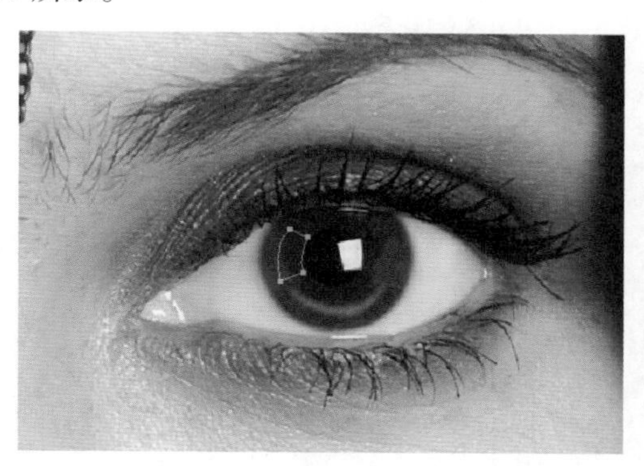

图 6-45

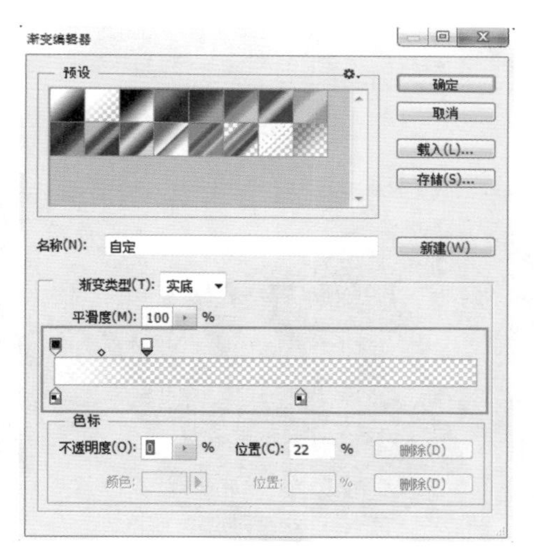

图 6-46

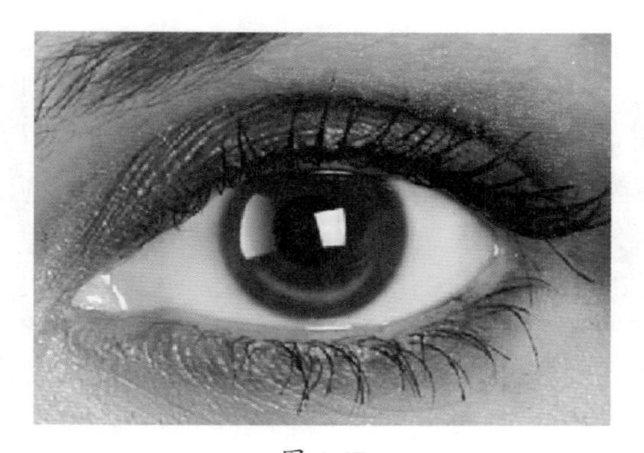

图 6-47

(4) 为了让反光更加自然，可以降低这个图层的“不透明度”为 60%，效果如图 6-48 所示。

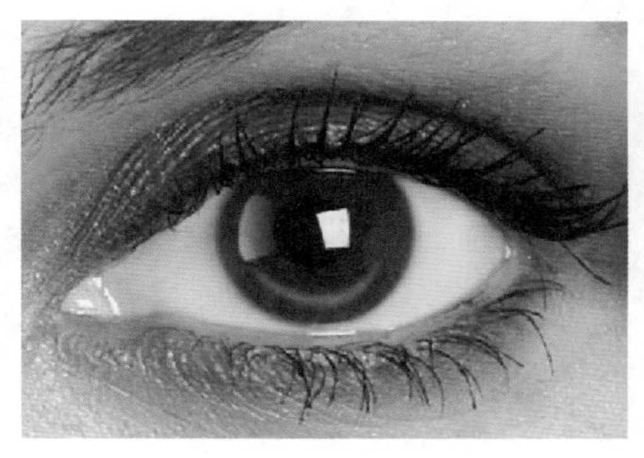

图 6-48

(5) 接着对眼睛进行调色。新建图层，将前景色设置为紫色，选择工具箱中的“画笔工具”，设置“笔尖大小”为 100 像素，“画笔硬度”为 0，“不透明度”为 80%，设置完成后在眼球的位置涂抹，效果如图 6-49 所示。接着设置该图层的“混合模式”为“颜色”，如图 6-50 所示。此时画面效果如图 6-51 所示。

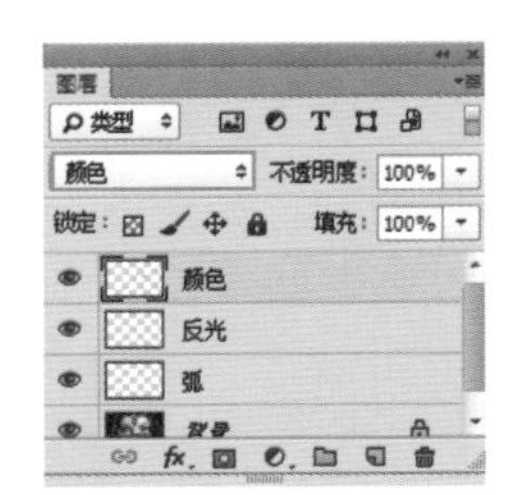

图 6-50

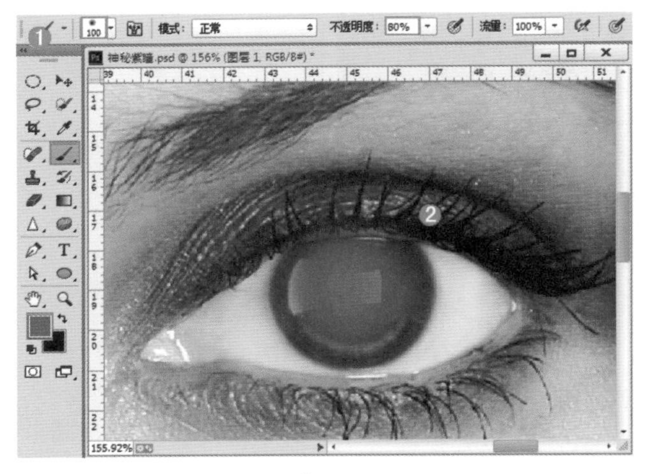

图 6-49

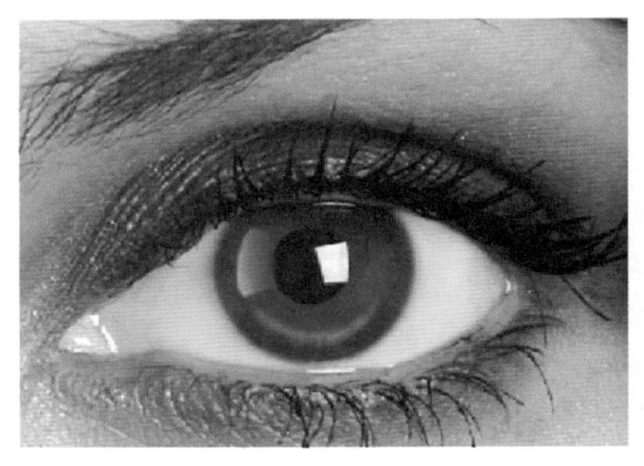

图 6-51

(6) 接下来开始制作眼球光晕部分。单击“图层”面板下方的“新建图层”按钮，创建“图层 1”。选中该图层，单击工具箱中的“矩形选框工具”，在人物的右眼部位绘制选区，设置前景色为黑色，按快捷键 <Alt+Delete> 进行快速填充。按 <Ctrl+T> 快捷键调整矩形的位置，如图 6-52 所示。继续执行“滤镜 > 杂色 > 添加杂色”命令，在打开的“添加杂色”对话框中设置“数量”为 100%，勾选“高斯分布”，勾选“单色”，参数设置完成后单击“确定”按钮，如图 6-53 所示。画面效果如图 6-54 所示。

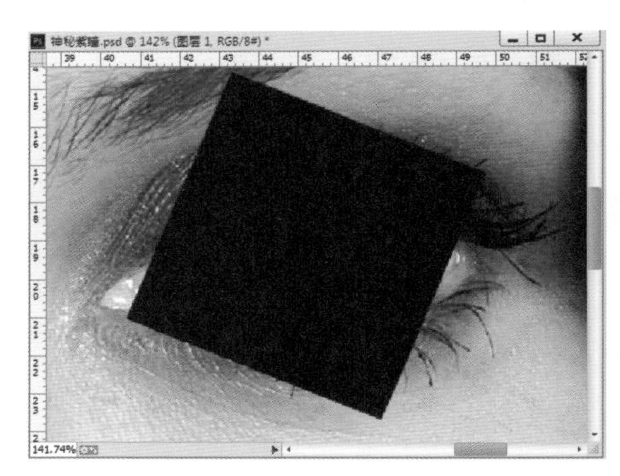

图 6-52

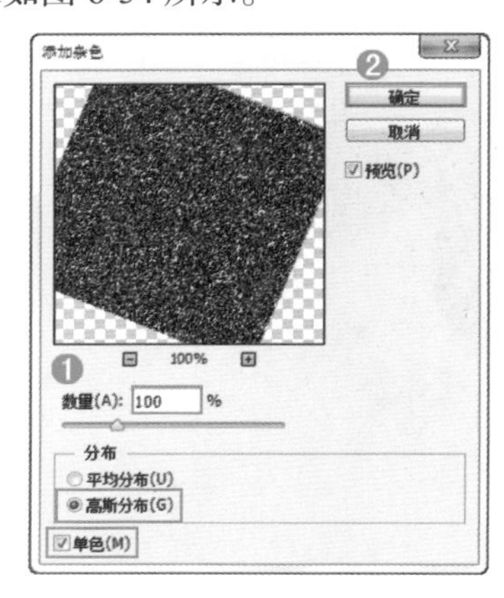

图 6-53

图 6-54

(7) 接着载入该图层的选区。执行“滤镜 > 模糊 > 镜像模糊”命令，勾选“缩放”复选框，设置“数量”为 100。“镜像模糊”效果如图 6-55 所示。接着设置该图层的“混合模式”为“滤色”，效果如图 6-56 所示。

(8) 单击“图层”面板下方的“添加图层蒙版”按钮，为该图层添加图层蒙版。设置前景色为黑色，单击工具箱中的“画笔工具”，选择圆形柔角画笔，设置合适的大小，擦除深色眼珠以外和瞳孔的部分，如图 6-57 所示。

图 6-55

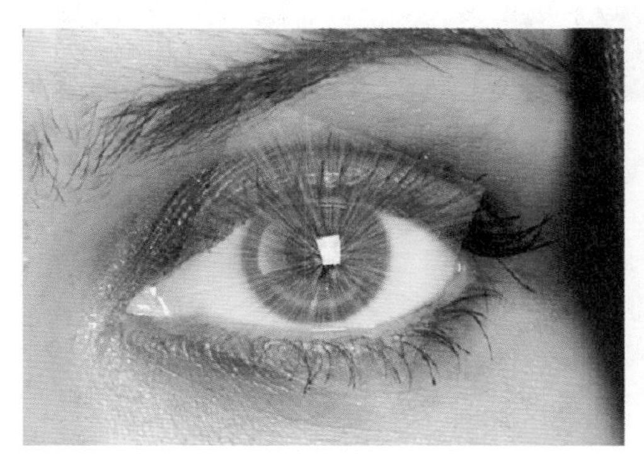

图 6-56

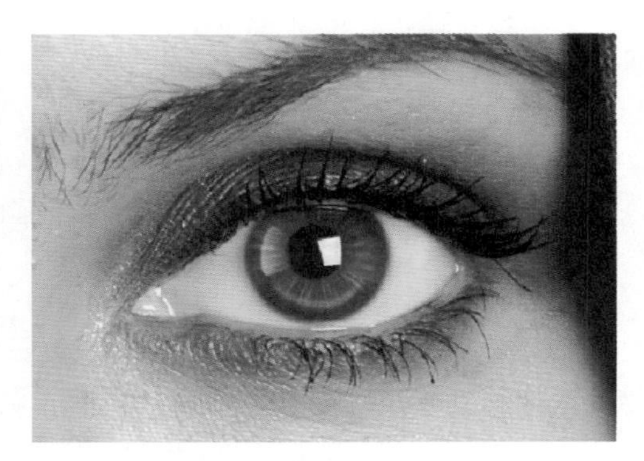

图 6-57

(9) 为了增加眼球的光晕效果，可以将光晕图层复制一份，如图 6-58 所示。眼球效果如图 6-59 所示。

(10) 接下来通过画笔绘制眼球上的高光。新建图层，将前景色设置为白色，然后使用“画笔工具”在眼球上绘制出高光，效果如图 6-60 所示。

图 6-58

图 6-59

图 6-60

(11) 接下来将制作紫瞳的多个图层加选，然后进行编组，并命名为“紫瞳”，如图 6-61 所示。

(12) 选择紫瞳图层组，继续选择工具箱中的“移动工具”，按住 <Alt> 键拖动，即可复制紫瞳图层组，然后将紫瞳效果移动到另一侧，效果如图 6-62 所示。

图 6-61

图 6-62

(13) 调整瞳孔的颜色。为了营造画面整体的神秘气氛，可以将画面颜色调整为紫色调。执行“图层 > 新建调整图层 > 色相 / 饱和度”命令，在打开的“色相 / 饱和度”属性面板中，向右拖动“色相”滑块，拖动到 – 70，如图 6-63 所示。此时画面效果如图 6-64 所示。接着使用黑色柔角画笔在蒙版中涂抹，将面部的调色效果隐藏，效果如图 6-65 所示。

(14) 最后添加金色艺术字，完成效果如图 6-66 所示。

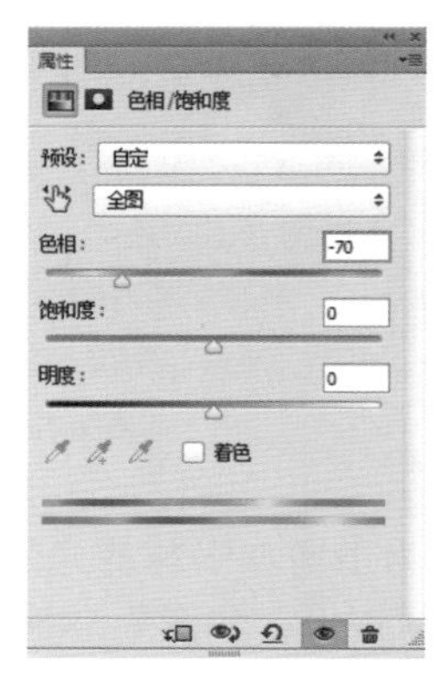

图 6-63

图 6-64

图 6-65

图 6-66

6.1.6 案例：“嫁接”眼妆

案例文件：	“嫁接”眼妆 .psd
视频教学：	“嫁接”眼妆 .flv

案例效果：

操作步骤：

(1) 在拍摄外景照片时，眼妆发挥很重要的作用。若对当时拍摄的妆容不满意，可以通过 Photoshop 重新给照片化个妆。当然眼妆也并不是很好画的，不过有个小技巧，可以通过“嫁接”的方法，将其他照片上漂亮的眼妆用在自己的照片上。打开人物素材“1.jpg”，如图 6-67 所示。将眼妆素材“2.jpg”（图 6-68) 置入到画面中。然后执行“图层 > 智能对象 > 栅格化”命令，将智能图层转换为普通图层。

图 6-67

图 6-68

(2) 为了方便后期的调整，首先将眼妆图层的“不透明度”降低到 40% 左右，然后按“自由变换”快捷键 <Ctrl+T> 调出定界框，将其缩放到合适大小，如图 6-69 所示。在图像上右击，在弹出的菜单中选择“水平翻转”命令，将图像水平翻转，然后将其适当的旋转，如图 6-70 所示。

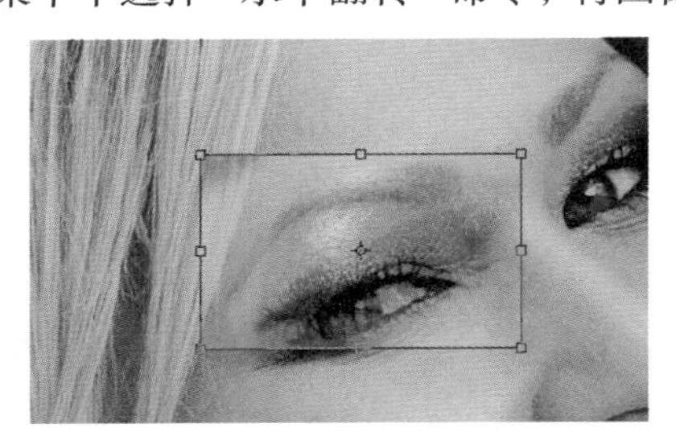

图 6-69

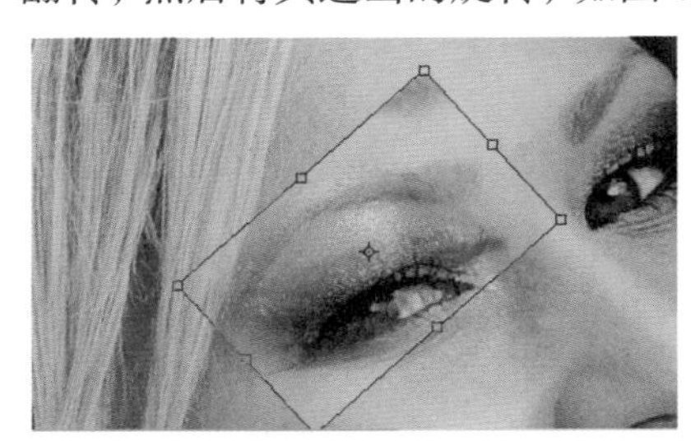

图 6-70

(3) 接着在图像上右击，在弹出的菜单中选择“变形”命令，然后将眼妆进行变形，效果如图 6-71 所示。变形完成后按 <Enter> 键确定操作。将“不透明度”更改为 100%，效果如图 6-72 所示。

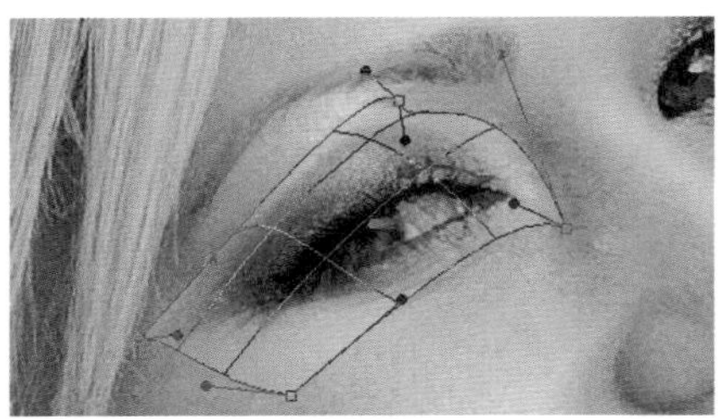

图 6-71

图 6-72

(4) 接着设置该图层的“混合模式”为“强光”，效果如图 6-73 所示。单击“图层”面板底部的“添加图层蒙版”按钮，然后使用黑色柔角画笔涂抹眼妆以外的部分，在蒙版中进行隐藏，此时眼部出现了类似孔雀色感的彩妆效果，如图 6-74 所示。

图 6-73

图 6-74

(5) 使用同样的方式制作另一侧的眼妆，效果如图 6-75 所示。

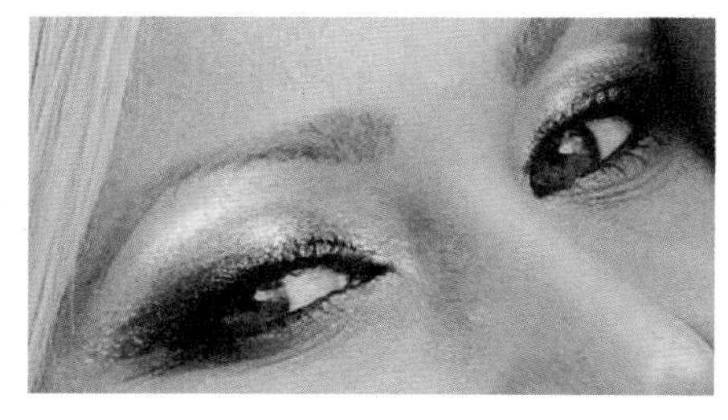

图 6-75

(6) 其实“嫁接眼妆”操作的核心主要在于“混合模式”的设置，而通常在设置混合模式时，都没有特定的规律，很多时候都需要多次尝试，才能找到适合自己的。例如，当混合模式为“正片叠底”时，眼妆呈现出烟熏妆的效果，如图 6-76 所示。当设置混合模式为“明度”时，眼妆呈现出大地色系的效果，如图 6-77 所示。

图 6-76

图 6-77

6.2 修饰眉毛

6.2.1 案例：浓密眉毛

案例文件：	浓密眉毛 .psd
视频教学：	浓密眉毛 .flv

案例效果：

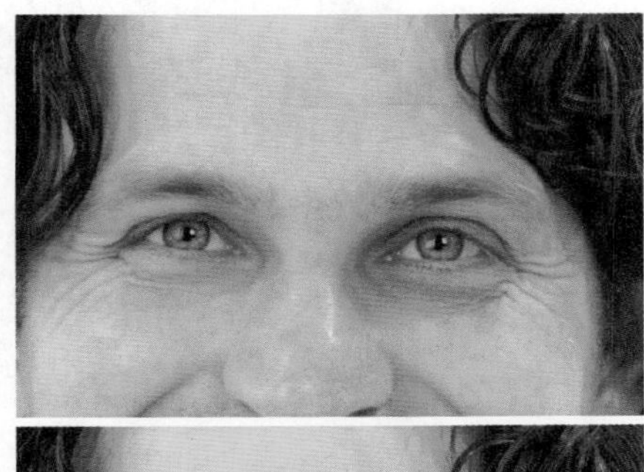

操作步骤：

(1) 人们常说“浓眉大眼”，可见眉毛的地位也是非常重要的。打开素材“1.jpg”，如图6-78所示。画面中的男人的眉毛较淡，而眼窝处却偏暗，给人一种不够精神的感觉。图6-79所示为眉毛细节。

图 6-78

图 6-79

(2) 首先调整面部眼窝、法令纹等处的亮度。执行“图层>新建调整图层>曲线”命令，在“曲线”属性面板中建立控制点并向上拖动，如图6-80所示。接着将蒙版填充为黑色，然后使用白色的柔角画笔在眼圈和法令纹等处进行涂抹。蒙版中的状态如图6-81所示。画面效果如图6-82所示。

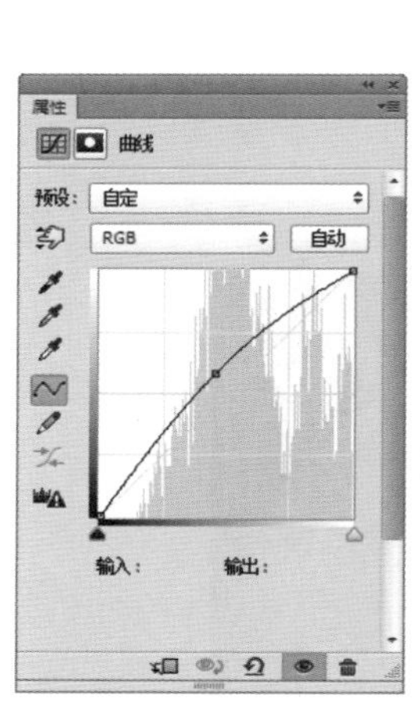

图 6-80

图 6-81

图 6-82

(3) 接下来开始修整眉毛。图像中人物的眉毛看起来有些短，是因为眉尾部的颜色较淡，接下来利用“曲线”命令将眉毛颜色加深。新建一个曲线调整图层，调整曲线形状如图6-83所示。然后将蒙版填充为黑色，使用白色的柔角画笔在人物眉毛处涂抹。蒙版状态如图6-84所示。此时人物效果如图6-85所示。

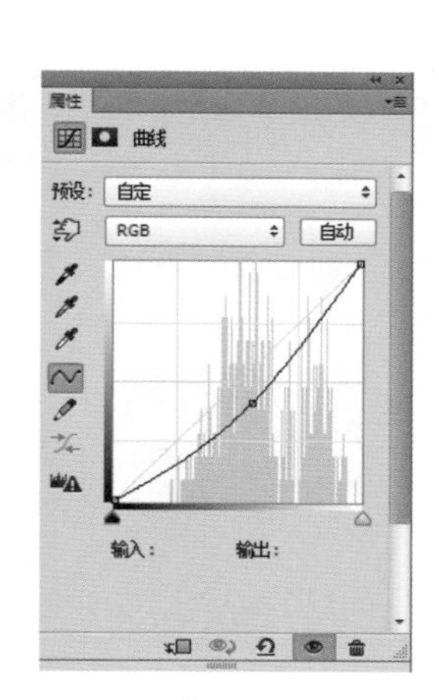

图 6-83

图 6-84

图 6-85

6.2.2 案例：柔和自然的眉形

案例文件：	柔和自然的眉形 .psd
视频教学：	柔和自然的眉形 .flv

案例效果：

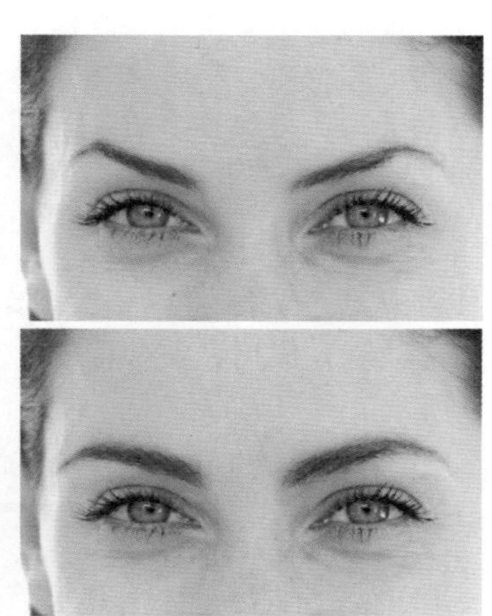

操作步骤：

(1)人们常说“眉目传情”，眉目为五官之首，眉毛对五官的修饰起到了非常重要的作用。打开素材“1.jpg”，如图 6-86 所示。在这张图片中，可以看到人物的眉形是那种细而高挑的，这类眉形往往会给人一种过于“干练”但又有些“刁蛮”的感觉，影响到了个人气质。下面就来将这个眉形更改为较为柔和优雅的柳叶眉。

图 6-86

小技巧：眉形的分析和各种眉形适合的脸型。

眉形大致有4种，分别是柳叶眉、拱形眉、上挑眉和平直眉。柳叶眉优雅、成熟；拱形眉干练、精致；上挑眉精神抖擞；平直眉亲和、减龄。图 6-87 所示为不同眉形的效果。

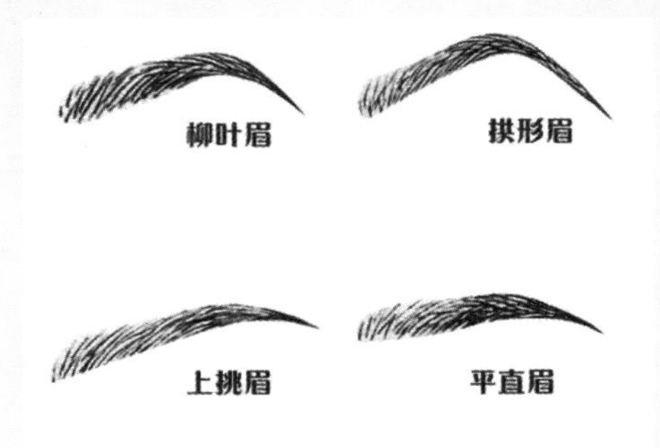

图 6-87

不同的眉形适合不同的脸型，下面就进行简单的分析。

- **申字脸型：**给人感觉机敏，适宜平、长、细一些的眉型。
- **由字脸型：**给人感觉富态，适宜柔和一点的眉毛，眉型尽量放平缓一些。
- **甲字脸型：**适宜上扬一点的眉毛，眉峰在眉毛的 2 / 3 处以外一些。
- **圆形脸型：**给人感觉圆润、亲切、可爱，适合上扬眉，眉尾高于眉头。
- **国字脸型：**给人感觉一板一眼，适宜粗一点的一字眉毛。
- **标准脸型：**称鹅蛋形，搭配标准眉型，眉头与内眼角垂直，眉头和眉尾在一条水平线上，眉峰在眉毛的 2/3 处。

(2) 选择工具箱中的“套索工具”，设置“羽化”为 5 像素，然后在眉毛附近绘制选区，如图 6-88 所示。选区绘制完成后，按快捷键 <Ctrl+J> 将选区复制到独立图层，并命名一个合适的名称，如图 6-89 所示。

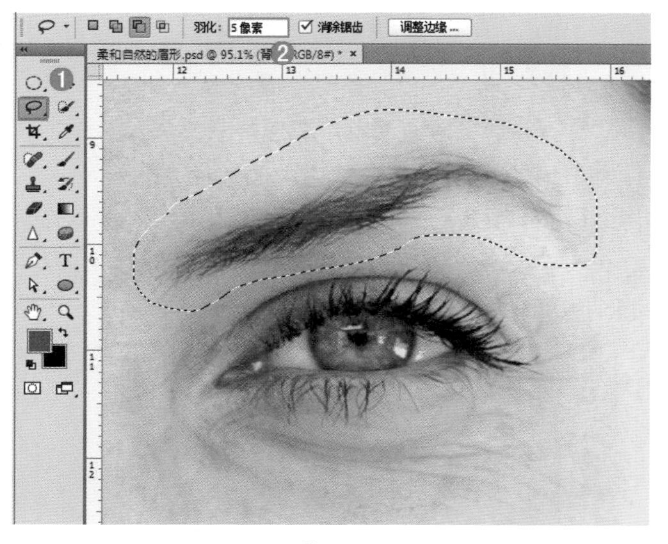

图 6-88

图 6-89

(3) 按快捷键 <Ctrl+D> 取消选区，然后执行“编辑 > 变换 > 变形”命令，在显示的定界框中进行拖动，调整眉毛的形状如图 6-90 所示。调整完成后按 <Enter> 键确定操作。然后使用同样的方法制作另一侧的眉毛，如图 6-91 所示。

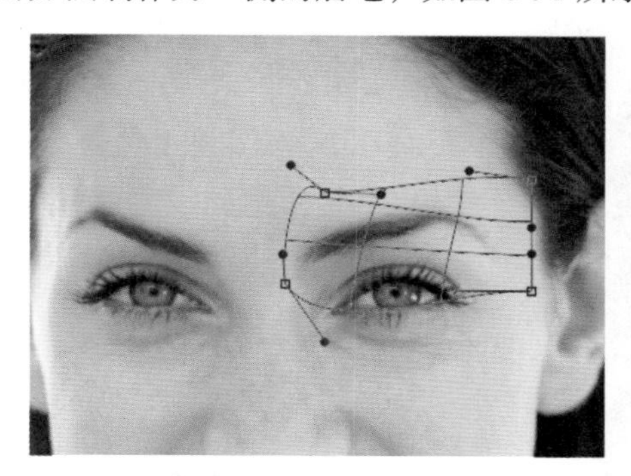

图 6-90

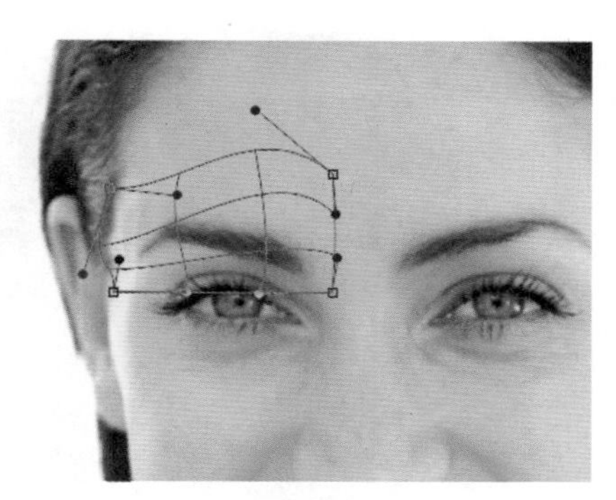

图 6-91

(4) 眉毛的形状更改完成后，下面通过“液化”滤镜调整眉毛的细节。按快捷键 <Ctrl+Alt+Shift+E> 将图层进行盖印。选择盖印得到的图层，执行“滤镜 > 液化”命令，在打开的“液化”对话框中勾选“高级选项”，然后单击对话框右侧的“冻结蒙版工具”，设置“画笔大小”为 100，设置完成后在眼睛上涂抹，如图 6-92 所示。

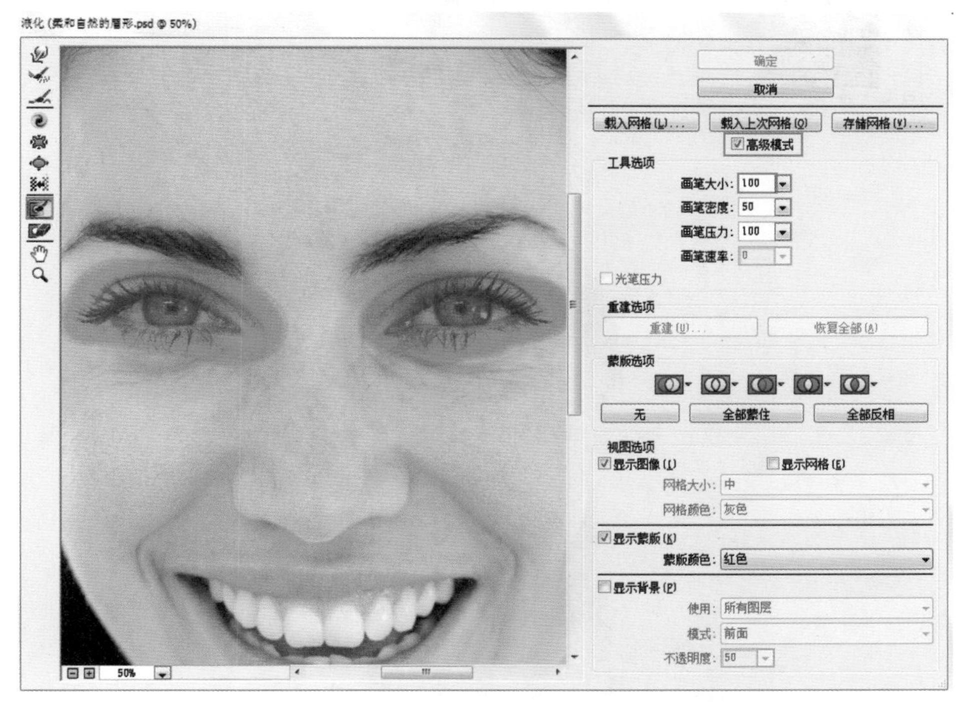

图 6-92

(5) 接下来使用“向前变形工具”调整眉毛的形状。选择“向前变形工具”，设置“画笔大小”为 200，然后在眉毛的位置涂抹，将眉毛进行变形，如图 6-93 所示。涂抹完成后，单击“完成”按钮，效果如图 6-94 所示。

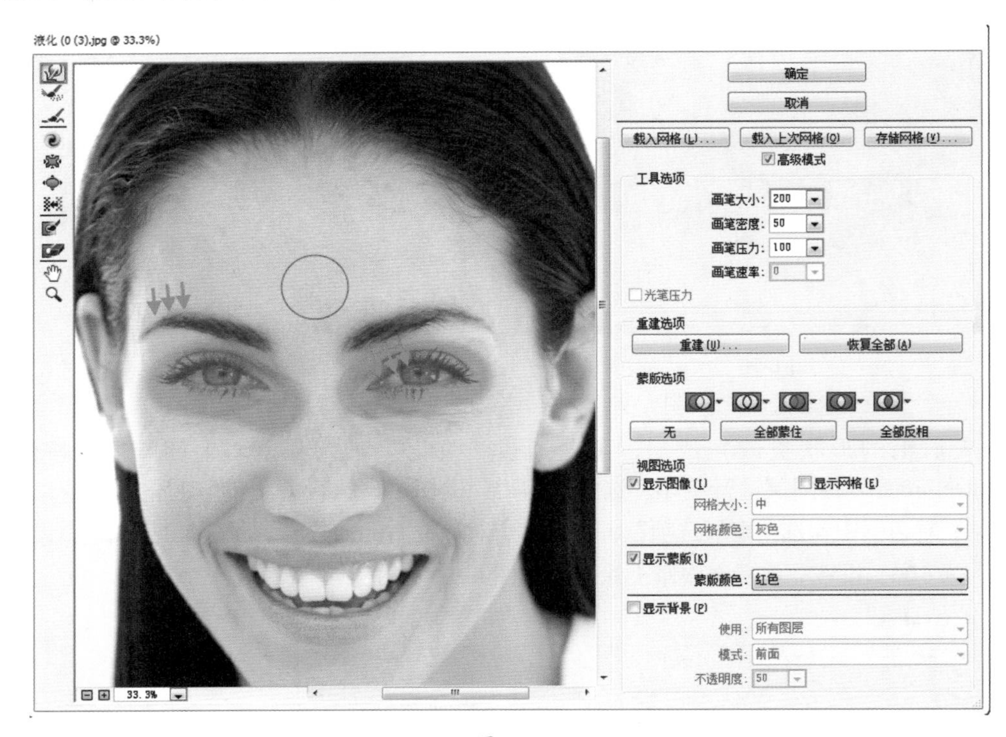

图 6-93

图 6-94

6.3 修饰鼻部

6.3.1 案例：高挺鼻梁

案例文件：	高挺鼻梁 psd
视频教学：	高挺鼻梁 .flv

案例效果：

操作步骤：

(1) 都说欧美人的五官有立体感，很大程度上是因为欧美人有着挺拔的鼻梁，深邃的目光。而亚洲人则不同，亚洲人的五官扁平，所以在拍摄人像侧面时，容易暴露这一缺点。图 6-95 所示为标准的欧美女性侧面轮廓。打开素材“1.jpg”，可以看到人物的鼻梁不够挺拔，如图 6-96 所示。

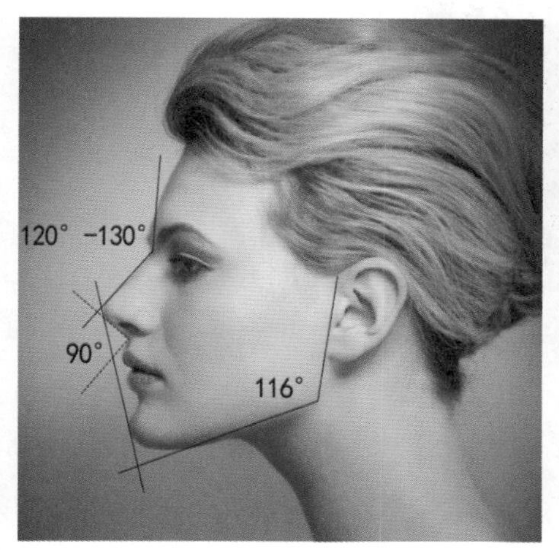

图 6-95

图 6-96

(2) 为了保护原图层，首先将“背景”图层复制一份。执行“滤镜 > 液化”命令，在打开的“液化”对话框中选择“向前变形工具”，设置“画笔大小”为 35，然后在鼻子的位置涂抹以增加鼻梁的高度，如图 6-97 所示。调整完成后单击“确定”按钮。接下来可以为人像进行祛斑。选择工具箱中的“污点修复画笔工具”，将笔尖调整到比面部污点稍大一些，然后在污点上单击去除污点，效果如图 6-98 所示。

图 6-97

图 6-98

6.3.2 案例：添加鼻影使面孔更立体

案例文件：	添加鼻影使面孔更立体 .psd
视频教学：	添加鼻影使面孔更立体 .flv

案例效果：

操作步骤：

(1) 亚洲人面部扁平，大多数立体感不足。尤其在拍摄亮调照片时，面部本该暗下去的鼻翼很容易就被“照亮”了，这也就导致了鼻子显得不那么挺拔。首先打开人物照片“1.jpg”，如图 6-99 所示，可以看到人物五官很精致，美中不足就是鼻梁不够挺拔，导致面部不够立体。要想让鼻子变得挺拔，使用“液化”滤镜进行变形是不可以的，因为这是人物的正面照，使用“液化”滤镜进行变形，会导致五官不和谐的严重后果。下面通过绘制光影，使鼻子变得挺拔。

(2) 执行“图层 > 新建调整图层 > 曲线”命令，在打开的“曲线”属性面板中压暗曲线形状，如图 6-100 所示。此时画面效果如图 6-101 所示。

图 6-99

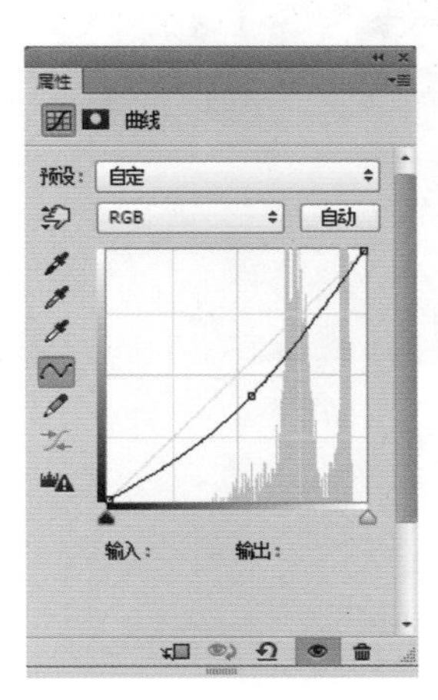

图 6-100

图 6-101

(3) 接着将蒙版填充为黑色。选择工具箱中的“画笔工具”，将前景色设置为白色，继续在鼻侧处涂抹，图 6-102 所示为蒙版中涂抹的位置。此时画面效果如图 6-103 所示。

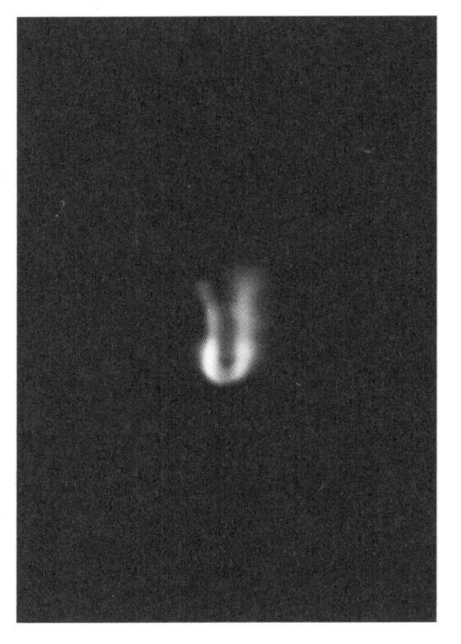

图 6-102

图 6-103

(4) 接下来提高鼻梁处的亮度。再次新建一个曲线调整图层，提亮曲线形状如图 6-104 所示。然后将蒙版填充为黑色，继续使用白色的柔角画笔在鼻梁的高光处涂抹，效果如图 6-105 所示。

(5) 本案例制作完成，可以看到为鼻子添加了光影后，五官更加有立体感了，效果如图 6-106 所示。

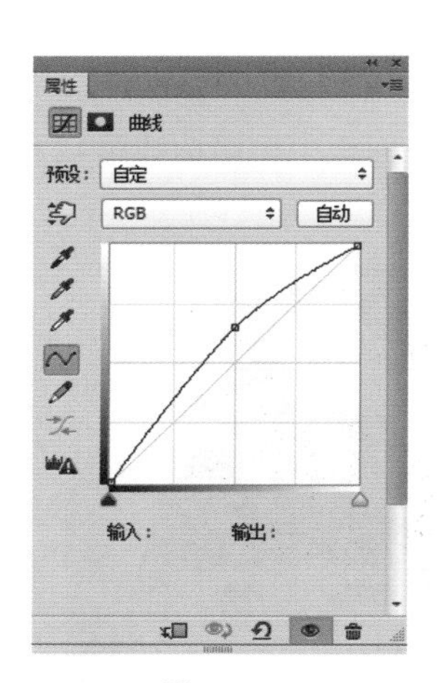

图 6-104

图 6-105

图 6-106

6.4 修饰嘴部

6.4.1 案例：唇色随心换

案例文件：	唇色随心换 .psd
视频教学：	唇色随心换 .flv

案例效果：

操作步骤：

(1)很多女孩为了挑一款合适的唇膏而煞费苦心，在Photoshop中可以轻轻松松地为自己“挑”一款合适的口红色号。打开一张照片“1.jpg”，如图 6-107 所示。然后，可以找来喜欢的口红的图片作为参照色，如图 6-108 所示。下面就开始在 Photoshop 中“试色”吧！

图 6-107

图 6-108

(2) 首先将嘴唇调整为甜蜜橙色。执行“图层 > 新建调整图层 > 曲线”命令，在打开的“曲线”属性面板中，首先设置通道为“红”，然后调整曲线形状，增加嘴唇红的数量，如图 6-109 所示。此时嘴唇的效果如图 6-110 所示。

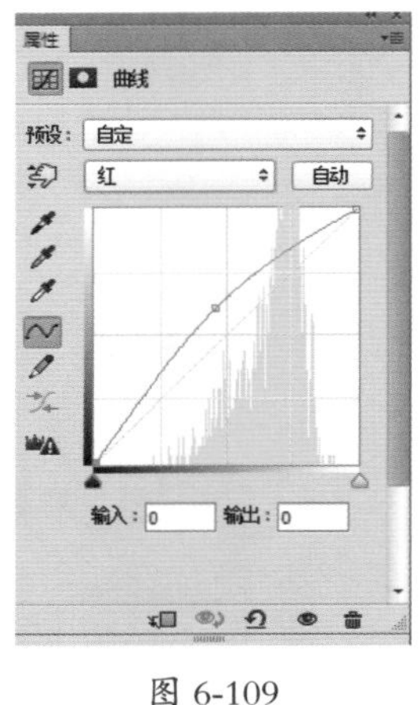

图 6-109

图 6-110

(3) 接着设置通道为“RGB”，调整曲线形状如图 6-111 所示。此时嘴唇效果如图 6-112 所示。

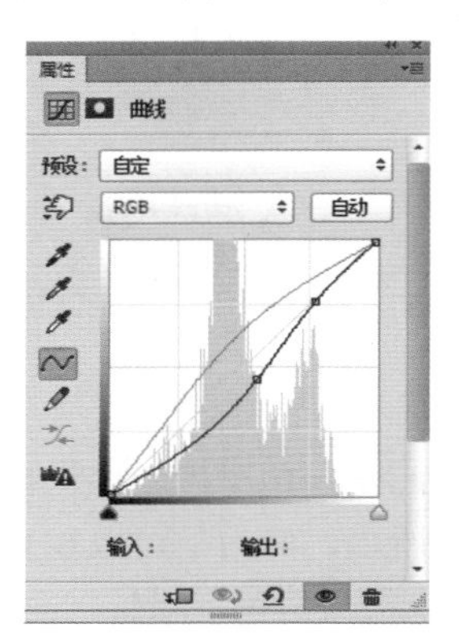

图 6-111

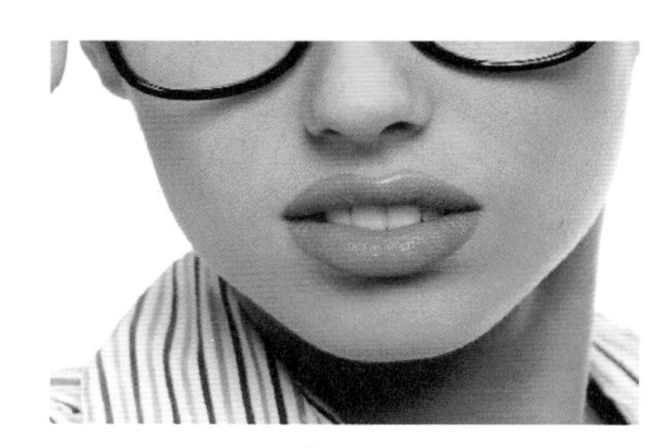

图 6-112

(4) 接着将图层蒙版填充为黑色，然后使用白色的柔角画笔在嘴唇的上方进行涂抹，蒙版涂抹的位置如图 6-113 所示。嘴唇效果如图 6-114 所示。甜蜜橙的唇膏适合韩式的妆容，显得较为年轻。

图 6-113

图 6-114

（5）接下来将嘴唇调整为珊瑚红色。复制“曲线 1 甜蜜橙”调整图层，命名为“曲线 2 珊瑚红”，将步骤 3 的曲线调整图层隐藏，如图 6-115 所示。

图 6-115

（6）然后继续调整曲线形状，在这里调整“蓝”通道，将蓝通道曲线向上扬，在原本“甜蜜橙”颜色的基础上添加一些蓝色，呈现出珊瑚红的颜色，如图 6-116 所示。此时嘴唇效果如图 6-117 所示。珊瑚红的唇膏颜色显得年轻、活泼，适合的范围比较广阔，例如，职业妆容、日常妆容等。

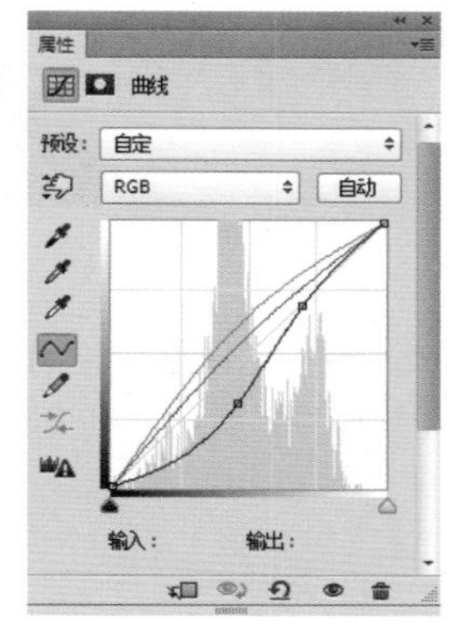

图 6-116

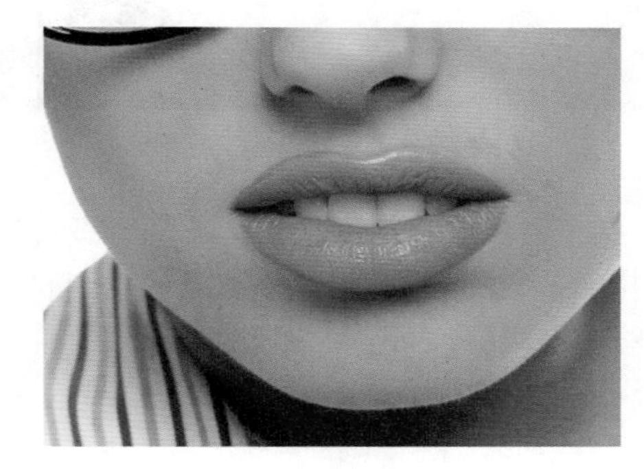

图 6-117

（7）下面将嘴唇调成芭比粉。继续复制曲线调整图层，然后调整曲线形状，进一步提升“蓝”通道的曲线，如图 6-118 所示。嘴唇效果如图 6-119 所示。芭比粉的唇膏颜色比较适合年轻女孩。

（8）除了上面尝试的那些颜色，还可以继续更改各个通道的曲线形态，打造出更加丰富的颜色，如图 6-120 和图 6-121 所示。

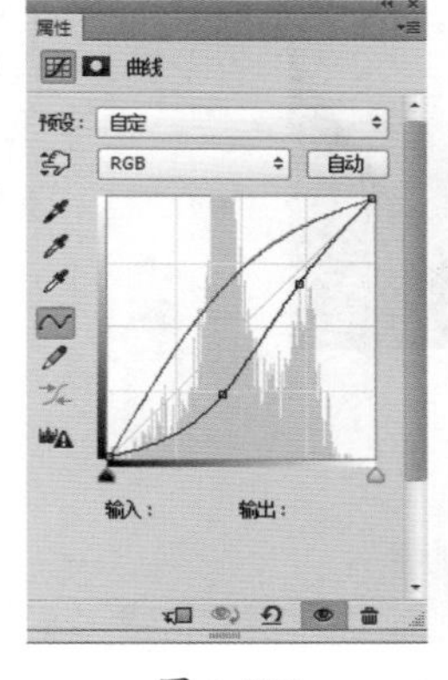

图 6-118

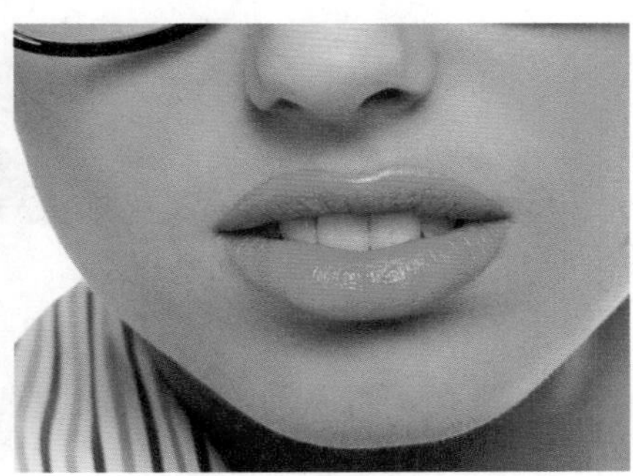

图 6-119

图 6-120

图 6-121

6.4.2 案例：调整唇形

案例文件：	调整唇形 .psd
视频教学：	调整唇形 .flv

案例效果：

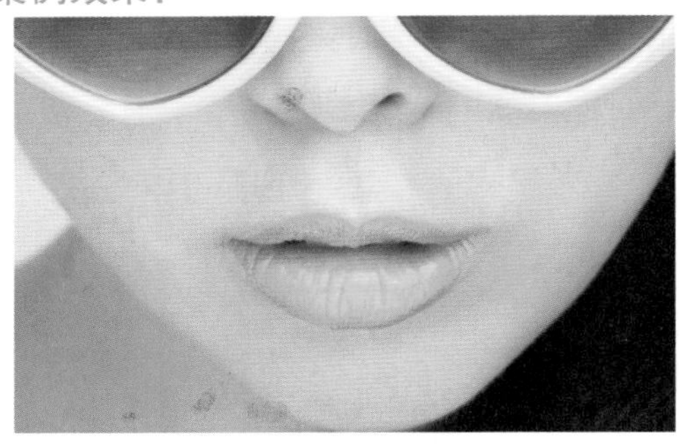

操作步骤：

（1）每个人的五官都不是十全十美的，或多或少都有那么一点点不完美。而这些不完美可以通过使用 Photoshop 进行修复。打开人物素材“1.jpg”，如图 6-122 所示。可以看到这个人物的上嘴唇略微不对称，而下嘴唇又略微偏厚。

图 6-122

小技巧：嘴唇的结构

图 6-123 所示为嘴唇结构的分析图。

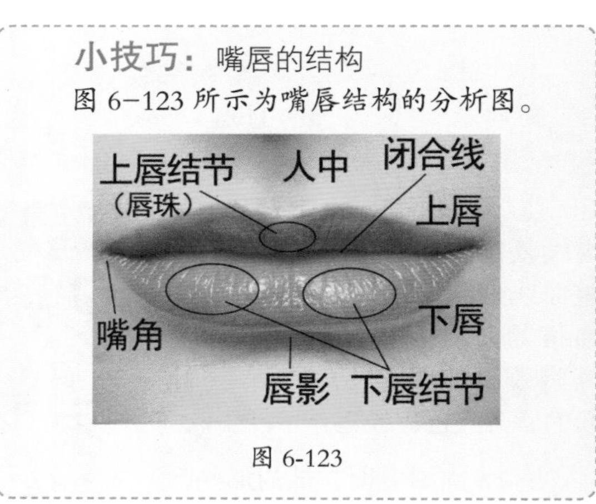

图 6-123

（2）下面可以将比较丰满的左侧嘴唇复制一份去覆盖右侧的嘴唇。首先选择工具箱中的“套索工具”，设置“羽化”为 5 像素，然后在左侧嘴角处绘制选区如图 6-124 所示。接着按快捷键 <Ctrl+C> 将选区内容进行复制，然后按快捷键 <Ctrl+V> 将选区的内容进行粘贴，并执行“编辑 > 变换 > 水平翻转”命令，如图 6-125 所示。

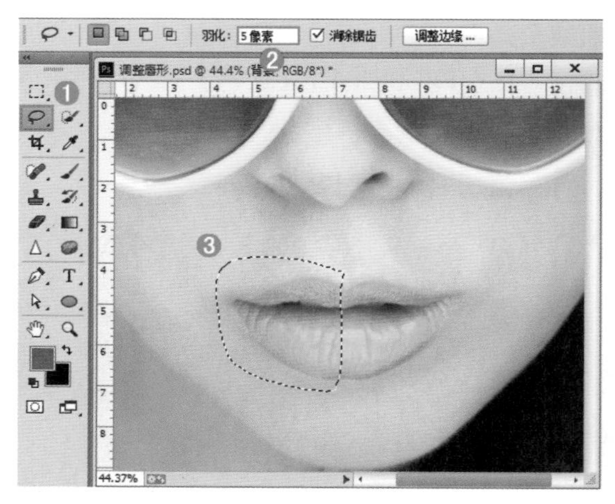

图 6-124

图 6-125

(3) 接着，将复制的内容移动至右侧嘴唇处，如图 6-126 所示。接着选择该图层，单击“图层”面板底部的“添加图层蒙版”按钮，然后使用黑色的柔角画笔在嘴唇外部进行涂抹，蒙版中的状态如图 6-127 所示。效果如图 6-128 所示。

图 6-126

图 6-127

图 6-128

(4) 接着调整下嘴唇的厚度，由于这个女孩嘴唇的最大特点就是下嘴唇较厚，在修改过程中要抓住这一特点进行修改。首先按快捷键 <Ctrl+Shift+Alt+E> 将图层进行盖印。然后在工具箱中选择“套索工具”，设置“羽化”为 5 像素，然后在嘴唇的中央位置绘制选区，按快捷键 <Ctrl+J> 将选区中的内容复制到独立选区，如图 6-129 所示。

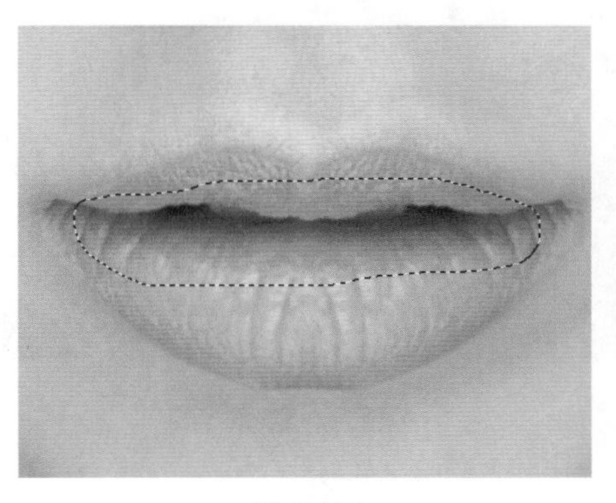

图 6-129

(5) 接下来对闭合线附近的嘴唇进行调整。增加上唇的厚度，减少下唇的厚度。选择这个图层，执行“滤镜 > 液化”命令，在打开的“液化”对话框中选择“向前变形工具”，设置“画笔大小”为 100，然后先将下唇向下拖动，如图 6-130 所示。设置完成后，单击“确定”按钮，嘴唇效果如图 6-131 所示。

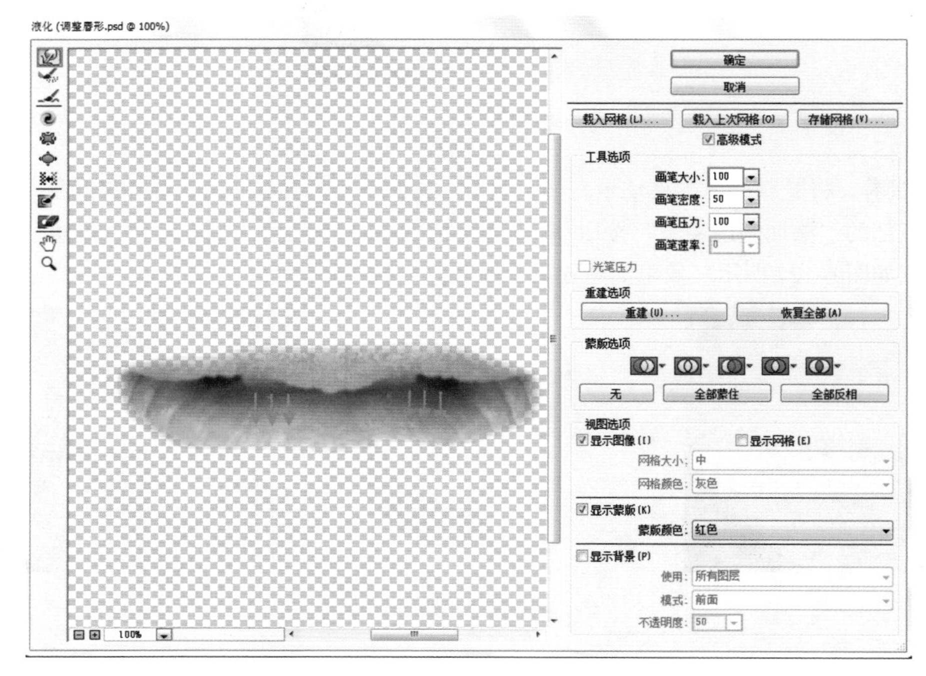

图 6-130

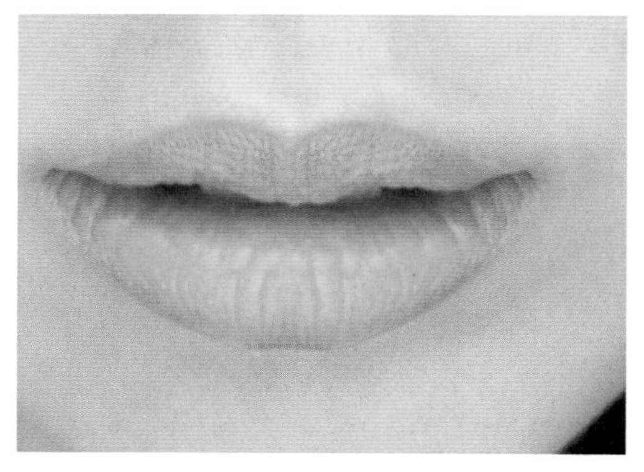

图 6-131

(6) 接下来调整嘴角形状。首先按快捷键 <Ctrl+Shift+Alt+E> 将图层进行盖印。然后执行“滤镜 > 液化”命令，调整嘴角位置如图 6-132 所示。最后嘴唇效果如图 6-133 所示。

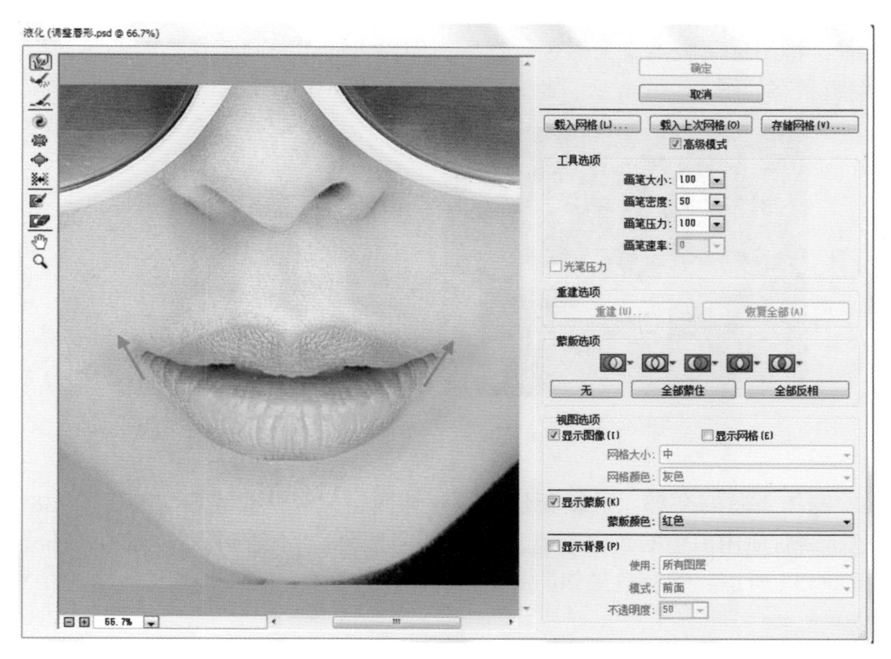

图 6-132

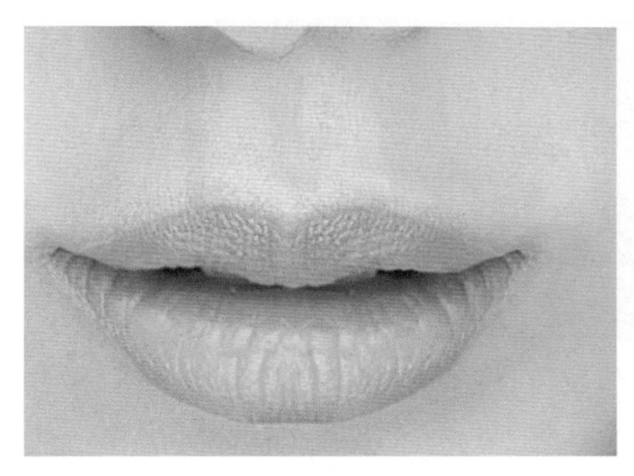

图 6-133

(7) 接下来调整嘴唇的光泽。首先要调整嘴唇的暗部，这样才能让嘴唇产生立体感。执行“图层 > 新建调整图层 > 曲线”命令，调整曲线形状如图 6-134 所示。此时嘴唇的效果如图 6-135 所示。

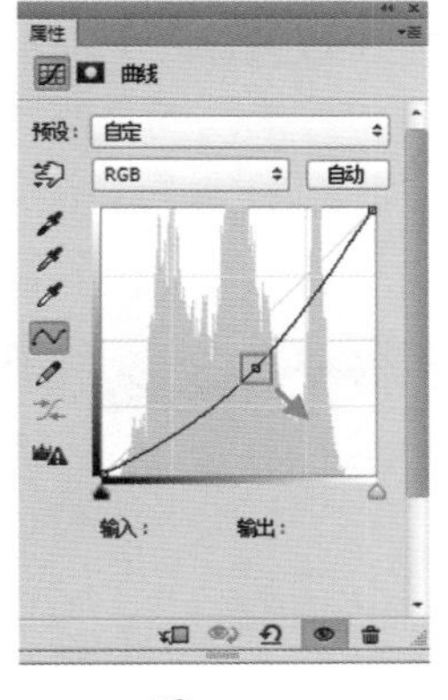

图 6-134

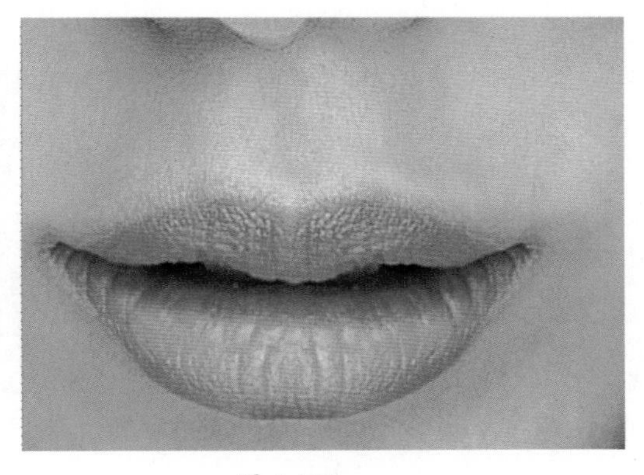

图 6-135

（8）接着，将图层蒙版填充为黑色。然后使用白色的柔角画笔在嘴唇的暗部以及闭合线的位置涂抹。蒙版状态如图 6-136 所示。此时嘴唇效果如图 6-137 所示。

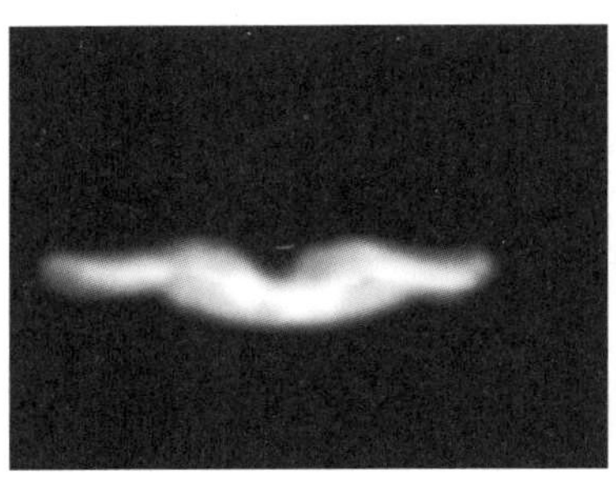

图 6-136

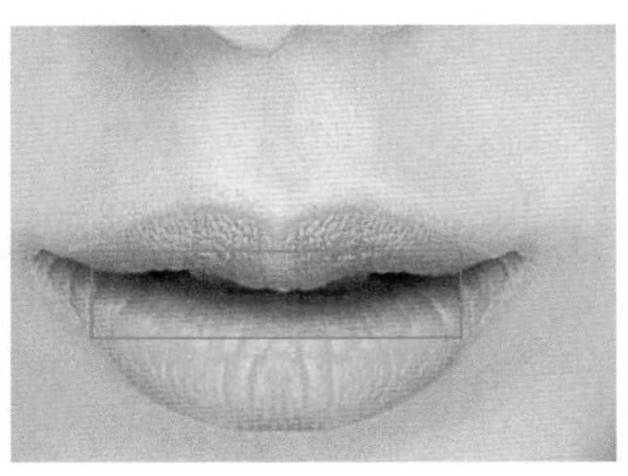

图 6-137

（9）接着制作下唇的亮部。继续新建曲线调整图层，调整曲线形状如图 6-138 所示。将蒙版填充为黑色，然后使用白色的柔角画笔，可以适当地降低“不透明度”，在下唇位置进行涂抹。蒙版状态如图 6-139 所示。嘴唇效果如图 6-140 所示。

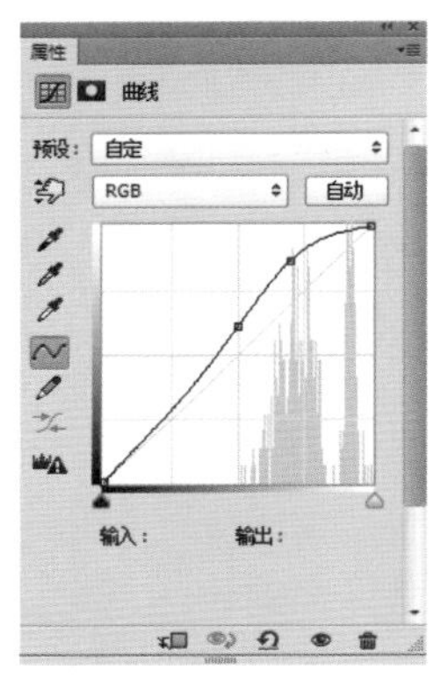

图 6-138

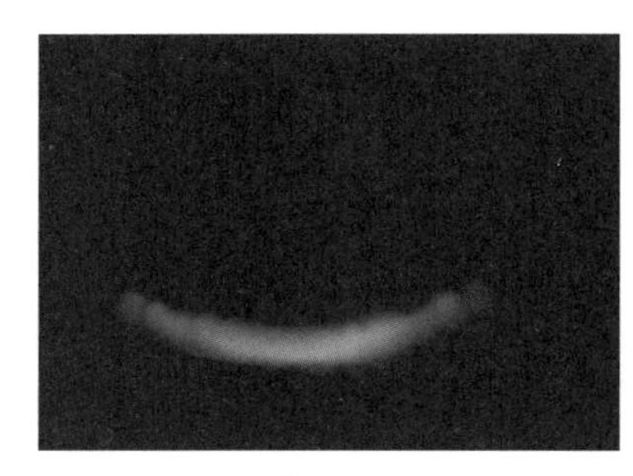

图 6-139

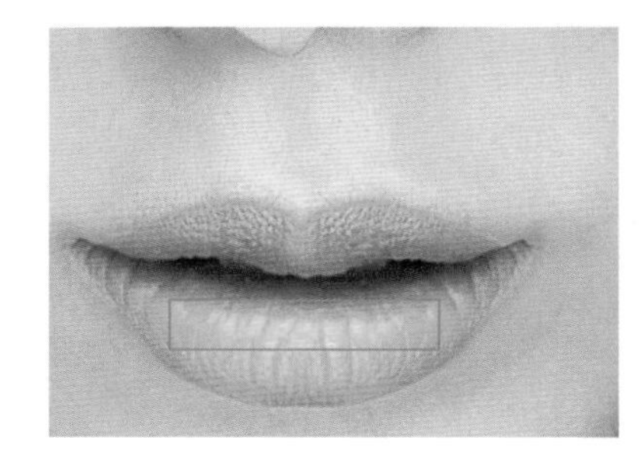

图 6-140

（10）最后制作嘴唇上的高光。新建一个曲线调整图层调整曲线形状如图 6-141 所示。接着将图层蒙版填充为黑色，使用白色的柔角画笔，适当地降低画笔的“不透明度”和笔尖大小，在高光位置进行涂抹。图层蒙版的状态如图 6-142 所示。此时嘴唇效果如图 6-143 所示。

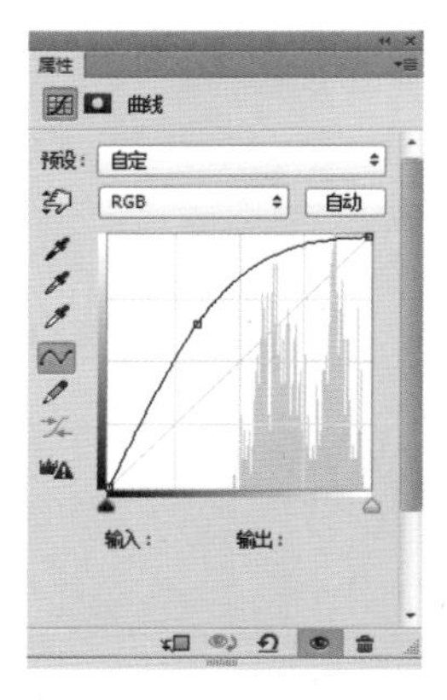

图 6-141

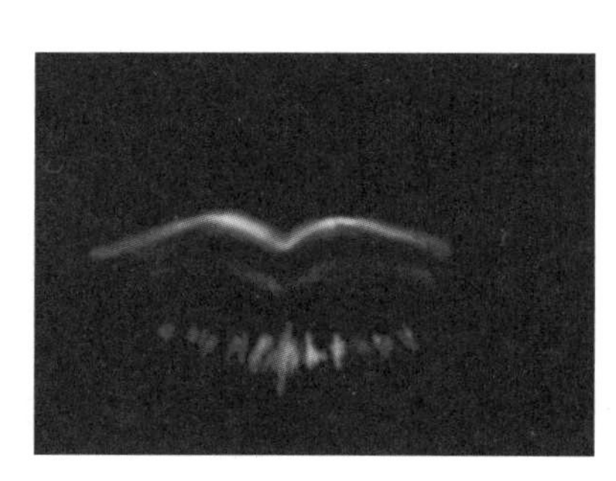

图 6-142

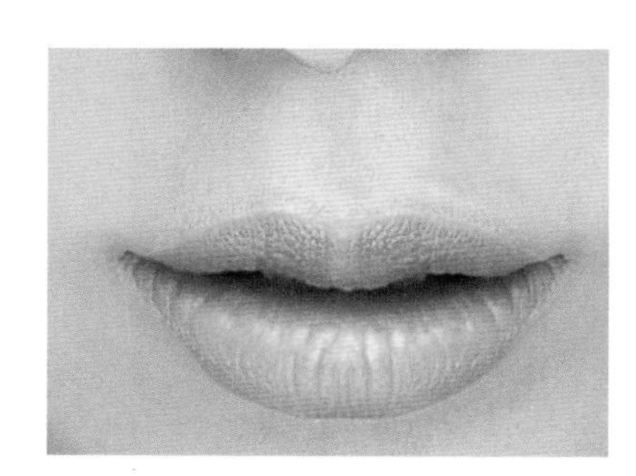

图 6-143

(11) 本案例制作完成，效果如图 6-144 所示。

图 6-144

6.4.3 案例：彩虹唇妆

案例文件：	彩虹唇妆 .psd
视频教学：	彩虹唇妆 .flv

案例效果：

操作步骤：

(1) 彩虹唇妆主要是指由多种颜色组成的唇妆，在生活中较为少见，主要适用于舞台妆、特效妆等。打开人物素材“1.jpg”，如图 6-145 所示。

图 6-145

（2）新建图层，选择工具箱中的“渐变工具”，然后单击选项栏中的渐变色条，在弹出的“渐变编辑器”对话框中编辑一个多彩色系的渐变，如图 6-146 所示。渐变编辑完成后，单击“确定”按钮，然后设置渐变类型为“线性”，在画面中拖动填充，效果如图 6-147 所示。

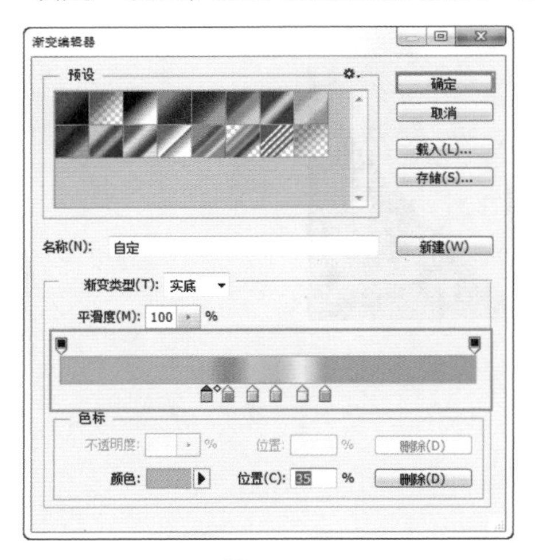

图 6-146

图 6-147

（3）接着设置该图层的混合模式为“颜色加深”，如图 6-148 所示。效果如图 6-149 所示。

图 6-148

图 6-149

（4）接着选择该图层，单击“图层”面板底部的“添加图层蒙版”按钮，然后将蒙版填充为黑色，接着使用白色的柔角画笔在嘴唇位置涂抹，蒙版状态如图 6-150 所示。此时彩虹唇妆制作完成，效果如图 6-151 所示。

图 6-150

图 6-151

6.4.4 案例：美白牙齿

案例文件：	美白牙齿 .psd
视频教学：	美白牙齿 .flv

案例效果：

操作步骤：

(1) 白色的牙齿代表着健康、干净，但是我们很难拥有一口像电视广告中的主角那样的洁白牙齿。下面可以通过使用 Photoshop 为牙齿美白。打开素材“1.jpg”，如图 6-152 所示。

图 6-152

(2) 接着执行“图层 > 新建调整图层 > 曲线”命令，在打开的“曲线”属性面板中调整曲线形状如图 6-153 所示。此时画面效果如图 6-154 所示。

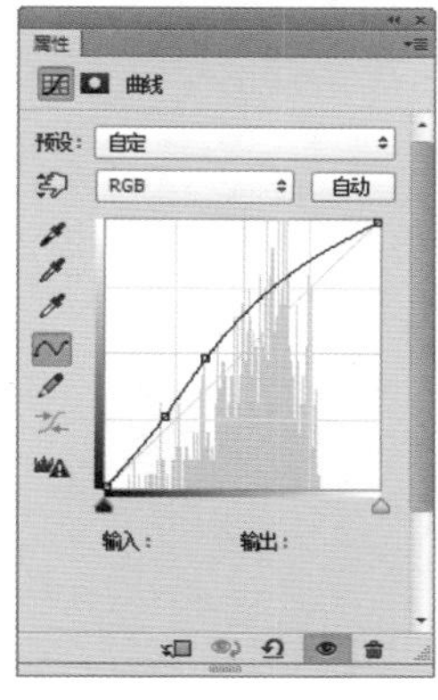

图 6-153

图 6-154

(3) 接着将调色效果隐藏，只保留牙齿位置。将图层蒙版填充为黑色，然后选择工具箱中的“画笔工具”，将前景色设置为白色，然后在牙齿位置进行涂抹。蒙版状态如图 6-155 所示。牙齿效果如图 6-156 所示。

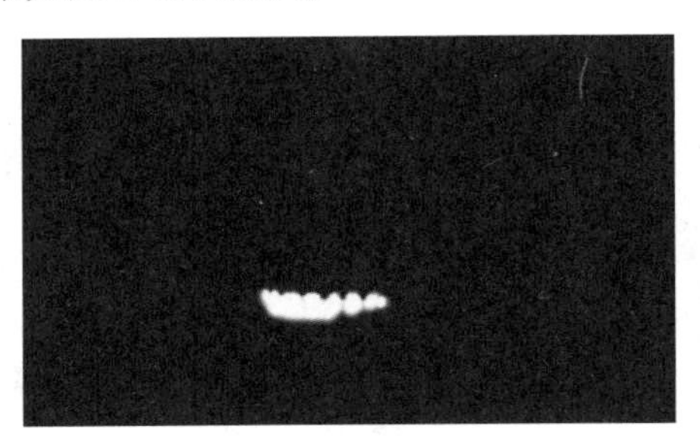

图 6-155

图 6-156

(4) 此时牙齿的亮度有所提高，但是牙齿还有些偏黄。接着执行“图层 > 新建调整图层 > 自然饱和度”命令，在打开的“自然饱和度”属性面板中设置“自然饱和度”为 –90，参数设置如图 6-157 所示。然后将“曲线”调整图层的图层蒙版复制给该图层，牙齿效果如图 6-158 所示。

图 6-157

图 6-158

第7章

彩妆造型

7.1 面部结构调整

7.1.1 案例：青春少女感腮红

案例文件：	青春少女感腮红 .psd
视频教学：	青春少女感腮红 .flv

案例效果：

操作步骤：

(1) 在脸上涂腮红可以让面颊呈现健康红润的颜色，还能达到塑造立体五官的效果。在本案例中为人物面颊上添加了腮红，让人物变得更加俏皮可爱。打开素材图片“1.jpg”，然后确定要画腮红的位置，如图7-1所示。

图 7-1

小技巧： 腮红应该打在什么位置

腮红的位置会影响整个面部的妆容。为面部添加腮红，可以根据整体的妆容和自己的脸型去绘制。

★ 圆形

适合脸形：椭圆脸、方形脸和菱形脸。

画法：对着镜子微笑，在鼓起来的笑肌上，由内往外晕染画圈。

★ 椭圆形

适合脸形：椭圆脸、圆脸和菱形脸。

画法：从苹果肌开始横向往太阳穴刷。

★ 扇形

适合脸形：任何脸型。

画法：从苹果肌开始往两旁刷，有点像扇子的形状。

★ 爱心形

适合脸形：任何脸型。

画法：爱心在笑肌的位置，以左右来回的方式画下凹弧线，越往下面越窄。

★ 晒伤感

适合脸形：椭圆脸、长形脸和菱形脸。

画法：在鼻梁和两颊间连上一条长长的倒海鸥形，两颊的颜色可以稍加重些。

(2) 首先增加人物面部的立体感，需要压暗面颊两侧的亮度。执行“文件 > 新建调整图层 > 曲线”命令，在“曲线”属性面板中建立控制点，压暗曲线的形状如图 7-2 所示。此时画面效果如图 7-3 所示。

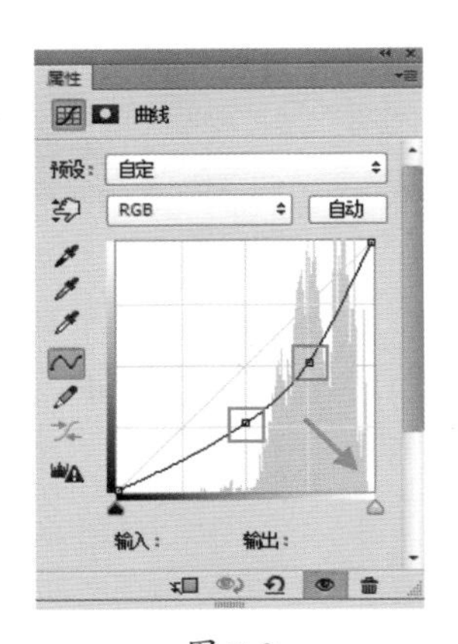

图 7-2

图 7-3

(3) 接着选中调整图层的图层蒙版，然后将其填充为黑色。将前景色设置为白色，然后选择工具箱中的“画笔工具”，设置笔尖为柔角，然后调整合适的笔尖大小，在人物面颊的阴影处涂抹，在涂抹过程中可以适时地调整笔尖的大小及“不透明度”。蒙版效果如图 7-4 所示。此时人物效果如图 7-5 所示。

(4) 接着制作腮红部分。执行“图层 > 新建调整图层 > 色相 / 饱和度”命令，首先将皮肤调整为红色，所以向左拖动“色相”滑块或设置参数为 –9，为了让颜色更加鲜艳，所以向右拖动“饱和度”滑块或设置参数为 10，参数设置如图 7-6 所示。此时画面效果如图 7-7 所示。

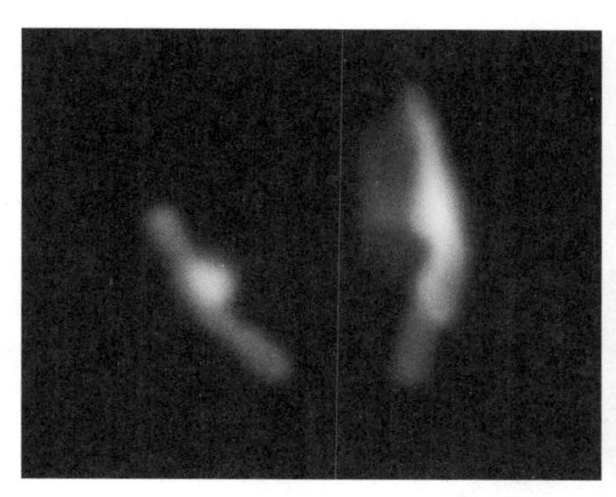

图 7-4

图 7-5

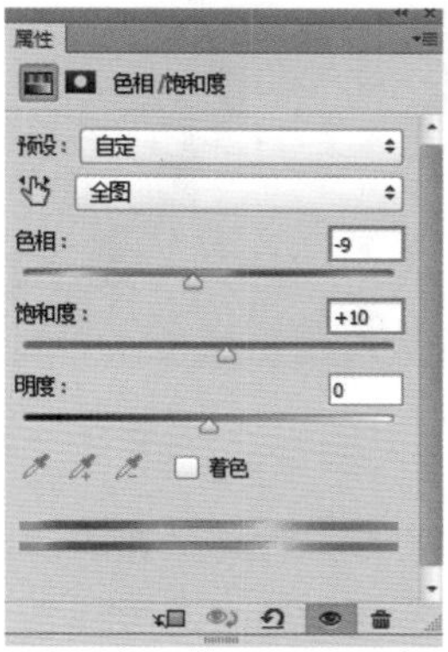

属性
色相/饱和度
预设：自定
全图
色相：-9
饱和度：+10
明度：0
着色

图 7-6

图 7-7

(5) 接着将“色相 / 饱和度”调整图层填充为黑色，然后使用白色的柔角画笔在面颊上涂抹。蒙版效果如图 7-8 所示。此时人物效果如图 7-9 所示。

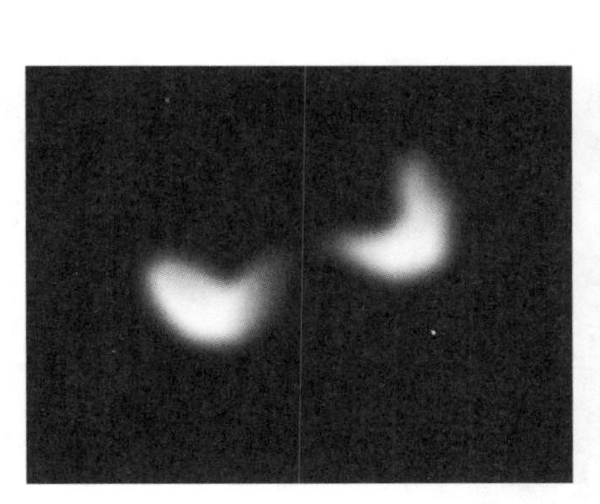

图 7-8

图 7-9

7.1.2 案例：轻松打造“小 V 脸”

案例文件：	轻松打造“小 V 脸”.psd
视频教学：	轻松打造“小 V 脸”.flv

案例效果：

操作步骤：

(1) “小 V 脸”的特点是额头到下巴的外轮廓线呈 V 字形，脸部最宽的部位是额头，最窄的部位是下巴，这种“小 V 脸”几乎是大部分女生的梦想。如果在生活中无法拥有一张“小 V 脸”，那么就通过对照片的调整打造“小 V 脸”吧。首先打开人物素材“1.jpg”，可以看到图像中的女人的五官很精致，但是唯独下颌骨略宽，如图 7-10 所示。

(2) 为了保护原图像，将“背景”图层复制一份，然后选择“背景拷贝”图层，执行“滤镜 > 液化”命令，打开“液化”对话框，选择“向前变形工具”按钮，然后设置“画笔大小”为 150，“画笔密度”为 50，“画笔压力”为 100。设置完成后，在下颌骨的位置按住鼠标左键向上轻推，如图 7-11 所示。设置完成后，单击“确定”按钮，完成液化操作，效果如图 7-12 所示。

图 7-10

图 7-11

图 7-12

小提示：如何复制图层

选中需要复制的图层，按住鼠标左键拖动至“新建图层”按钮上方，如图 7–13 所示。松开鼠标即可复制图层，如图 7–14 所示。

图 7-13

图 7-14

7.1.3 案例：增强面部立体感

案例文件：	增强面部立体感 .psd
视频教学：	增强面部立体感 .flv

案例效果：

操作步骤：

(1) “光影”在人像摄影中扮演着能令五官塑造成立体效果的角色。在本案例中，主要是通过调整人物面部的光影去增加面部的立体感。打开素材图片“1.jpg”，如图 7-15 所示。首先观察一下人物的面部，我们要增强面部立体感，就要提高高光位置的亮度，压暗暗部的亮度，然后使亮度和暗部中的中间调过渡柔和。在本案例中，大致分为两个步骤，首先对人物面部进行“磨皮”，在“磨皮”过程中，也要遵循光影的变化。第二步就是对人物光影进行调整。如图 7-16 所示，黄色位置为高光位置，红色位置为阴影位置。

图 7-15

图 7-16

(2) 为了保护原图片，首先将“背景”图层复制一份，然后将人物面部及颈部较为明显的痣、皱纹去除，去除过程中可以使用“污点修复画笔工具”、“修补工具”等工具进行修补，效果如图 7-17 所示。

图 7-17

(3) 此时可以看到人物的脸上有些肤色不均，接着调整皮肤的颜色。在图 7-18 所示的红色圆圈是需要重点调整的区域，黑色圆圈是需要轻微调整的区域。首先需要通过“色彩范围”得到左侧眼窝、额头和左侧脸部的选区。选择人物图层，执行“选择 > 色彩范围”命令，在打开的“色彩范围”对话框中设置“颜色容差”为 10，然后在人物面颊中间位置单击以吸取颜色，如图 7-19 所示。

图 7-18

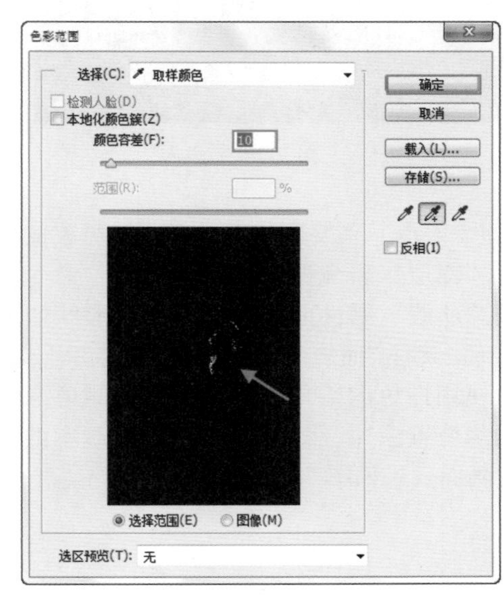

图 7-19

(4) 设置完成后，单击“确定”按钮，得到选区，如图 7-20 所示。接着执行“图层 > 新建调整图层 > 曲线”命令，在“曲线”属性面板中的曲线的中间位置，单击以建立控制点，然后将这个控制点向上拖动，如图 7-21 所示。

图 7-20

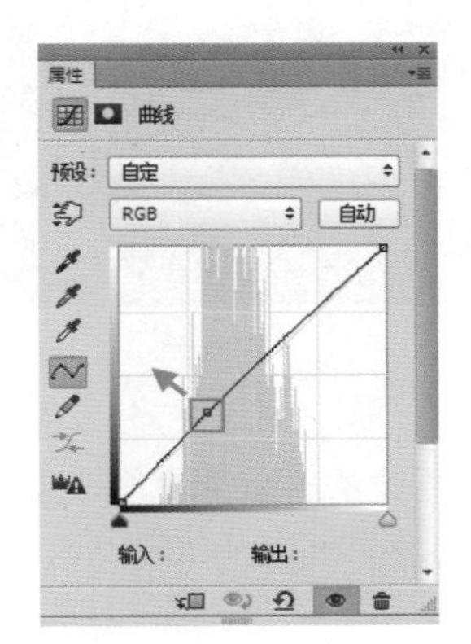

图 7-21

(5) 使用“色彩范围”命令得到的选区没有包含额头和鼻子的位置，而且使用“色彩范围”命令得到的选区边缘较为生硬，所以在这里可以使用白色的柔角画笔在额头和鼻梁处涂抹，蒙版状态如图 7-22 所示。此时画面效果如图 7-23 所示。

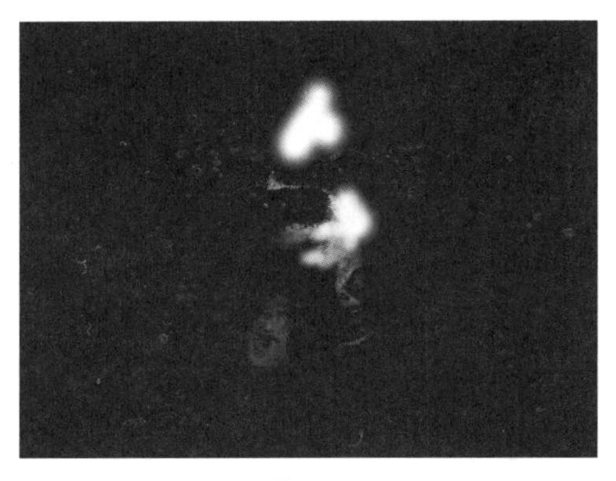

图 7-22

图 7-23

(6) 接下来要调整额头左侧和鼻梁的位置。执行“图层 > 新建调整图层 > 曲线”命令，在打开的“曲线”属性面板中调整曲线形状如图 7-24 所示。接着将“曲线调整图层”的蒙版填充为黑色，然后使用白色的柔角画笔在额头左侧边缘位置和鼻梁的位置涂抹。图 7-25 所示为蒙版中的状态，此时画面效果如图 7-26 所示。

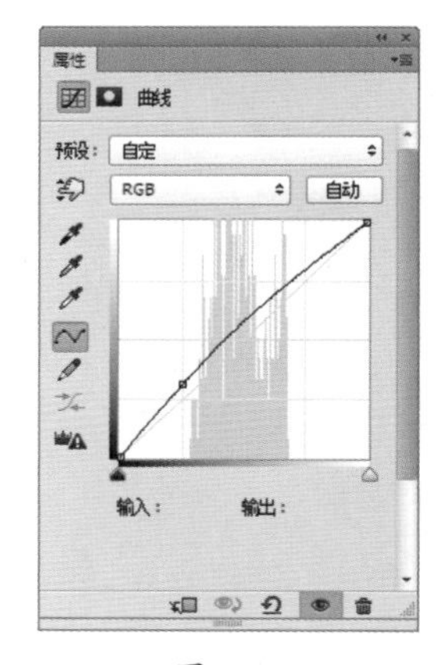

图 7-24

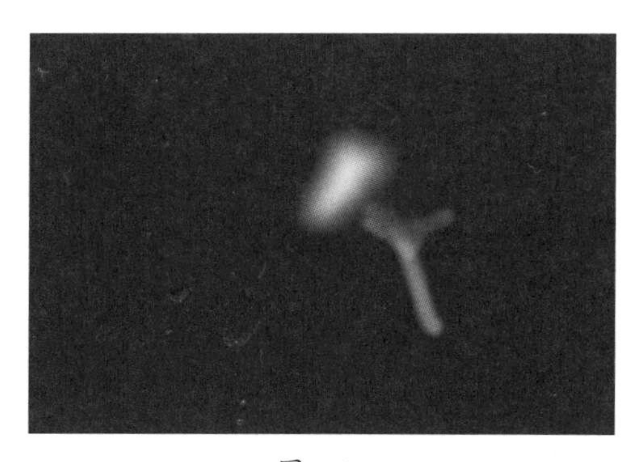

图 7-25

图 7-26

(7) 依据此法，继续使用“曲线调整图层”调整额头、鼻翼、鼻侧的亮度，如图 7-27 所示。调整完成后的效果如图 7-28 所示。

(8) 接下来调整画面整体的亮度，新建一个“曲线调整图层”，调整曲线形状如图 7-29 所示。此时画面效果如图 7-30 所示。

图 7-27

图 7-28

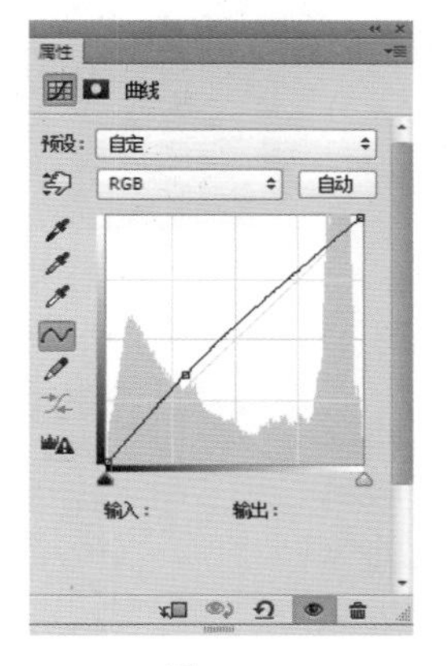

图 7-29

图 7-30

(9) 接下来调整光影效果。首先来调整人物左侧面颊处的阴影。新建“曲线调整图层”，然后调整曲线形状如图 7-31 所示。将蒙版填充为黑色，然后使用白色的柔角画笔在面颊阴影处涂抹，此时的蒙版状态如图 7-32 所示。画面效果如图 7-33 所示。

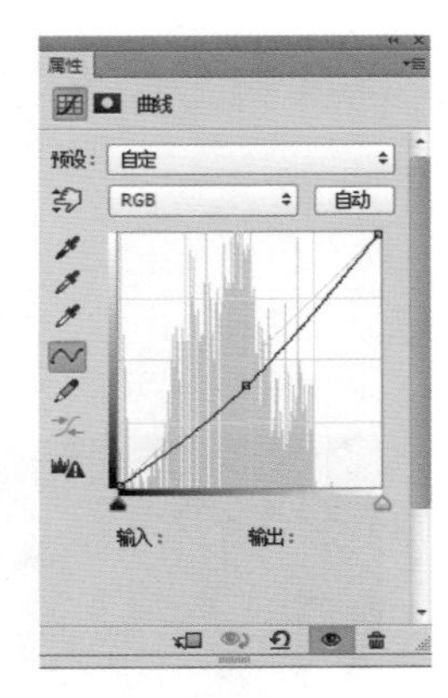

图 7-31

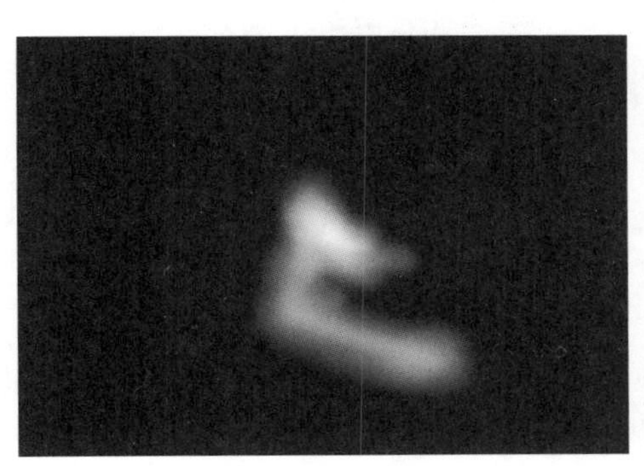
图 7-32

图 7-33

小技巧： 面颊处的阴影加深到什么程度算合适

在对画面进行调色时，参数都不是固定的，都是设计师通过拖动滑块、控制点得到的。曲线形状要根据设计师的感觉去调整。若想要让人物面部更消瘦些，可以继续压暗曲线，效果如图 7–34 所示。但是，调整过程中，要结合整个画面的效果，而不是只单纯考虑某个部分，如图 7–35 所示中的效果就过于夸张了，失去了真实感。

图 7-34

图 7-35

(10) 接下来调整面部整体的亮度。新建一个“曲线调整图层”，调整曲线形状如图 7-36 所示。然后将蒙版填充为黑色，接着使用白色的柔角画笔在人物面部高光的位置涂抹。图 7-37 所示为蒙版的状态，最后调整效果如图 7-38 所示。

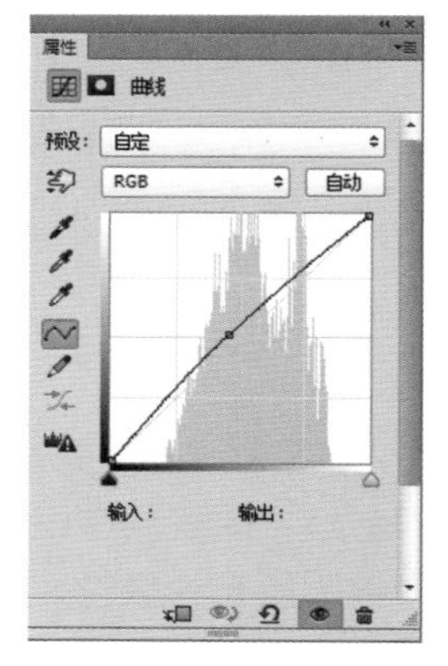

图 7-36

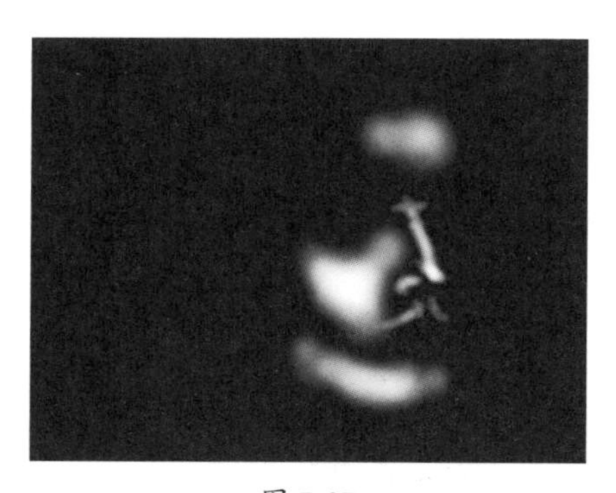

图 7-37

图 7-38

(11) 继续调整颧骨受光面的亮度，效果如图 7-39 所示。

(12) 接下来将暗部的亮度压暗。新建“曲线调整图层”，调整曲线形状如图 7-40 所示。然后将蒙版填充为黑色，使用白色的柔角画笔在眼窝、鼻侧和唇影等处涂抹，蒙版状态如图 7-41 所示。画面效果如图 7-42 所示。

图 7-39

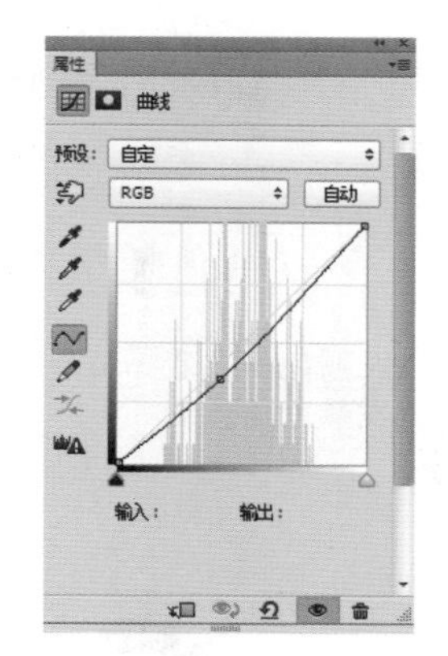

图 7-40

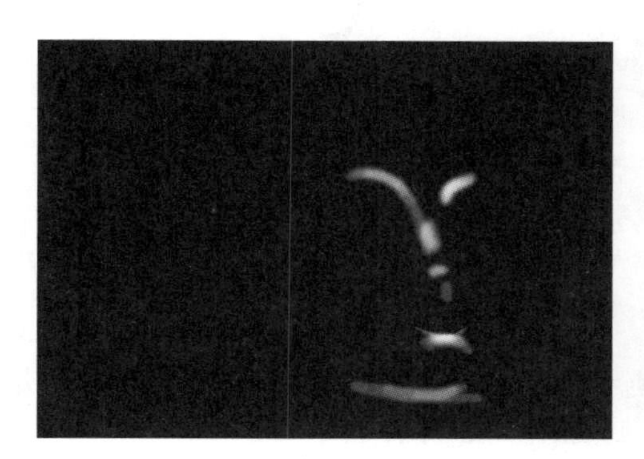

图 7-41

图 7-42

小技巧：调色的小技巧

经过对本案例的制作，有人不禁会质疑，为什么不使用“曲线”命令将需要调整的位置直接去提亮或压暗，而是分成好多步骤去操作？这是因为，人物面部是一个整体，高光与暗部中间的中间调部分，讲求过渡柔和。若只是单纯地提高亮部的亮度，压暗暗部的亮度，而忽视中间调的过渡，则人物面部就会失去最基本的体、面关系。所以调色需要循序渐进，在制作每一步骤前，首先需要思考：这一步要调整哪个区域？调整到什么程度才合适，能够与周边的像素融为一体，然后才能动手去进行调整。这些操作还需多学、多练、多思考。

7.2 修饰头发

7.2.1 案例：头发颜色随意变

案例文件：	头发颜色随意变 .psd
视频教学：	头发颜色随意变 .flv

案例效果：

操作步骤：

(1) 想要染发，不知道哪个颜色合适？使用 Photoshop 对头发进行调整，轻松改变头发颜色，挑选适合自己的头发颜色。打开素材“1.jpg”，如图 7-43 所示。

图 7-43

(2) 新建图层，选择工具箱中的“画笔工具”，将前景色设置为黄褐色，然后在头发上涂抹，如图 7-44 所示。接着将该图层的混合模式设置为“叠加”，如图 7-45 所示。效果如图 7-46 所示。

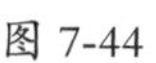

图 7-44

图 7-45

图 7-46

(3)若要查看其他的调色效果，执行“图像 > 调整 > 色相 / 饱和度”命令，打开“色相 / 饱和度”对话框，通过拖动“色相”滑块来调整头发颜色。例如，拖动到 –8 左右时，头发的颜色呈现出棕红色，这是一款比较大众的发色。图 7-47 所示为参数设置，头发效果如图 7-48 所示。

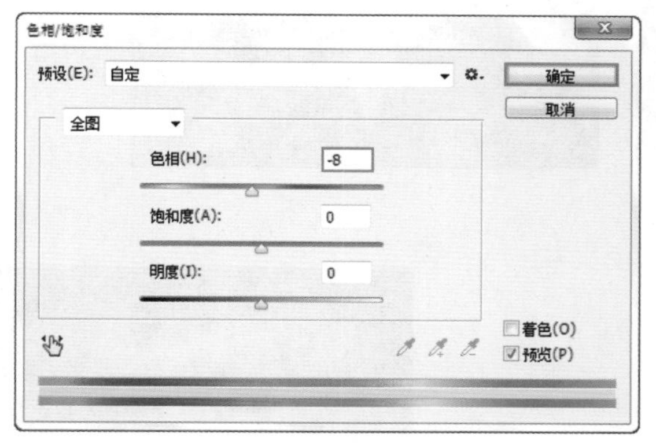

图 7-47

图 7-48

(4) 继续拖动“色相”滑块，拖动至 –40 左右，头发呈现出紫红色，紫红色头发非常适合肌肤白皙的女孩子。参数设置如图 7-49 所示，头发效果如图 7-50 所示。

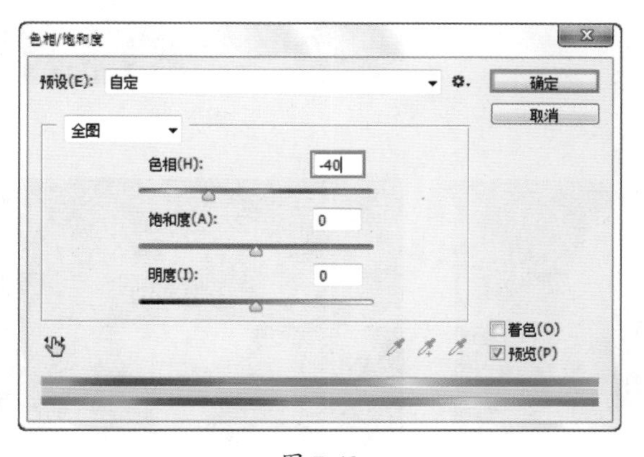

图 7-49

图 7-50

7.2.2 案例：炫彩渐变发色

案例文件：	炫彩渐变发色 .psd
视频教学：	炫彩渐变发色 .flv

案例效果：

操作步骤：

(1) 渐变色的头发是最近几年从欧美兴起的染色方式。这种染色方式比较有挑战性，略显“叛逆”，所以很多人不敢轻易去尝试。但在 Photoshop 中就不一样了，炫彩发色，随你选择。打开人物素材“1.jpg”，如图 7-51 所示。

图 7-51

(2) 首先憎加头发的光泽度。执行“图层 > 新建调整图层 > 曲线”命令，在“曲线”属性面板中调整曲线形状如图 7-52 所示。然后选择图层蒙版，使用黑色的柔角画笔在头发以外的位置涂抹，蒙版状态如图 7-53 所示。头发效果如图 7-54 所示。

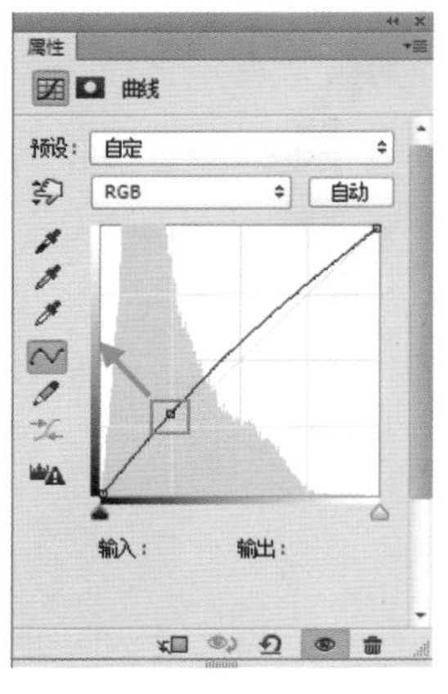

图 7-52

图 7-53

图 7-54

(3) 新建图层，选择工具箱中的“渐变工具”，打开“渐变编辑器”对话框，然后在此对话框中编辑一个由橘黄色 – 绿色 – 紫色的渐变，如图 7-55 所示。设置“渐变类型”为“实底”，然后在画面中拖动填充，效果如图 7-56 所示。

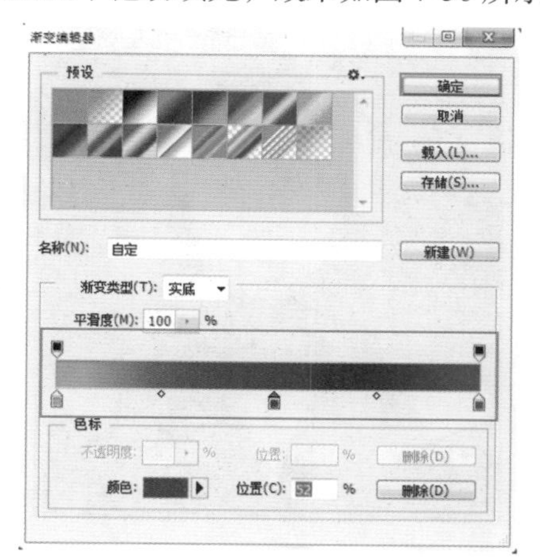

图 7-55

图 7-56

(4) 接着设置该图层的“混合模式”为“柔光”，此时画面效果如图 7-57 所示。然后将“曲线调整图层”的图层蒙版复制给该图层，此时画面效果如图 7-58 所示。

图 7-57

图 7-58

(5) 为了使头发的颜色变得更加鲜艳些，可以将渐变图层复制一份，效果如图 7-59 所示。

图 7-59

（6）若对这个调色效果不满意，可以选择渐变颜色的图层，执行“图层 > 新建调整图层 > 色相 / 饱和度”命令，通过拖动“色相”滑块，调整头发的颜色。图 7-60 和图 7-61 所示为其他漂亮的渐变颜色。

图 7-60

图 7-61

7.2.3 案例：修整发际线

案例文件：	修整发际线 .psd
视频教学：	修整发际线 .flv

案例效果：

操作步骤：

（1）发际线是指人脸上和额头间的线。发际线过高或过低都会影响人物的容貌，发际线若不规整也会影响照片的效果。打开人物素材“1.jpg”，可以看到人物的发际线较为凌乱，如图 7-62 所示。

图 7-62

(2) 更改发际线，可以使用“液化”滤镜进行调整。首先，将“背景”图层复制一份，然后选择被复制的图层，执行“滤镜 > 液化”命令，在“液化”对话框中选择“向前变形工具”，设置“画笔大小”为 200，然后将左上角的像素向额头的位置拖动，如图 7-63 所示。效果如图 7-64 所示。

图 7-63

图 7-64

(3) 要调整其他的发际线位置，可以适当地调整笔尖大小。接着将“画笔大小”调整为 100，然后将发际线向面部轻推，如图 7-65 所示。继续调整到如图 7-66 所示的发际线的位置。调整完成后，单击“确定”按钮，效果如图 7-67 所示。

图 7-65

图 7-66

图 7-67

(4) 接下来调整发际线周围凌乱的头发。按快捷键 <Ctrl+Shift+Alt+E> 将图层进行盖印，然后选择盖印的图层，选择工具箱中的“修补工具”，在发际线边缘不规则的毛发位置绘制选区，如图 7-68 所示。然后将选区向正常像素的位置拖动，松开鼠标即可进行修复，如图 7-69 所示。

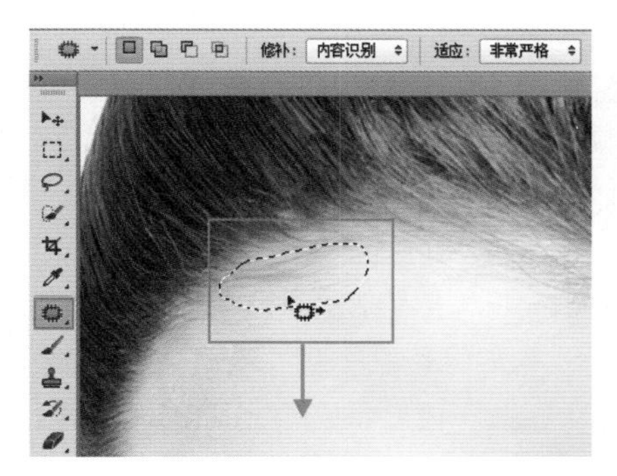

图 7-68

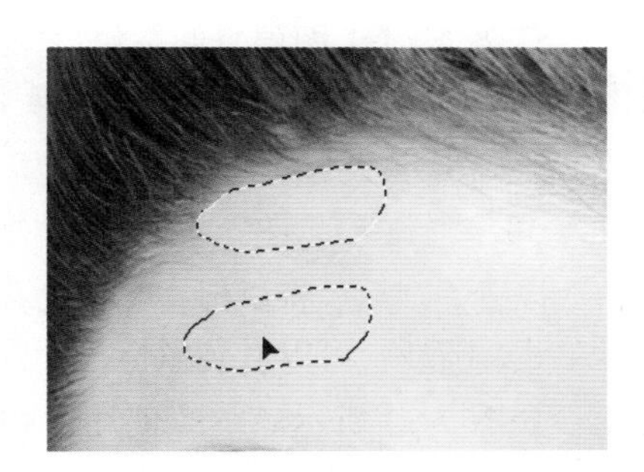

图 7-69

(5) 继续进行修复发际线边缘的毛发部分，完成效果如图 7-70 所示。本案例制作完成，效果如图 7-71 所示。

图 7-70

图 7-71

7.2.4 案例：直发变卷发

案例文件：	直发变卷发 .psd
视频教学：	直发变卷发 .flv

案例效果：

操作步骤：

(1)在 Photoshop 中不仅可以更改头发的颜色，甚至还能够“烫发”。想要将头发更改为卷发，可以使用“液化”滤镜进行调整。首先打开人物素材“1.jpg”，如图 7-72 所示。

(2)然后将“背景”图层复制一份。接着执行“窗口 > 液化”命令，在打开的“液化”对话框中选择“顺时针旋转工具”，设置“画笔大小”为 100，“画笔密度”为 50，“画笔压力”为 100，“画笔速率”为 80，参数设置完成后，将鼠标指针移动至头发处，按住鼠标左键，随即就可以看到鼠标指针处的像素发生了变化，如图 7-73 所示。继续使用“顺时针旋转工具”，对头发进行调整，如图 7-74 所示。

图 7-72

图 7-73

图 7-74

(3) 设置完成后单击“确定”按钮，效果如图 7-75 所示。

图 7-75

7.2.5　案例：强化头发质感

案例文件：	强化头发质感 .psd
视频教学：	强化头发质感 .flv

案例效果：

操作步骤：

(1) 日常拍照时，我们的头发总是拍不出像洗发水广告中那样光泽、健康的效果，但是我们可以在 Photoshop 中进行后期的处理。打开人物素材“1.jpg”，可以看到人物的头发效果较为整齐，没有边缘毛躁的头发，但是也没有光泽感，如图 7-76 所示。

(2) 首先提升头发的亮度。执行“图层 > 新建调整图层 > 曲线”命令，打开“曲线”属性面板，在曲线的中间位置单击以建立控制点，然后将控制点向上拖动，如图 7-77 所示。此时画面效果如图 7-78 所示。

图 7-76

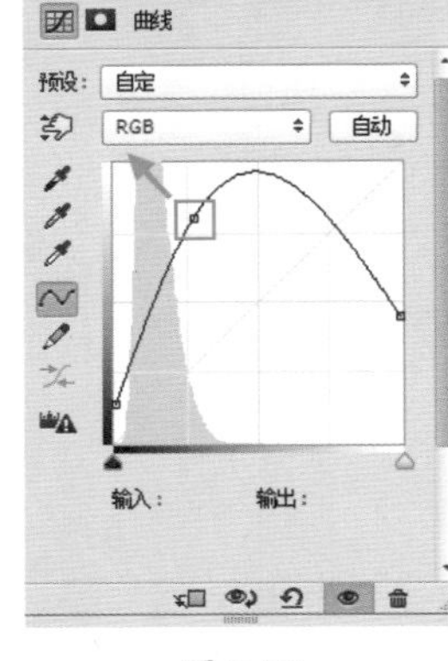

图 7-77

图 7-78

(3) 接下来在高光位置建立控制点，做轻微的调整，如图 7-79 所示。画面效果如图 7-80 所示。

(4) 继续在曲线上建立控制点，调整曲线形状如图 7-81 所示。画面效果如图 7-82 所示。

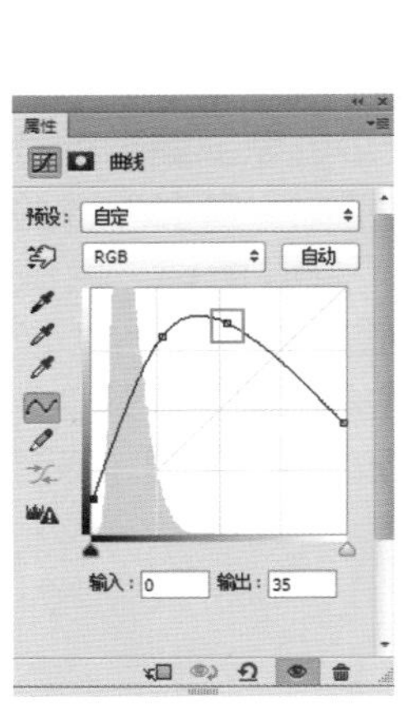

图 7-79

图 7-80

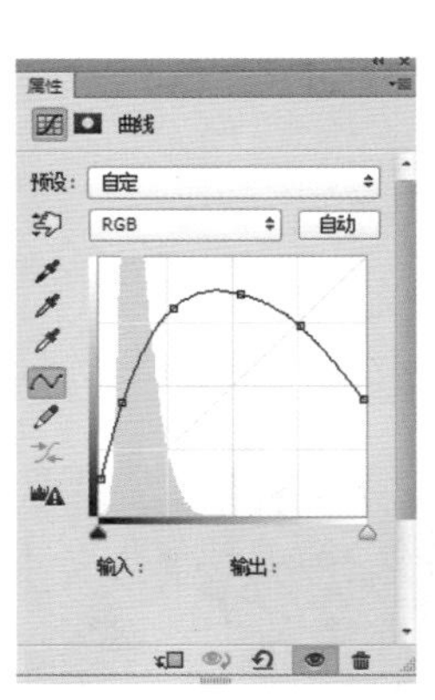

图 7-81

图 7-82

(5) 接着将图层蒙版填充为黑色，然后使用白色的柔角画笔在头发高光处涂抹，蒙版状态如图 7-83 所示。此时画面中头发受光的区域明显变亮，也就产生了一种光滑柔亮的质感，效果如图 7-84 所示。

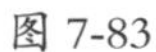

图 7-83

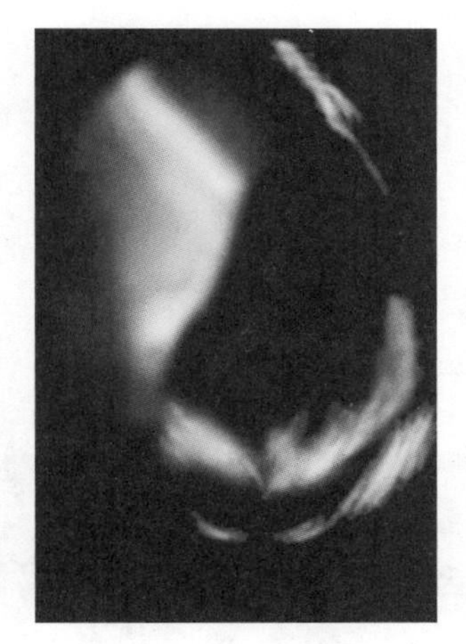

图 7-84

(6) 再次新建一个曲线调整图层，将中间调的位置压暗，曲线形状如图 7-85 所示。此时画面效果如图 7-86 所示。接着在该调整图层蒙版中使用黑色画笔涂抹不需要被影响的区域，蒙版如图 7-87 所示。使这一调整图层只对头发的暗部起作用，效果如图 7-88 所示。

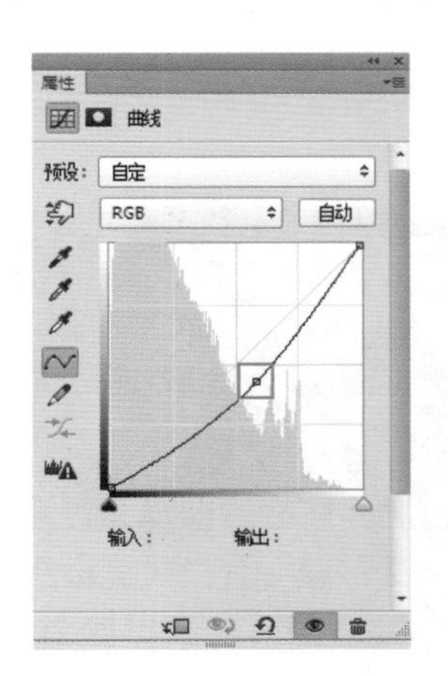

图 7-85

图 7-86

图 7-87

图 7-88

7.3 设计彩妆

7.3.1 案例：青春活力“苹果妆”

案例文件：	青春活力“苹果妆”.psd
视频教学：	青春活力“苹果妆”.flv

案例效果：

操作步骤：

(1) “苹果妆容”通常会选择苹果绿和粉红色作为搭配颜色，这样的妆容适合年轻靓丽的女孩子。下面就来练习如何为人物绘制“苹果妆”。打开人物素材“1.jpg”，如图 7-89 所示。

(2) 首先制作粉色的眼影。新建图层，命名为“粉 1”。然后选择工具箱中的“画笔工具”，将前景色设置为淡粉色，然后设置合适的笔尖大小，接着在双眼皮和卧蚕的位置进行涂抹，如图 7-90 所示。

图 7-89

图 7-90

(3) 设置“粉 1”图层的混合模式为“颜色加深”，如图 7-91 所示。此时的眼影效果如图 7-92 所示。

图 7-91

图 7-92

(4) 接下来将“粉 1”图层复制一份，将其命名为“粉 2”，然后设置该图层的混合模式为“柔光”，如图 7-93 所示。眼妆效果如图 7-94 所示。

图 7-93

图 7-94

(5) 接着新建图层，使用绿色的画笔在双眼皮的位置涂抹，如图 7-95 所示。接着设置该新建图层的混合模式为“强光”，效果如图 7-96 所示。

图 7-95

图 7-96

(6) 为了增加绿色眼影的效果，可以将绿色眼影图层复制一份，效果如图 7-97 所示。

图 7-97

(7) 接下来制作唇妆。新建图层，将前景色设置为粉色，然后使用“画笔工具”在嘴唇上方涂抹，如图 7-98 所示。接着设置该新建图层的“混合模式”为“柔光”，嘴唇效果如图 7-99 所示。

图 7-98

图 7-99

(8) 下面制作腮红。使用粉色的柔角画笔在人物腮部涂抹，如图 7-100 所示。接着设置图层的“混合模式”为“正片叠底”，效果如图 7-101 所示。

图 7-100

图 7-101

(9) 妆容到此制作完成了，此时可以看到整个人变得更加的年轻俏丽，效果如图 7-102 所示。

图 7-102

7.3.2 案例：日常自然妆面

案例文件：	日常自然妆面 .psd
视频教学：	日常自然妆面 .flv

案例效果：

操作步骤：

(1) 执行“文件 > 打开”命令，打开一张日常拍摄的人像“1.jpg”，如图 7-103 所示。这张照片的效果基本上可以代表平时我们在室内拍摄照片时的“常态”，整体偏灰，色感不足，人像变形，服装道具不够精致，妆面不细腻，等等，下面我们就来在 Photoshop 中对这张照片进行编修。

图 7-103

(2) 首先观察图片，由于拍摄角度等原因，可以发现人物的身体形态欠佳，可以使用“液化”滤镜进行调整。执行“滤镜 > 液化”命令，在打开的“液化”对话框中设置“画笔大小”为 500，“画笔密度”为 50，“画笔速率”为 0。使用“向前变形工具”来调整人物肩部，从人物外轮廓向内拖动，如图 7-104 所示。接着调整右手手肘，选择“褶皱工具”，设置“画笔大小”为 1000，“画笔密度”为 50，“画笔压力”为 1，在人物手肘处单击将其收缩，如图 7-105 所示。

图 7-104

图 7-105

小提示：关于人像磨皮

智能磨皮滤镜在前面的章节中也曾多次使用过。其实除了外挂滤镜磨皮外还有很多听起来很“高端”的手动磨皮方法，例如“高反差保留法”“双曲线磨皮法”等。不同的手段有不同的优势，手动磨皮在皮肤质感控制的自由度上肯定远胜于外挂滤镜这样的自动磨皮法。但是，如果只是想把日常拍摄的照片“变美”一些，最重要的还是要“快速”“方便”。而手动磨皮必然是需要较为娴熟的技术以及大量的时间才能换来完美的磨皮效果。所以，综合这些要求来看，使用外挂滤镜磨皮的确是日常照片处理的好选择。

（3）为了使人物的皮肤看起来光滑细腻，可以使用“智能磨皮滤镜”对画面进行操作。执行“滤镜 >Imagenomic>portaiture”命令，用“吸管”吸取人物皮肤颜色后，调整“Sofetness”数值为 13，参数设置以及效果对比如图 7-106 所示。

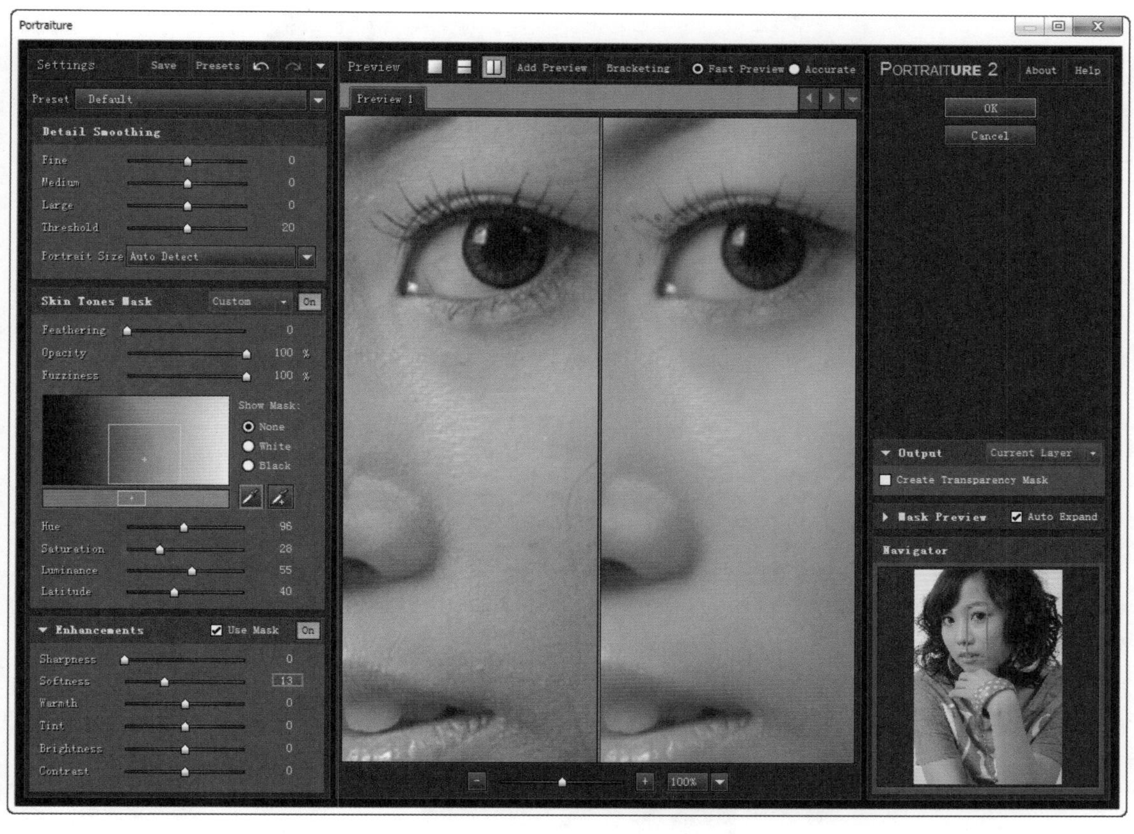

图 7-106

（4）对人物进行智能磨皮以后可以发现图像有些模糊，为了使人物看起来清晰真实，可以使用“智能锐化”命令进行调整。执行“滤镜 > 锐化 > 智能锐化”命令，设置“数量”为 200%，“半径”为 2 像素，参数设置如图 7-107 所示。效果如图 7-108 所示。

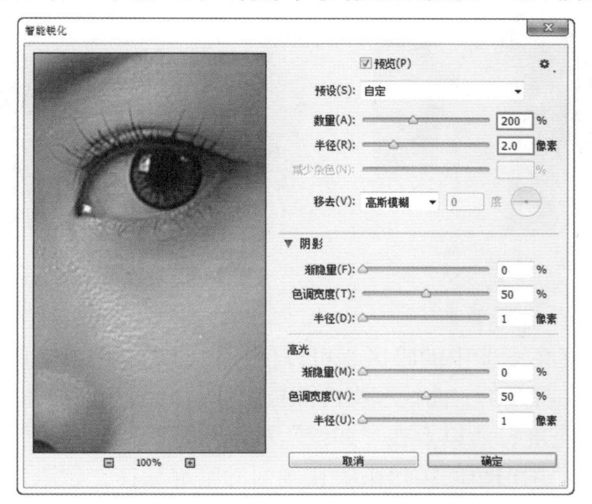

图 7-107

图 7-108

(5) 此时可以看出图片整体亮度偏低，而人物肤色偏灰暗，没有立体感，所以可以使用“曲线”命令进行调整。执行“图层 > 新建调整图层 > 曲线”命令，在打开的“曲线”属性面板中调整曲线形态如图 7-109 所示。效果如图 7-110 所示。

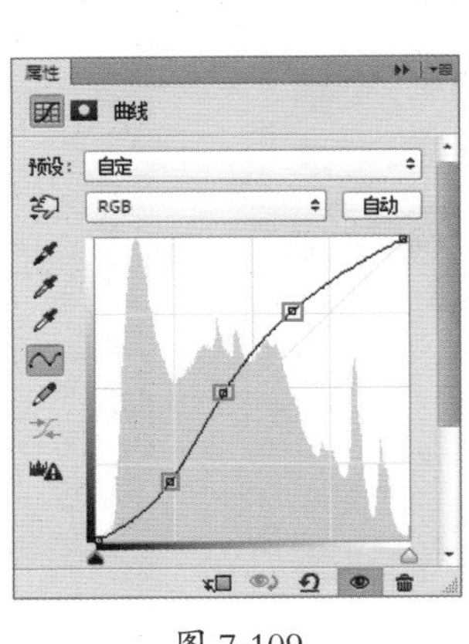

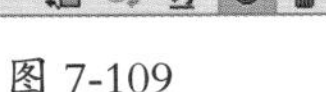
图 7-109

图 7-110

(6) 观察图片可以发现人物皮肤偏红，所以可以使用“自然饱和度”命令来降低人物的饱和度。执行“图层 > 新建调整图层 > 自然饱和度”命令，在打开的“自然饱和度”属性面板中设置“自然饱和度”的数值为 –10，参数设置如图 7-111 所示。因为只想对人物的一些部分降低饱和度，所以我们要在“自然饱和度”的图层蒙版中进行调整。首先将图层蒙版填充为黑色。然后使用白色的柔角画笔在皮肤的上方进行涂抹，蒙版状态如图 7-112 所示。此时画面效果如图 7-113 所示。

图 7-111

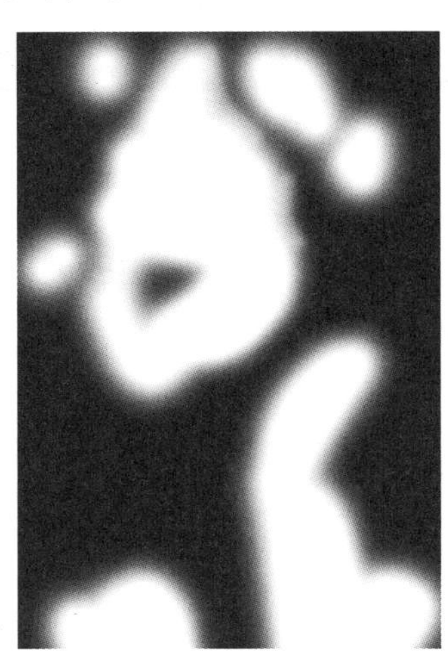
图 7-112

图 7-113

(7) 接下来为了更加细致有针对性地提亮图像中的暗区，可以使用“曲线”命令来调整。执行“图层 > 新建调整图层 > 曲线”命令，在打开的“曲线”属性面板中调整曲线形态如图 7-114 所示。因为我们只想对人物的一些部分提高亮度，所以要在“曲线”的图层蒙版上绘制出受影响的范围。首先将图层蒙版填充为黑色，然后使用白色的柔角画笔在画面的暗部涂抹，蒙版状态如图 7-115 所示。此时画面效果如图 7-116 所示。

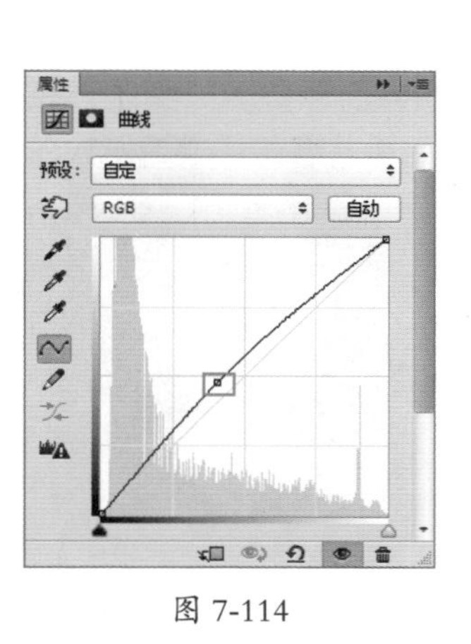

图 7-114

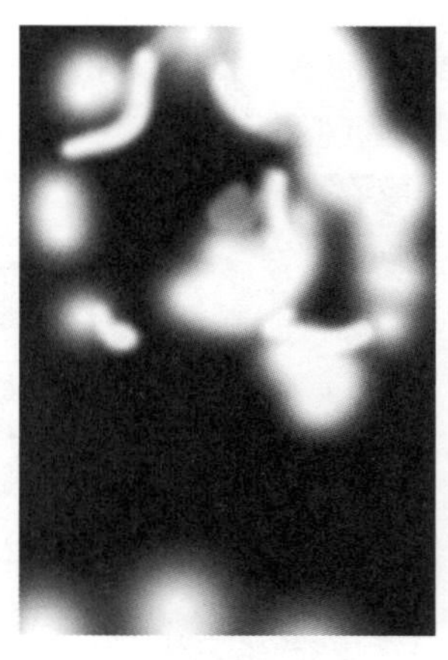

图 7-115

图 7-116

(8) 接着使用上述方法来提亮面部的额头、鼻梁、颧骨以及面部褶皱的阴影部分。新建一个曲线调整图层，曲线形态如图 7-117 所示。蒙版效果如图 7-118 所示。此时效果如图所 7-119 示。

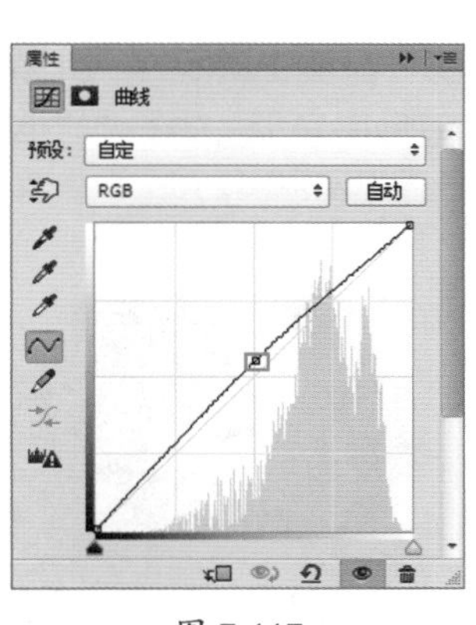

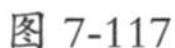

图 7-117

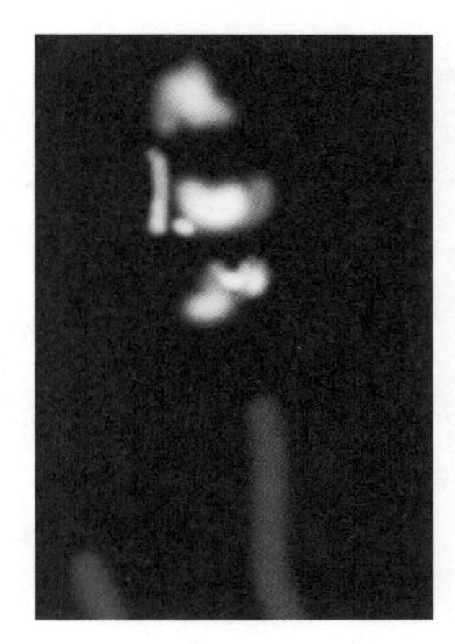

图 7-118

图 7-119

(9) 为了进一步增加人物立体感，可以利用上述方法来将人物鼻梁两侧、下颚两侧等部分压暗。新建一个曲线调整图层，调整曲线形态如图 7-120 所示。蒙版效果如图 7-121 所示。此时效果如图 7-122 所示。

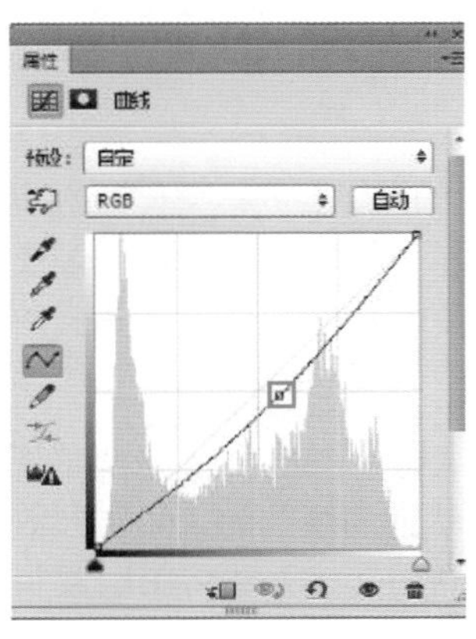

图 7-120

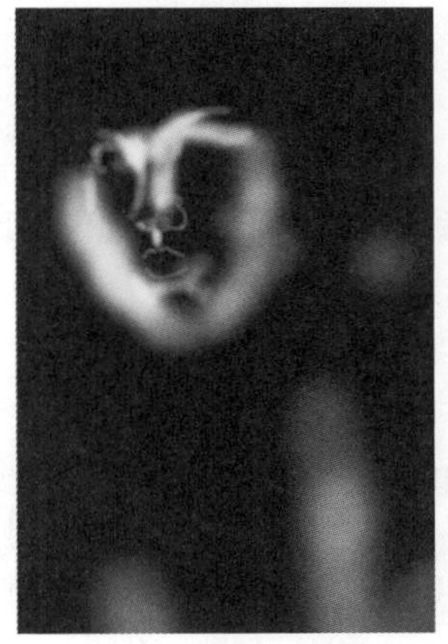

图 7-121

图 7-122

(10) 接着使用上述方法再将人物的面部整体提亮。新建一个曲线调整图层，调整曲线形态如图 7-123 所示。蒙版效果如图 7-124 所示。此时效果如图 7-125 所示。

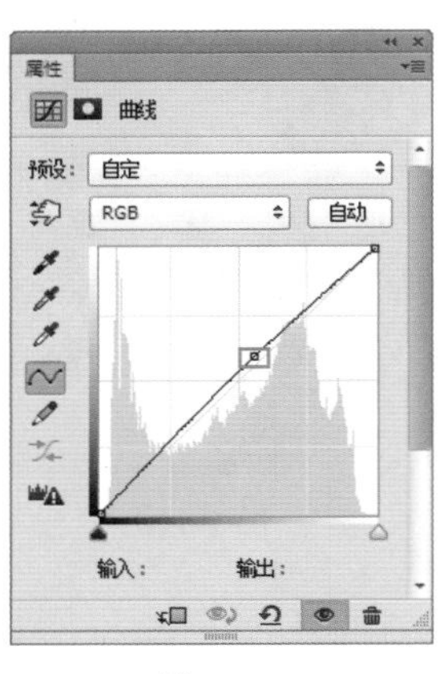

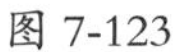
图 7-123

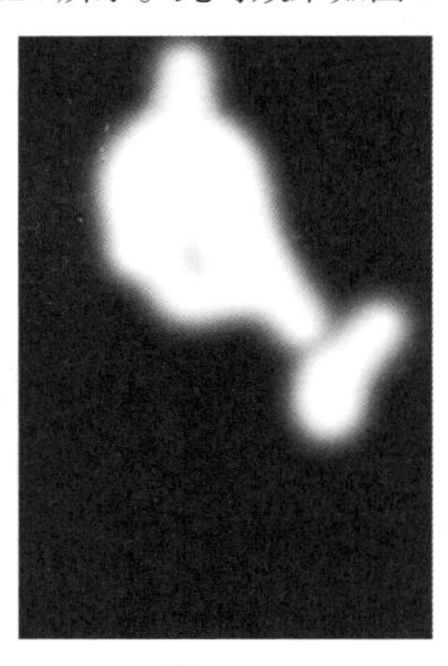
图 7-124

图 7-125

(11) 调整人物面部的立体感后可以发现人物面部偏于红黄。所以使用“可选颜色”命令对人物面部进行调色，令人物面部变得粉嫩。执行“图层 > 新建调整图层 > 可选颜色”命令。在“颜色”中选择“红色”，设置“黑色”为 -15%，参数设置如图 7-126 所示。然后再在“颜色”中选择“黄色”，设置“黄色”为 -45%，“黑色”为 -25%，参数设置如图 7-127 所示。效果如图 7-128 所示。

图 7-126

图 7-127

图 7-128

(12) 接下来制作唇妆。首先新建一个图层，然后单击工具箱中的“套索工具”，将其“羽化”值设置为 1 像素后在图像上绘制出人物的唇形，如图 7-129 所示。接着将前景色设置成红色或者是自己喜欢的颜色，按 <Alt+Delete> 快捷键填充选区，如图 7-130 所示。最后将图层的“混合模式”设置为“柔光”，效果如图 7-131 所示。

(13) 接下来使用“自然饱和度”命令来美白人物的牙齿。执行“图层 > 新建调整图层 > 自然饱和度”命令，在打开的“自然饱和度”属性面板中设置“自然饱和度”为 -60，参数设置如图 7-132 所示。同样因为我们只想让效果对人物的牙齿起作用，利用上述方法将图层蒙版填充为黑色，然后使用白色的柔角画笔在人物的牙齿上涂抹。涂抹后的牙齿效果如图 7-133 所示。

图 7-129

图 7-130

图 7-131

图 7-132

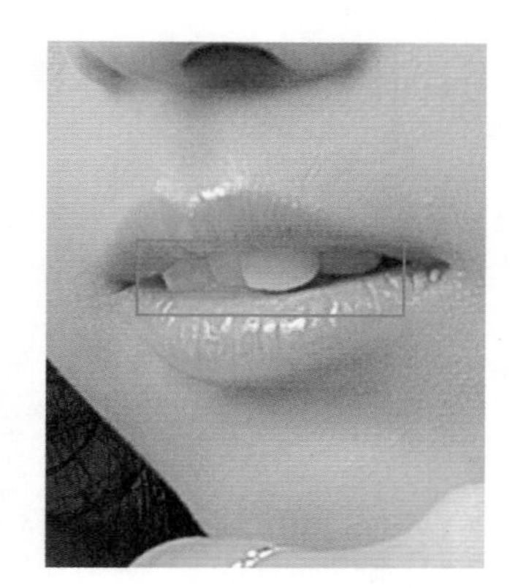

图 7-133

(14) 为了使人物牙齿的亮度统一，可以利用“亮度 / 对比度”命令进行调整。执行“图层 > 新建调整图层 > 亮度对比度”命令，在打开的“亮度 / 对比度”属性面板中设置“亮度”为 – 11，参数设置如图 7-134 所示。将图层蒙版填充为黑色，然后使用白色的柔角画笔在需要调整的牙齿上涂抹。蒙版效果如图 7-135 所示。涂抹后的牙齿效果如图 7-136 所示。

图 7-134

图 7-135

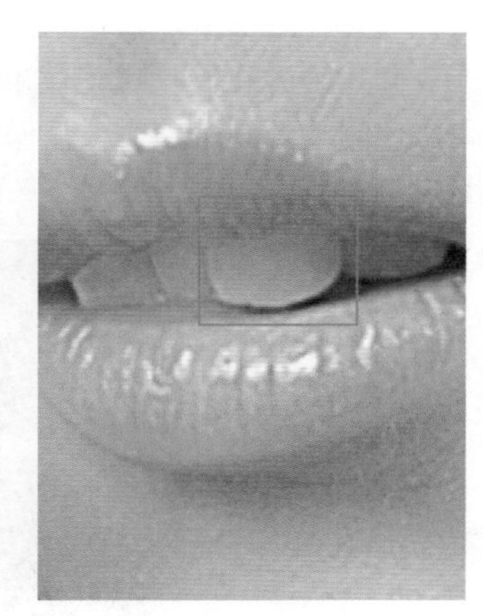

图 7-136

(15) 再观察人物的眉毛，发现需要调整人物右边眉毛的浅色部分，从而使右边眉毛的颜色效果更流畅。执行“图层 > 新建调整图层 > 曲线”命令，首先在“RGB”通道进行调整，将眉毛浅色部分压暗，曲线形态如图 7-137 所示。效果如图 7-138 所示。再观察眉毛，发现眉毛的浅色部分颜色偏于红色，所以在“红”通道中进行调整，以降低红色，曲线形态如图 7-139 所示。此时效果如图 7-140 所示。

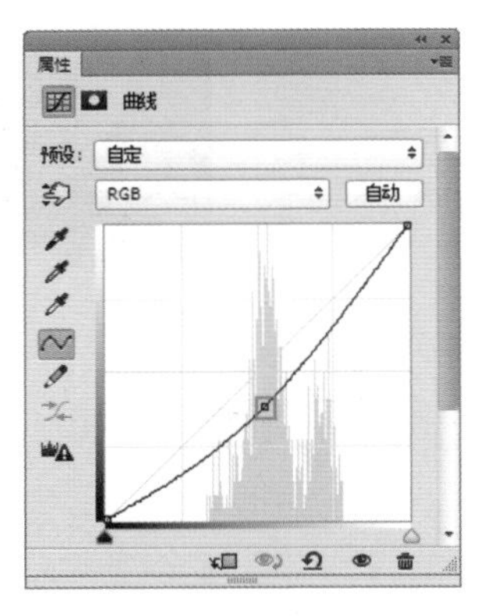

图 7-137

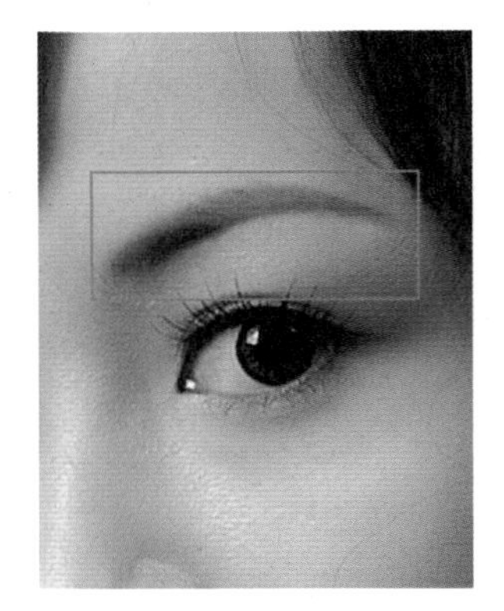

图 7-138

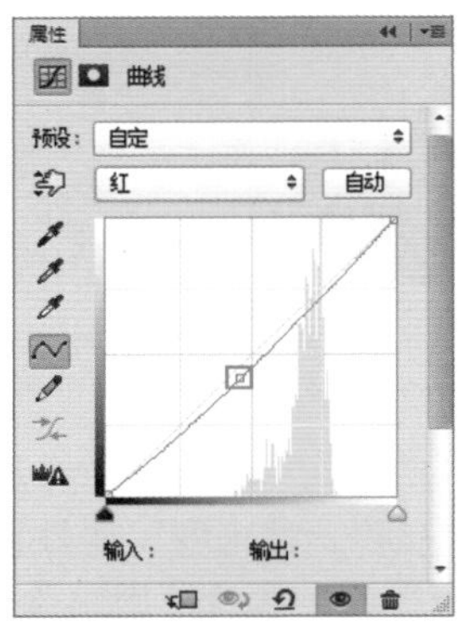

图 7-139

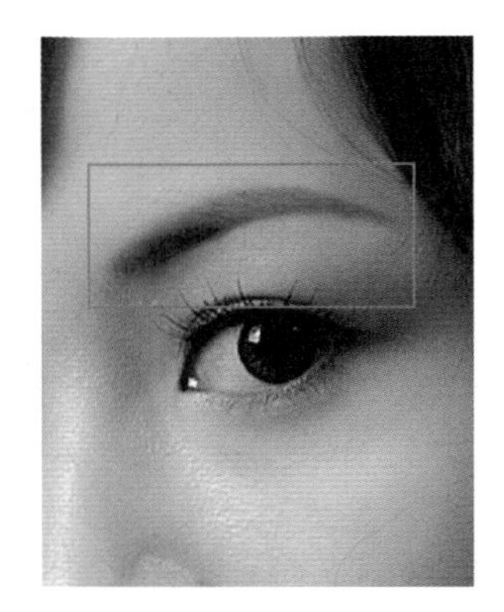

图 7-140

(16) 因为我们只想让效果对眉毛起作用，所以利用上述方法将图层蒙版填充为黑色，然后使用白色的柔角画笔在需要调整的眉毛部分涂抹。蒙版效果如图 7-141 所示。涂抹后的眉毛效果如图 7-142 所示。

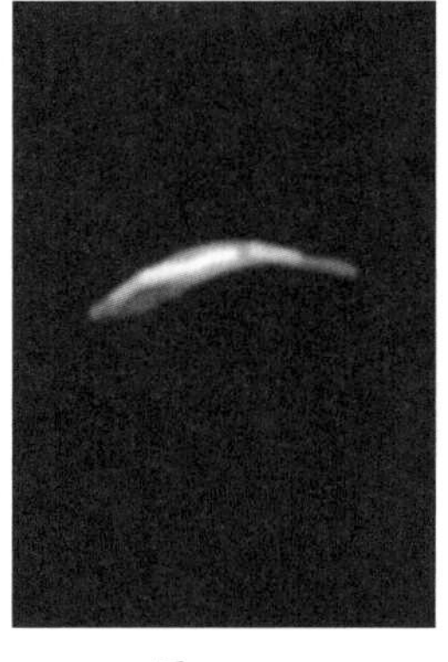

图 7-141

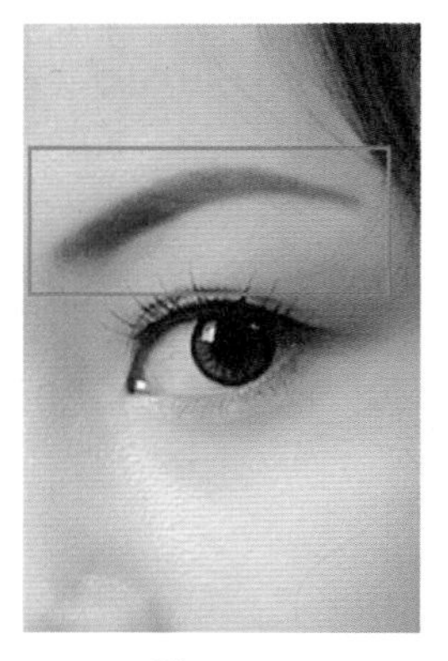

图 7-142

(17) 为了让人物的眼睛更加清澈透亮，接下来利用上述方法使用“曲线”命令来调整人物的眼睛。新建一个曲线调整图层，曲线形态如图 7-143 所示。然后将图层蒙版填充为黑色，使用白色的柔角画笔在需要调整的眼睛部分涂抹。蒙版效果如图 7-144 所示。涂抹后的眼睛效果如图 7-145 所示。

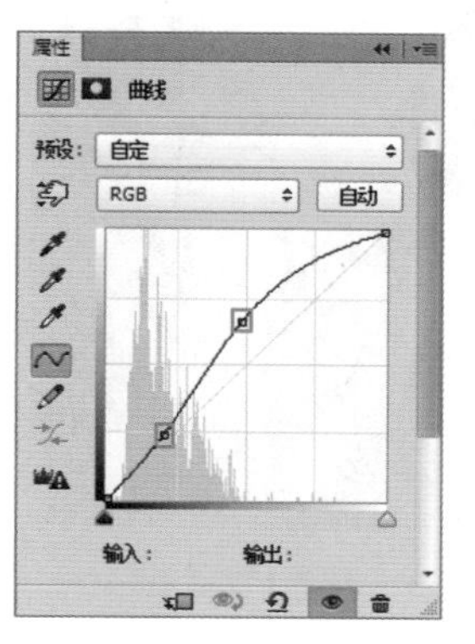

图 7-143

图 7-144

图 7-145

(18) 接下来使用“曲线”命令来为人物的头发换颜色。新建一个曲线调整图层，首先在“RGB”通道中将头发整体调亮，曲线形态如图 7-146 所示。效果如图 7-147 所示。

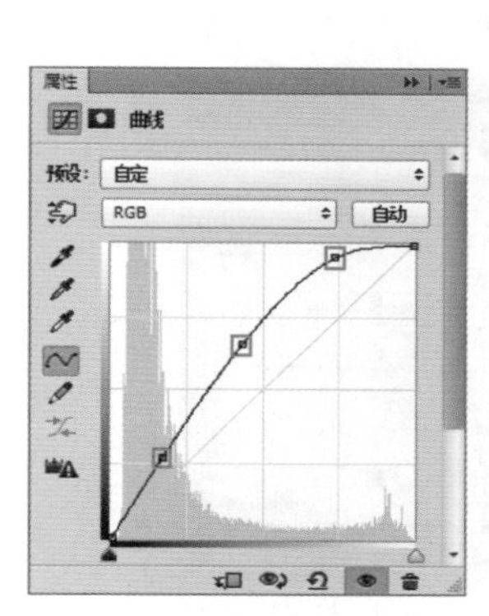

图 7-146

图 7-147

(19) 接下来为头发换颜色，选择在“蓝”通道中调整曲线，曲线形态如图 7-148 所示。此时效果如图 7-149 所示。

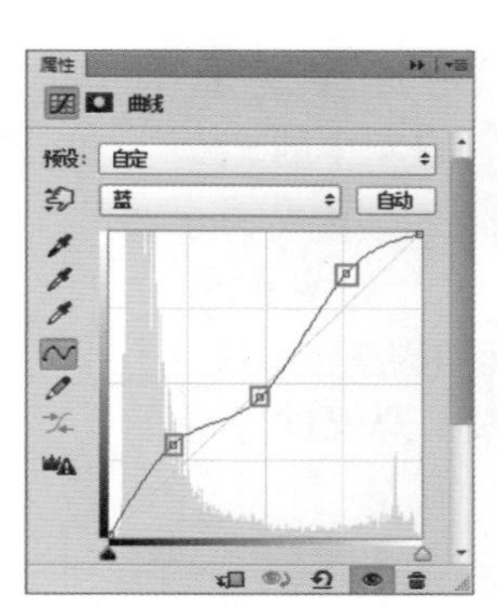

图 7-148

图 7-149

（20）因为我们只想让效果对头发起作用，所以利用上述方法将图层蒙版填充为黑色，然后使用白色的柔角画笔在人物头发上涂抹。蒙版效果如图 7-150 所示。涂抹后的头发效果如图 7-151 所示。

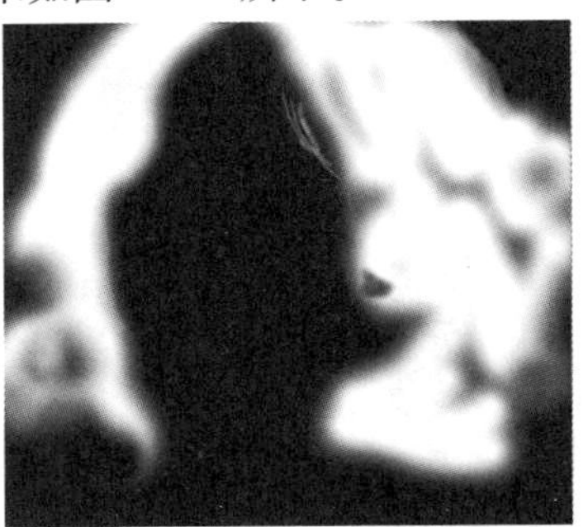

图 7-150

图 7-151

（21）接下来为了使人物的衣服和饰品更加鲜艳，可以选择“色相 / 饱和度”命令来调整。执行“图层 > 新建调整图层 > 色相 / 饱和度”命令，在打开的“色相 / 饱和度”属性面板中设置“黄色”的“色相”为 20，“饱和度”为 35，参数设置如图 7-152 所示。设置“绿色”的“色相”为 20，参数设置如图 7-153 所示。效果如图 7-154 所示。

图 7-152

图 7-153

图 7-154

（22）为了使人物看起来更加光鲜亮丽，可以使用“减淡工具”进行调整。首先按快捷键 <Ctrl+Shift+Alt+E> 盖印图层。然后选择工具箱中的“减淡工具”，设置笔尖“大小”为 800、“硬度”为 0 的画笔，设置“范围”为“中间调”，“曝光度”为 22%，然后在画面上进行涂抹以将画面四周颜色减淡。然后再缩小笔触大小对人物的额头、颧骨、鼻梁进行颜色减淡。效果如图 7-155 所示。

图 7-155

（23）为了使画面整体富有层次感，可以使用“加深工具”对画面中阴影部分进行操作。在工具箱中选择“加深工具”，设置笔尖“大小”为 200、“硬度”为 0 的画笔，设置“范围”为“阴影”，“曝光度”为 30%，然后在画面上涂抹，将人物的头发阴影处、衣服褶皱处进行颜色加深。效果如图 7-156 所示。

（24）最后使用“液化”命令对人物刘海与耳环部分进行细微调整。执行“滤镜 > 液化”命令，在打开的“液化”对话框中设置参数如图 7-157 所示。效果如图 7-158 所示。

图 7-156

图 7-157

图 7-158

7.3.3 案例：哥特风格妆面

案例文件：	哥特风格妆面 .psd
视频教学：	哥特风格妆面 .flv

案例效果：

操作步骤：

(1) 哥特式妆容神秘、冷酷，让人拥有女王般的气场。在本案例中通过制作出深色的眼影，复古红唇和雪白的肌肤来模拟哥特式的妆容。打开人物素材“1.jpg”，如图 7-159 所示。

图 7-159

(2) 接下来为皮肤“去黄”。执行“图层 > 新建调整图层 > 可选颜色”，在“可选颜色”属性面板中设置“颜色”为“黄色”，然后设置“黄色”为 – 100，接着设置“黑色”为 56，参数设置如图 7-160 所示。效果如图 7-161 所示。

图 7-160

图 7-161

(3) 此时人物面部还不够白，执行“图层 > 新建调整图层 > 自然饱和度”命令，在“自然饱和度”属性面板中设置“自然饱和度”为 – 50，参数设置如图 7-162 所示。效果如图 7-163 所示。

(4) 此时人物面部的白皙程度已经达到了预期效果。接下来将“可选颜色”调整图层和“自然饱和度”调整图层加选，然后单击“图层”面板底部的“创建新组”按钮，然后将这个图层组命名为“皮肤”，如图 7-164 所示。

图 7-162

图 7-163

图 7-164

(5) 选择“皮肤”图层组，单击“图层”面板底部的“添加图层蒙版”按钮 ，为该图层组添加图层蒙版。将图层蒙版填充为黑色，接着使用白色的柔角画笔在皮肤处涂抹。图 7-165 所示为蒙版中的状态。此时画面效果如图 7-166 所示。

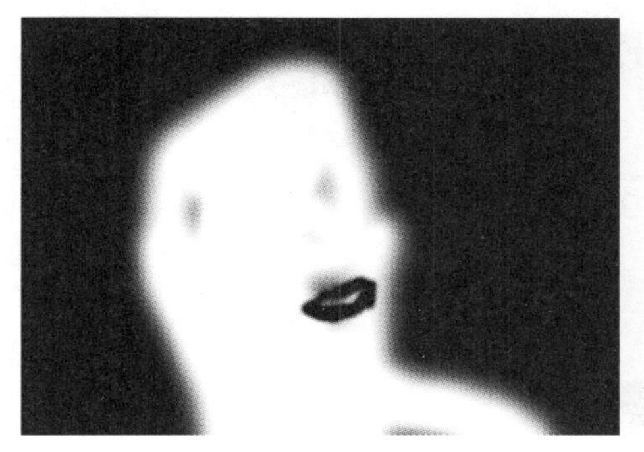

图 7-165

图 7-166

(6) 皮肤颜色调整完成后，下面为面部添加妆容。首先制作眼妆，执行“图层 > 新建调整图层 > 曲线”命令，在打开的“曲线”属性面板中调整曲线形状如图 7-167 所示。效果如图 7-168 所示。

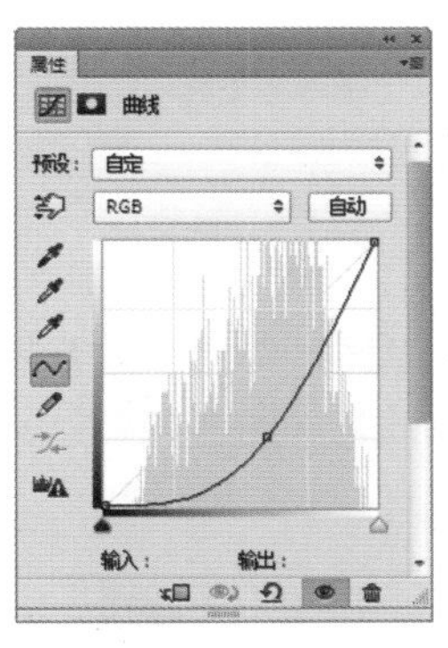

图 7-167

图 7-168

(7) 接下来将调色效果在蒙版中进行隐藏，只保留眼周位置。首先将图层蒙版填充为黑色，然后使用白色的柔角画笔在眼周位置涂抹，蒙版状态如图 7-169 所示。眼妆效果如图 7-170 所示。

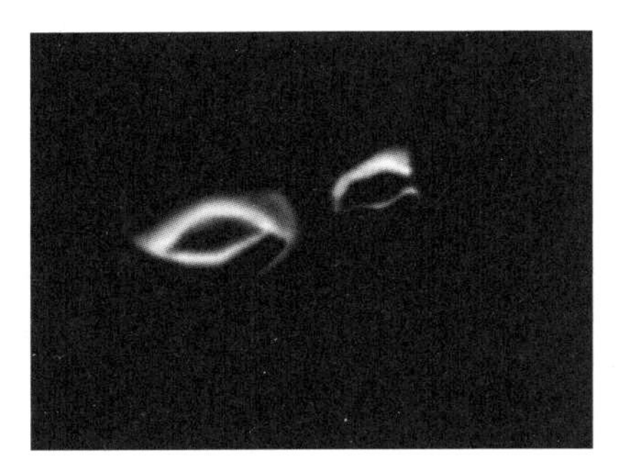

图 7-169

图 7-170

(8)接着增加眼妆的面积。新建图层，选择工具箱中的“画笔工具”，将前景色设置为咖啡色，接着设置合适的笔尖大小，然后降低“不透明度”为 70%，然后在眼睛的周围进行绘制，如图 7-171 所示。绘制完成后，设置“眼妆”图层的混合模式为“叠加”，如图 7-172 所示。此时眼妆变得更加自然，效果如图 7-173 所示。

图 7-171

图 7-172

图 7-173

(9) 接着调整眼影的颜色。执行“图层 > 新建调整图层 > 色相 / 饱和度”命令，在“色相 / 饱和度”属性面板中设置“色相”为 –20，“饱和度”为 –20，参数设置如图 7-174 所示。接着将“曲线调整图层”的图层蒙版复制给“眼妆”图层，眼妆效果如图 7-175 所示。

图 7-174

图 7-175

（10）接下来增加眼球的对比度，使眼睛看起来更加明亮。执行“图层 > 新建调整图层 > 曲线”命令，在“曲线”属性面板中调整曲线形状如图 7-176 所示。然后将调整图层的图层蒙版填充为黑色，然后使用白色的柔角画笔在眼球位置涂抹，眼睛效果如图 7-177 所示。到此眼睛的部分就调整完成了。

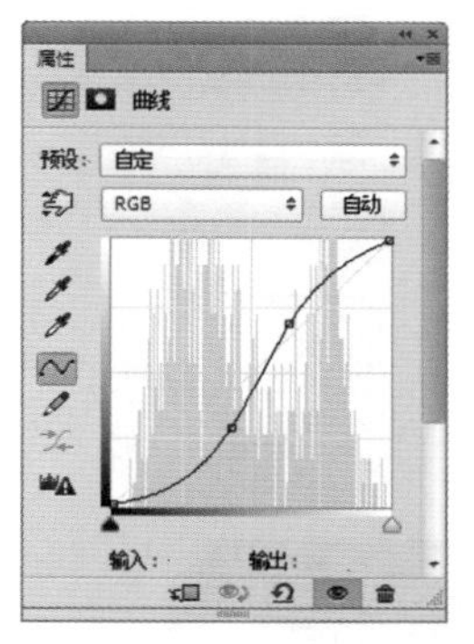

图 7-176

图 7-177

（11）接下来制作浓艳的唇妆。新建图层，设置前景色为暗紫红色，使用“画笔工具”在嘴唇位置绘制，如图 7-178 所示。接着，设置该新建图层的混合模式为“叠加”，效果如图 7-179 所示。

图 7-178

图 7-179

（12）此时嘴唇的颜色太鲜艳，接下来使用“曲线”命令以制作出复古红唇。按住 <Ctrl> 键单击“唇色”图层缩览图，载入选区。以嘴唇部分的选区执行“图层 > 新建调整图层 > 曲线”命令，在打开的“曲线”属性面板中调整曲线形状如图 7-180 所示。此时效果如图 7-181 所示。

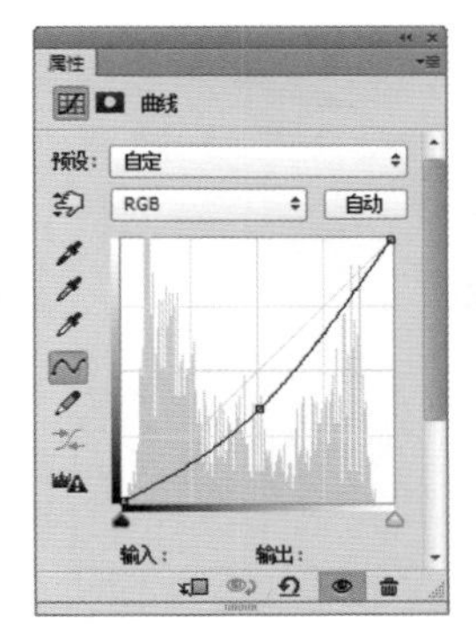

图 7-180

图 7-181

(13) 为了让妆容显得更加“哥特”，可以将头发调整为黑色。执行“图层 > 新建调整图层 > 黑白”命令，在“黑白”属性面板中设置“红色”为 40，“黄色”为 60，“绿色”为 40，“青色”60，“蓝色”为 20，“洋红”为 80，参数设置如图 7-182 所示。此时画面效果如图 7-183 所示。接着使用黑色的柔角画笔在头发以外的位置涂抹，只保留头发的调色效果，如图 7-184 所示。

图 7-182

图 7-183

图 7-184

(14) 此时头发变为了黑色，但是没有光泽感。接着新建一个曲线调整图层，调整曲线形状如图 7-185 所示。此时画面对比度有所提升，头发质感也被强化了，效果如图 7-186 所示。

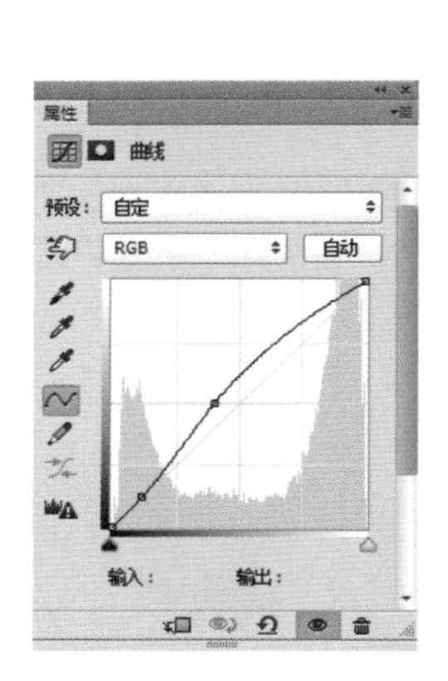

图 7-185

图 7-186

7.4 设计风格化造型

7.4.1 案例：奇幻森林系彩妆

案例文件：	奇幻森林系彩妆 .psd
视频教学：	奇幻森林系彩妆 .flv

案例效果：

操作步骤：

(1) 执行“文件 > 打开”命令，打开背景素材“1.jpg”，如图 7-187 所示。执行“文件 > 置入”命令，将人物素材“2.png”置入到画面中，按 <Enter> 键完成置入操作。然后执行“图层 > 栅格化 > 智能对象”命令，效果如图 7-188 所示。

图 7-187

图 7-188

(2) 此时人物头发边缘还有一些没有抠干净的白色像素，接下来就用一种特别的方法来处理这些白色像素。首先将“人物”图层的混合模式设置为“正片叠底”，此时头发边缘的白色像素消失了，但是面部变得透明了，效果如图 7-189 所示。

(3) 接着选择“人物”图层，将其拖动至“新建图层”按钮，得到“人物拷贝”图层，然后将该图层的混合模式设置为“正常”，如图 7-190 所示。接着选择“人物拷贝”图层，然后单击“图层”面板底部的“添加图层蒙版”按钮，为该图层添加图层蒙版。然后使用黑色的柔角画笔在头发的白色像素处仔细涂抹，效果如图 7-191 所示。至此人物头发部分处理完成。

图 7-189

图 7-190

图 7-191

(4) 接下来处理耳朵。选择工具箱中的“钢笔工具”，设置绘制模式为“路径”，然后沿着耳朵周围绘制路径，如图 7-192 所示。路径绘制完成后，按快捷键 <Ctrl+Enter> 将路径转换为选区。然后按快捷键 <Ctrl+J> 将选区中的内容复制到独立图层，将这个图层命名为“耳朵”，如图 7-193 所示。

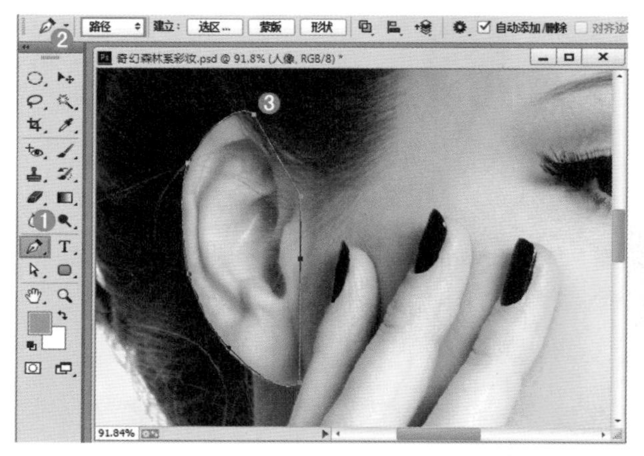

图 7-192

图 7-193

(5) 接着选择“耳朵”图层，执行“滤镜 > 液化”命令，打开“液化”对话框，在此对话框选择“向前变形工具”，接着设置“画笔大小”为 200，“画笔密度”为 50，“画笔压力”为 100，然后使用该工具将耳朵向上推，改变耳朵的形状如图 7-194 所示。

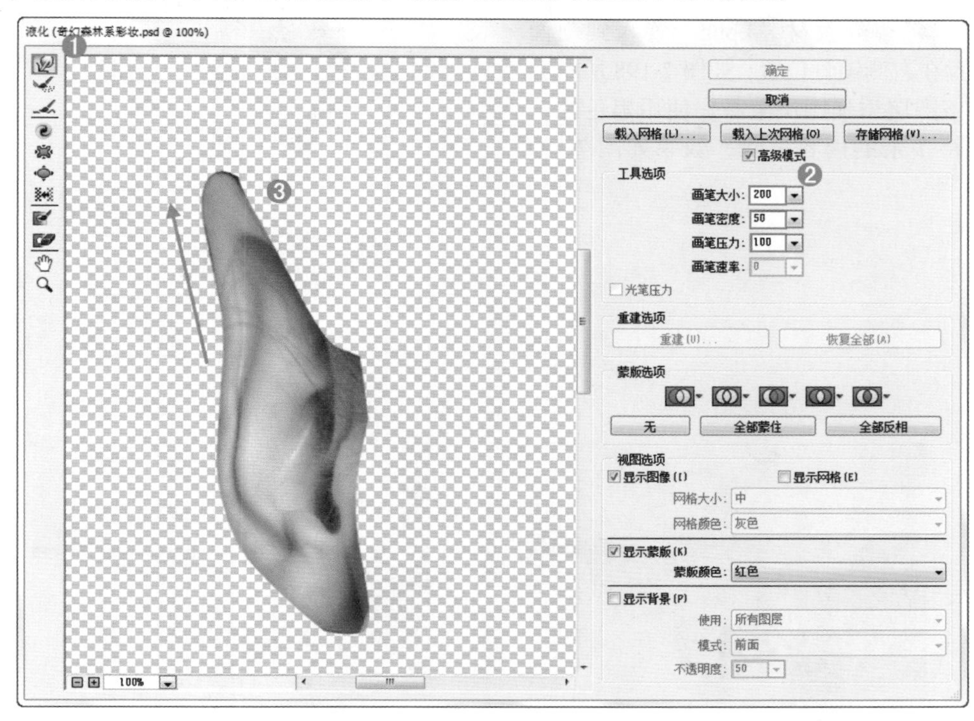

图 7-194

(6) 调整完成后单击“确定”按钮，此时耳朵边缘和头发边缘的衔接处比较生硬显得不自然，如图 7-195 所示。接着为“耳朵”图层添加图层蒙版，然后使用黑色的柔角画笔在耳朵边缘涂抹，模拟出精灵般的尖耳朵效果，如图 7-196 所示。

图 7-195

图 7-196

(7) 执行“文件 > 置入”命令，将素材“3.png”置入到画面中并栅格化，如图 7-197 所示。

(8) 将苔藓素材“4.png”置入到画面中并放置在右侧锁骨位置，如图 7-198 所示。然后为该图层添加图层蒙版，使用黑色的柔角画笔将多余的内容擦除，效果如图 7-199 所示。

图 7-197

图 7-198

图 7-199

(9) 选择“苔藓”图层，然后按快捷键 <Ctrl+J> 复制该图层。按快捷键 <Ctrl+T> 调出定界框，然后进行旋转和缩放，移动至左侧的锁骨位置，调整完成后按 <Enter> 键确定操作，如图 7-200 所示。

(10) 接着将草地素材“5.png”置入到画面中并将其栅格化，并将其移动到左侧锁骨的位置，如图 7-201 所示。接着执行“图层 > 创建剪贴蒙版”命令创建剪贴蒙版，效果如图 7-202 所示。

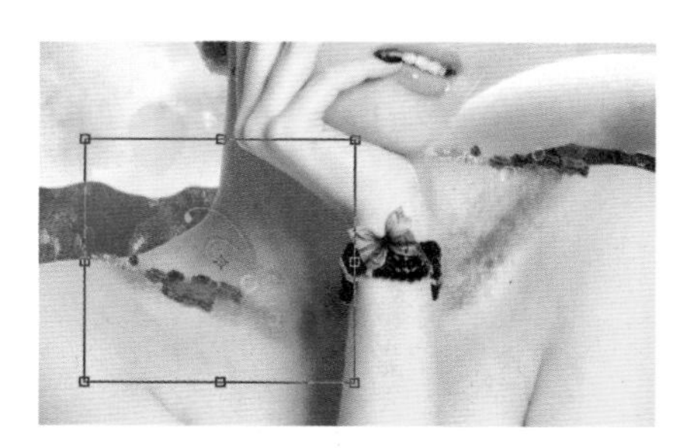

图 7-200

图 7-201

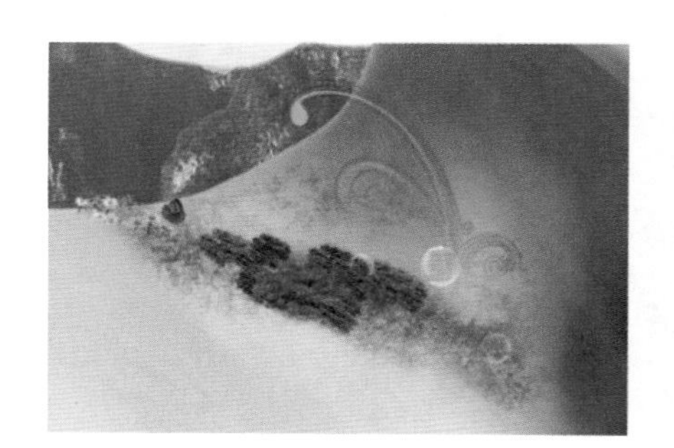

图 7-202

（11）接下来对画面整体进行调色。将素材“6.png”置入到画面中并将其栅格化，如图 7-203 所示。设置该图层的混合模式为“减去”，“不透明度”为 80%，此时画面效果如图 7-204 所示。接着为该图层添加图层蒙版，使用黑色的柔角画笔在蒙版中进行涂抹以隐藏多余的内容，效果如图 7-205 所示。

图 7-203

图 7-204

图 7-205

（12）将这个紫色的图层复制一份，然后将该图层的混合模式设置为“变暗”，以增加紫色的数量，效果如图 7-206 所示。

（13）将这两个紫色图层加选拖动到“新建图层组”按钮处创建组，然后设置该组的的混合模式为“减去”，“不透明度”为 50%，参数设置如图 7-207 所示。效果如图 7-208 所示。

图 7-206

图 7-207

图 7-208

（14）将草坪素材“8.png”置入到画面中并将其栅格化，如图 7-209 所示。然后设置该图层的混合模式为“正片叠底”，“不透明度”为 50%，效果如图 7-210 所示。然后为该图层添加图层蒙版，在图层蒙版中将多余的内容隐藏，效果如图 7-211 所示。

图 7-209

图 7-210

图 7-211

（15）将花纹素材“9.png”置入到画面中并将其栅格化，然后将其移动到眉心处，如图 7-212 所示。

图 7-212

（16）接着为花纹添加图层样式。选择该图层，执行“图层 > 图层样式 > 斜面和浮雕”命令，打开“图层模式”对话框，设置“样式”为“内斜面”，“方法”为“平滑”，“深度”为 388%，“方向”为“上”，“大小”为 13 像素，“软化”为 5 像素，“角度”为 61 度，“高度”为 21 度，“高光模式”为正常，颜色为深绿色，“阴影模式”为正常，颜色为稍浅一些的绿色，参数设置如图 7-213 所示。勾选“渐变叠加”选项，设置“混合模式”为“正常”，“渐变”为绿色系的渐变，“样式”为“线性”，“角度”为 90 度，参数设置如图 7-214 所示。勾选“投影”选项，设置“混合模式”为“正片叠底”，颜色为黑色，“不透明度”为 47%，“角度”为 61 度，“距离”为 2 像素，“大小”为 5 像素，参数设置如图 7-215 所示。设置完成后单击“确定”按钮，效果如图 7-216 所示。

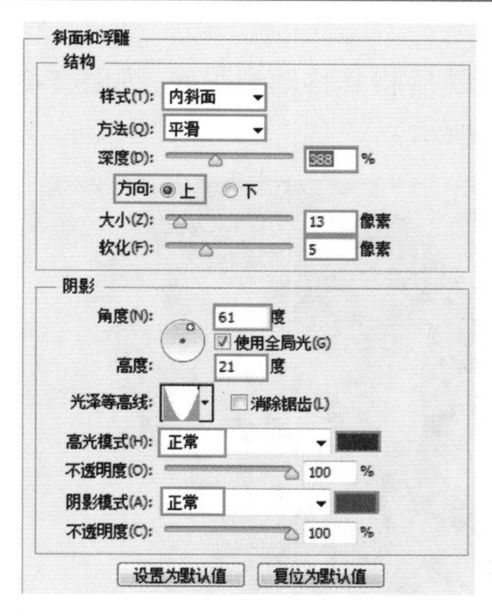

图 7-213

图 7-214

图 7-215

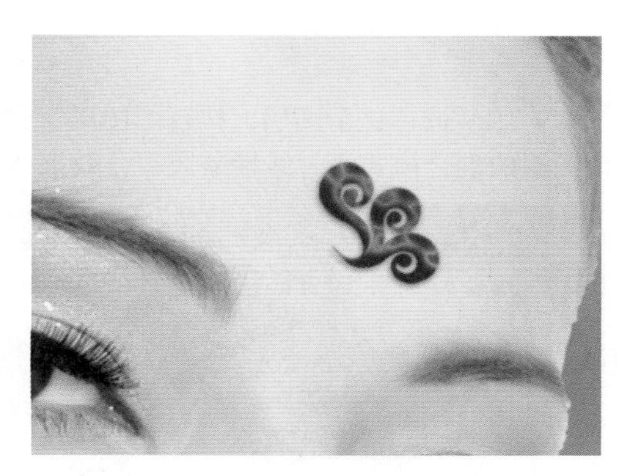

图 7-216

(17) 接下来制作唇妆。新建图层，将前景色设置为西瓜红色，然后使用“画笔工具”在嘴唇位置涂抹，如图 7-217 所示。然后设置该新建图层的混合模式为“颜色”，嘴唇效果如图 7-218 所示。

图 7-217

图 7-218

(18) 将羽毛素材“10.png”置入到画面中并栅格化，然后将其移动到眼底，如图 7-219 所示。接着将羽毛图片置入到画笔中并将其栅格化，如图 7-220 所示。

图 7-219

图 7-220

(19) 然后选择这个图层，执行“图层 > 创建剪贴蒙版”命令，效果如图 7-221 所示。接着设置该图层的混合模式为“线性减淡”，效果如图 7-222 所示。

图 7-221

图 7-222

(20) 接着丰富羽毛上的颜色。新建图层，使用“画笔工具”进行绘制，如图 7-223 所示。然后执行“图层 > 创建剪贴”蒙版命令创建剪贴蒙版，效果如图 7-224 所示。

图 7-223

图 7-224

（21）使用同样方法制作上眼毛，置入羽毛素材“12.png”放置在上眼皮处，如图 7-225 所示。然后为羽毛添加多彩的颜色，如图 7-226 所示。接着添加紫色的眼影，如图 7-227 所示。

图 7-225

图 7-226

图 7-227

（22）使用同样的方法制作另一侧的眼妆，如图 7-228 所示。然后将花纹素材“13.png”置入到画面中并将其放置在眼角的位置，效果如图 7-229 所示。

图 7-228

图 7-229

(23) 接下来制作多彩的眼影。新建图层，将前景色设置为淡黄色，选择工具箱中的“画笔工具”在眼睛的周围绘制一圈黄色，如图 7-230 所示。设置该新建图层的混合模式为“正片叠底”，效果如图 7-231 所示。

图 7-230

图 7-231

(24) 接下来制作深色眼影部分。新建图层，将前景色设置为墨绿色，然后围绕眼睛进行绘制，效果如图 7-232 所示。继续设置新建图层的混合模式为“正片叠底”，效果如图 7-233 所示。

图 7-232

图 7-233

(25) 使用同样的方法制作另一侧的眼影，效果如图 7-234 所示。

图 7-234

（26）接着将前景光效素材“14.png”置入到画面中并将将其栅格化，如图 7-235 所示。然后设置该图层的混合模式为“滤色”，案例效果如图 7-236 所示。

图 7-235

图 7-236

7.4.2　案例：古典感美女妆容

案例文件：	古典感美女 .psd
视频教学：	古典感美女 .flv

案例效果：

操作步骤：

（1）执行“文件 > 新建”命令，打开“新建”对话框，设置“宽度”为 3500 像素，“高度”为 3500 像素，“分辨率”为 300 像素 / 英寸，设置完成后单击“确定”按钮，完成新建操作，如图 7-237 所示。

（2）执行“文件 > 置入”命令，将素材“1.jpg”置入到画面中，按 <Enter> 键确定置入。然后将该图层栅格化，如图 7-238 所示。继续将“蝴蝶”素材置入到画面中，然后使用“移动工具”将蝴蝶移动到合适位置，如图 7-239 所示。

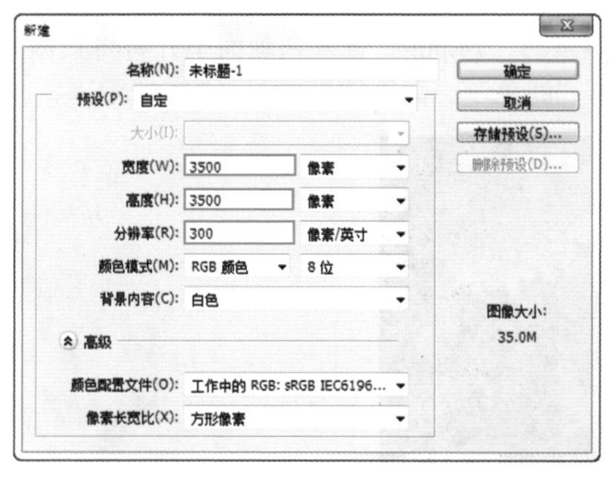

图 7-237

图 7-238

图 7-239

(3)接下来对背景进行调色。执行“图层 > 新建调整图层 > 色相 / 饱和度”命令，在打开的“色相 / 饱和度”属性面板中设置“色相”为 -5，“饱和度”为 -65，“明度”为 20，参数设置如图 7-240 所示。此时画面效果如图 7-241 所示。

图 7-240

图 7-241

(4)将纹理素材“3.jpg”置入到画面中，按 <Enter> 键确定置入，然后设置“混合模式”为“强光”，“不透明度”为 50%，参数设置如图 7-242 所示。此时画面效果如图 7-243 所示。

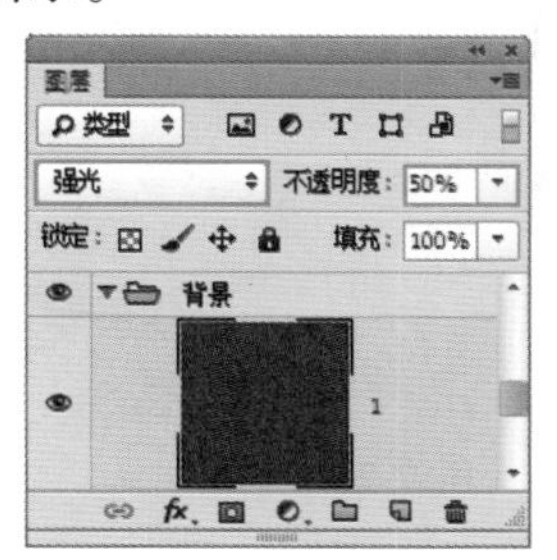

图 7-242

图 7-243

(5) 将人物素材“4.jpg”置入到画面中，按 <Enter> 键确定置入，并将其栅格化，如图 7-244 所示。选择工具箱中的“魔棒工具”，设置“容差”为 20，然后在白色的背景处单击得到白色的背景选区，然后按快捷键 <Ctrl+Shift+I> 将选区进行反选。单击“图层”面板底部的“添加图层蒙版”按钮，基于选区为“人物”图层添加“图层蒙版”，此时画面效果如图 7-245 所示。

图 7-244

图 7-245

(6) 选择工具箱中的“画笔工具”，将前景色设置为黑色，然后将人物肩膀以下的内容在蒙版中隐藏，效果如图 7-246 所示。选择“人物”图层，按快捷键 <Ctrl+T> 调出定界框，然后按住 <Shift> 键将其放大，右击，在弹出的菜单中选择“水平翻转”命令，将人物水平翻转。编辑完成后按 <Enter> 键确定操作，效果如图 7-247 所示。

(7) 接下来对头发进行“染色”。在“人物”图层上方新建一个图层，然后使用黑色的柔角画笔在头发上涂抹，效果如图 7-248 所示。然后设置“染色”图层的“混合模式”为“正片叠底”，“不透明度”为 50%，此时画面效果如图 7-249 所示。为了让调色效果只针对下方的人物，选择“染色”图层，执行“图层 > 创建剪贴蒙版”命令，使调色效果只针对下方图层。

图 7-246

图 7-247

图 7-248

图 7-249

(8) 接下来为人物添加长发。在“人物”图层的下一层新建图层，将前景色设置为黑色，选择头发笔刷在画面中单击以绘制头发，将绘制的头发移动到合适的位置（如果没有该笔刷可以在搜索网站上搜索“头发笔刷下载”，找到合适的笔刷素材），效果如图 7-250 所示。此时头发为半透明，我们可以通过复制图层的方法加深头发的颜色。选择“头发”图层，按快捷键 <Ctrl+J> 即可复制“头发”图层，此时画面效果如图 7-251 所示。

图 7-250

图 7-251

（9）接着将发卡素材“5.png”置入到画面中，并移动到合适位置，此时效果如图 7-252 所示。

（10）接下来制作文身。将牡丹花素材“6.jpg”置入到画面中，按 <Enter> 键确定置入，并将其栅格化，然后设置该图层的混合模式为“正片叠底”，此时画面效果如图 7-253 所示。然后为该图层添加图层蒙版，使用黑色的柔角画笔将多余的部分隐藏，此时画面效果如图 7-254 所示。

图 7-252

图 7-253

图 7-254

（11）接下来制作眼眉部分。将眼眉素材“7.png”置入到画面中，按 <Enter> 键确定置入，并将其栅格化，然后移动到眉毛的位置，如图 7-255 所示。接着为该图层添加图层蒙版，将多余的内容在蒙版中隐藏，此时画面效果如图 7-256 所示。

图 7-255

图 7-256

(12) 下面绘制眼妆。新建图层，将前景色设置为洋红色，使用柔角画笔在眼睛周围涂抹绘制，如图 7-257 所示。接着设置该图层的混合模式为“柔光”，效果如图 7-258 所示。

图 7-257

图 7-258

(13) 继续丰富眼影的颜色。新建图层，使用黄色的柔角画笔在眼皮上绘制，如图 7-259 所示。继续设置该图层的混合模式为“柔光”，效果如图 7-260 所示。

图 7-259

图 7-260

(14) 接着制作粉色颗粒状彩妆效果。新建图层，将前景色设置为紫色，然后使用“画笔工具”在眼角进行绘制，如图 7-261 所示。接着设置该图层的“不透明度”为 20%，“混合模式”为“溶解”，如图 7-262 所示。此时画面效果如图 7-263 所示。

图 7-261

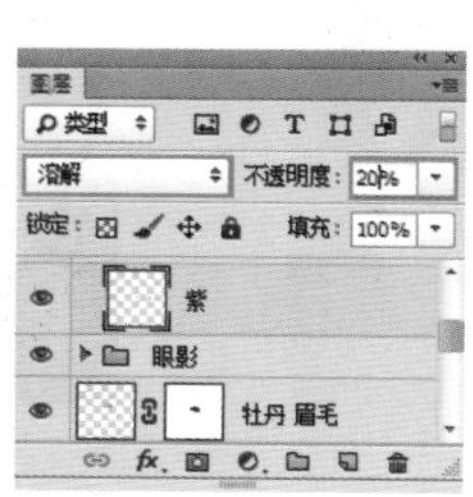

图 7-262

图 7-263

(15) 接着继续新建图层，分别绘制蓝色、黄色和白色，如图 7-264 所示。然后设置图层的“混合模式”为“溶解”，“不透明度”为 20%，此时效果如图 7-265 所示。

图 7-264

图 7-265

(16) 接着选择工具箱中的“横排文字工具” T，选择一个书法体的字体，然后在画面中输入文字，如图 7-266 所示。接着可以将字号调小一些输入其他文字，并调整位置，效果如图 7-267 所示。

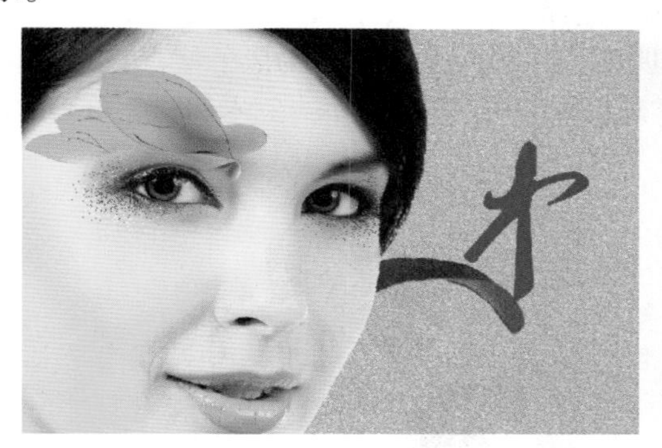
图 7-266

图 7-267

(17) 下面制作印章。选择工具箱中的“圆角矩形工具”，设置“填充”为深红色，“描边”为无，“半径”为 2 像素，设置完成后在文字的下方按住 <Shift> 键绘制一个正方形的圆角矩形，如图 7-268 所示。然后选择工具箱中的“直排文字工具”输入文字，效果如图 7-269 所示。

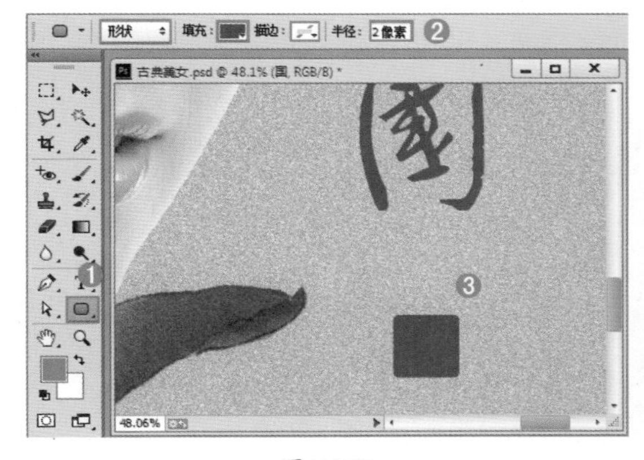

图 7-268

图 7-269

(18) 最后制作整体相框。新建图层，将前景色设置为土黄色，然后按快捷键 <Alt+Delete> 填充。选择工具中的“椭圆选框工具” ，按住 <Shift> 键绘制一个正圆选区，如图 7-270 所示。绘制完成后按 <Delete> 键删除选区内的像素，如图 7-271 所示。

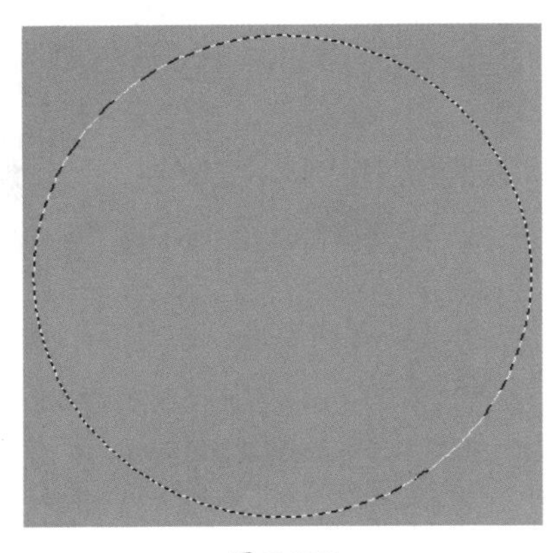

图 7-270

图 7-271

(19) 下面为该图层添加“外发光”的图层样式。选择该图层，执行“图层 > 图层样式 > 外发光”命令，设置“混合模式”为“正片叠底”，“不透明度”为 50%，“颜色”为黑色，“方法”为“柔和”，“扩展”为 4%，“大小”为 100 像素，参数设置如图 7-272 所示。效果如图 7-273 所示。

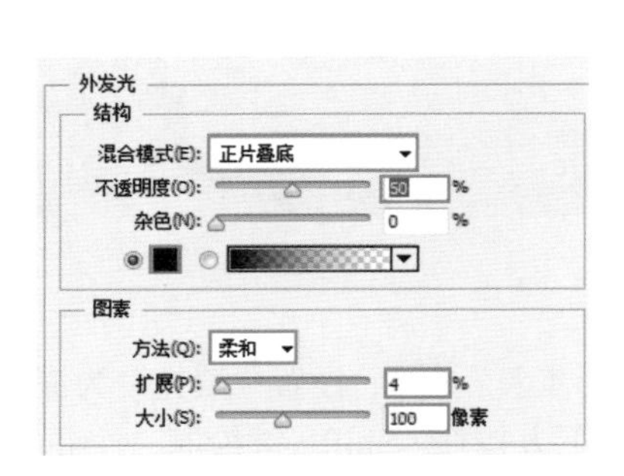

图 7-272

图 7-273

第 8 章
身形与服饰

身形是指身体的形态、动势，除了在后期修整之外，在前期拍摄时模特与摄影师应该多互动，摄影师也应该细心观察，以根据人物的形态去安排被拍者的动势。例如，人物稍胖或太瘦时要利用服饰、道具、光线等加以弥补。服饰也是美化照片的方式之一，而且可以利用服饰遮挡一些不足。但是就算具备了这样的条件，也未必能拍摄出一张完美的照片，这时就可以在 Photoshop 中进行修饰、调整。本章就来学习调整身形与服饰。

8.1 身形修饰必备工具

调整身形有很多种方法，例如，最常用的就是“液化”命令，我们可以使用“液化”命令进行瘦身、瘦脸、放大眼睛等操作。使用“自由变换”命令可以调整人物的高度，使用“内容识别比例”可以智能缩放画面的内容，还可以使用“操控变形”调整人物的身形。

8.1.1 头身比例

头身比例是指身高与头部的比例，几头身代表身高为头高的几倍。我们总是说完美身材是“九头身”，但是普通人是六至八头身。头身比例算法是面部的长度与身高的比例，例如，九头身就是脸的高度和身高的比例为 1:9，就是说身高是脸高的 9 倍，如图 8-1 所示。但事实上“九头身”只是个参考比例，在艺术家眼中，身材好坏和头身没有太大关联。完美的身材比例是以肚脐为分界，下肢与身高比要接近 1:1.618 的黄金比例，才被认为最美的，如图 8-2 所示。

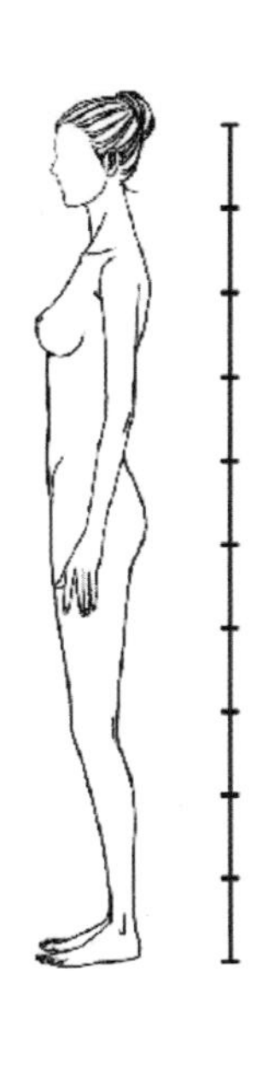

图 8-1

图 8-2

小技巧： 做九头身美女的必要条件

要做九头身美女，最重要的就是要有一双修长迷人的双腿。除了双腿修长纤细，身材曲线凹凸也要有致，而高跟鞋是必备物件。高跟鞋不但可以弥补身高的不足，展现自身迷人风采和气质，还能增加双腿修长带来的视觉冲击力，让身材比例更加协调。

8.1.2 液化：塑身、瘦脸、大眼、小嘴

“液化”滤镜是人像精修必学的技术，使用“液化”滤镜可以进行推、拉、旋转、反射、折叠和膨胀图像的任意区域。在数码照片编修的世界中，使用“液化”滤镜中的工具不仅可以进行人物的瘦身、眼睛的放大，还可以调整人物形态等。接下来就使用“液化”滤镜进行塑身、瘦脸、大眼和小嘴。

（1）在 Photoshop 中打开人物图像，然后将“背景”图层进行复制。选择复制的图层，执行“滤镜 > 液化”命令，打开“液化”对话框。首先来瘦手臂。瘦手臂有两种工具可以使用，一个是“向前变形工具”，该工具可以向前推动像素；另一个是“褶皱工具”，使用该工具可以使像素向画笔区域的中心移动，使图像产生内缩效果。

在本案例中可以使用“向前变形工具”。选择工具箱中的“向前变形工具”，然后设置“画笔大小”为 1100，“画笔密度”为 50，“画笔压力”为 100，将鼠标指针移动至左胳膊的位置，然后将胳膊的边缘向胳膊的中间推，随着推动可以看到胳膊边缘的像素向胳膊内移动，产生“瘦”的效果，如图 8-3 所示（如果要“变胖”可以往反方向推）。

图 8-3

（2）接下来放大眼睛。首先使用“缩放工具”将缩览图放大。然后选择工具箱中的“膨胀工具”，使用该工具可以使像素向画笔区域中心以外的方向移动，使图像产生向外膨胀的效果。接着设置“画笔大小”，为了让膨胀效果自然些，可以将笔尖调整的大一点，设置“画笔大小”为 250，然后将鼠标指针移动至眼睛上单击，即可放大眼睛，若按住鼠标左键放大效果一直会持续，效果如图 8-4 所示。调整完左眼后继续调整右眼。

图 8-4

（3）下面可以使用“褶皱工具”缩小嘴部。选择“褶皱工具”，设置“画笔大小”为 400，然后将鼠标指针移动至嘴部单击即可进行收缩，也可以一直按住鼠标左键进行收缩。这里适合采用单击的方法进行收缩，因为要是操作有错误，可以按快捷键 <Ctrl+Z> 进行还原操作。调整效果如图 8-5 所示。

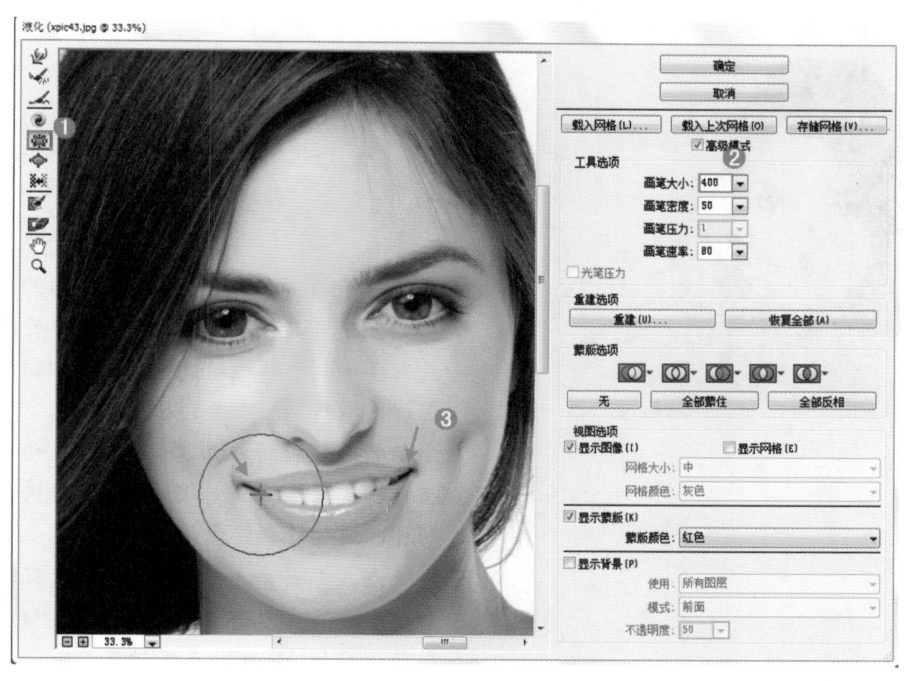

图 8-5

（4）接下来进行瘦脸。为了在瘦脸的过程中不影响脖子和头发，可以使用“冻结蒙版”功能将这个区域进行“冻结”，这样在使用“向前变形工具”进行变形时就不会影响其他位置了。选择“冻结蒙版工具”，设置合适的笔尖大小，然后在人物的下巴和头发的位置涂抹，笔尖经过的地方会留下红色的痕迹，这就是被“冻结”的区域，如图 8-6 所示。继续使用“向前变形工具”进行变形，如图 8-7 所示。

图 8-6

图 8-7

小提示：“液化”对话框中的其他工具

重建工具：用于恢复变形的图像。在变形区域单击或拖动鼠标进行涂抹时，可以使变形区域的图像恢复到原来的效果。

顺时针旋转扭曲工具：拖动鼠标可以顺时针旋转像素。如果按住 Alt 键进行操作，则可以逆时针旋转像素。

左推工具：当向上拖动鼠标时，像素会向左移动；当向下拖动鼠标时，像素会向右移动；按住 Alt 键向上拖动鼠标时，像素会向右移动；按住 Alt 键向下拖动鼠标时，像素会向左移动。

（5）调整完成后，使用“解冻蒙版工具” 在冻结区域涂抹，可以将其解冻，如图 8-8 所示。调整完成后，单击“确定”按钮，效果如图 8-9 所示。

图 8-8

图 8-9

8.1.3 自由变换：放大、缩小、加宽、变高

“自由变换”功能可以对图片进行不同程度的缩放变形，以创造出丰富的效果。

（1）打开人物素材，如图 8-10 所示。首先要制作出一双大长腿。选择工具箱中的“矩形选框工具”，然后在画面的下方绘制一个矩形选区，如图 8-11 所示。

图 8-10

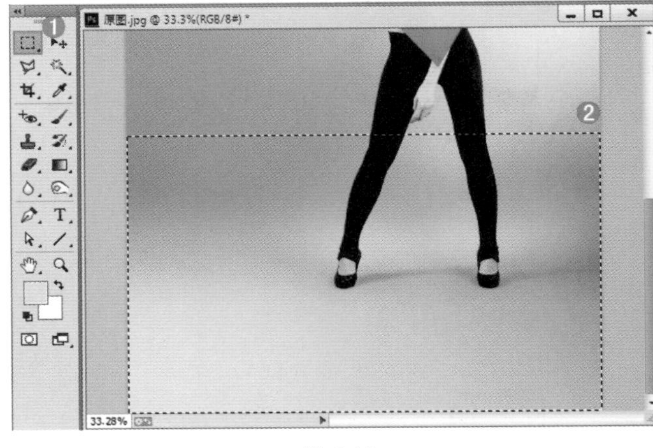

图 8-11

（2）按快捷键 <Ctrl+T> 调出定界框，拖动控制点可以进行缩放。将鼠标指针移动至下方中间部分的控制点处，按住鼠标左键向下拖动，即可放大选区中的内容，如图 8-12 所示。调整完成后按 <Enter> 键确定操作，效果如图 8-13 所示。

图 8-12

图 8-13

小提示：如何变换选区

选区绘制完成后，在使用选区工具的状态下在画面中右击，在弹出的菜单中选择“变换选区”命令，如图 8-14 所示，随即会显示定界框，然后进行缩放就可以变换选区了，如图 8-15 所示。

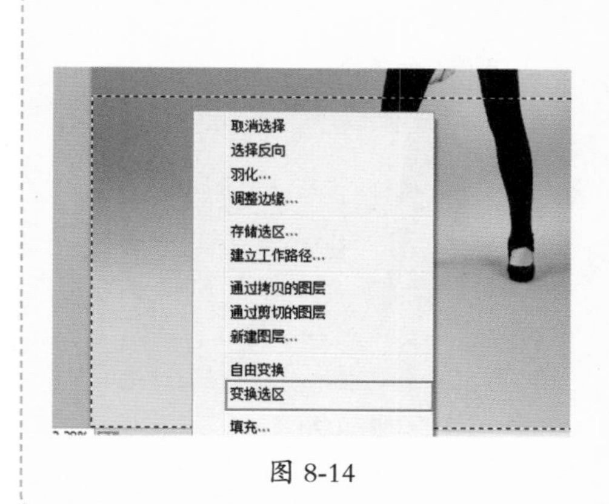

图 8-14

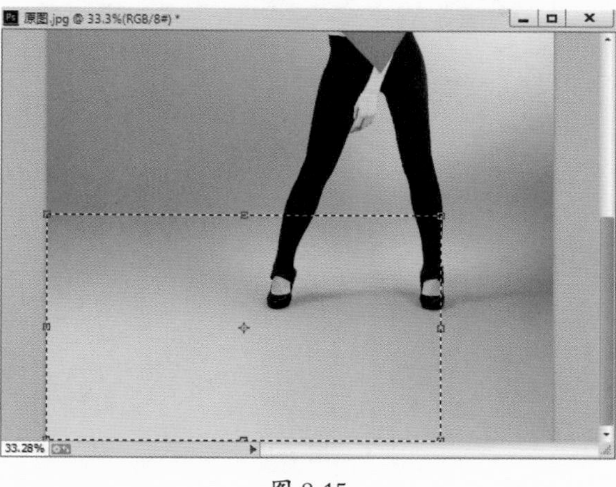

图 8-15

（3）选择工具箱中的“多边形套索工具”，沿着红色三角形的边缘绘制选区，如图 8-16 所示。然后按快捷键 <Ctrl+T> 调出定界框，将鼠标指针移动至 4 个角的控制点处，鼠标指针变为 ↗ 形状时，按住鼠标拖动即可将选区中的内容放大，如图 8-17 所示。调整完成后按 <Enter> 键确定操作，效果如图 8-18 所示。

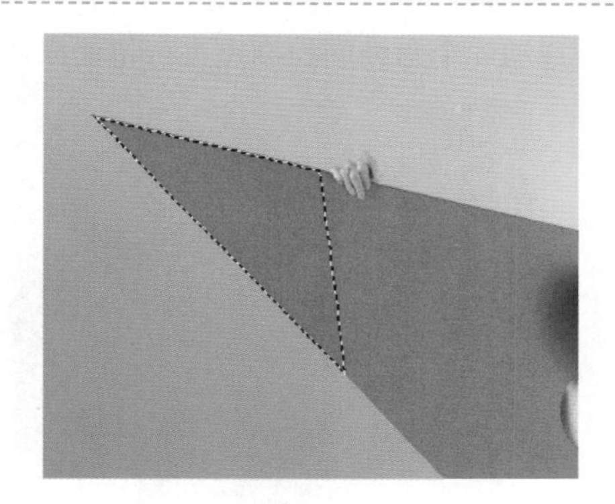

图 8-16

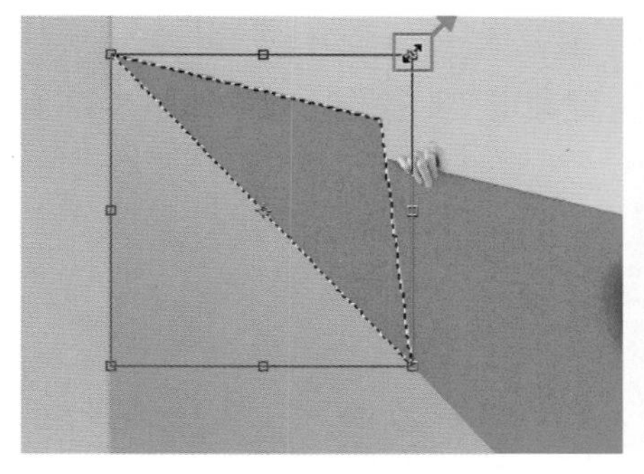

图 8-17

图 8-18

小提示：等比缩放和以中心进行缩放

选中图层，按 <Ctrl+T> 键自由变换，然后按住 <Alt> 键缩放则可以以中心进行缩放；若按住 <Shift> 键进行缩放则可以等比缩放；若按住 <Alt+Shift> 键进行缩放则可以以中心等比缩放。

（4）使用“钢笔工具”绘制一个深红色的三角形，如图 8-19 所示。然后按快捷键 <Ctrl+T> 调出定界框，将鼠标指针移动至 4 个角的控制点处，鼠标指针变为↰形状，此时按住鼠标左键拖动即可进行旋转，如图 8-20 所示。

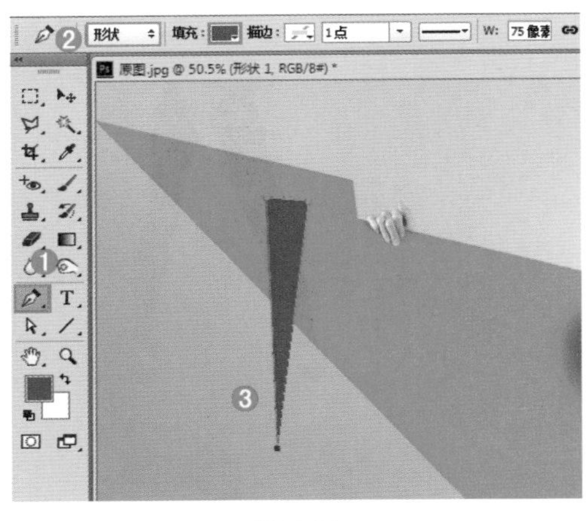

图 8-19

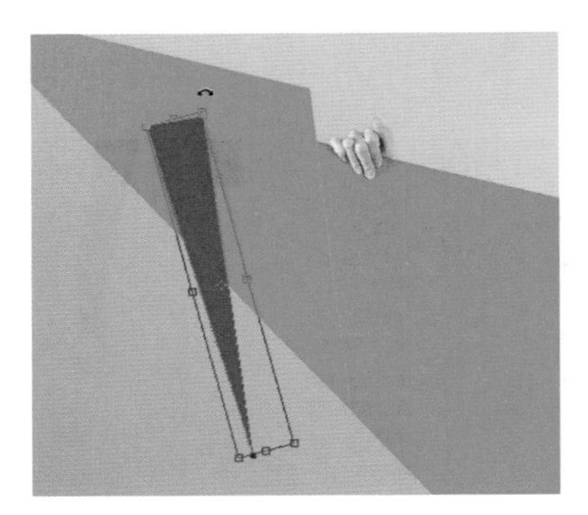

图 8-20

（5）接着将鼠标指针移动至中间位置的控制点处拖动进行缩放，如图 8-21 所示。然后按住 <Ctrl> 键拖动 4 个角处的控制点进行扭曲操作，如图 8-22 所示。

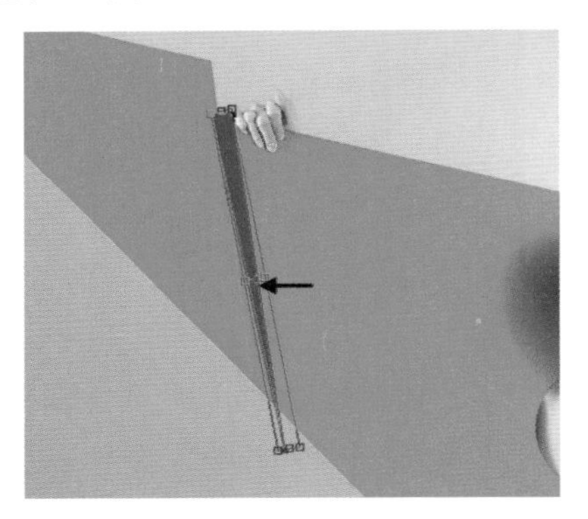

图 8-21

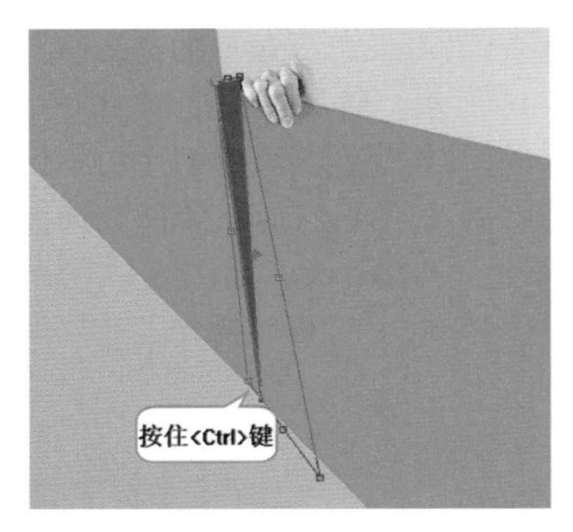

图 8-22

（6）继续调整控制点，调整完成后按 <Enter> 键确定变形操作。效果如图 8-23 所示。画面整体效果如图 8-24 所示。

图 8-23

图 8-24

8.1.4　内容识别比例：智能缩放

内容识别缩放功能可以在调整图像大小时自动重排图像，在图像调整为新的尺寸时智能保留重要内容区域。相对应自由变换功能，使用智能识别缩放可以一步到位制作出完美的图像，无需高强度的裁剪与润饰。

（1）打开人物照片，按住 <Alt> 键双击“背景”图层，将其转换为普通图层，如图 8-25 所示。

（2）若要对画面进行缩放，有 3 种方式，一种是采用“自由变换”功能，调出定界框，控制点向右拖动，但是人物的比例发生了变化，这种方式是不可取的，如图 8-26 所示。还有一种方法是使用裁切的方式，这样的方式会丧失背景中的部分内容，如图 8-27 所示，这种方式也是不可取的。执行“编辑 > 内容识别比例”命令，随即可以显示定界框，因为画面中要保留人像，需要选择“保护肤色”选项，然后将左侧的控制点向右拖动，随着拖动可以发现背景的部分发生了变形，但是人物却没有变化，如图 8-28 所示，这种方式是非常可行的。编辑完成后，按一下 <Enter> 键确定操作，效果如图 8-29 所示。

图 8-25

图 8-26

图 8-27

图 8-28

图 8-29

8.1.5 操控变形：人像身形随意变

我们还可以使用“操控变形”命令去随意调整人物的动作。例如，本来应该抬起的手臂却垂下了而显得缺乏活力，本应该弯曲的双腿却因为直立而显得比较呆板，这时就可以利用“操控变形”功能在后期对照片中的人物姿势进行适当处理，以期得到更完美的效果。

（1）打开带有人像的文档，在这个文件中有两个图层，如图 8-30 所示。画面如图 8-31 所示。

图 8-30

图 8-31

（2）选择“人物”图层，执行“编辑 > 操控变形”命令，即可看到网格点，可以通过在控制栏中设置“浓度”来控制网格点的多少，如图 8-32 所示。

图 8-32

（3）接下来添加控制点。控制点有两个用处：一是用来调整形状的走向，二是用来固定控制点的这个区域，以保证调整其他控制点时该控制点不受影响。通常调整身形时会在关节部分添加控制点，将鼠标指针移动至关节位置，单击即可添加控制点，如图 8-33 所示。因为我们想调整手臂的动势，所以还需要在手腕部分添加控制点。添加完成后拖动即可调整身形，但是随着拖动可以发现一个问题，就是拖动的控制发生了变化，但是肩膀的位置进行

图 8-33

旋转了，导致身体也旋转了，如图 8-34 所示。

（4）按快捷键 <Ctrl+Z> 进行撤销操作。此时可以得到一个道理，就是在拖动控制点进行变形时，拖动点最临近的那个控制点是用来控制旋转的。所以在进行变形时至少需要添加 3 个控制点，一个控制点用来拖动，一个控制点作为旋转轴，一个控制点用来固定。我们可以在胳膊的中间位置添加控制点，然后拖动手部的控制点，随着拖动可以看到人物的动势发生了改变，但是身体的部分却没有动，如图 8-35 所示。调整完成后可以按 <Enter> 键确定操作。此时画面效果如图 8-36 所示。

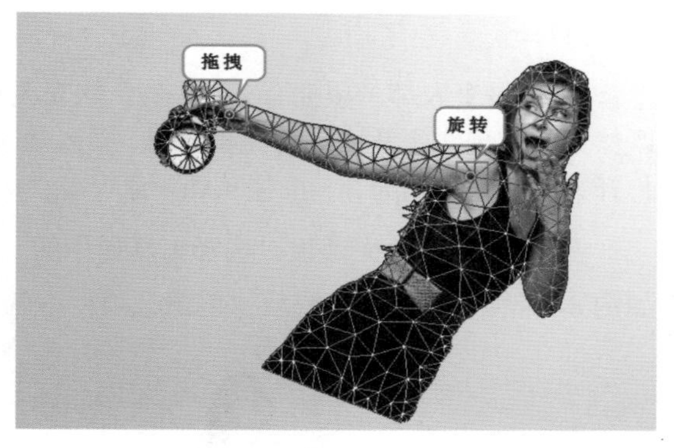

图 8-34

图 8-35

图 8-36

8.2 调整身形

8.2.1 案例：轻松增高

案例文件：	轻松增高 .psd
视频教学：	轻松增高 .flv

案例效果：

操作步骤：

(1) 每个人都希望拥有“九头身”的完美身材，修长的双腿可以在视觉上增加人物的高度。既然无法在现实生活中拥有完美身材，那么就通过对照片的修饰来打造“九头身”的完美身材吧！打开人物素材“1.jpg”，按住 <Alt> 键双击“背景”图层，将其转换为普通图层，如图 8-37 所示。

(2) 接下来放大画板。选择工具箱中的“裁剪工具”，然后拖动定界框下方的控制点，如图 8-38 所示。调整完成后，单击选项栏中的“提交当前剪裁操作”按钮，确定剪裁操作。

图 8-37

图 8-38

(3) 选择工具箱中的“矩形选框工具”，在画面下方绘制出一个矩形选区，如图 8-39 所示。

(4) 然后按快捷键 <Ctrl+X> 将选区中的像素剪切，然后按快捷键 <Ctrl+V> 将复制的内容进行粘贴，得到“图层 1”图层，如图 8-40 所示。接着使用“移动工具”将“图层 1”中的内容移动至画面下方，如图 8-41 所示。

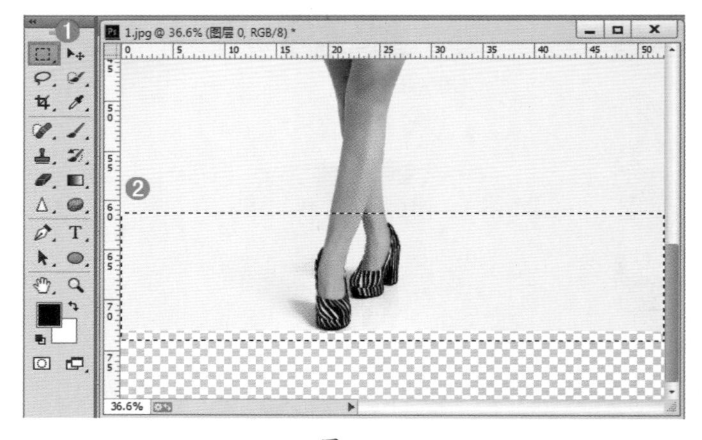

图 8-39

图 8-40

图 8-41

(5) 继续使用“矩形选框工具”在小腿的位置绘制矩形选区，如图 8-42 所示。然后将选区中的内容复制到独立图层，得到“图层 2”，如图 8-43 所示。

图 8-42

图 8-43

(6) 选择“图层 2”，按快捷键 <Ctrl+T> 调出定界框，如图 8-44 所示。然后向下拖动控制点，将矩形选区放大，如图 8-45 所示。

图 8-44

图 8-45

(7) 调整完成后，按 <Enter> 键确定变形操作。对比效果如图 8-46 所示。

图 8-46

8.2.2 案例：改变人像姿态

案例文件：	改变人像姿态 .psd
视频教学：	改变人像姿态 .flv

案例效果：

操作步骤：

(1) 身形的调整主要是对身高、形体、姿态、动势等方面进行调整。想要更改人物的动态可以通过“操控变形”命令去更改。打开素材“1.jpg”，如图 8-47 所示。

(2) 使用“磁性套索工具”得到人物的选区，如图 8-48 所示。接着按快捷键 <Ctrl+J> 将选区复制到独立图层。执行“编辑 > 操控变形”命令即可看到变形网格，如图 8-49 所示。

图 8-47

图 8-48

图 8-49

(3) 因为要调整腿部的动势，所以首先在膝盖部分添加控制点。然后拖动控制点，通过拖动可以发现人物同时也被旋转了，如图 8-50 所示。所以需要重新添加控制点，如图 8-51 所示。

(4) 控制点添加完成后，调整控制点的位置，以用来调整人物的动势，如图 8-52 所示。

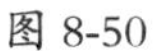

图 8-50

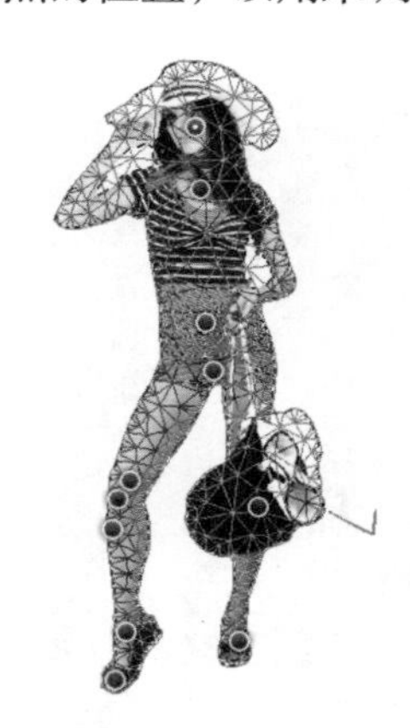

图 8-51

图 8-52

(5) 调整完成后，单击选项栏中的“提交当前操作”按钮☑。完成的对比效果如图 8-53 所示。

图 8-53

小提示： 操控变形的妙用。

操控变形不仅可以更改人物的动势，还可以为人像瘦身，它的效果和“液化”滤镜的效果相仿。

8.2.3 案例：调整身形

案例文件：	调整身形 .psd
视频教学：	调整身形 .flv

案例效果：

操作步骤：

(1) 每个人的镜头感不同，并不是每个人都能在镜头前做到自然，这些问题都在后期修饰中进行一定程度的弥补。打开素材“1.jpg”，如图 8-54 所示。可以看到人物有一些驼背，而且头微微向右倾斜，接下来就来调整人像身形。首先将“背景”图层复制一份，执行“编辑 > 操控变形”命令添加控制点。首先在脖子、腰部和膝盖处添加控制点，这几个控制点是为了保持身体的位置不动。接着在裙摆、肩膀、前胸和头部添加控制点。图 8-55 所示为控制点添加的位置。

图 8-54

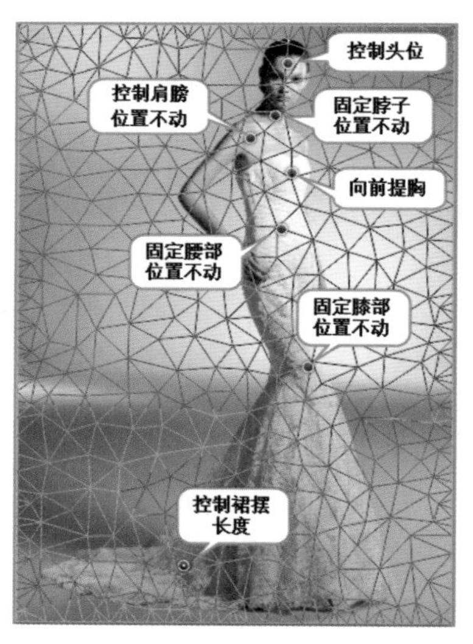

图 8-55

(2) 然后拖动头部、前胸和裙摆的控制点去调整人物的身形。将头部的控制点向左侧移动，胸部控制点向右侧移动，使人像驼背问题得到解决。裙摆的部分向左移动，拉长裙摆长度，如图 8-56 所示。调整完成后单击“提交当前操作”按钮✔，完成效果如图 8-57 所示。

图 8-56

图 8-57

8.2.4 案例：超强力瘦身

案例文件：	超强力瘦身 .psd
视频教学：	超强力瘦身 .flv

案例效果：

操作步骤：

(1) 体态丰满的女性拍摄的照片总是“不上相”，要想让照片看起来更加美观，可以使用“液化”滤镜为人物瘦身。打开人物素材“1.jpg”，如图 8-58 所示。图中的人物较为丰满，在本案例中主要为人像进行瘦身。

图 8-58

(2) 首先将“背景”图层复制一份。然后按快捷键 <Ctrl+R> 调出“标尺”，接着拖动出一条参考线放置在人物右手边的石柱处。通过观察可以发现石柱是倾斜的，如图 8-59 所示。接着，按快捷键 <Ctrl+T> 调出定界框，然后进行旋转，如图 8-60 所示。旋转完成后，按 <Enter> 键确定旋转操作。

图 8-59

图 8-60

(3) 执行“滤镜 > 液化”命令，在打开的“液化”对话框中选择“向前变形工具”，设置“画笔大小”为 400，然后将人物左右两侧的身形部分向内收缩，如图 8-61 所示。下面对细节进行调整。将“画笔大小”设置为 100，首先开始瘦手臂和脖子。将胸口的位置向下推，这样可以使脖子变得更加修长。接着提升腰线，使下半身看起来更加纤长，如图 8-62 所示。

图 8-61

图 8-62

(4) 下面调整人像的脚部。选择工具箱中的“褶皱工具”，设置“画笔大小”为 300，然后将鼠标指针移动至人物脚部，然后按住鼠标进行收缩，以达到瘦脚的效果，如图 8-63 所示。经过之前的一番调整，可以看到图像边缘出现了空白像素，接着使用“向前变形工具”将周围的像素涂抹到图像周边，如图 8-64 所示。

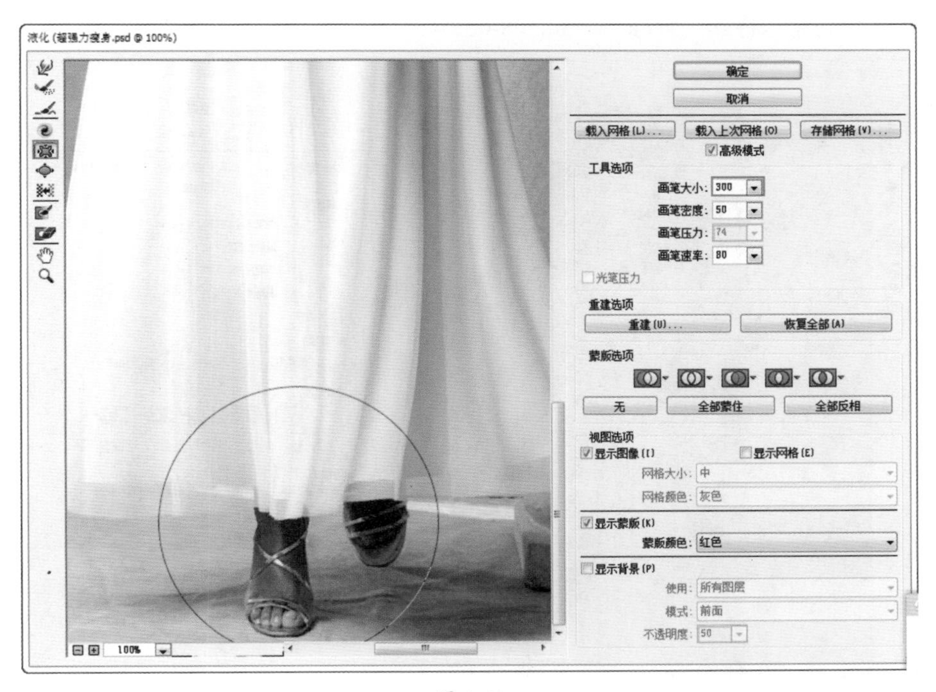

图 8-63

图 8-64

(5) 接着调整图像顶部的位置。调整到这个位置时，会发现使用“向前变形工具”会影响到人像，这时就需要使用“冻结蒙版工具”了。选择“冻结蒙版工具”，设置合适的笔尖大小在人物上涂抹，被涂抹的区域就会被保护起来，然后继续使用“向前变形工具”进行修补，如图 8-65 所示。图像周围的空白像素被修补完成后就不再需要蒙版了，这时就可使用“解冻蒙版工具”，在蒙版处涂抹将其“解冻”，如图 8-66 所示。

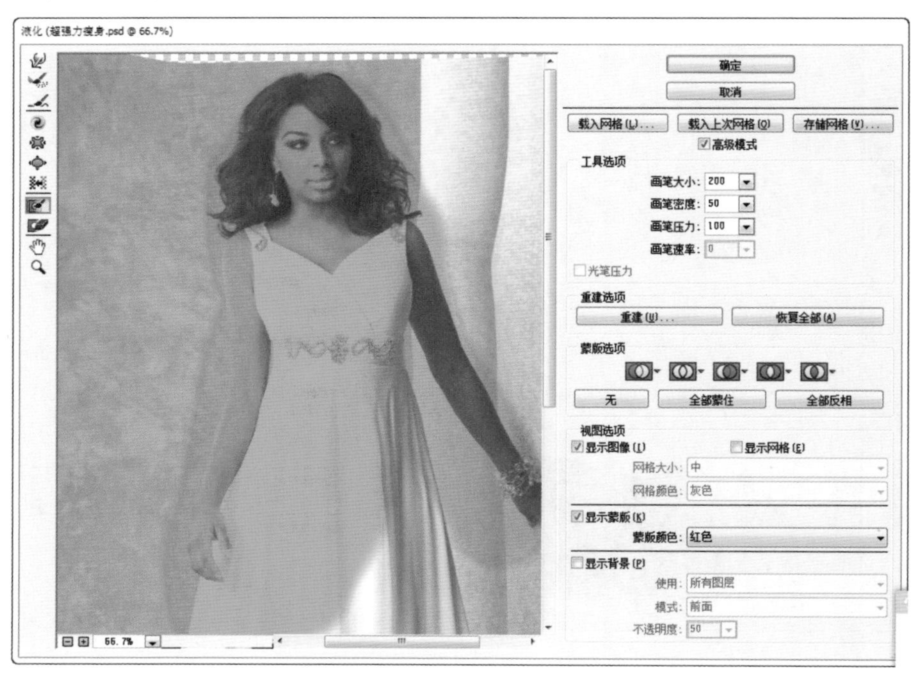

图 8-65

图 8-66

(6) 此时人物“瘦身”就完成了，可以看一下整体效果，通过观察发现石柱位置发生了变形，这些小的问题是在所难免的，只要及时发现并处理就可以了。使用“重建工具”在变形位置涂抹，以将其还原，如图 8-67 所示。调整完成后，单击“确定”按钮，完成的效果如图 8-68 所示。

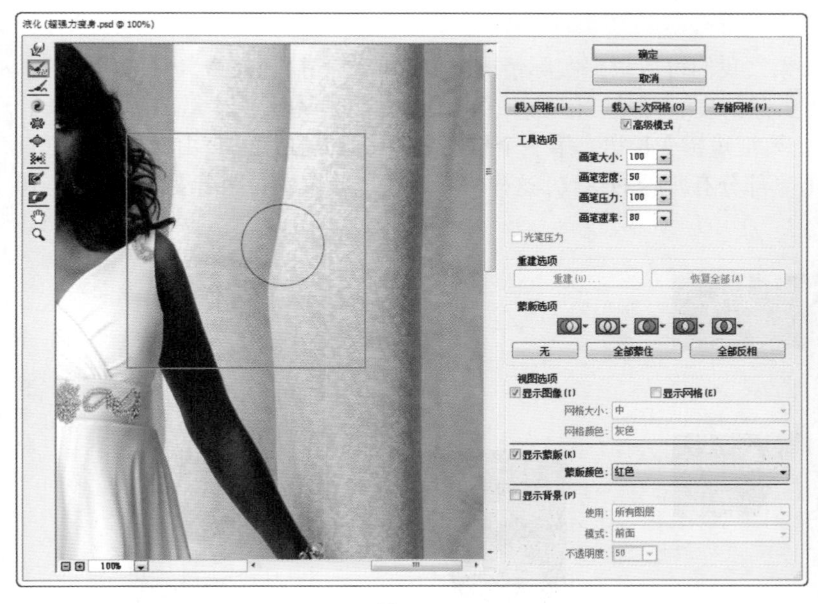

图 8-67

图 8-68

8.3 修饰服装

8.3.1 案例：短裙变长裙

案例文件：	短裙变长裙 .psd
视频教学：	短裙变长裙 .flv

案例效果：

操作步骤：

(1) 服装会影响拍摄效果，我们可以根据实际情况去修改着装。打开人物素材“1.jpg”，如图 8-69 所示。短款的婚纱虽然俏皮、可爱，但是少了几分女人味，本案例中就将短裙变长，让人物看起来更加妩媚动人。要把短裙变长裙，第一个想到的方法就是使用“自由变换”命令直接将裙子拉长，但是裙子的上半部分有刺绣的花纹，这样一变形这些花纹也会跟着变形，如图 8-70 所示。

图 8-69

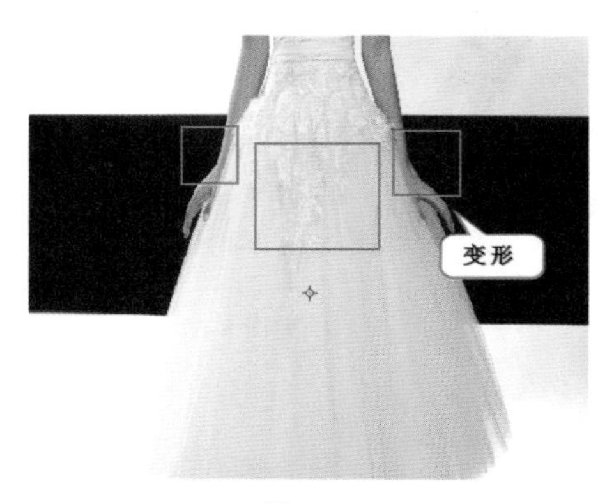

图 8-70

(2) 选择工具箱中的“套索工具” 沿着裙子的边缘进行绘制以得到裙子的选区，如图 8-71 所示。接着按快捷键 <Ctrl+J> 将选区复制到独立的图层。按快捷键 <Ctrl+T> 调出定界框，然后将裙子进行放大，如图 8-72 所示。调整到合适大小后，按 <Enter> 键确定操作。

图 8-71

图 8-72

(3) 接着利用图层蒙版将不需要的内容隐藏。单击“图层”面板底部的“添加图层蒙版”按钮，为该图层添加图层蒙版。接着选择工具箱中的“画笔工具”，设置“硬度”为 100%，然后设置一个合适的笔尖大小，在裙摆处涂抹。在涂抹过程中要注意裙褶的走向，这样才能看起来自然。蒙版状态如图 8-73 所示。

图 8-73

(4) 裙摆位置制作完成后，将画笔“硬度”设置为 0%，然后在裙摆以外的区域涂抹，以将裙摆以外的位置隐藏，蒙版状态如图 8-74 所示。此时画面效果如图 8-75 所示。

图 8-74

图 8-75

小技巧：如何选择一款适合自己的裙子

第一点，根据自己的身材选择适合的裙子长度。身材娇小的女生适合穿短裙，这样才能显得腿部修长；而身材较高、双腿修长的女性可以选择飘逸、比较有层次的长裙。

第二点，突出自己的优势。短裙可以炫耀你健美的双腿。及膝铅笔裙可以展示你结实的臂部。身材姣好的女孩穿刚好到膝盖的喇叭裙效果是最好的。永远不要穿下摆刚好在腿部最粗部位的裙子。

第三点，挑选裙子要适合自己的年纪和出席的场合。

第四点，裙子长度要和上衣风格搭配。

第五点，刚好到膝盖上方的裙子适合所有身高的女性。

8.3.2 案例：强化服装质感

案例文件：	强化服装质感 .psd
视频教学：	强化服装质感 .flv

案例效果：

操作步骤：

(1) 拍摄照片时，在画面中明暗对比较为强烈的情况下，都会选择以亮部作为参照的基调。因为若将画面中的暗部作为亮度的参照基调，亮部则会曝光过度。打开素材“1.jpg”，可以看到人物身上的黑色衣服细节缺失，就好像在一个平面上，缺乏立体感，如图 8-76 所示。

图 8-76

(2) 接下来提高衣服的亮度。执行“图层 > 新建调整图层 > 曲线”命令，因为衣服是整个画面中最暗部分，所以在曲线的下半部分添加控制点，然后将控制点向上拖动如图 8-77 所示。此时画面效果如图 8-78 所示。

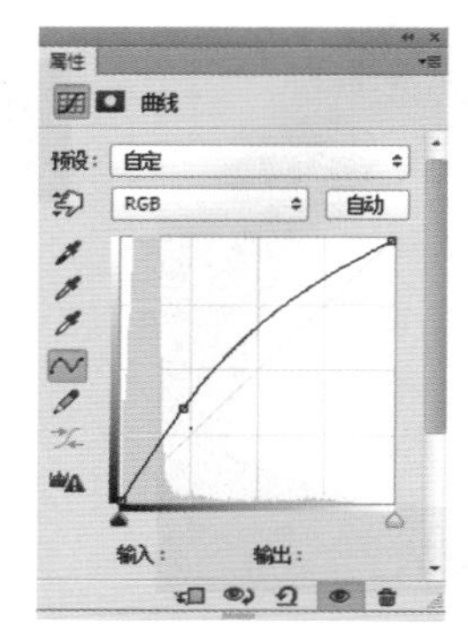

图 8-77

图 8-78

（3）因为衣服本身是丝绸质感的，所以有很明显的反光，所以在曲线的上半部分添加控制点并将其向上拖动，曲线状态如图 8-79 所示。画面效果如图 8-80 所示。

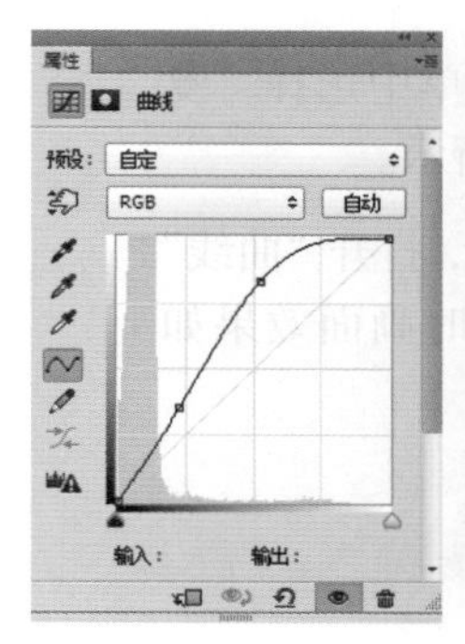

图 8-79

图 8-80

（4）接着利用图层蒙版将衣服以外的调色效果隐藏。将图层蒙版填充为黑色，然后使用白色的柔角画笔在衣服位置涂抹，蒙版状态如图 8-81 所示。衣服效果如图 8-82 所示。

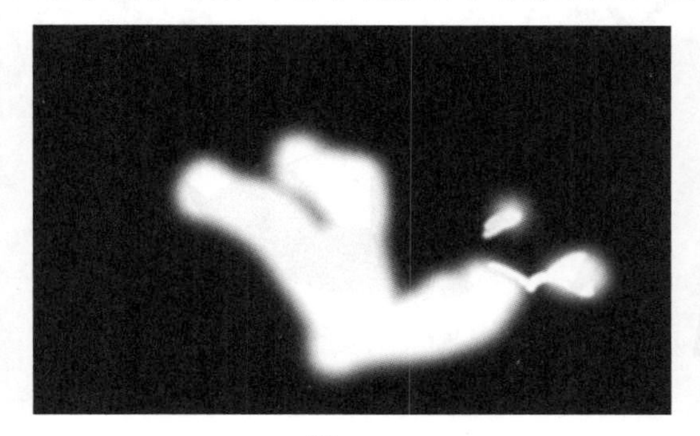

图 8-81

图 8-82

（5）接下来制作衣服上的反光。首先要使用通道得到衣服上的高亮部分选区。进入到通道中观察各个通道效果，图 8-83~图 8-85 所示为不同通道的状态，在这里可以看到“红”通道中衣服的细节最明显。

图 8-83

图 8-84

图 8-85

(6) 选择“红”通道右击，在打开的菜单中选择“复制通道”命令，复制“红”通道，如图 8-86 所示。

(7) 接着执行“图像 > 调整 > 曲线”命令，打开“曲线”对话框，调整曲线形状，如图 8-87 所示。此时画面效果如图 8-88 所示。

图 8-86

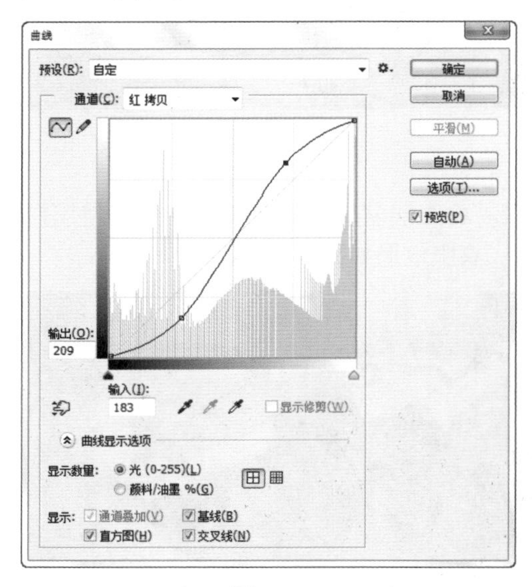

图 8-87

图 8-88

(8) 因为我们只需要得到衣服部分的选区，所以使用黑色的柔角画笔将衣服以外的位置涂抹成黑色，蒙版状态如图 8-89 所示。

(9) 然后单击“通道”面板底部的“将通道作为选区载入”按钮 ，如图 8-90 所示。虽然在画面中并不能看到选区，但是选区是存在的，因为画面中的灰色的选区是不可见的。

图 8-89

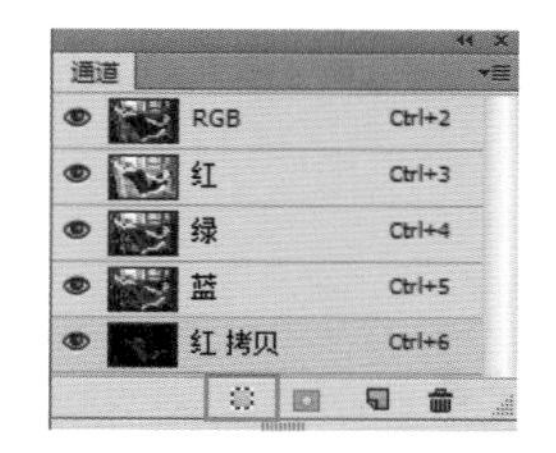

图 8-90

(10) 接着回到“图层”面板中。然后执行“图层 > 新建调整图层 > 曲线”命令，此时新建的“曲线 2”调整图层会自动基于选区添加蒙版，如图 8-91 所示。蒙版状态如图 8-92 所示。

(11) 接下来对衣服进行调色。在这里需要将衣服调整为深青色。首先设置通道为“蓝”，然后调整曲线形状如图 8-93 所示。此时衣服颜色如图 8-94 所示。

图 8-91

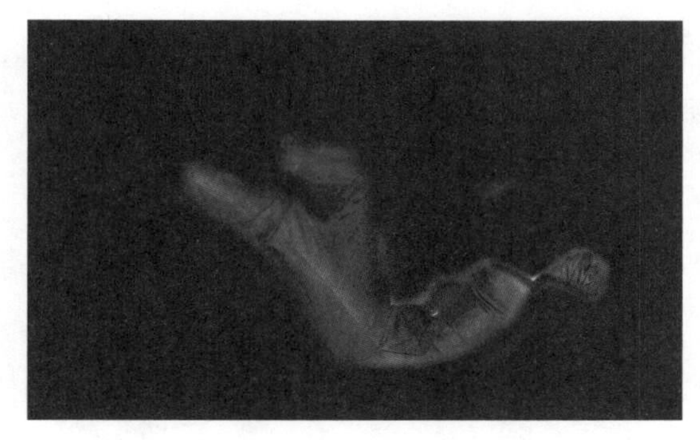

图 8-92

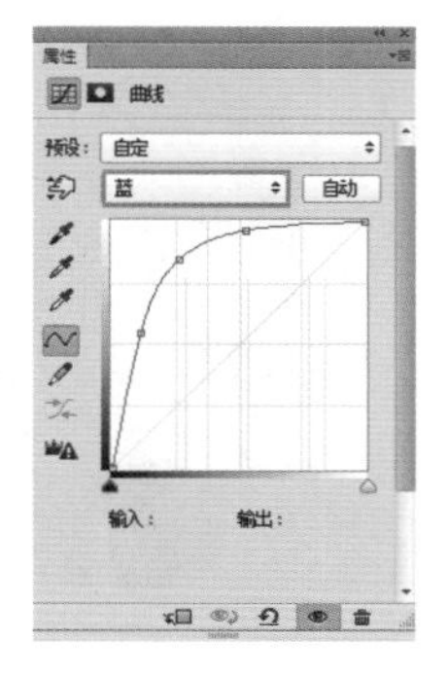

图 8-93

图 8-94

（12）接下来增加绿色的数量。进入到“绿”通道，然后调整曲线形状如图 8-95 所示。此时衣服效果如图 8-96 所示。

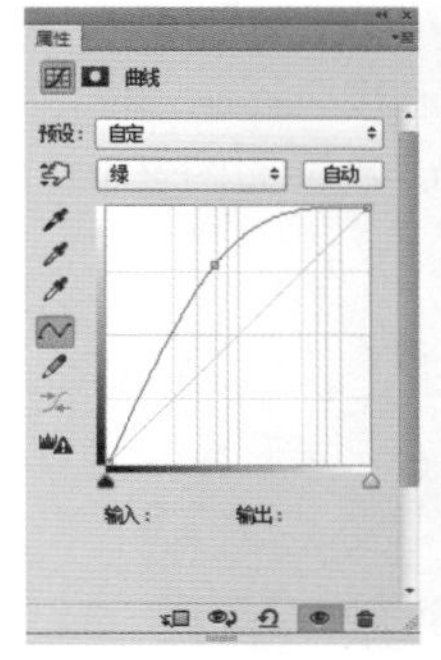

图 8-95

图 8-96

（13）最后将衣服上的光泽再增加一些。设置通道为“RGB”，然后提亮曲线，如图 8-97 所示。此时衣服效果如图 8-98 所示。

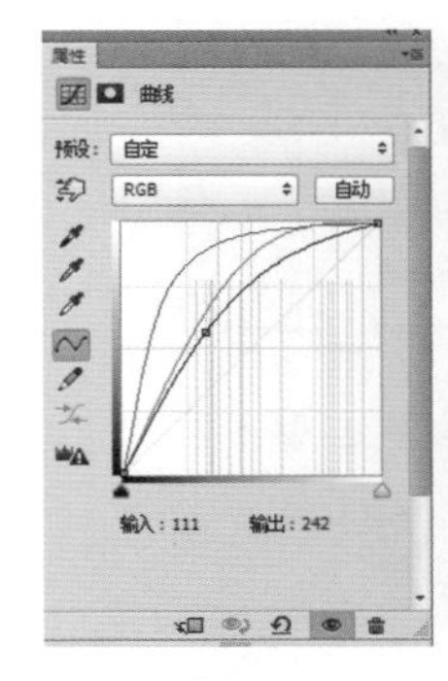

图 8-97

图 8-98

8.3.3 案例：给衣服换颜色

案例文件：	给衣服换颜色 .psd
视频教学：	给衣服换颜色 .flv

案例效果：

操作步骤：

(1) 拍摄时穿的衣服颜色不喜欢，与画面不搭，没关系，想要为衣服换颜色，可以使用“色相 / 饱和度”命令进行调整。打开人物素材“1.jpg”，如图 8-99 所示。

(2) 执行“图层 > 新建调整图层 > 色相 / 饱和度”命令，在“色相 / 饱和度”属性面板中设置“色相”为 55，参数设置如图 8-100 所示。此时画面效果如图 8-101 所示。

图 8-99

图 8-100

图 8-101

(3) 接着将衣服以外的调色效果隐藏。首先将调整图层填充为黑色，然后使用白色的柔角画笔在衣服上涂抹，蒙版状态如图 8-102 所示。服装效果如图 8-103 所示。

(4) 衣服的颜色调整完成后，但是它的环境色却没有改变，例如，在胳膊的位置环境色仍然为橘黄色，如图 8-104 所示。

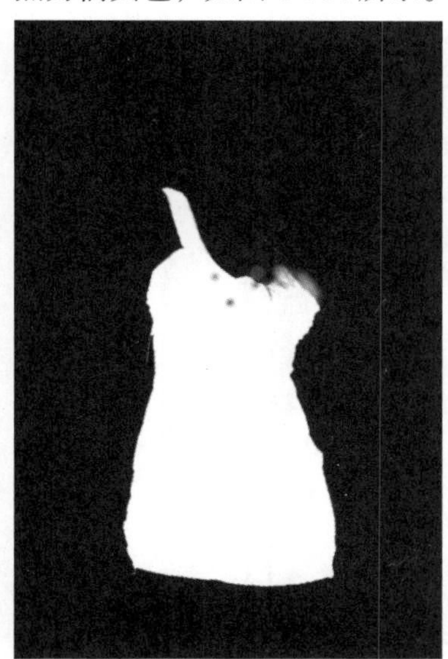

图 8-102

图 8-103

图 8-104

(5) 选择“色相 / 饱和度”调整图层蒙版，然后选择一个柔角画笔，适当降低画笔的“不透明度”，然后在胳膊的内侧位置涂抹，蒙版状态如图 8-105 所示。此时画面效果如图 8-106 所示。

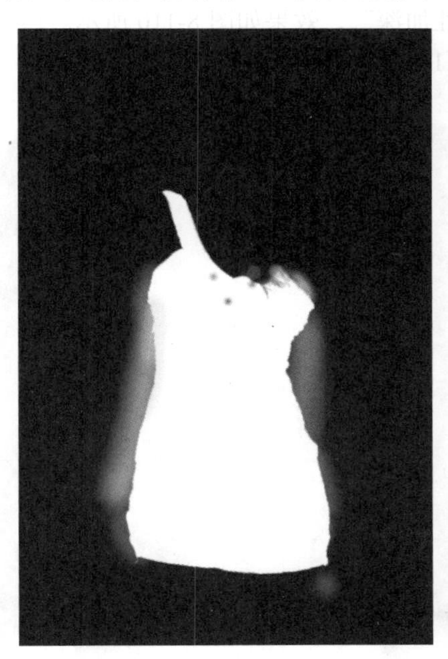

图 8-105

图 8-106

(6) 当然也可以通过拖动“色相/饱和度”属性面板中“色相”滑块，将衣服更改为其他颜色，如图 8-107 和图 8-108 所示。

图 8-107

图 8-108

(7) 还可以通过为图层添加“混合模式”的方法为衣服添加图案。首先将图案放置在衣服上方，如图 8-109 所示。然后设置“混合模式”为“线性加深”，效果如图 8-110 所示。然后利用图层蒙版将多出的裙子的像素隐藏，完成效果如图 8-111 所示。

图 8-109

图 8-110

图 8-111

8.3.4 案例：自制“美甲”效果图

案例文件：	自制“美甲”效果图 .psd
视频教学：	自制“美甲”效果图 .flv

案例效果：

操作步骤：

(1) “美甲”是一种对指甲进行装饰美化的工作，又称甲艺设计。在本案中就是为指甲添加花纹装饰，进行“美甲”。打开素材“1.jpg”，如图 8-112 所示。

(2) 首先增加指甲上的光泽感。执行“图层 > 新建调整图层 > 曲线”命令，在打开的“曲线”属性面板中调整曲线形状如图 8-113 所示。此时画面效果如图 8-114 所示。

图 8-112

图 8-113

图 8-114

(3) 接着将图层蒙版填充为黑色，然后使用白色的硬角画笔在指甲上涂抹。蒙版状态如图 8-115 所示。此时指甲效果如图 8-116 所示。

图 8-115

图 8-116

(4) 将素材“2.jpg”置入到画面中，按 <Enter> 键完成置入，如图 8-117 所示。然后执行“图层 > 智能对象 > 栅格化”命令，将图层栅格化。接着设置该图层的混合模式为“正片叠底”，画面效果如图 8-118 所示。

图 8-117

图 8-118

(5) 接着将“曲线”调整图层的图层蒙版复制给该图层，画面效果如图 8-119 所示。使用同样的方式制作另一只手的指甲，效果如图 8-120 所示。

(6) 若觉得指甲上的花纹不合适，可以移动花纹的位置。首先将图像和蒙版取消链接，选择需要取消链接的图层，执行“图层 > 图层蒙版 > 取消链接”命令，将图像和蒙版取消链接，如图 8-121 所示。选择图层缩览图，然后使用“移动工具” ，调整图像。完成效果如图 8-122 所示。

图 8-119

图 8-120

图 8-121

图 8-122

8.3.5 案例：透过墨镜看世界

案例文件：	透过墨镜看世界 .psd
视频教学：	透过墨镜看世界 .flv

案例效果：

操作步骤：

(1) 玻璃材质具有反射的特点，在拍摄戴墨镜的人物时，若在墨镜中带有反射的图案，可以增加图像的趣味性。本案例就来制作墨镜反射的效果。打开素材“1.jpg”，如图 8-123 所示。

(2) 执行“文件 > 置入”命令，置入素材“2.jpg”，按 <Enter> 键确定置入。然后执行“图层 > 智能对象 > 栅格化”命令，将刚刚置入的素材“2.jpg”转换为普通图层，并将图层命名为“1”，如图 8-124 所示。接着将人物素材旋转，为了让旋转效果更加明显，可以将图层调整为 40% 左右，然后按快捷键 <Ctrl+T> 调出定界框，旋转后的效果如图 8-125 所示。

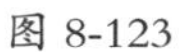
图 8-123

图 8-124

图 8-125

(3) 接着将图层的“不透明度”调整为 100%，将混合模式设置为“柔光”，如图 8-126 所示。此时画面效果如图 8-127 所示。

(4) 将图层“1”隐藏，然后选择工具箱中的“快速选择工具”，调整合适的笔尖大小，在墨镜上进行拖动得到墨镜的选区，如图 8-128 所示。

图 8-126

图 8-127

图 8-128

(5) 得到墨镜选区后，将图层“1”显示出来。选择图层“1”，单击“图层”面板底部的“添加图层蒙版”按钮，基于选区为该图层添加图层蒙版，效果如图 8-129 所示。

图 8-129

(6) 此时墨镜上的反光不太明显，可以通过复制图层的方法增加反光。选择图层“1”，将其拖动至“新建图层”按钮处，松开鼠标即可得到“1 拷贝”图层，如图 8-130 所示。此时可以看到墨镜上的反光更加强烈了。完成效果如图 8-131 所示。

图 8-130

图 8-131

第 9 章

人像照片环境处理

9.1 案例：突出主体人物

案例文件：	突出主体人物 .psd
视频教学：	突出主体人物 .flv

案例效果：

操作步骤：

(1) 按 <Ctrl+O> 快捷键打开图片“1.jpg”，如图 9-1 所示。突出画面主体的方法有很多种，例如，将主体以外的内容压暗、提亮、降低饱和度、模糊、马赛克等。本案例采用降低饱和度的方法。按快捷键 <Ctrl+J> 复制图层，执行“图像 > 调整 > 去色”命令将图片变成黑白色，如图 9-2 所示。

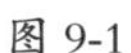
图 9-1

图 9-2

(2) 为了显示出最前方的主体人物，选择“黑白”图层，单击“图层”面板底部的“添加图层蒙版”按钮，建立蒙版。使用黑色画笔在人像位置涂抹，将人物上方的调色效果隐藏。蒙版效果如图 9-3 所示。画面效果如图 9-4 所示。

图 9-3

图 9-4

(3) 我们还可以通过把主体人物周围事物变模糊来突出主体。选择“黑白”图层，执行“滤镜 > 模糊 > 高斯模糊”命令，在打开的“高斯模糊”对话框中设置“半径”为“1.5”像素，然后单击“确定”按钮，如图 9-5 所示。效果如图 9-6 所示。

图 9-5

图 9-6

(4) 最后可以为主体人物进行调色操作。执行“图层 > 新建调整图层 > 曲线”命令，在打开的“曲线”属性面板中选择“蓝”通道，调整曲线形状如图 9-7 所示。最后选择“RGB”通道，稍微降低亮度以配合周围环境，曲线形状如图 9-8 所示。此时画面效果如图 9-9 所示。

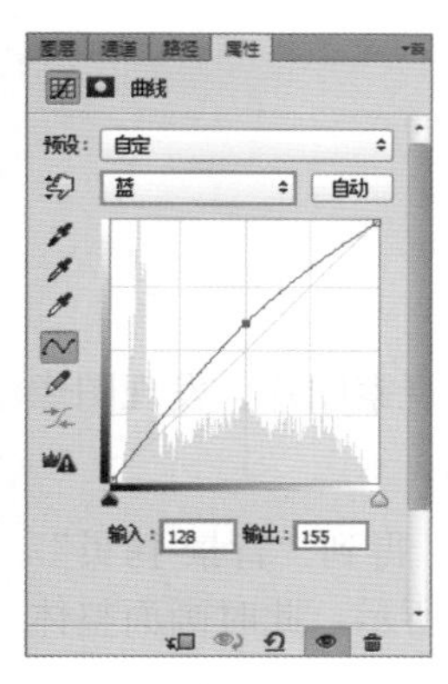

图 9-7

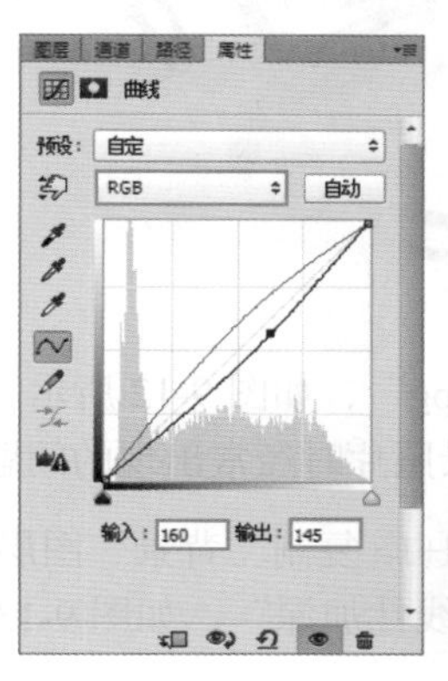

图 9-8

图 9-9

(5) 为了只对主体人物进行调整，可以复制“去色”图层上的人物蒙版。按住 <Alt> 键并在蒙版按住左键拖动到曲线蒙版位置上，系统提示是否替换蒙版，选择“是”按钮。选择替换的蒙版按“反色”快捷键 <Ctrl+I> 互换成黑白相反颜色，如此我们就能使主体人物以外的选区不受影响，画面效果如图 9-10 所示。最终效果如图 9-11 所示。

图 9-10

图 9-11

9.2 案例：美化背景天空

案例文件：	美化背景天空 .psd
视频教学：	美化背景天空 .flv

案例效果：

操作步骤：

(1) 执行“文件 > 打开”命令，打开图片“1.jpg”，如图 9-12 所示。观察图片，发现图像中的天空颜色黯淡，这种效果也是我们平时拍摄外景照片时经常出现的问题。

(2) 首先增加天空中的蓝色调。按快捷键 <Ctrl+J> 复制“背景”图层，得到“背景 拷贝”图层。然后设置“背景 拷贝”图层的混合模式为“线性加深”，如图 9-13 所示。此时画面整体产生了一种变暗的效果，如图 9-14 所示。

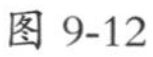

图 9-12

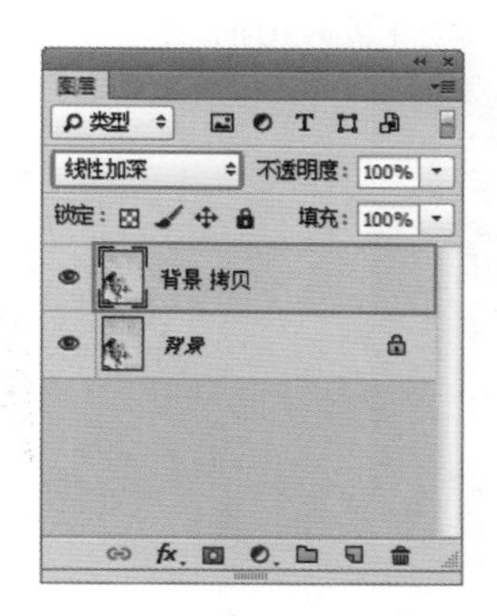

图 9-13

图 9-14

(3) 因为我们只想增加天空的蓝色调，所以接下来为“背景 拷贝”图层添加蒙版，将人物身上的效果隐藏。单击工具箱中的“钢笔工具”，然后沿人物的轮廓绘制。绘制完成后按快捷键 <Ctrl+Enter> 将路径转化为选区，如图 9-15 所示。接着按快捷键 <Ctrl+Shift+I> 反向选区，得到背景选区。单击“图层”面板底部的“添加图层蒙版”按钮，将人物身上的效果隐藏，效果如图 9-16 所示。

图 9-15

图 9-16

(4) 接下来调整天空的亮度以及对比度。执行“图层 > 新建调整图层 > 曲线”命令，打开“曲线”属性面板，先在“RGB”通道中调整曲线形态，使天空变得明亮透彻。曲线形态如图 9-17 所示。效果如图 9-18 所示。

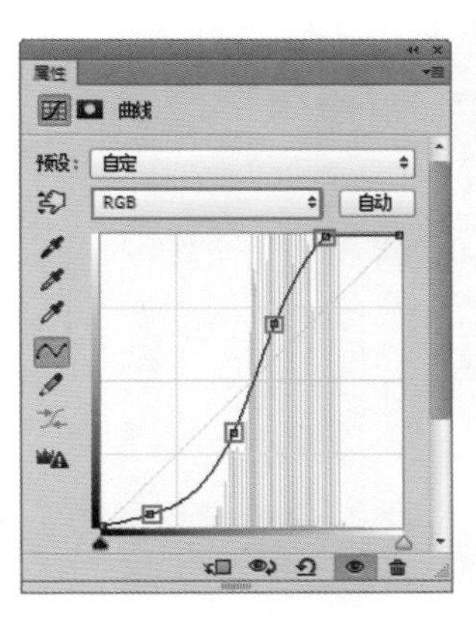

图 9-17

图 9-18

(5) 接着在“蓝”通道中调整曲线，为天空增加蓝色。曲线形态如图 9-19 所示。效果如图 9-20 所示。

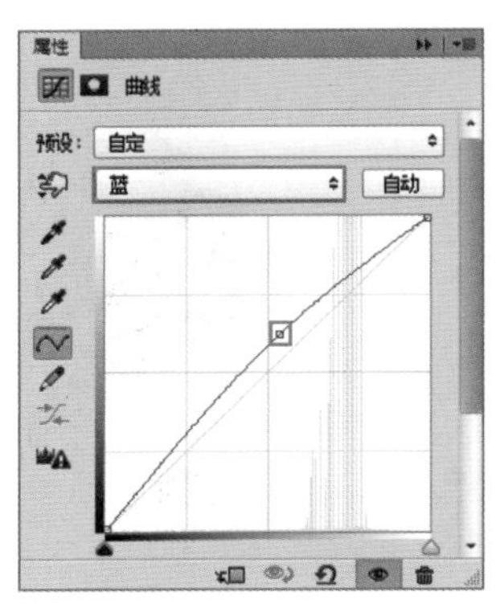

图 9-19

图 9-20

(6) 同样因为我们只想调整天空，所以接下来将人物身上的效果隐藏。按住 <Alt> 键并拖动“背景 拷贝”图层的图层蒙版，将其移动到“曲线”图层的蒙版位置，以替换当前曲线的蒙版，如图 9-21 所示。画面效果如图 9-22 所示。

图 9-21

图 9-22

(7) 观察图片，发现整个画面缺少对比度。首先使用“曲线”为画面增加对比度。执行“图层 > 新建调整图层 > 曲线”命令，打开“曲线”属性面板，先在“RGB”通道中调整曲线形态。曲线形态如图 9-23 所示。效果如图 9-24 所示。

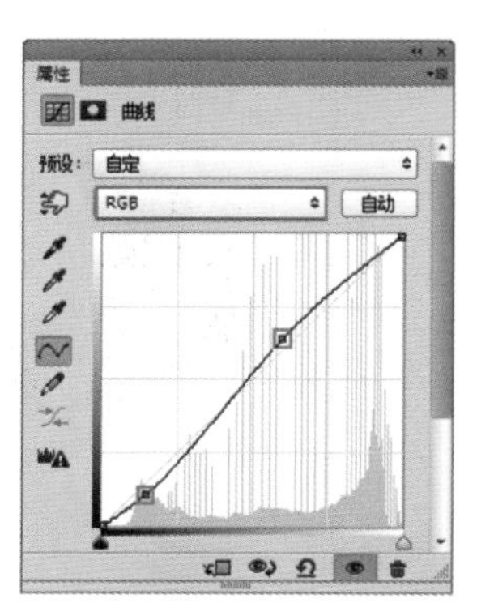

图 9-23

图 9-24

(8) 接着在“蓝”通道中调整曲线，为人物照片添加冷调色感。曲线形态如图 9-25 所示。效果如图 9-26 所示。执行“文件 > 置入”命令，置入素材“2.png”，按 <Enter> 键确定置入，最终效果如图 9-27 所示。

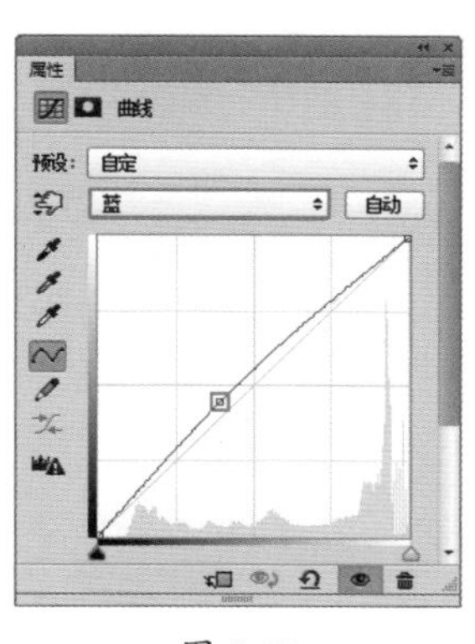

图 9-25

图 9-26

图 9-27

9.3 案例：净化影棚背景

案例文件：	净化影棚背景 .psd
视频教学：	净化影棚背景 .flv

案例效果：

操作步骤：

(1) 在影棚里拍摄照片时，影棚的背景布通常会有褶皱或污损，这时可以通过后期处理美化照片。打开人物素材“1.jpg”，如图 9-28 所示。在这张图像中，画面的左下角可以看到背景布以外的部分，而且背景布也比较脏，人物的皮肤不够白皙，作为道具的电视机的颜色也不够鲜艳。接下来就使用 Photoshop 进行调整。

图 9-28

(2) 首先将左下角的黑色瑕疵去除。选择工具箱中的“仿制图章工具”，将笔尖大小设置为 200 像素，然后将鼠标指针移动至正常背景处按住 <Alt> 键取样，如图 9-29 所示。取样完成后在黑色瑕疵处涂抹，效果如图 9-30 所示。

图 9-29

图 9-30

(3) 此时腿部和脚踝的位置有很多肤色不均的地方，如图 9-31 所示。继续使用“仿制图章工具”进行修复，效果如图 9-32 所示。

(4) 接下来提高背景的亮度。首先需要得到背景的选区。执行“选择 > 色彩范围”命令，打开“色彩范围”对话框，设置“颜色容差”为 30，设置完成后在背景处单击，如图 9-33 所示。此时背景还没有全部变为黑色，单击“添加到取样”按钮，然后在没有选中的背景处单击，如图 9-34 所示。继续在背景处单击选择背景，当背景处都变为白色后，单击“确定”按钮，如图 9-35 所示。

图 9-31

图 9-32

图 9-33

图 9-34

图 9-35

(5) 随即会得到背景的选区，若有多出背景的选区，可以通过选区的运算将这些选区去除。选择工具箱中的“套索工具”，然后单击选项栏中的“从选区中减去”按钮，接着在不需要的选区处进行绘制减去选区，如图 9-36 所示。最后只得到背景的选区，效果如图 9-37 所示。

图 9-36

图 9-37

(6) 得到选区后，按快捷键 <Ctrl+J> 将选区复制到独立图层，然后将这个图层命名为“色彩范围”，如图 9-38 所示。

(7) 使用“减淡工具”增加背景的亮度。选择工具箱中的“减淡工具”，设置合适的笔尖大小，然后设置“范围”为“中间调”，“曝光度”为 100%，设置完成后在背景位置涂抹，效果如图 9-39 所示。

(8) 接下来提亮皮肤亮度。因为腿部和胳膊受光不同，所以颜色有细微的差别，在这里要分两个步骤进行调整。首先调整腿部的暗部区域，这里需要利用通道进行亮部选区的提取。进入“通道”面板中，通过观察各个通道后，“蓝”通道中腿部的明暗对比比较明显，所以需要将“蓝”通道进行复制，如图 9-40 所示。

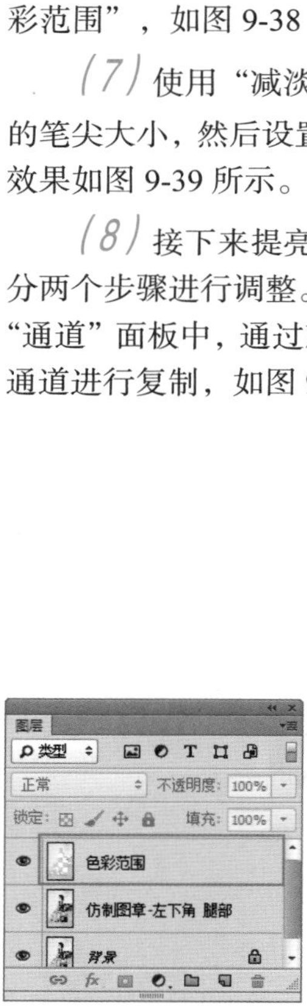

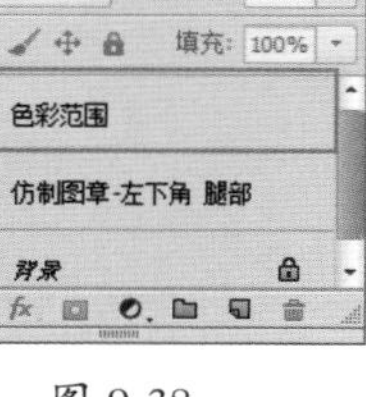

图 9-38

图 9-39

通道
RGB Ctrl+2
红 Ctrl+3
绿 Ctrl+4
蓝 Ctrl+5
蓝 拷贝 Ctrl+6

图 9-40

(9) 下面增加腿部和背景的对比度。执行“图像 > 调整 > 曲线”命令，在打开的曲线对话框中调整曲线形状如图 9-41 所示。此时画面效果如图 9-42 所示。

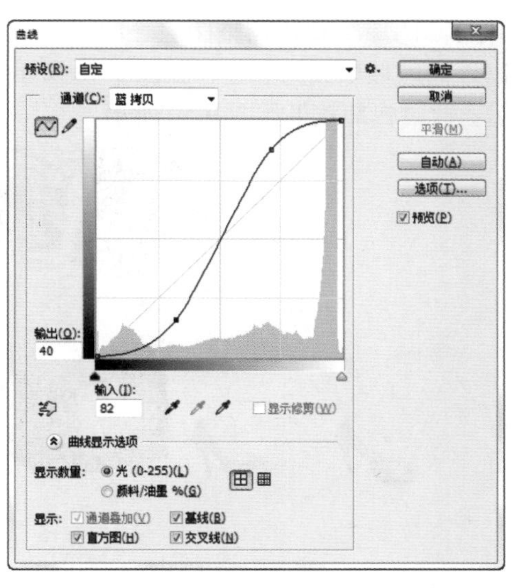

图 9-41

图 9-42

(10) 执行“图像 > 调整 > 反向”命令，得到的反向效果如图 9-43 所示。接着执行“图像 > 调整 > 色阶”命令，在“色阶”对话框中将黑场滑块和中间调滑块向右拖动，如图 9-44 所示。此时画面效果如图 9-45 所示。

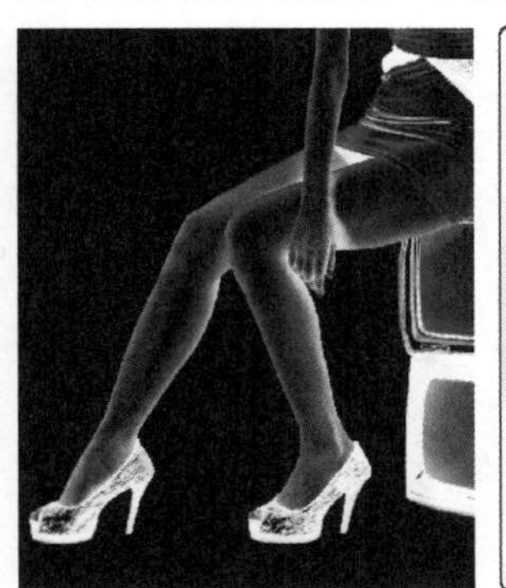

图 9-43

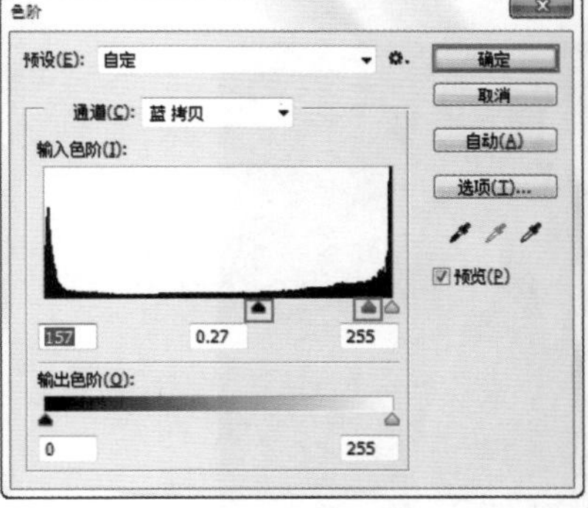

图 9-44

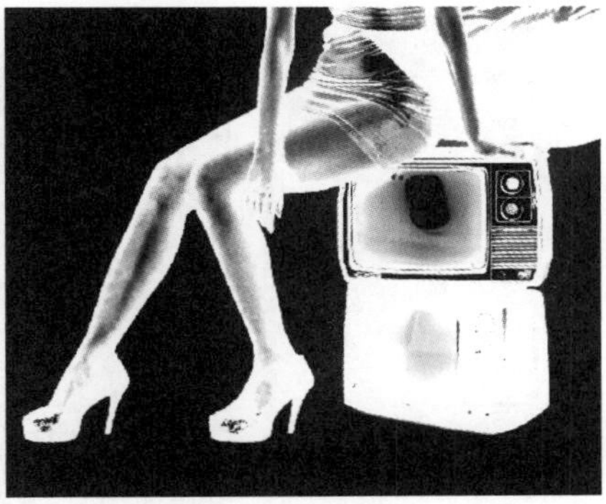

图 9-45

(11) 因为只需要得到腿部的选区，所以需要使用黑色的画笔将腿部以外的位置涂抹为黑色，效果如图 9-46 所示。单击“通道”面板底部的“将通道作为选区载入”按钮，得到腿部的选区，如图 9-47 所示。

图 9-46

图 9-47

(12) 得到选区后回到“图层”面板中，接着执行“图层 > 新建调整图层 > 曲线”命令，执行该命令后调整图层会自动地创建蒙版并将腿部以外的区域填充为黑色，如图 9-48 所示。接着在“曲线”属性面板中调整曲线形状如图 9-49 所示。此时腿部效果如图 9-50 所示。

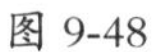

图 9-48

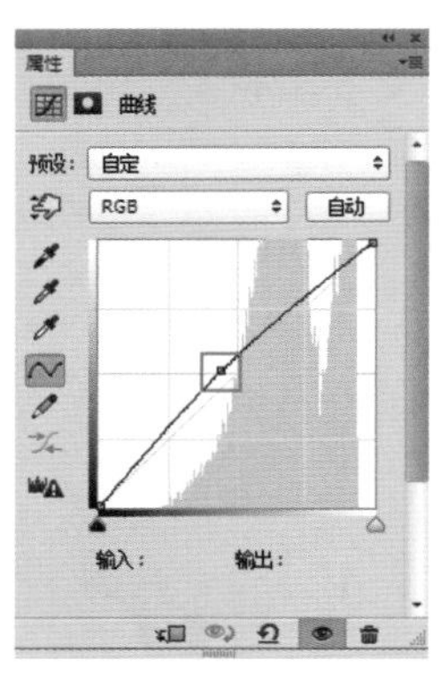

图 9-49

图 9-50

(13) 接下来调整上半身皮肤的颜色，这部分肌肤呈现出曝光过度的问题。执行“图层 > 新建调整图层 > 曲线”命令，设置通道为“绿”，调整曲线形状如图 9-51 所示。接着在蒙版中填充黑色，使用白色画笔涂抹皮肤中高亮部分，蒙版效果如图 9-52 所示。此时皮肤效果如图 9-53 所示。

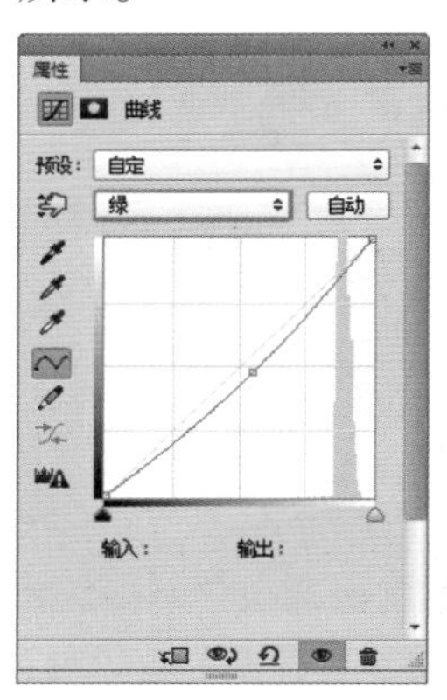

图 9-51

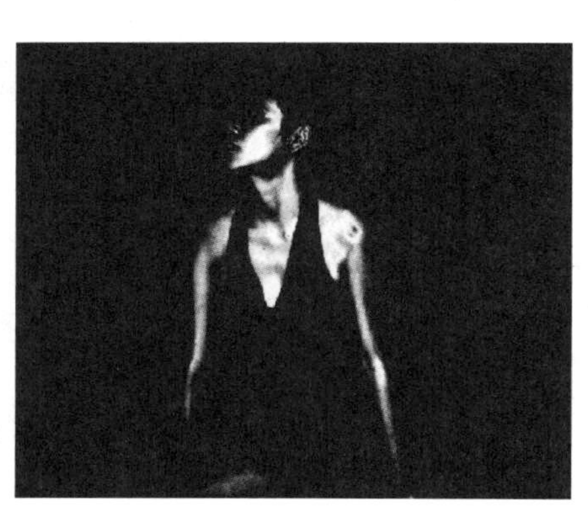

图 9-52

图 9-53

(14) 由于这部分皮肤曝光过度，所以要压暗它的亮度。设置通道为“RGB”然后调整形状，如图 9-54 所示。此时皮肤效果如图 9-55 所示。

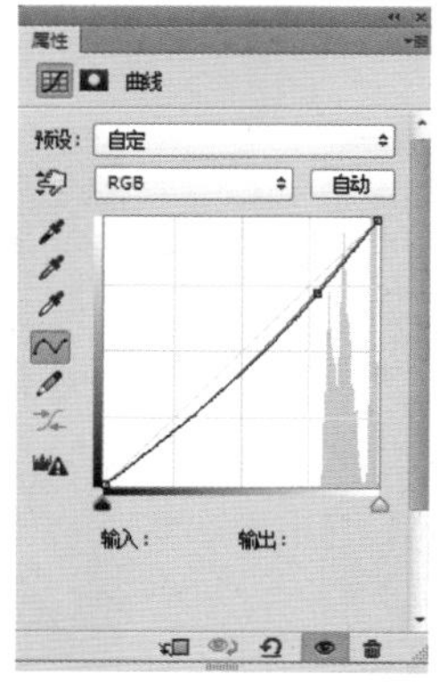

图 9-54

图 9-55

(15) 接下来为了让画面颜色更加自然，可以降低画面的“自然饱和度”。执行“图层 > 新建调整图层 > 自然饱和度”命令，在打开的“自然饱和度”属性面板中设置“自然饱和度”为 –8，参数设置如图 9-56 所示。效果如图 9-57 所示。

图 9-56

图 9-57

(16) 接下来调整电视机道具的颜色。执行“图层 > 新建调整图层 > 色相 / 饱和度”命令，然后设置颜色为“红色”，设置“色相”为 27，“饱和度”为 43，参数设置如图 9-58 所示。设置完成后的画面效果如图 9-59 所示。

图 9-58

图 9-59

(17) 因为调色效果影响到了其他区域，所以要利用图层蒙版将调色效果隐藏，只保留电视机的位置。首先将图层蒙版填充为黑色，然后使用白色的柔角画笔在电视机处涂抹，蒙版效果如图 9-60 所示。此时画面效果如图 9-61 所示。

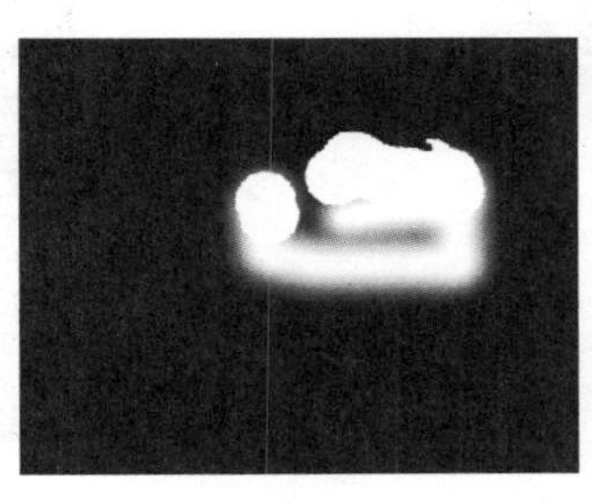

图 9-60

图 9-61

(18) 调整黑色的电视机和头发。因为这两部分是画面中较暗的部分，细节缺失严重，在这里需要使用“曲线”命令将画面调亮。首先按快捷键 <Ctrl+Shift+Alt+E> 将图层进行盖印，并将盖印的图层命名为“盖印”图层，如图 9-62 所示。

图 9-62

(19) 接着新建一个曲线调整图层，设置曲线形状如图 9-63 所示。然后将图层蒙版填充为黑色，使用白色的柔角画笔在头发和黑色电视机的位置涂抹，蒙版效果如图 9-64 所示。效果如图 9-65 所示。

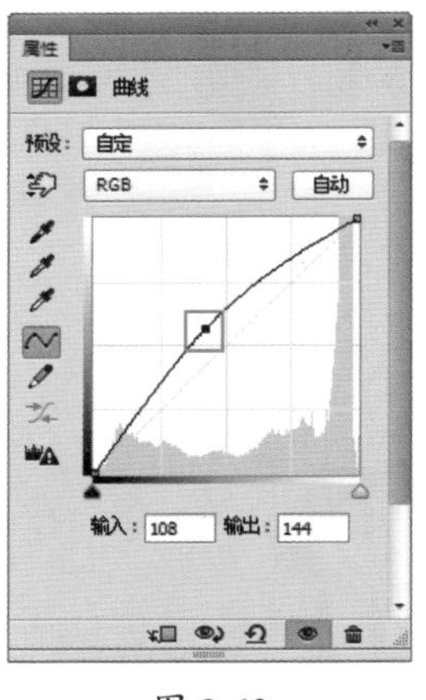

图 9-63

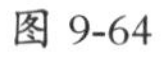

图 9-64

图 9-65

(20) 因为画面中没有过多的色彩，所以可以将黑色的电视机调整为橘红色。新建一个图层，将前景色设置为橘红色，然后使用“画笔工具”在电视机上涂抹，如图 9-66 所示。接着设置该图层的混合模式为“叠加”，如图 9-67 所示。效果如图 9-68 所示。

图 9-66

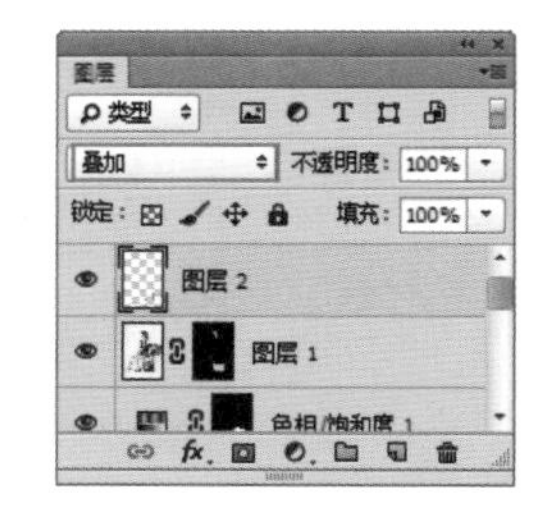

图 9-67

(21) 本案例制作完成，效果如图 9-69 所示。

图 9-68

图 9-69

9.4 案例：虚化背景以突出主体

案例文件：	虚化背景以突出主体 .psd
视频教学：	虚化背景以突出主体 .flv

案例效果：

操作步骤：

(1) 在拍摄外景照片时，人物很难从繁杂的背景中脱颖而出，我们可以通过在 Photoshop 中虚化背景、减弱背景的色彩去突出主体。打开素材“1.jpg”，如图 9-70 所示。在该图中，人物着装颜色较深，又颔首低眉所以不够抢眼，而左侧的青色墙体颜色鲜艳却很是抢镜。接下来通过将背景进行虚化、弱化颜色，去突出主体人物。

图 9-70

(2) 由于图像拍摄效果较为模糊，所以首先将图像进行锐化。执行“滤镜 > 锐化 > 智能锐化”命令，在“智能锐化”对话框中设置“数量”为 180%，“半径”为 1.5 像素，“移去”为“高斯模糊”，设置“阴影”的“渐隐量”为 0%，“色调宽度”为 50%，“半径”为 1 像素；设置“高光”的“渐隐量”为 0%，“色调宽度”为 50%，“半径”为 1 像素，参数设置如图 9-71 所示。设置完成后，单击“确定”按钮，效果如图 9-72 所示。

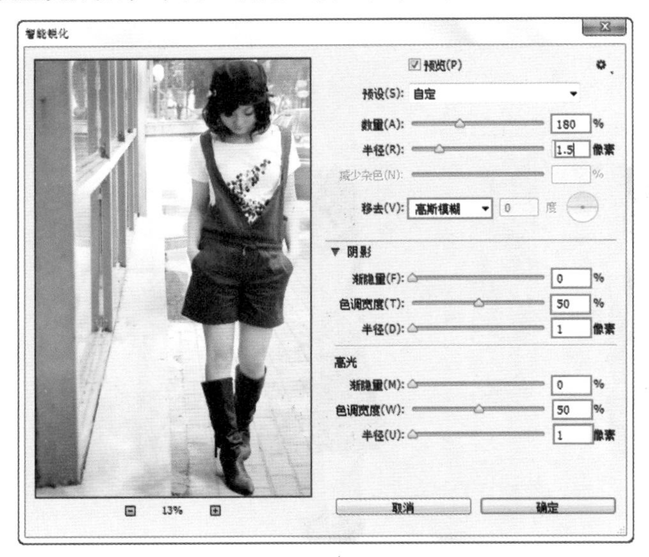

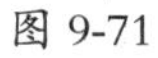

图 9-71

图 9-72

(3) 接下来模糊背景。首先按快捷键 <Ctrl+Shift+Alt+E> 将图层进行盖印。选择这个盖印图层，执行“滤镜 > 模糊 > 高斯模糊”命令，在“高斯模糊”对话框中设置“半径”为 30 像素，参数设置如图 9-73 所示。画面效果如图 9-74 所示。

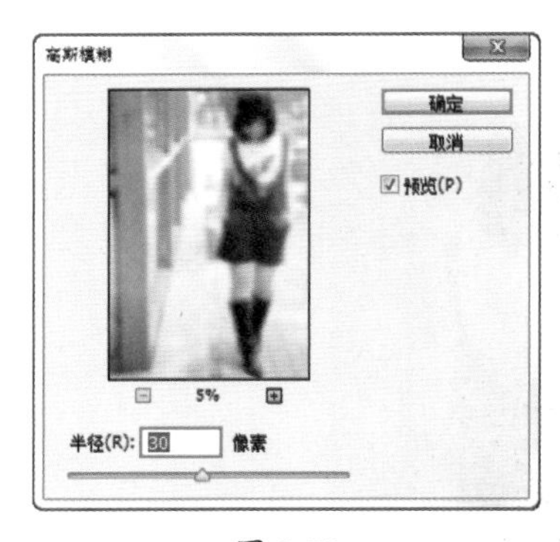

图 9-73

图 9-74

(4) 接下来利用图层蒙版将人物部分的模糊效果隐藏。选择合并的图层，然后单击“图层”面板底部的“添加图层蒙版”按钮为该图层添加图层蒙版。如图 9-75 所示。然后使用黑色的柔角画笔在人物上涂抹，蒙版效果如图 9-76 所示。此时画面效果如图 9-77 所示。

图 9-75

图 9-76

图 9-77

(5) 背景虚化完成后可以看见左侧的墙体颜色还是过于鲜艳，下面对画面进行去色。执行“图层 > 新建调整图层 > 色相 / 饱和度”命令，在“色相 / 饱和度”属性面板中设置“饱和度”为 –100，“明度”为 30，参数设置如图 9-78 所示。此时画面效果如图 9-79 所示。

(6) 接着将“图层 1”的图层蒙版复制给“色相 / 饱和度”调整图层。选择“图层 1”的图层蒙版，按住 <Alt> 键将蒙版拖动至“色相 / 饱和度”调整图层的蒙版位置，如图 9-80 所示。然后松开鼠标，在随即显示的对话框中单击“是”按钮，即可复制图层蒙版，如图 9-81 所示。此时画面效果如图 9-82 所示。

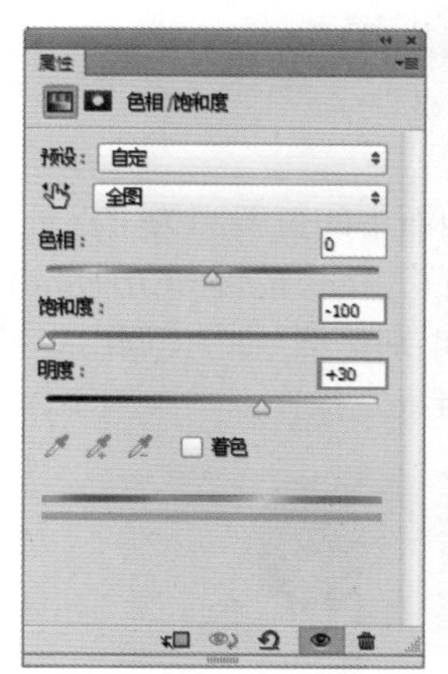

图 9-78

图 9-79

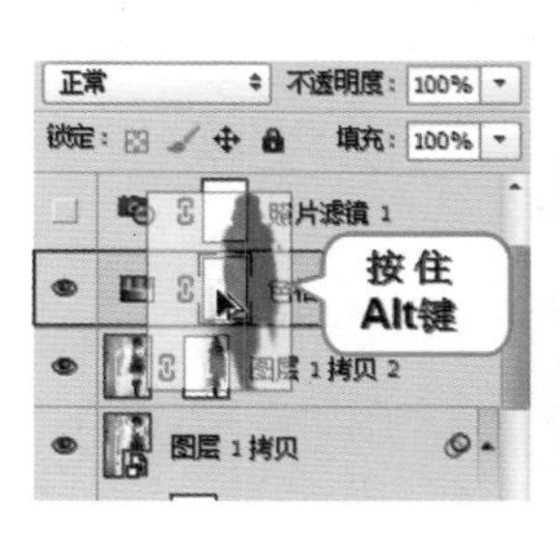

图 9-80

图 9-81

图 9-82

(7) 接着为画面添加青色。执行“图层 > 新建调整图层 > 照片滤镜”命令，在打开的“照片滤镜”属性面板中设置“滤镜”为青，设置“浓度”为 30%，参数设置如图 9-83 所示。画面效果如图 9-84 所示。

图 9-83

图 9-84

(8) 接下来移动人物在画面中的位置。为了保证人物不因为缩放而变形，在这里使用“内容识别比例”命令进行变形。首先按快捷键 <Ctrl+Shift+Alt+E> 将图层进行盖印，然后选择这个合并的图层，执行“编辑 > 内容识别比例”命令，调出定界框后将左侧的控制点向左拖动，如图 9-85 所示。拖动完成后按 <Enter> 键确定操作，本案例制作完成，效果如图 9-86 所示。

图 9-85

图 9-86

9.5 案例：碧海蓝天金沙滩

案例文件：	碧海蓝天金沙滩 .psd
视频教学：	碧海蓝天金沙滩 .flv

案例效果：

操作步骤：

(1) 拍摄外景照片和在影棚中拍摄的照片是不同的，在拍摄外景照片时自然光线很难控制，而且取景的环境也会影响拍摄的效果，这时就需要进行后期调整。打开外景照片素材“1.jpg”，如图 9-87 所示。在这张图中，背景的沙滩与海的颜色过于灰暗，完全没有我们想要的碧海蓝天、阳光沙滩这样的视觉效果，接下来就来打造碧海蓝天金沙滩。

图 9-87

(2) 首先提高婚纱暗部的亮度和皮肤的亮度。执行“图层 > 新建调整图层 > 曲线”命令，在打开“曲线”属性面板中调整曲线形状如图 9-88 所示。因为只需要调整婚纱暗部和皮肤的亮度，所以需要将其他位置的调色效果隐藏。首先将调整图层的图层蒙版填充为黑色，然后使用白色的柔角画笔，适当地降低画笔的“不透明度”，然后在人物皮肤位置和婚纱暗部涂抹。蒙版效果如图 9-89 所示。此时画面效果如图 9-90 所示。

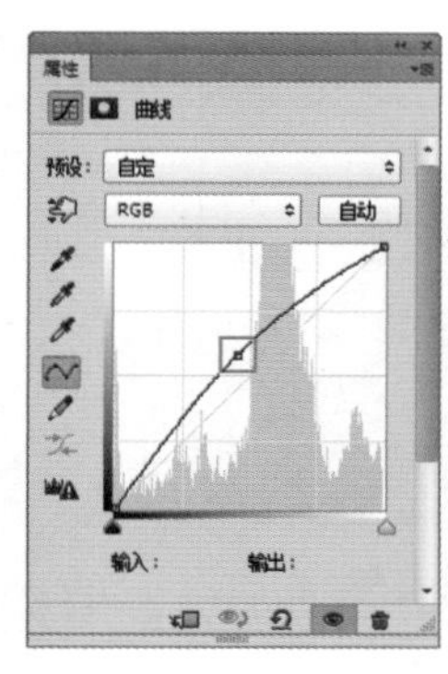

图 9-88

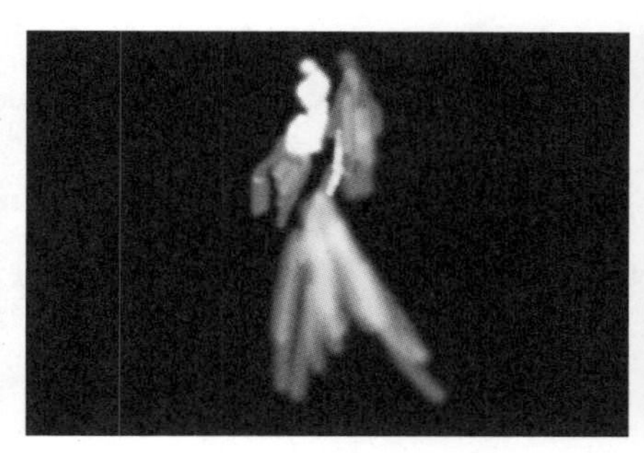

图 9-89

图 9-90

(3) 此时人物的皮肤还有一些偏红，可以通过降低“自然饱和度”的方法让皮肤变得更加白皙。执行“图层 > 新建调整图层 > 自然饱和度”命令，在“自然饱和度”属性面板中设置“自然饱和度”的数值为 –25，参数设置如图 9-91 所示。接着将图层蒙版填充为黑色，然后使用白色的柔角画笔在人物皮肤位置涂抹。蒙版效果如图 9-92 所示。此时皮肤效果如图 9-93 所示。

图 9-91

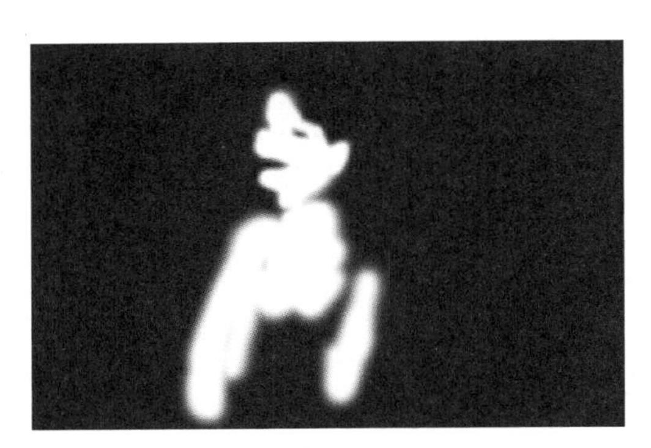

图 9-92

图 9-93

(4) 继续提亮婚纱的亮度。新建一个曲线调整图层，设置曲线形状如图 9-94 所示。设置完成后，将图层蒙版填充为黑色，然后使用白色的柔角画笔在婚纱位置涂抹，蒙版效果如图 9-95 所示。此时画面效果如图 9-96 所示。

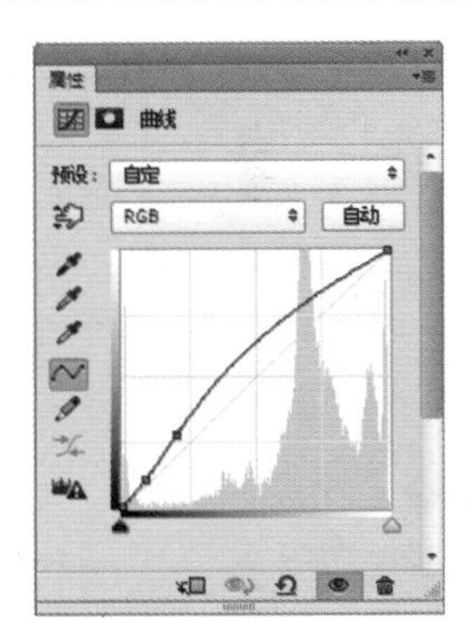

图 9-94

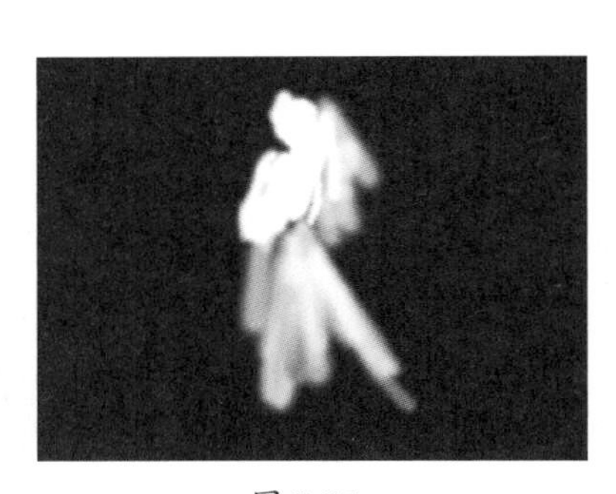

图 9-95

图 9-96

(5) 因为沙滩的颜色过于暗淡，接下来调整沙滩的颜色。执行“图层 > 新建调整图层 > 可选颜色”命令，在“可选颜色”属性面板中设置“颜色”为“黄色”，设置“黄色”为 –100，“黑色”为 –100，参数设置如图 9-97 所示。设置完成后，使用黑色的柔角画笔在蒙版中涂抹，隐藏水和人物的调色效果，只保留沙滩的部分，蒙版效果如图 9-98 所示。沙滩效果如图 9-99 所示。

图 9-97

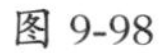

图 9-98

图 9-99

(6) 接下来提亮沙滩的颜色。新建一个曲线调整图层，然后调整曲线形状如图 9-100 所示。将“可选颜色”调整图层的图层蒙版复制给该图层，蒙版效果如图 9-101 所示。画面效果如图 9-102 所示。

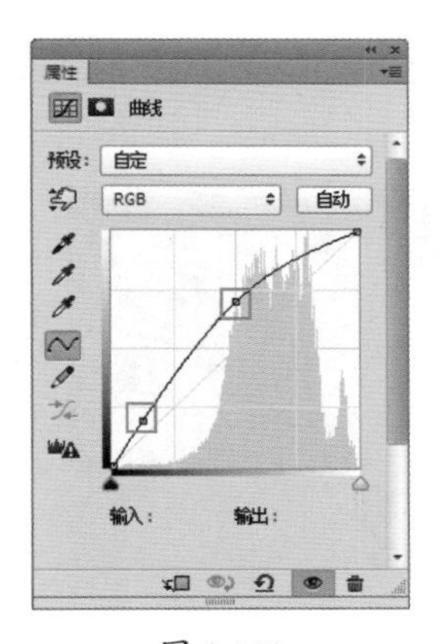

图 9-100

图 9-101

图 9-102

(7) 接下来调整海水的颜色。海水的特点是远处为深青色近处为淡青色，所以要编辑一个由青色到透明的渐变。单击工具箱中的“渐变工具” ，在“渐变编辑器”对话框中编辑一个由青色到透明的渐变，如图 9-103 所示。接下来新建图层，然后设置新建图层的渐变类型为“线性渐变”，在画面的上部拖动填充，效果如图 9-104 所示。

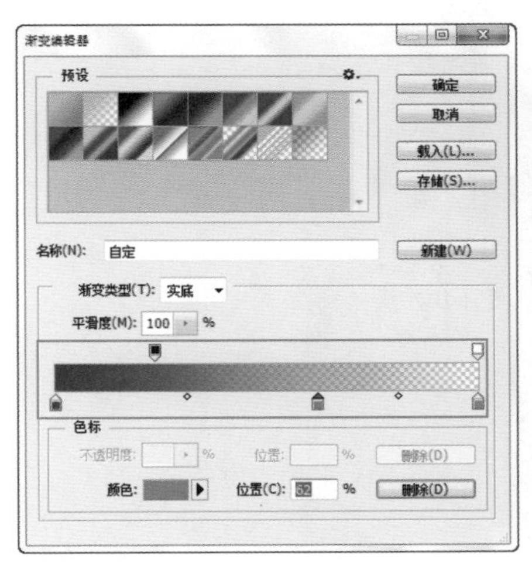

图 9-103

图 9-104

(8) 接着设置该图层的“混合模式”为“叠加”，如图 9-105 所示。画面效果如图 9-106 所示。

图 9-105

图 9-106

(9) 选择该图层，单击“图层”面板底部的“添加图层蒙版”按钮为该图层添加图层蒙版。然后使用黑色的柔角画笔在人物处涂抹，蒙版效果如图 9-107 所示。画面效果如图 9-108 所示。

图 9-107

图 9-108

9.6 案例：压暗环境突出人物

案例文件：	压暗环境突出人物 .psd
视频教学：	压暗环境突出人物 .flv

案例效果：

操作步骤：

（1）画面四角有变暗的现象，称为“失光”，俗称“暗角”。为画面添加暗角可以让观看者的视线集中在画面中的主体部分。打开人物素材“1.jpg”，如图 9-109 所示。在这张图中可以看到人物在画面中的左侧，背景的颜色又比较平，使人物无法从背景中脱离出来。所以本案例为画面添加暗角，让人物从背景中凸显出来。

（2）执行“图层 > 新建调整图层 > 曲线”命令，压暗曲线形状如图 9-110 所示。此时画面效果如图 9-111 所示。

图 9-109

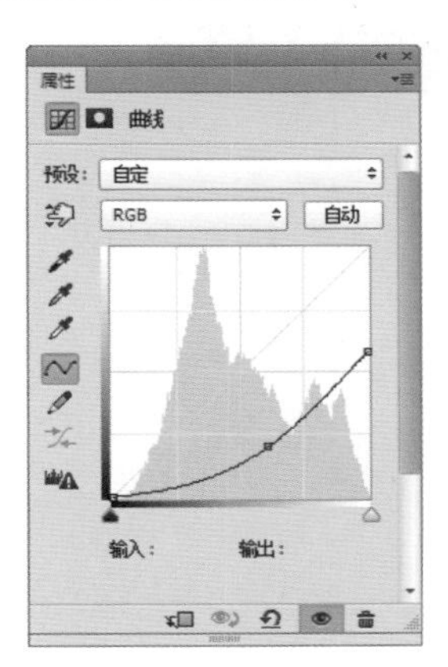

图 9-110

图 9-111

(3) 选择工具箱中的“椭圆选框工具”，在选项栏中设置“羽化”为 150 像素，然后在人物附近绘制选区，如图 9-112 所示。

图 9-112

(4) 选区绘制完成后，将前景色设置为黑色，然后按快捷键 <Alt+Delete> 使用前景色进行填充。暗角效果制作完成，如图 9-113 所示。若暗角效果不自然，可以多次将选区填充为黑色。

图 9-113

第 10 章

超可爱，儿童照片处理

10.1 案例：为暗淡的宝贝照片添加光彩

案例文件：	为暗淡的宝贝照片添加光彩 .psd
视频教学：	为暗淡的宝贝照片添加光彩 .flv

案例效果：

操作步骤：

(1) 按 <Ctrl+O> 快捷键打开图片“1.jpg”，如图 10-1 所示。从照片中可以看到画面亮度以及饱和度都不高，这种风格的画面不适合表现儿童照片。儿童照片应该着力展现活泼、童趣、天真、自然等元素，所以画面往往是高调、多彩的。

图 10-1

(2) 为了增强光照效果，需要添加镜头光晕。新建图层，将前景色设置为黑色，按快捷键 <Alt+Delete> 将图层填充为黑色。执行“滤镜 > 渲染 > 镜头光晕”命令，在打开的“镜头光晕”对话框中设置“镜头类型”为“50-300 毫米变焦”，“亮度”为 130%，参数设置如图 10-2 所示。设置完成后单击“确定”按钮，画面效果如图 10-3 所示。

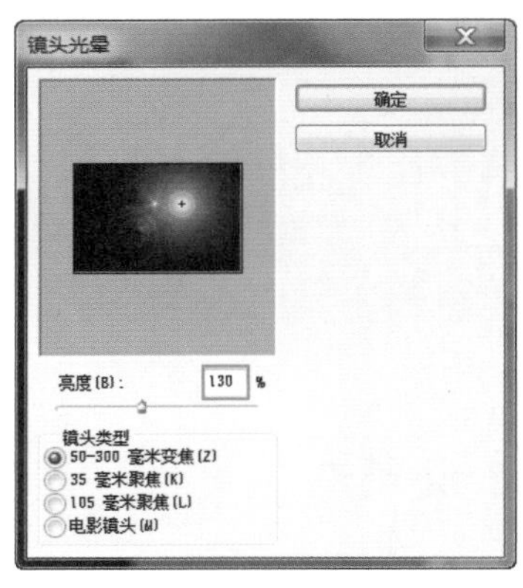

图 10-2

图 10-3

(3) 将图层的混合模式设置为“滤色”，此时画面效果如图 10-4 所示。由于光晕位置不理想，使用“移动工具”调整光晕位置如图 10-5 所示。

图 10-4

图 10-5

(4) 为了使图片中的光晕更加自然，使用“曲线”命令提高图片亮度。执行“图层 > 新建调整图层 > 曲线”命令，首先为了使图片中人物的肤色更加自然、健康，需要调整红色饱和度，选择“红”通道进行调整，如图 10-6 所示。调整后的效果如图 10-7 所示。

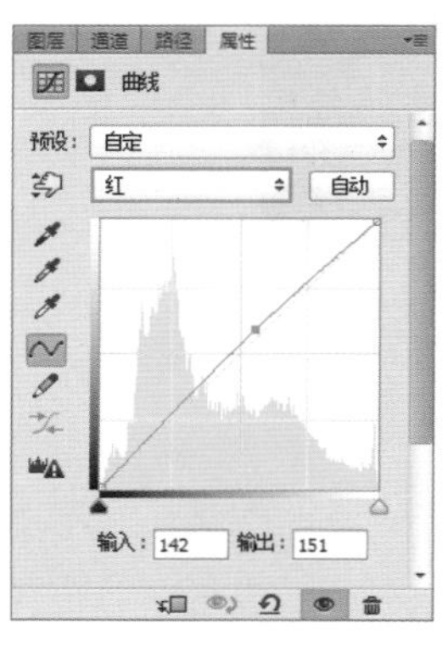

图 10-6

图 10-7

(5) 然后选择“RGB”通道，调整曲线形状使画面亮度提升，曲线形状如图 10-8 所示。调整后的效果如图 10-9 所示。

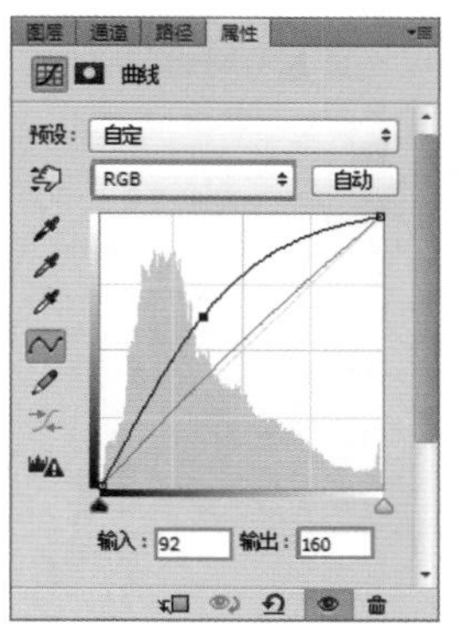

图 10-8

图 10-9

(6) 为了让周围植物更加鲜亮，执行“图层 > 新建调整图层 > 色彩平衡”命令，在打开的“色彩平衡”属性面板中提高“黄色 – 蓝色”调为 – 80，如图 10-10 所示。效果如图 10-11 所示。

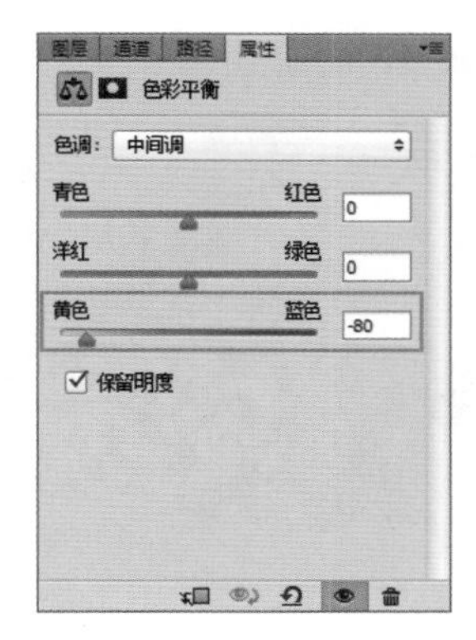

图 10-10

图 10-11

(7) 为了不让图片中的人物受到影响，选择调整图层的蒙版，使用黑色画笔涂抹人物大致形状，将人物上方的调色效果隐藏。蒙版状态如图 10-12 所示。画面效果如图 10-13 所示。

图 10-12

图 10-13

(8) 为了让画面中的颜色更加鲜艳，需要调整画面的自然饱和度。执行“图层 > 新建调整图层 > 自然饱和度”命令，在打开的“自然饱和度”属性面板中设置“自然饱和度”参数为 80，如图 10-14 所示。最终效果如图 10-15 所示。

图 10-14

图 10-15

10.2 案例：明艳通透的外景儿童照片

案例文件：	明艳通透的外景儿童照片 .psd
视频教学：	明艳通透的外景儿童照片 .flv

案例效果：

操作步骤：

(1) 儿童照片往往应该是明艳多彩的，但本案例中的原始图像暗淡、偏灰。实际上从照片中我们能够感受到真实的场景中的色彩应该是比较丰富的，黄绿色的草地、远处翠绿的植被、蓝色的天空、穿着粉裙子的小女孩等。所以我们在 Photoshop 中要做的就是将本应有的这些颜色重新还原在画面中。执行“文件 > 打开”命令，打开图片“1.jpg”，如图 10-16 所示。

(2) 观察图片，发现图片色调灰暗。首先增强远处的景色效果，按快捷键 <Ctrl+J> 复制“背景”图层，得到“背景 拷贝”图层。再设置“背景 拷贝”图层的混合模式为“强光”，如图 10-17 所示。效果如图 10-18 所示。

图 10-16

图 10-17

图 10-18

(3) 因为我们只想将远处的景色效果增强，所以接下来为“背景 拷贝”图层添加图层蒙版，将近景上的效果隐藏。单击工具箱中的“渐变工具” ，在打开的“渐变编辑器”对话框中设置渐变颜色为由黑到白，如图 10-19 所示。再单击“图层”面板底部的“添加图层蒙版”按钮 ，为“背景 拷贝”图层添加图层蒙版。继续选择“渐变工具”，设置“渐变类型”为“线性渐变”，将鼠标在图层蒙版上拖动，蒙版形态如图 10-20 所示。效果如图 10-21 所示。

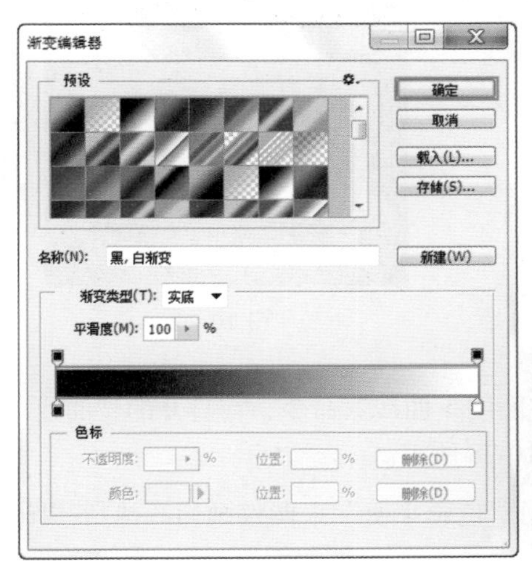

图 10-19

图 10-20

图 10-21

(4) 使用“自然饱和度”命令会使画面变得鲜艳饱满。执行“图层 > 新建调整图层 > 自然饱和度”命令，打开“自然饱和度”属性面板后，设置“自然饱和度”为 100，参数设置如图 10-22 所示。效果如图 10-23 所示。

图 10-22

图 10-23

(5) 继续为近景添加“自然饱和度”效果。执行“图层 > 新建调整图层 > 自然饱和度”命令，在打开的“自然饱和度”属性面板中设置“自然饱和度”为 100，参数设置如图 10-24 所示。同样我们只想为画面近景添加“自然饱和度”，利用上述方法将画面远景上的效果隐藏。蒙版形态如图 10-25 所示。画面效果如图 10-26 所示。

图 10-24

图 10-25

图 10-26

(6) 接下来为画面整体提亮。执行“图层 > 新建调整图层 > 曲线”命令，在打开的“曲线”属性面板中调整曲线形态如图 10-27 所示。画面效果如图 10-28 所示。

(7) 观察图片，此时发现画面整体偏红，接下来使用“色彩平衡”来调整画面。执行“图层 > 新建调整图层 > 色彩平衡”命令，在打开的“色彩平衡”属性面板中设置“色调”为“高光”设置“青色 - 红色”为 - 19，参数设置如图 10-29 所示。到这里照片的颜色已经由之前的灰暗变为艳丽明媚的效果了，如图 10-30 所示。

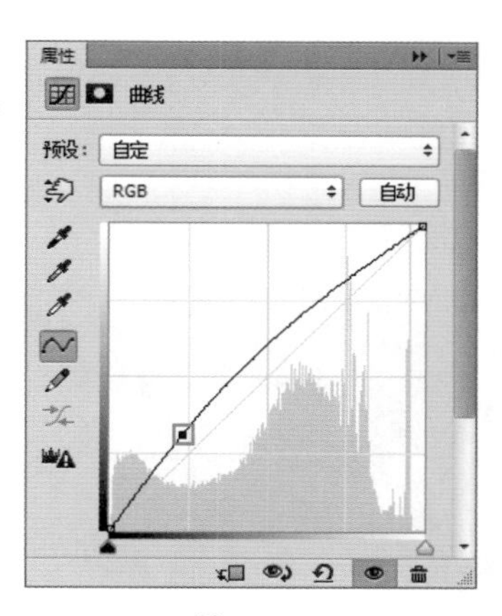

图 10-27

图 10-28

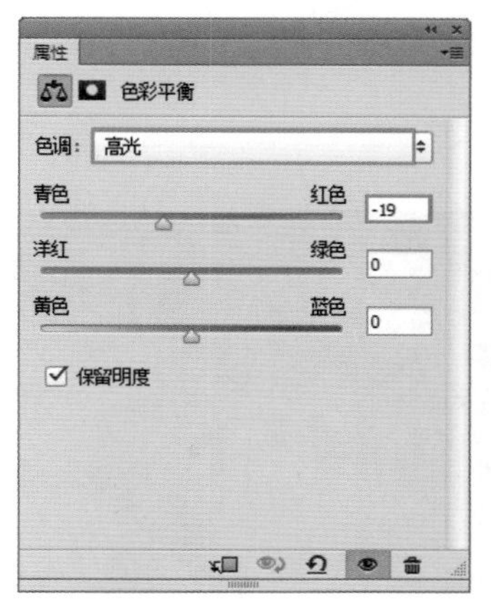

图 10-29

图 10-30

(8) 当然我们也可以使用“滤镜”将画面制作出各种不同的艺术效果。按快捷键<Ctrl+Shift+Alt+E>盖印图层。例如，本案例利用了油画滤镜制作出油画效果，执行“滤镜 > 油画”命令，画面呈现出油画效果，如图 10-31 和图 10-32 所示。

图 10-31

图 10-32

10.3 案例：梦幻效果儿童照片

案例文件：	梦幻效果儿童照片 .psd
视频教学：	梦幻效果儿童照片 .flv

案例效果：

操作步骤：

（1）按 <Ctrl+O> 快捷键打开图片，由于拍摄时儿童处于阴影中，所以暗部细节不清晰，色感不足，如图 10-33 所示。在“图层”面板中选择“背景”，按 <Ctrl+J> 快捷键复制图层。执行“图像 > 调整 > 阴影 / 高光”命令，在打开的“阴影 / 高光”对话框中设置阴影的“数量”为 35，如图 10-34 所示。画面中暗部区域的亮度有所提升，效果如图 10-35 所示

图 10-33

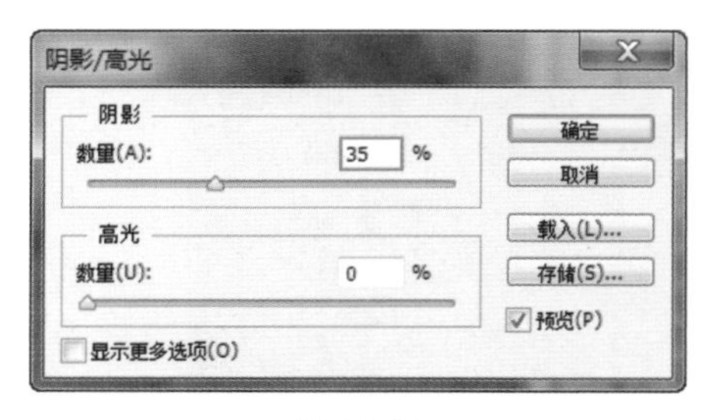

图 10-34

图 10-35

(2) 由于这一操作主要为了给照片中左上角和下半部分区域增加亮度，所以需要选中该图层，单击“图层”面板底部的“添加图层蒙版”按钮添加图层蒙版，如图 10-36 所示。将前景色设置为黑色，然后按快捷键 <Ctrl+Delete> 将蒙版填充为黑色，此时画面回到了原来的亮度。然后选择工具箱中的“画笔工具”，设置前景色为白色，然后调整合适的笔尖大小，在画面中的左上角及衣服的位置涂抹。蒙版状态如图 10-37 所示。画面效果如图 10-38 所示。

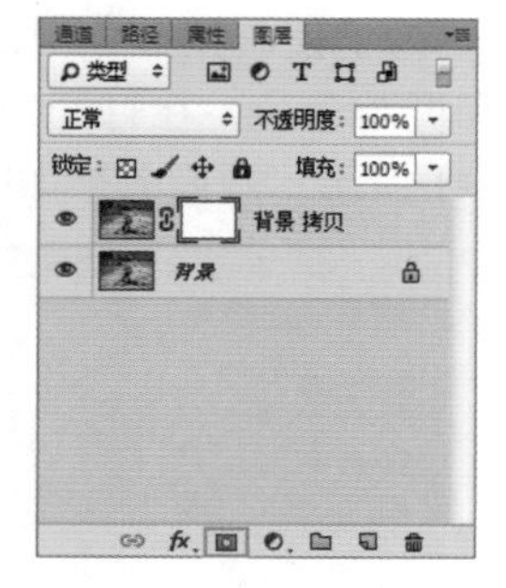

图 10-36

图 10-37

图 10-38

(3) 下面需要增强画面的细节清晰度。使用盖印快捷键 <Ctrl+Alt+Shift+E>，盖印当前画面效果，执行“滤镜 > 锐化 > 智能锐化”命令，在打开的“智能锐化”对话框中设置“数量”为 50%，“半径”为 3 像素，参数设置如图 10-39 所示。此时画面效果如图 10-40 所示。

图 10-39

图 10-40

(4) 为了使画面颜色更加鲜艳，接下来提高画面的饱和度。执行“图层 > 新建调整图层 > 自然饱和度”命令，在打开的“自然饱和度”属性面板中设置“自然饱和度”为 50，参数设置如图 10-41 所示。画面效果如图 10-42 所示。

图 10-41

图 10-42

(5) 此时整体画面略暗，接着提高画面亮度。执行“图层 > 新建调整图层 > 曲线”命令，在打开的“曲线”属性面板中调整曲线形状如图 10-43 所示。画面效果如图 10-44 所示。

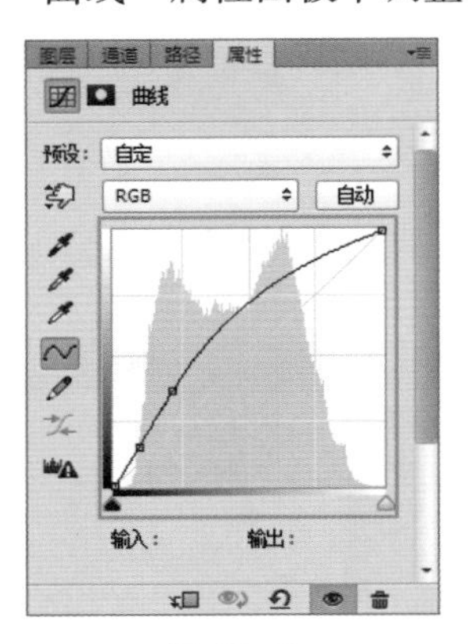

图 10-43

图 10-44

(6) 执行“文件 > 置入”命令，将素材“2.jpg”置入到画面中，按 <Enter> 键完成置入。因为置入的对象为智能对象，所以需要将其栅格化。选择智能图层右击，在弹出的菜单中选择“栅格化图层”命令，将其栅格化。然后设置该图层的混合模式为“滤色”，如图 10-45 所示。画面效果如图 10-46 所示。

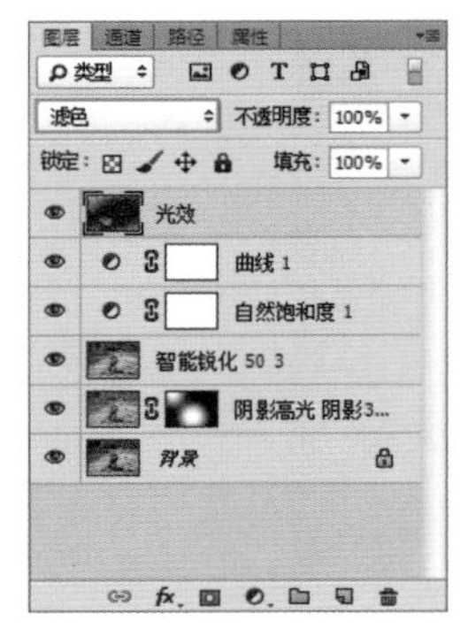

图 10-45

图 10-46

(7) 新建图层，将其填充为白色。然后选择工具箱中的“圆角矩形工具”，在选项栏中设置绘制模式为“路径”，“半径”为 10 像素，画出一个圆角矩形路径，如图 10-47 所示。然后按 <Ctrl+Eenter> 快捷键将路径转换为选区，并按 <Delete> 键删除像素，最终画面如图 10-48 所示。

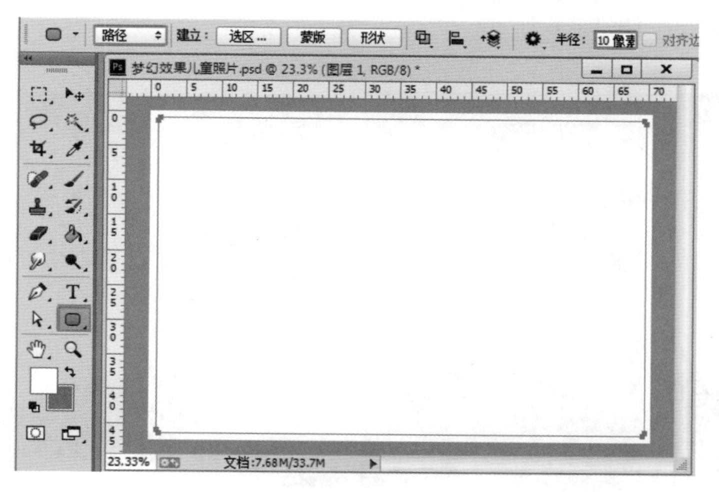

图 10-47

图 10-48

10.4 案例：可爱儿童照片版式设计

案例文件：	可爱儿童照片版式设计 .psd
视频教学：	可爱儿童照片版式设计 .flv

案例效果：

操作步骤：

(1) 执行“文件 > 打开”命令，打开图片“1.jpg”，如图 10-49 所示。简简单单一张照片会不会感觉有些单调？让我们尝试使用 Photoshop 为儿童照片排个版吧！

图 10-49

(2) 首先制作人物背景的虚化效果。按快捷键 <Ctrl+J> 复制“背景”图层，接着在新图层上执行“滤镜 > 模糊 > 高斯模糊”命令，在打开的“高斯模糊”对话框中设置“半径”为 8 像素，参数设置如图 10-50 所示。效果如图 10-51 所示。

图 10-50

图 10-51

(3) 接着增加虚化图像的饱和度与明度。执行“图层 > 新建调整图层 > 色相”命令，在打开的“色相”属性面板中设置“饱和度”为 20，“明度”为 20，参数设置如图 10-52 所示。效果如图 10-53 所示。

图 10-52

图 10-53

(4) 因为我们只想让虚化与效果施加到背景中，接下来将人物显示出来。按快捷键 <Ctrl+J> 复制“背景”图层，得到“背景 拷贝”图层，并将“背景 拷贝”图层移动到“色相/饱和度”图层上方，如图 10-54 所示。接着单击工具箱中的“钢笔工具”，沿着人物的轮廓绘制路径，绘制完成后按快捷键 <Ctrl+Enter> 将路径转换为选区，如图 10-55 所示。

图 10-54

图 10-55

(5) 单击“图层”面板下方的“添加图层蒙版”按钮，为“背景 拷贝”图层添加图层蒙版，效果如图 10-56 所示。

图 10-56

(6) 制作画面左上角圆形。单击工具箱中的“椭圆工具”，设置“绘制模式”为“形状”，“填充”为白色，“描边”为黄绿色系的渐变，“描边宽度”为 12 点，“描边类型”为直线，如图 10-57 所示。然后按住 <Shift> 键绘制正圆形，如图 10-58 所示。

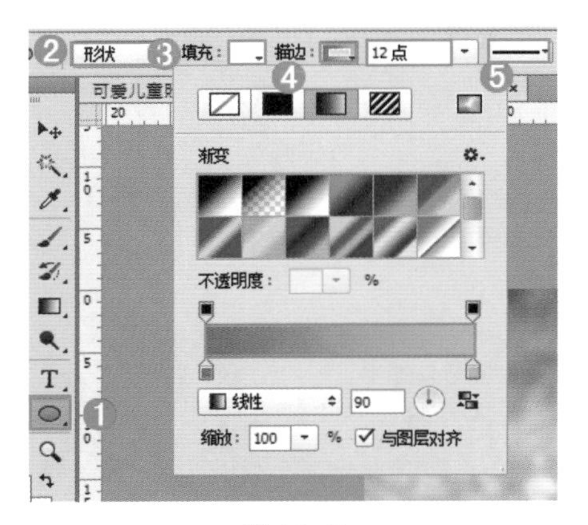

图 10-57

图 10-58

(7) 执行“文件 > 置入”命令，重新置入儿童照片素材，执行“图像 > 图像旋转 > 水平翻转”命令，适当缩放然后按 <Enter> 键完成置入，将其栅格化，并命名为“人物 2”图层，如图 10-59 所示。接下来为“人物 2”图层添加图层蒙版。在按住 <Ctrl> 键的同时单击“正圆形”图层，调出圆形选区后为“人物 2”图层添加图层蒙版，效果如图 10-60 所示。

图 10-59

图 10-60

(8) 复制制作的第一个圆形儿童照片至此完成，适当缩放并移动到画面左下角，如图 10-61 所示。单击工具箱中的“横排文字工具”，选择合适的字体、字号输入文字，如图 10-62 所示。

(9) 为画面制作边框。首先新建图层，将前景色设置为白色，按快捷键 <Alt+Delete> 使用前景色填充图层。然后单击工具箱中的“圆角矩形工具”，设置“绘制模式”为“路径”，“半径”为 30 像素，在图层上进行绘制，如图 10-63 所示。接着按 <Ctrl+Enter> 快捷键将路径转换为选区，最后按 <Delete> 键删除选区内容，效果如图 10-64 所示。

图 10-61

图 10-62

图 10-63

图 10-64

10.5 案例：宝宝的“大头照”

案例文件：	宝宝的“大头照”.psd
视频教学：	宝宝的“大头照”.flv

案例效果：

操作步骤：

(1) 执行“文件 > 打开”命令，打开图片“1.jpg”，如图 10-65 所示。照片中是一个站在乡间小屋门前的非常可爱的“牛仔宝宝”，本案例要通过缩小宝宝的身体，放大宝宝的头部，打造出“2 头身”比例的超 Q 版大头照。

(2) 首先需要抠取人物。单击工具箱中的“钢笔工具”，设置“绘制模式”为“路径”，沿人物的轮廓进行绘制，如图 10-66 所示。绘制完成后按 <Ctrl+Enter> 快捷键将路径转换为选区，接着按快捷键 <Ctrl+J> 复制选区内容，得到“人物”图层，将“背景”图层隐藏，此时画面如图 10-67 所示。

图 10-65

图 10-66

图 10-67

(3) 制作人物大头效果。按快捷键 <Ctrl+J> 复制“人物”图层，得到“人物 2”图层，将“人物”图层隐藏。接下来清除人物颈部以下的图像。首先单击“图层”面板下方的“添加图层蒙版”按钮，为“人物 2”图层添加图层蒙版。将前景色设置为黑色，在工具箱中单击“画笔工具”，在画笔选取器中选择大小合适、硬度为 0 的柔角笔尖在人物颈部以下涂抹。蒙版形态如图 10-68 所示。效果如图 10-69 所示。

图 10-68

图 10-69

(4) 接着缩放人物身体。再次复制“人物”图层，得到“人物 3”图层，并将其移动到“人物 2”图层的上方。接着按快捷键 <Ctrl+T> 调出定界框，按住 <Shift> 键拖动控制点将“人物 3”图层进行缩放至合适大小。接下来使用相同的方法利用图层蒙版隐藏人物颈部以上的图像，此时效果如图 10-70 所示。人物的大头效果制作完成以后，按快捷键 <Ctrl+E> 合并图层，并将该图层命名为“大头照”，如图 10-71 所示。

(5) 制作人物背景。首先复制“背景”图层得到“背景 拷贝”图层。按快捷键 <Ctrl+T> 将“背景 拷贝”图层缩放至合适大小，再次隐藏“背景”图层，如图 10-72 所示。

图 10-70

图 10-71

图 10-72

(6) 此时可以看到“背景 拷贝”图层中的原始人物影响到了现在的前景人物，所以要将“背景 拷贝”图层中的人物修饰掉。单击工具箱中的“套索工具”，在画面中绘制选区如图 10-73 所示。然后按快捷键 <Ctrl+J> 复制选区内容，得到“地板”图层。接着单击工具箱中的“移动工具”，移动“地板”图层覆盖人物的脚部，如图 10-74 所示。

图 10-73

图 10-74

(7) 此时可以看出复制出来的地板边缘较硬，所以要为“地板”图层添加蒙版，使其边缘虚化。首先单击“图层”面板底部的“添加图层蒙版”按钮，为“地板”图层添加图层蒙版。再将前景色设置为黑色，单击工具箱中的“画笔工具”，在画笔选取器中选择大小合适、“硬度”为 0 的柔角画笔，在地板边缘处进行绘制。蒙版形态如图 10-75 所示。此时效果如图 10-76 所示。

图 10-75

图 10-76

(8) 接下来通过多次复制“地板”图层，并将其移动到合适位置，修补其他部分如图 10-77 所示。至此影响前景人物的部分都被去除掉了，如图 10-78 所示。

图 10-77

图 10-78

(9) 为了增强画面的卡通感，我们需要使用“滤镜”为背景添加效果。首先按快捷键<Ctrl+E>合并人物背景图层，并将该图层命名为“合并背景”图层。然后执行“滤镜>滤镜库”命令，在打开的“滤镜库”对话框中选择“艺术效果”中的“海绵”，设置“画笔大小”为 10，“清晰度”为 1，“平滑度”为 15，参数设置如图 10-79 所示。效果如图 10-80 所示。

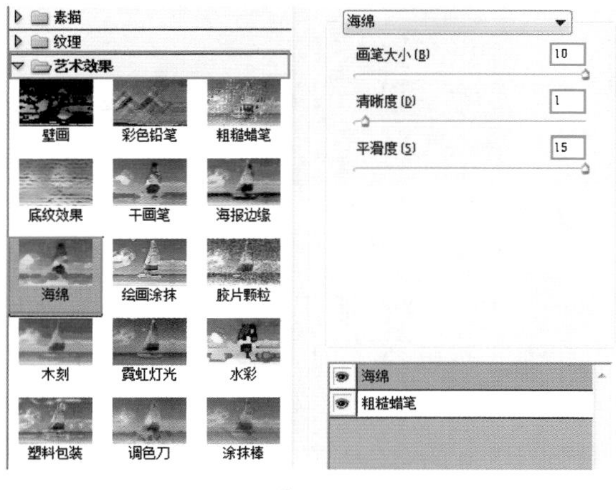

图 10-79

图 10-80

(10) 接着显示“大头照”图层，将其移动至“合并背景”图层的上方，并摆放到画面的合适位置，如图 10-81 所示。为增加画面真实感，下面为人物制作阴影。在“大头照”图层下方新建图层，在工具箱中选择“画笔工具”，在画笔选取器中选择大小合适、“硬度”为 0 的柔角笔尖在新建图层上进行绘制，如图 10-82 所示。

图 10-81

图 10-82

(11) 接下来为画面调色。执行“图层 > 新建调整图层 > 曲线”命令，打开“曲线”属性面板，首先在“绿”通道中调整曲线如图 10-83 所示。效果如图 10-84 所示。

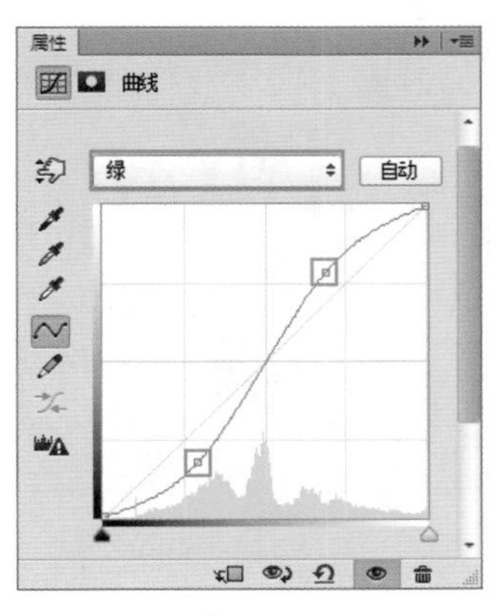

图 10-83

图 10-84

(12) 继续在“蓝”通道中调整曲线如图 10-85 所示。此时效果如图 10-86 所示。

(13) 接着为画面添加文字。单击工具箱中的“横排文字工具” T，选择合适的字体以及字号输入文字，如图 10-87 所示。

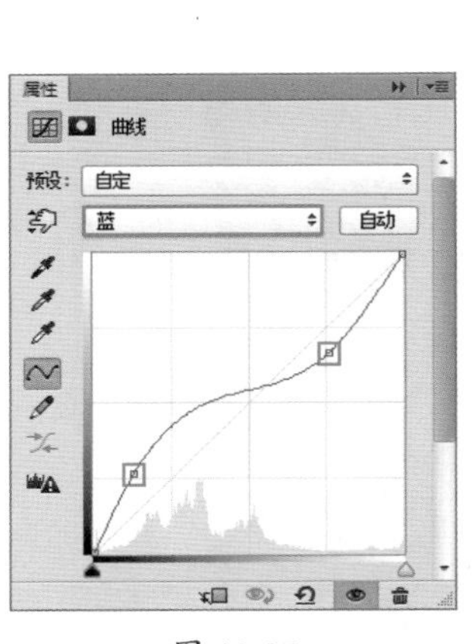

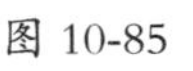

图 10-85

图 10-86

图 10-87

(14) 最后为画面制作边框。首先单击工具箱中的“矩形工具”，设置“绘制模式”为“形状”，“填充”为无，“描边”为白色，“描边宽度”为 28 点，“描边类型”为直线，“对齐”为居外，如图 10-88 所示。然后在画面上绘制，最终效果如图 10-89 所示。

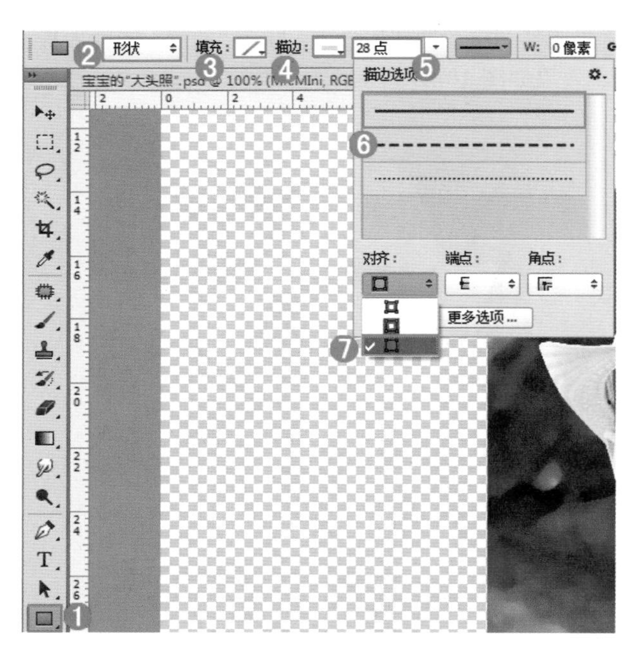

图 10-88

图 10-89

第 11 章

超简单，照片处理小妙招

11.1 照片常见问题处理

11.1.1 案例：放大图像并增强清晰度

案例文件：	放大图像并增强清晰度 .psd
视频教学：	放大图像并增强清晰度 .flv

案例效果：

操作步骤：

(1) 本案例主要来讲解如何将放大后的图像进行锐化，使其变得更加清晰。这样的操作在实际生活中非常实用，因为我们会遇到素材尺寸不够大，但是还必须使用的情况。如果直接进行放大会出现“变虚、模糊”的状况，导致无法直接使用，所以需要通过“智能锐化”对变虚的图像进行锐化。执行“文件 > 打开”命令，打开素材“1.jpg”，如图 11-1 所示。执行“图像 > 图像大小”命令，打开“图像大小”对话框，在这里可以看到文档的尺寸，如图 11-2 所示。

图 11-1

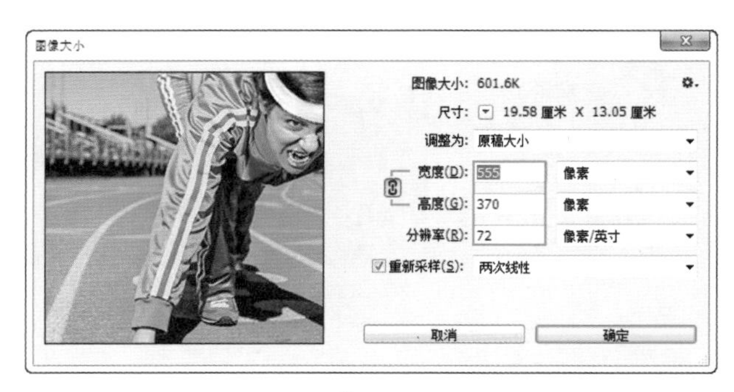

图 11-2

(2) 没有经过更改的图像清晰度较高，但是尺寸较小，所以需要在“图像大小”对话框中更改“宽度”为 1000 像素，“高度”为 667 像素。此时在预览窗口中可以看到图像的清晰度有些降低了，单击“确定”按钮完成操作，如图 11-3 所示。

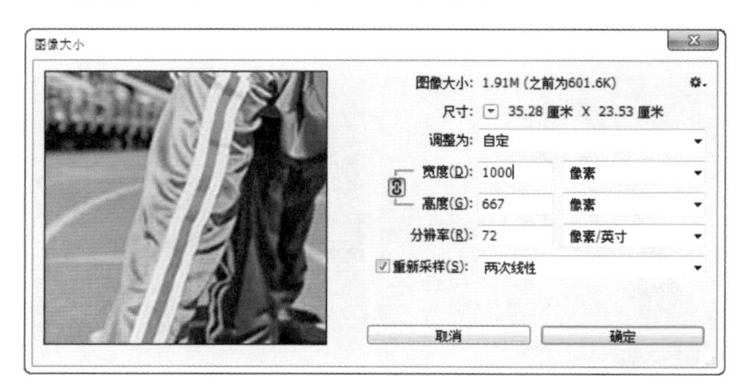

图 11-3

(3) 此时可以发现，由于将图片放大导致图片的清晰度降低，如图 11-4 所示。为了增加图片的清晰度，执行“滤镜 > 锐化 > 智能锐化”命令，在打开的“智能锐化”对话框中设置“数量”为 140%，“半径”为 1 像素，参数设置如图 11-5 所示。此时画面效果如图 11-6 所示。

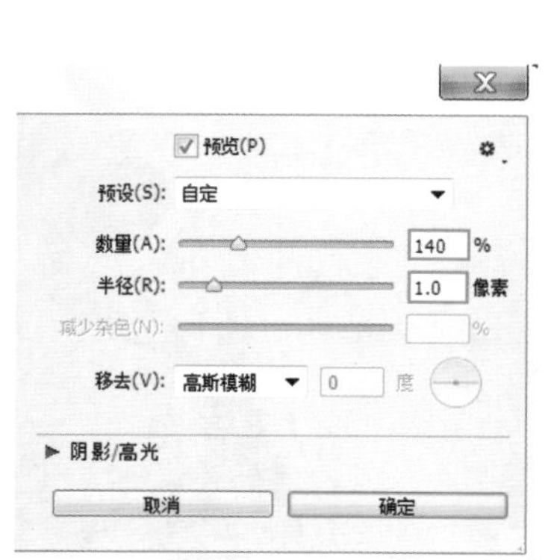

图 11-4　　图 11-5　　图 11-6

11.1.2　案例：矫正拍摄角度造成的身高问题

案例文件：	矫正拍摄角度造成的身高问题 .psd
视频教学：	矫正拍摄角度造成的身高问题 .flv

案例效果：

操作步骤：

(1) 执行“文件 > 打开”命令，打开图片“1.jpg”，可以看到由于拍摄角度的问题，致使模特没有显现出原本的身高，而且腿部变得很短。这种问题可以利用“变换”命令进行校正，如图 11-7 所示。选择“背景”图层，将其拖动至“图层”面板底部的“新建按钮”处，将其进行复制，然后将名称命名为“透视”，接着将“背景”图层隐藏，如图 11-8 所示。

图 11-7

图 11-8

(2) 选择“透视”图层，执行“编辑 > 变换 > 透视”命令，在显示的定界框中将左上角的控制点向右拖动，如图 11-9 所示。调整完成后，按 <Enter> 键确定操作，效果如图 11-10 所示。

(3) 接下来需要填补图像周围空白像素。在工具箱中单击“矩形选框工具”，在图像上绘制选区如图 11-11 所示。接着按快捷键 <Ctrl+T> 调出定界框，将右边框中间的控制点向右拖动，将这部分放大，如图 11-12 所示。

图 11-9

图 11-10

图 11-11

图 11-12

(4) 利用相同方法，填补画面左面的空白像素，如图 11-13 所示。最终效果如图 11-14 所示。

图 11-13

图 11-14

11.1.3 案例：为照片背景添加“马赛克”

案例文件：	为照片背景添加“马赛克”.psd
视频教学：	为照片背景添加“马赛克”.flv

案例效果：

操作步骤：

(1) 当我们拍摄的照片中包含不想展示的内容时，为这部分进行“马赛克”处理是一种非常常见的手段。在 Photoshop 中使用“马赛克”滤镜就可以轻松制作出这种效果。当然，使用其他滤镜也可以实现对画面局部进行“特殊处理”的功能，而且有些滤镜还能够制作出独具艺术感的效果。执行“文件 > 打开”命令，打开图片“1.jpg”，如图 11-15 所示。

图 11-15

(2) 下面介绍将人物背景马赛克的方法。首先按快捷键 <Ctrl+J> 复制“背景”图层，得到“背景 | 拷贝”图层。在“背景 | 拷贝”图层上执行“滤镜 > 像素化 > 马赛克”命令，在打开的“马赛克”对话框中设置“单元格大小”为 25 方形，参数设置如图 11-16 所示。此时画面如图 11-17 所示。

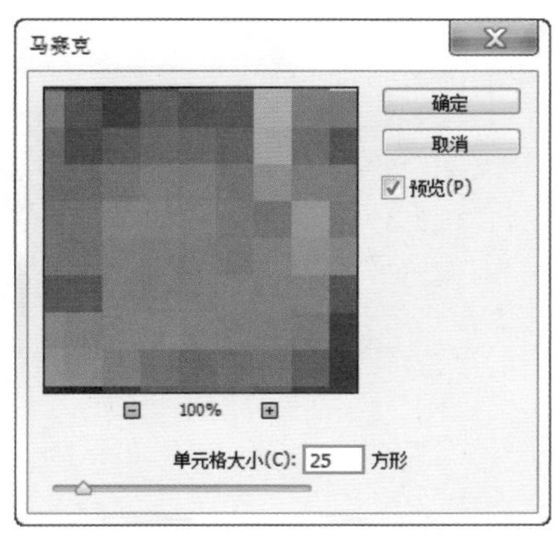

图 11-16

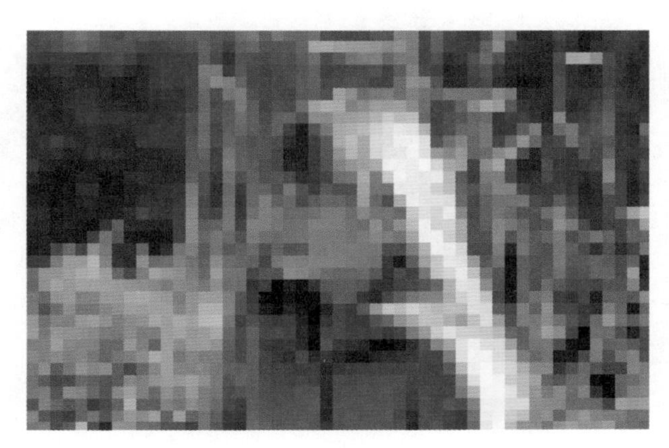

图 11-17

(3) 我们只想让人物背景马赛克，所以首先单击“图层”面板底部的“添加图层蒙版”，为“背景 拷贝”图层添加图层蒙版。然后将前景色设置为黑色，在工具箱中选择“画笔工具”，在画笔选取器中选择大小合适、“硬度”为 0 的笔尖在人物上涂抹。蒙版形态如图 11-18 所示。画面如图 11-19 所示。

图 11-18

图 11-19

(4) 当然也可以将背景制作出类似绘画感的效果。按快捷键 <Ctrl+J> 复制“背景”图层，在新图层上执行“滤镜 > 滤镜库”命令，在弹出的对话框中，选择“画笔描边”中的“成角的线条”滤镜，设置“方向平衡”为 100，“描边长度”为 50，“锐化程度”为 0，参数设置如图 11-20 所示。此时图像如图 11-21 所示。最后用上述的方法显现出人物，效果如图 11-22 所示。

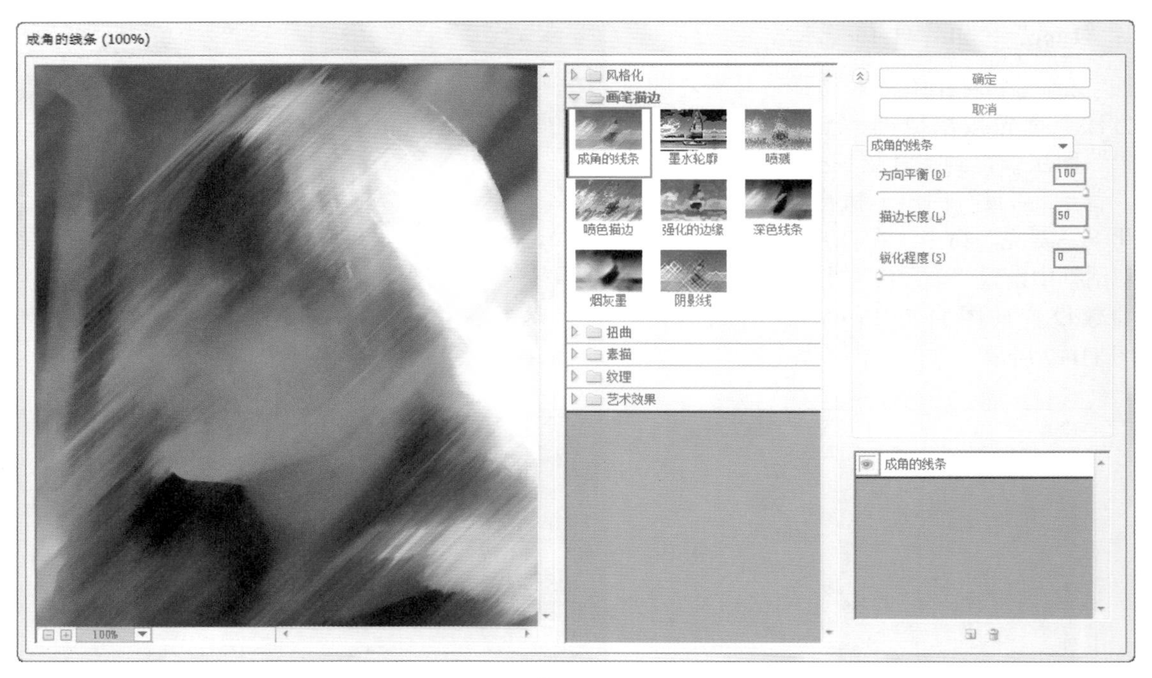

图 11-20

图 11-21

图 11-22

11.1.4 案例：保留背景的同时突出人物

案例文件：	保留背景的同时突出人物 .psd
视频教学：	保留背景的同时突出人物 .flv

案例效果：

操作步骤：

(1) 由于原始照片中人物所占画面比例非常小，如果只将画面进行裁切虽然能够得到一张主体突出的照片，但是却无法展示出原始照片中远处的风光，所以我们先将人像单独提取出来，然后将背景进行缩放，从而使人像与背景能够全部显示出来。执行“文件 > 打开”命令，打开图片“1.jpg”，如图 11-23 所示。

图 11-23

(2) 首先单击工具箱中的“快速选择工具”，设置合适的笔尖大小，然后在人物上方拖动得到人物选区，如图 11-24 所示。

图 11-24

(3) 为了将人物更加精确的抠取下来，我们使用“调整边缘”命令来调整人物选区。执行“选择 > 调整边缘”命令，在“视图”中选择“背景图层”，此时观察到选区中有很多半透明区域，如图 11-25 所示。所以单击“抹除调整工具”，在半透明的区域涂抹，使被涂抹的部分变为不透明。接着勾选“智能半径”选项，设置“半径”为 250 像素，单击“确定”按钮，参数设置如图 11-26 所示。效果如图 11-27 所示。

图 11-25

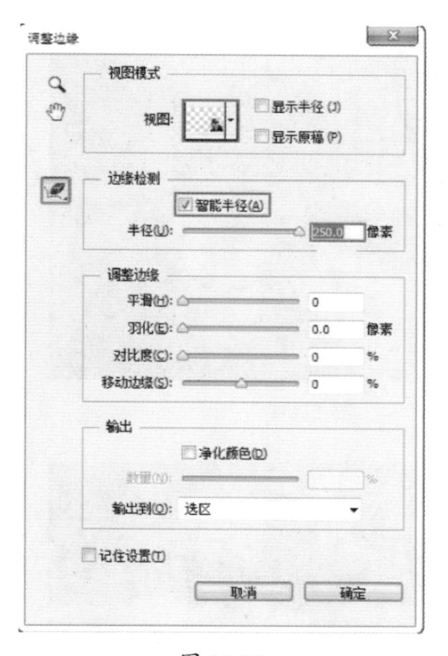

图 11-26

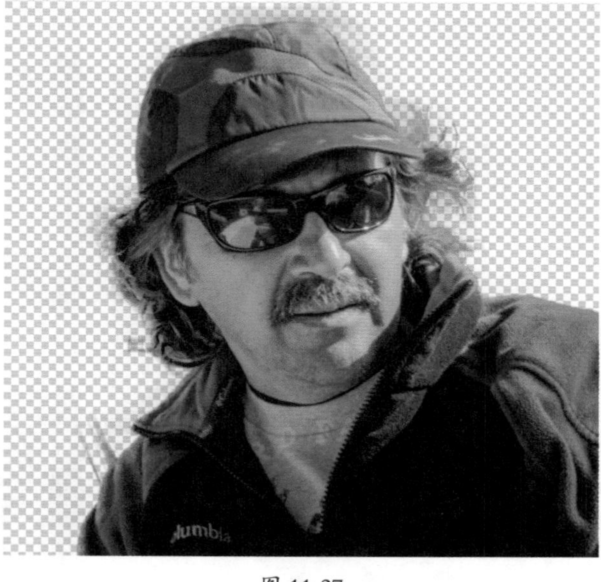

图 11-27

(4) 经过步骤 3 的操作后得到的人像选区如图 11-28 所示。然后选中“背景”图层，按快捷键 <Ctrl+J> 将人像复制为单独图层，如图 11-29 所示。

图 11-28

图 11-29

(5) 再按快捷键 <Ctrl+J> 复制“背景”图层，得到“背景 | 拷贝”图层，此时将“背景”图层隐藏。在“背景 | 拷贝”图层上按快捷键 <Ctrl+T> 调出定界框，然后按住 <Shift> 键拖动控制点，将“背景 | 拷贝”图层等比例缩放到合适程度，如图 11-30 所示。

图 11-30

第 11 章

(6) 此时可以观察到人物周围仍有多余像素，如图 11-31 所示。单击工具箱中“橡皮擦工具”，选择硬角笔尖，设置“大小”为 65 像素，“硬度”为 70%，参数设置如图 11-32 所示。效果如图 11-33 所示。

图 11-31

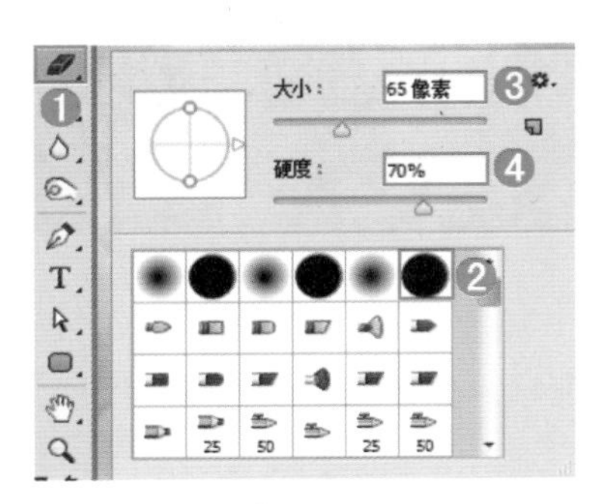

图 11-32

图 11-33

(7) 由于人物与背景对比度不高，导致其无法从背景中分离，所以需要使用“曲线”命令来提高人物的亮度。执行“图层 > 新建调整图层 > 曲线”命令，在打开的“曲线”属性面板中通过调整曲线形态将画面提亮。单击“曲线”属性面板下方的“此调整剪切到此图层”按钮，使效果只影响人物。曲线形态如图 11-34 所示。至此可以看到处理过的照片中人像占据画面较大的比例，而且背景中优美的风景也完全展示在画面中了，这样的操作就像拍摄时人物走近照相机后进行拍摄的效果，如图 11-35 所示。

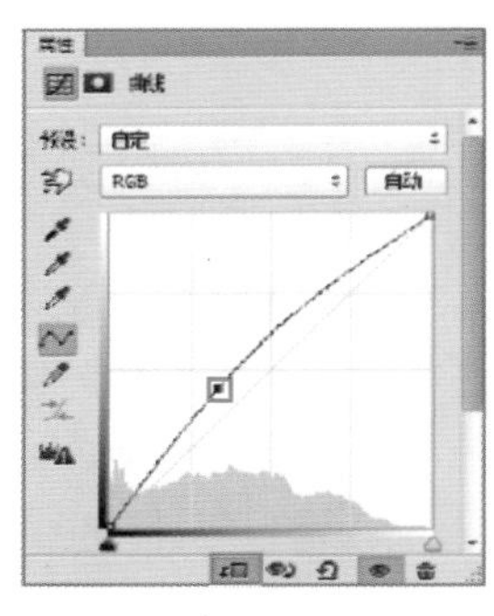

图 11-34

图 11-35

11.2 常用的照片处理技法

11.2.1 案例："批处理"——快速处理大量照片

案例文件：	无
视频教学：	"批处理"——快速处理大量照片 .flv

案例效果：

操作步骤：

(1) 当我们拍摄了一组照片，而这组照片都存在相似的问题时（例如，统一的对比度低、色感不足等），或者要对一组照片进行相同的艺术化色调处理时，如果一张一张进行处理，不仅耽误时间，而且很难保证处理效果的统一性。所以可以使用到 Photoshop 中的"批处理"功能。在批处理大量文件之前首先需要将要进行的"统一化的操作"进行记录，记录为"动作"。执行"文件 > 打开"命令，打开其中一张图片"1.jpg"，如图 11-36 所示。

(2) 执行"窗口 > 动作"命令，弹出"动作"面板，在"动作"面板底部单击"创建新组"按钮，如图 11-37 所示。接着在弹出的"新建组"对话框中设置"名称"为"组 1"，单击"确定"按钮，如图 11-38 所示。

图 11-36

图 11-37

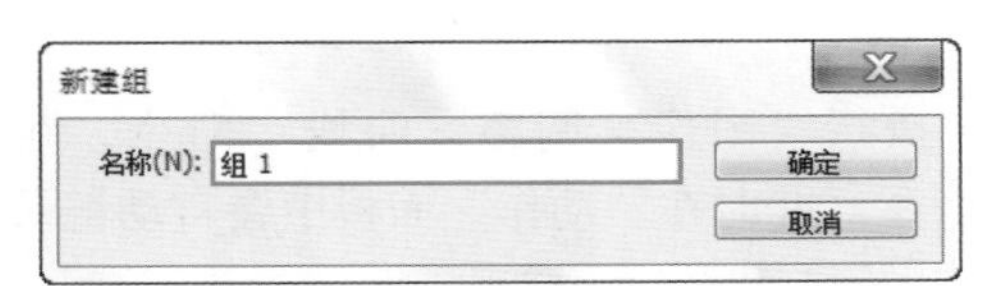

图 11-38

(3) 接着在“动作”面板底部单击“创建新动作”按钮，在弹出的“新建动作”对话框中设置“名称”为“动作 1”，单击“记录”按钮开始记录操作，如图 11-39 所示。

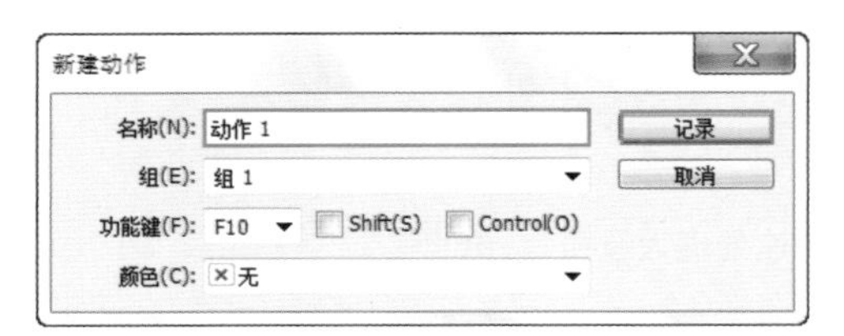

图 11-39

(4) 下面开始对“人物”图层进行操作。执行“图像 > 调整 > 阴影 / 高光”命令，在打开的“阴影 / 高光”对话框中设置“数量”为 35%，参数设置如图 11-40 所示。此时在“动作”面板中会自动记录当前进行的“阴影 / 高光”动作，如图 11-41 所示。此时效果如图 11-42 所示。

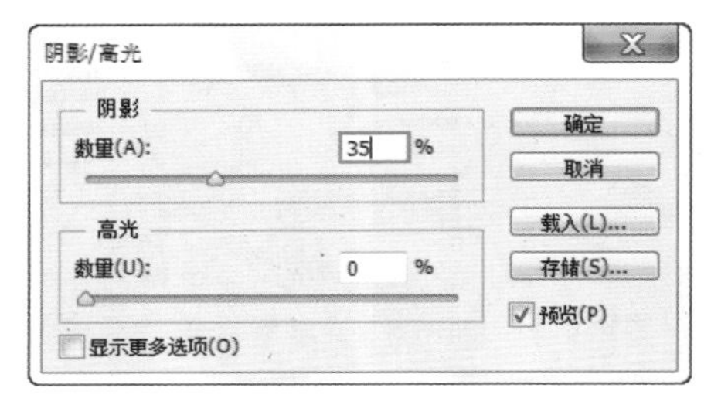

图 11-40

图 11-41

图 11-42

(5) 接着执行“图像 > 调整 > 自然饱和度”命令，在打开的“自然饱和度”对话框中设置“自然饱和度”为 100，参数设置如图 11-43 所示。此时在“动作”面板中会自动记录当前进行的“自然饱和度”动作，如图 11-44 所示。此时效果如图 11-45 所示。

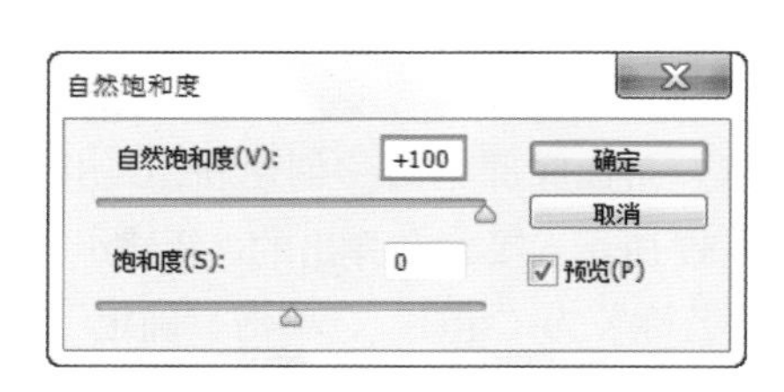

图 11-43

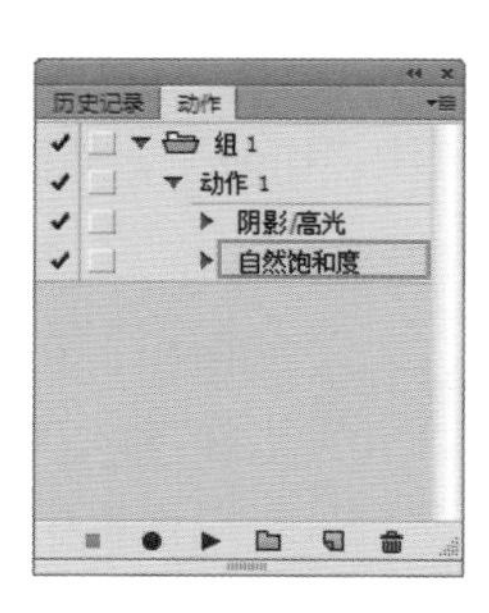

图 11-44

图 11-45

(6) 执行“图像 > 调整 > 曲线”命令，在打开的“曲线”对话框中调整曲线形态如图 11-46 所示。此时在“动作”面板中会自动记录当前进行的“曲线”动作，如图 11-47 所示。此时效果如图 11-48 所示。

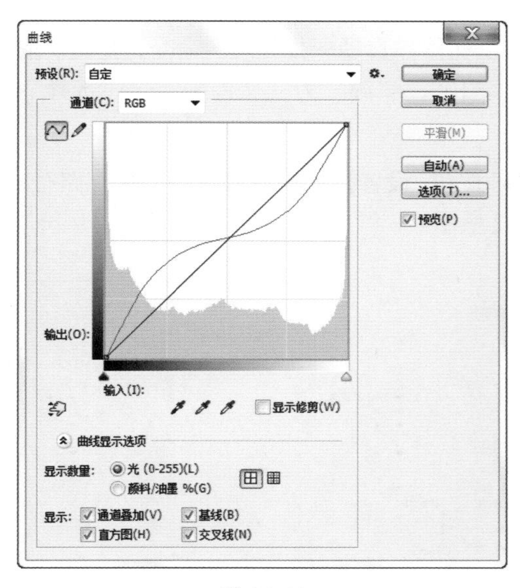

图 11-46

图 11-47

图 11-48

（7）为图片调整完颜色以后，在计算机中新建一个文件夹，命名为“素材效果”，然后回到 Photoshop，执行“文件 > 储存为”命令，弹出“另存为”对话框，找到“素材效果”文件夹后单击“打开”按钮，再单击“保存”按钮，将图片保存在“素材效果”文件夹中，如图 11-49 所示。接着单击“动作”面板中的“停止播放 / 记录”按钮，完成动作的录制。此时可以看到“动作”面板中记录了所有对图片的操作，如图 11-50 所示。

图 11-49

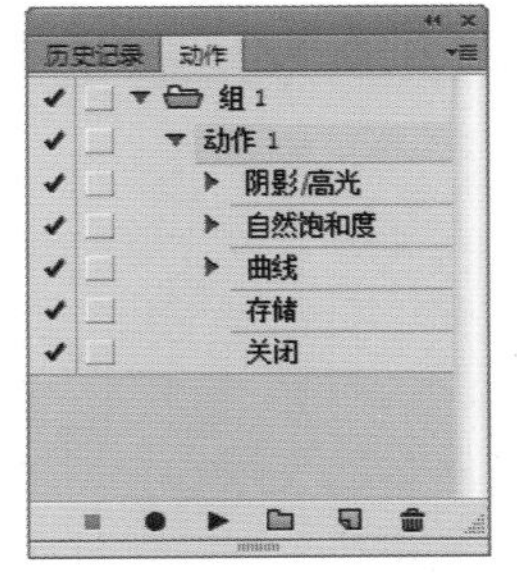

图 11-50

(8) 接下来使用录制的动作处理剩余的素材。执行“文件 > 自动 > 批处理”命令，弹出“批处理”对话框设置“组”为“组 1”，“动作”为“动作 1”，“源”为“文件夹”，“选择”中选择要批处理的素材文件夹，如图 11-51 所示。

(9) 接着设置“目标”为“文件夹”，然后单击“选择”按钮，设置批处理后的文件的保存路径，勾选“覆盖动作中的‘存储为’命令”选项，如图 11-52 所示。

播放
组(T): 组 1
动作: 动作 1
源(O): 文件夹
选择(C)... D:\批处理\素材\
覆盖动作中的"打开"命令(R)
包含所有子文件夹(I)
禁止显示文件打开选项对话框(F)
禁止颜色配置文件警告(P)

图 11-51

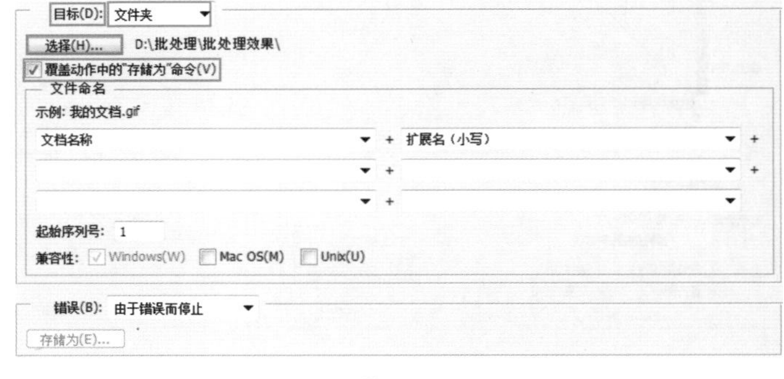

图 11-52

(10) 最后在“批处理”对话框中单击“确定”按钮，Photoshop 就会使用所选动作处理所选文件夹中的所有图像，并将其保存到事先设置的文件夹中，效果如图 11-53~ 图 11-56 所示。

图 11-53

图 11-54

图 11-55

图 11-56

11.2.2　案例：利用现有的生活照制作标准照

案例文件：	利用现有的生活照制作标准照 .psd
视频教学：	利用现有的生活照制作标准照 .flv

案例效果：

操作步骤：

(1) 证件照是我们经常会使用到的一种照片，早些年我们需要到照相馆进行证件照的拍摄，费时费力，而且效果往往不如人愿，而现如今数字照相机、拍照手机、拍照神器等产品的普及，使拍照成为了轻松简单的事情，与其去照相馆拍摄一张“无法直视”的证件照，不如自己动手，将日常照片 DIY 成美观的证件照。首先执行“文件 > 打开”命令，打开人物素材“1.jpg”，由于证件照需要正面的照片，所以我们选择了这样一张正对镜头的日常照片，如图 11-57 所示。

图 11-57

(2) 执行“视图 > 标尺”命令，拖动出两条参考线放置到人物的眼睛与鼻子位置，如图 11-58 所示。此时发现人物的头像有些偏，需要调整。首先按快捷键 <Ctrl+J> 复制“背景”图层，将“背景”图层隐藏。接着在新图层上按快捷键 <Ctrl+T> 调出定界框，将其向左旋转，使人物头像居正中位置，如图 11-59 所示。

图 11-58

图 11-59

(3) 执行“视图 > 显示 > 参考线”命令以隐藏参考线。由于素材是一张全身照，而证件照只需要肩部以上的区域，所以接下来在工具箱中单击“裁剪工具”，调整裁切框大小以及位置，如图 11-60 所示。按 <Enter> 键完成裁剪操作，使画面只保留头部和四分之三部分的肩部，如图 11-61 所示。

图 11-60

图 11-61

(4) 去除人物的背景。在工具箱中单击“钢笔工具”，设置“绘制模式”为“路径”，勾勒出人物轮廓后按 <Ctrl+Enter> 键将路径转换为选区，如图 11-62 所示。接着单击“图层”面板底部的“添加图层蒙版”按钮为“人物”图层添加蒙版，如图 11-63 所示。

图 11-62

图 11-63

(5) 为照片定制标准尺寸。执行“文件>新建”命令，弹出“新建”对话框，设置“单位”为“厘米”，“宽度”为 3.5 厘米，“高度”为 4.5 厘米，“分辨率”为 300 像素 / 英寸，“背景内容”为白色，参数设置如图 11-64 所示。接着将“人物”图层拖动到新建的文件中，如图 11-65 所示。在“人物”图层上按快捷键 <Ctrl+T> 调出定界框，按住 <Shift> 键的同时拖动控制点进行缩放，使之符合画布大小，如图 11-66 所示。

图 11-64

图 11-65

图 11-66

(6) 由于不同情况的需要，我们也可以为证件照填充红和蓝的背景色。首先将前景色设置为“R”为 255，“G”为 0，“B”为 0 的红色。按快捷键 <Alt+Delete> 用前景色填充“背景”图层，此时效果如图 11-67 所示。同样也可以将前景色设置为“R”为 0，“G”为 0，“B”为 255 的蓝色，填充“背景”图层，效果如图 11-68 所示。

图 11-67

图 11-68

(7) 最后为照片排版。首先按快捷键 <Ctrl+Shift+Alt+E> 盖印图层。执行“文件 > 新建”命令，在弹出的“新建”对话框中设置“单位”为英寸，“宽度”为 5 英寸，“高度”为 3.5 英寸，“背景内容”为白色，如图 11-69 所示。接着将盖印的图层拖动到新建的文件中，并将其放置在界面的左上角，如图 11-70 所示。

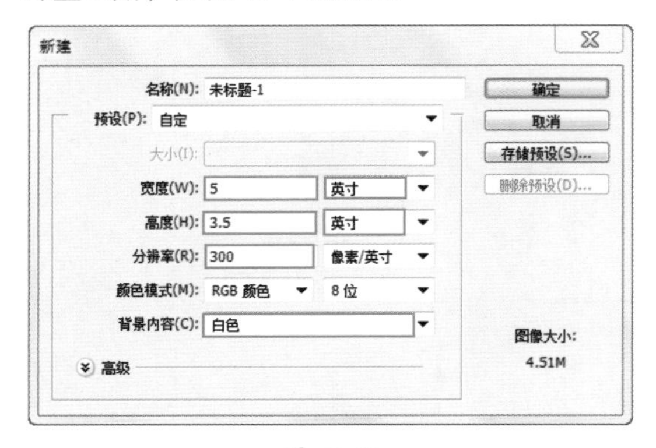

图 11-69

图 11-70

(8) 从顶部标尺上单击向下拖动出一条参考线，如图 11-71 所示。按快捷键 <Ctrl+J> 复制人物图层，并水平排列，接着在“图层”面板中选中这些图层，执行“图层 > 分布 > 水平居中”命令，使 4 张照片间距都相同，如图 11-72 所示。

图 11-71

图 11-72

(9) 再按快捷键 <Ctrl+J> 复制“人物”图层，单击工具箱中的“移动工具”，垂直向下移动新图层，最终效果如图 11-73 所示。

图 11-73

11.2.3 案例：重构图打造清新淡雅照片

案例文件：	重构图打造清新淡雅照片 .psd
视频教学：	重构图打造清新淡雅照片 .flv

案例效果：

操作步骤：

(1) 摄影创作离不开构图，这就像写文章离不开章法一样，图像的构图决定了作品的成败。打开素材“1.jpg”，可以看到画面中人与人之间关联度较低，环境内容杂乱无章，而且在画面的右侧还有一些与画面不相干的物体入镜，如图 11-74 所示。

(2) 接下来将画面左侧的人像去除，只保留右侧长裙女性人像。选择工具箱中的“吸管工具”，然后将鼠标指针移动至男人像周围的灰色背景处单击，前景色就会变为刚刚吸取的颜色，如图 11-75 所示。下面通过涂抹、覆盖的方法将男人像隐藏。新建图层，选择工具箱中的“画笔工具”，设置笔尖大小为 400 像素，“硬度”为 0%，设置完成后在男人像所在的位置涂抹，效果如图 11-76 所示。

图 11-74

图 11-75

图 11-76

第 11 章

(3) 接下来调整人物在画面中的位置。按快捷键 <Ctrl+Shift+Alt+E> 将图像进行盖印操作。然后将这个图层命名为“内容识别比例”，如图 11-77 所示。

(4) 为了保护人像，所以要使用“内容识别比例”命令进行调整。执行“编辑 > 内容识别比例”命令，单击选项栏中的“保护肤色”按钮，然后将右侧的控制点向右拖动，如图 11-78 所示。调整完成后按 <Enter> 键确定变形操作，效果如图 11-79 所示。

图 11-77

图 11-78

图 11-79

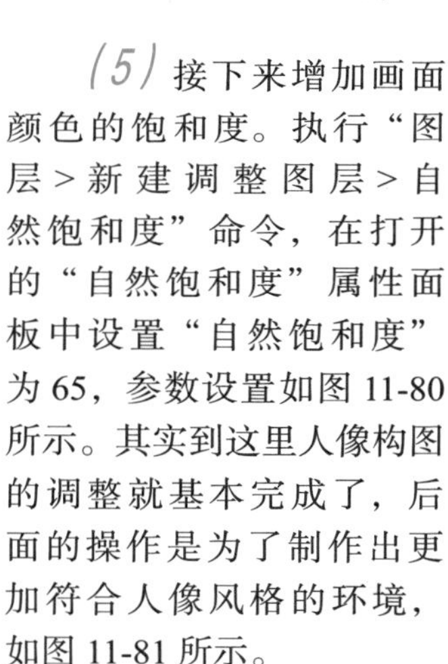

(5) 接下来增加画面颜色的饱和度。执行“图层 > 新建调整图层 > 自然饱和度”命令，在打开的“自然饱和度”属性面板中设置“自然饱和度”为 65，参数设置如图 11-80 所示。其实到这里人像构图的调整就基本完成了，后面的操作是为了制作出更加符合人像风格的环境，如图 11-81 所示。

图 11-80

图 11-81

(6) 首先新建图层，然后使用灰色的画笔将画面原有的装饰覆盖，效果如图 11-82 所示。

图 11-82

(7) 通过观察发现裙子边缘处为半透明，这是因为环境的影响导致了边缘的不自然，如图 11-83 所示。接着新建图层，使用灰色的柔角画笔在边缘处涂抹，效果如图 11-84 所示。

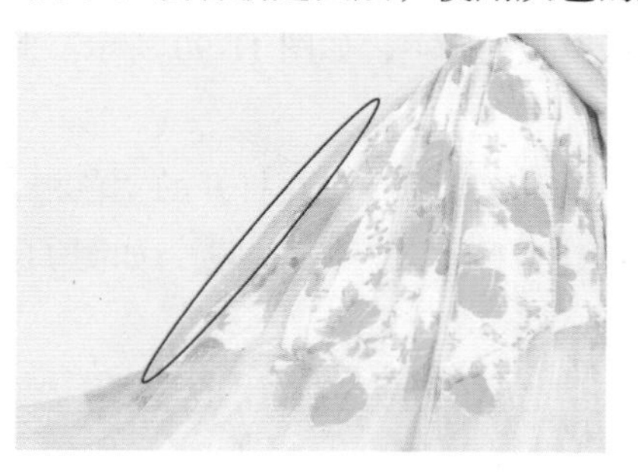

图 11-83

图 11-84

(8) 接着提亮画面的亮度。执行“图层 > 新建调整图层 > 曲线”命令，在打开的“曲线”属性面板中调整曲线形状如图 11-85 所示。此时画面效果如图 11-86 所示。

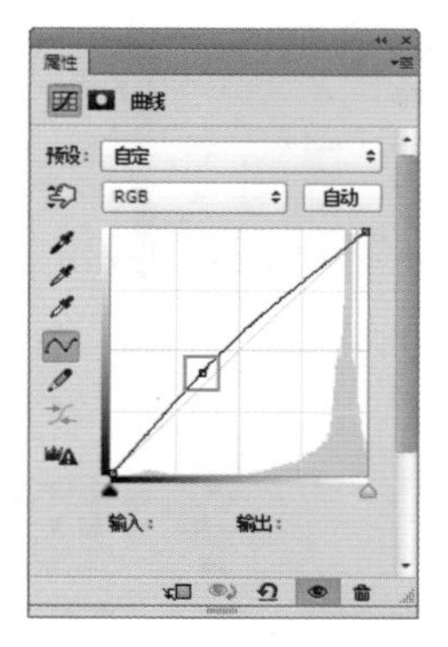

图 11-85

图 11-86

(9) 接下来为画面添加装饰素材。将竹子素材“2.jpg”置入到画面中，并放置在画面的左侧。执行“图层 > 智能图层 > 栅格化”命令，将智能图层进行栅格化，如图 11-87 所示。然后设置该图层的“混合模式”为“正片叠底”，如图 11-88 所示。此时画面效果如图 11-89 所示。

图 11-87

图 11-88

图 11-89

第 11 章

(10) 接下来对竹子进行调色。执行“图层 > 新建调整图层 > 曲线”命令，打开“曲线”属性面板，首先在曲线上建立控制点，然后将控制点向上拖动调整曲线形状，为了使调色效果只针对下方图层，所以单击面板底部的“创建剪贴蒙版”按钮，如图 11-90 所示。此时画面效果如图 11-91 所示。

(11) 接着执行“图层 > 新建调整图层 > 色相 / 饱和度”命令，在打开的“色相 / 饱和度”属性面板中设置“色相”为 25，设置完成后单击“创建剪贴蒙版”按钮，如图 11-92 所示。此时调色效果如图 11-93 所示。

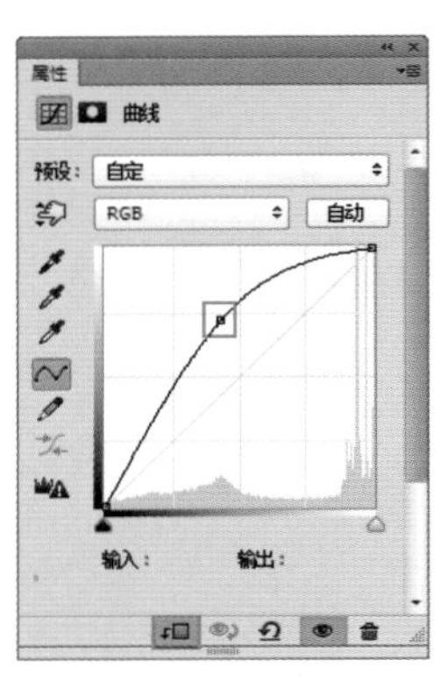

图 11-90

图 11-91

图 11-92

图 11-93

(12) 接着将“竹子素材”图层以及上方的“曲线调整图层”和“色相 / 饱和度调整图层”加选，如图 11-94 所示，按快捷键 < Ctrl+J > 将这 3 个图层复制得到“拷贝”图层，如图 11-95 所示。

(13) 然后选择复制的这 3 个图层，执行“编辑 > 变换 > 水平翻转”命令，将其进行水平翻转，效果如图 11-96 所示。然后将竹子移动至画面的右侧，本案例效果如图 11-97 所示。

图 11-94

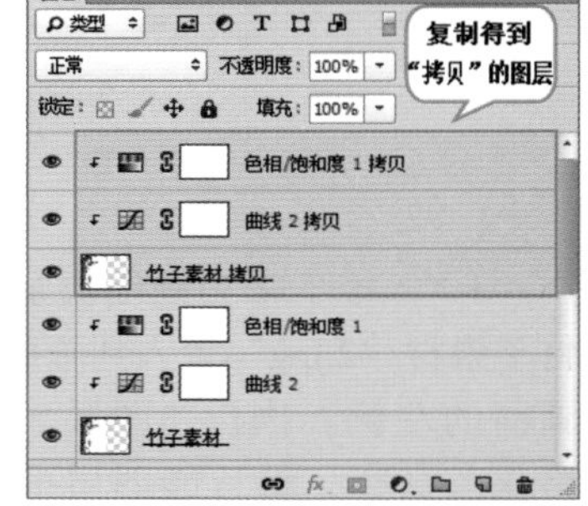

图 11-95

图 11-96

图 11-97

11.2.4 案例：梦境般的“二次曝光”效果

案例文件：	二次曝光 .psd
视频教学：	二次曝光 .flv

案例效果：

操作步骤：

(1) 多重曝光是摄影中一种采用两次或者更多次独立曝光，然后将它们重叠起来组成单一照片的技术方法。由于其中各次曝光的参数不同，因此最后的照片会产生独特的视觉效果。但是对于不擅长前期拍摄的朋友可能这种摄影技巧很难理解，那么想要制作出梦幻的多重曝光效果则可以利用 Photoshop。执行“文件 > 打开”命令，打开图片“1.jpg”，如图 11-98 所示。执行“文件 > 置入”命令，打开图片“2.jpg”，将其栅格化，如图 11-99 所示。

图 11-98

图 11-99

(2) 制作二次曝光的效果。设置“风景”图层的“混合模式”为“叠加”，如图 11-100 所示。画面效果如图 11-101 所示。

图 11-100

图 11-101

11.2.5 案例：打造怀旧效果婚纱照

案例文件：	打造怀旧效果婚纱照 .psd
视频教学：	打造怀旧效果婚纱照 .flv

案例效果：

操作步骤：

(1) 执行“文件 > 打开”命令，打开背景素材图片“1.jpg”，如图 11-102 所示。执行“文件 > 置入”命令，置入人物素材“2.jpg”，按 <Enter> 键完成置入，并将其栅格化，如图 11-103 所示。

图 11-102

图 11-103

(2) 将“图层 1”的“混合模式”设置为“正片叠底”，如图 11-104 所示。此时背景旧纸张的纹理出现在照片中了，效果如图 11-105 所示。

图 11-104

图 11-105

(3) 下面来隐藏照片的边角，单击“图层”面板底部的“添加图层蒙版”按钮，为照片添加图层蒙版，单击工具箱中的“画笔工具”，在选项栏中选择圆形柔角画笔，设置合适的笔尖大小，选中图层蒙版，设置前景色为黑色，在照片的四角涂抹，使其隐藏，如图 11-106 所示。画面效果如图 11-107 所示。

图 11-106

图 11-107

小技巧：

在涂抹时可以降低画笔的“不透明度”，以制作出渐隐的效果。

(4) 下面将照片变成黑白色调。执行“图层 > 新建调整图层 > 渐变映射”命令，在“渐变映射”属性面板中编辑一个灰色至白色的渐变。为了使调色效果只针对人物图层，单击“渐变映射”属性面板下方的“将此调整剪贴到此图层”按钮，如图 11-108 所示。画面效果如图 11-109 所示。

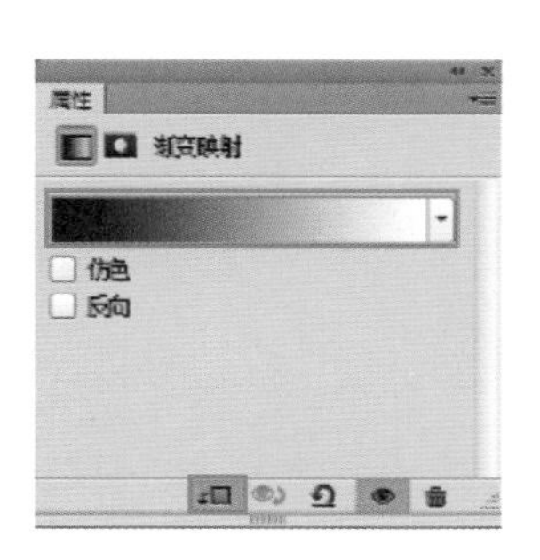

图 11-108

图 11-109

(5) 下面调整画面的亮度。执行“图层 > 新建调整图层 > 曲线”命令，打开“曲线”属性面板，在曲线上部建立一个控制点，向上拖动控制点使画面变亮。单击“曲线”属性面板下面的“将此调整剪贴到此图层”按钮，使调整只对照片起作用。如图 11-110 所示。画面效果如图 11-111 所示。

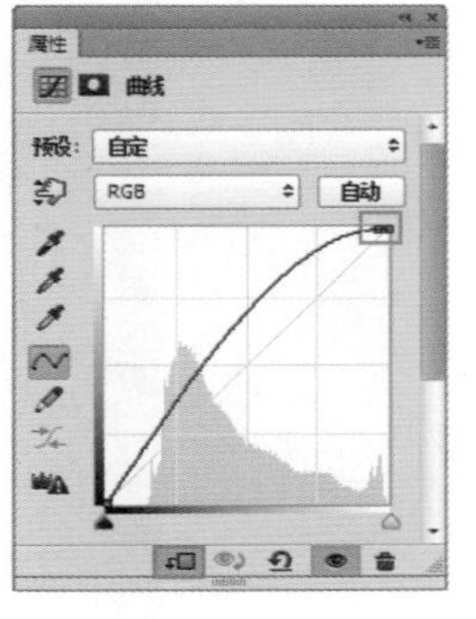

图 11-110

图 11-111

(6) 置入素材“3.jpg”，在图层面板设置素材混合模式为“柔光”，“不透明度”为 65%，如图 11-112 所示。此时照片就出现了划痕的效果。最终效果如图 11-113 所示。

图 11-112

图 11-113

11.3 设计人像照片版式

11.3.1 案例：套用模板制作唯美婚纱相册

案例文件：	套用模板制作唯美婚纱相册 .psd
视频教学：	套用模板制作唯美婚纱相册 flv

案例效果：

操作步骤：

(1) 当我们在影楼拍摄婚纱照片、写真照片、儿童照片时，影楼的美工人员往往会对我们的照片进行排版，使多张照片按照不同的方式排布在画面中，最后呈现在相册里。但是，这些漂亮的排版并不只有影楼的美工人员能用，我们也可以做到，只要在网络上搜索“照片模板下载”“PSD 照片模板下载”和“影楼模板下载”等的关键词就能够看到很多可供下载的 PSD 文件。而 PSD 文件都是分层的，所以可以在其中添加自己的照片，或者对布局进行更改，轻轻松松地制作出属于我们自己的相册。本案例主要来讲解利用模板制作相册。执行“文件 > 打开”命令，打开模板素材“1.psd”，如图 11-114 所示。在“图层”面板中可以看到模板的各个部分都是分层的，这也就方便了我们的调整，如图 11-115 所示。

图 11-114

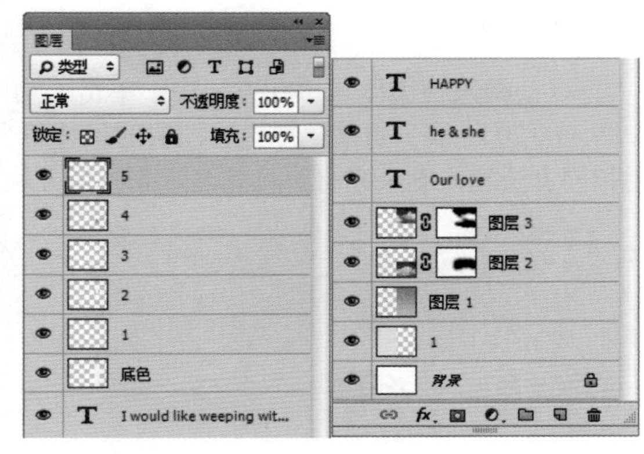

图 11-115

(2) 执行“文件 > 置入”命令，置入素材“2.png”，并将其移动到画面左侧，缩放到合适比例，按 <Enter> 键完成置入，将其栅格化作为左侧页面的主图，如图 11-116 所示。

图 11-116

(3) 执行“文件 > 置入”命令，置入素材“3.jpg”，缩放到合适比例，按 <Enter> 键完成置入，将其栅格化，如图 11-117 所示。下面我们要将人物图层放置到模板右边第一个方块中，如图 11-118 所示。首先将人物图层移动到“图层 1”上方，然后在人物图层按快捷键 <Ctrl+T> 调出定界框，按住 <Shift> 键的同时拖动控制点，使其等比例缩放并摆放到合适位置，如图 11-119 所示。

图 11-117

图 11-118

图 11-119

(4) 将人物主体显示在方块中。单击人物图层，执行“图层 > 创建剪贴蒙版”命令，效果如图 11-120 所示。如果觉得内容图层的尺寸不合适，可以重新按快捷键 <Ctrl+T> 进行调整。利用相同方法置入剩余素材，将其显示到其他方块中。最终效果如图 11-121 所示。

图 11-120

图 11-121

11.3.2 案例：制作简单的照片边框

案例文件：	制作简单的照片边框 .psd
视频教学：	制作简单的照片边框 .flv

案例效果：

操作步骤：

(1)首先执行“文件 > 新建”命令，弹出“新建”对话框后设置文件“宽度”为 2000 像素，“高度”为 1333 像素，“分辨率”为 300 像素 / 英寸，如图 11-122 所示。然后将前景色设置为灰色，按快捷键 <Alt+Delete> 填充背景。执行“文件 > 置入”命令，置入图片“1.jpg”，按 <Enter> 键完成置入，并将其栅格化，如图 11-123 所示。

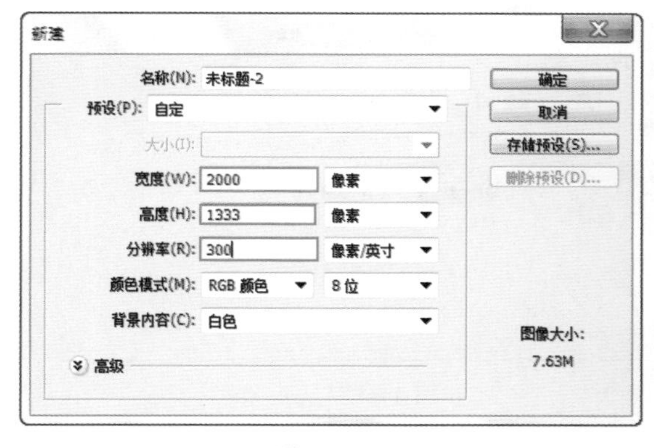

图 11-122

图 11-123

(2) 调整人物图层的大小。在人物图层上按快捷键 <Ctrl+T> 调出定界框，按住 <Shift> 键的同时拖动控制点，将其等比例缩放到合适大小，如图 11-124 所示。

图 11-124

(3) 为人物图层添加图层效果。执行“图层 > 图层样式 > 描边”命令，弹出“图层样式”对话框后设置描边的“大小”为 40 像素，“位置”为“内部”，“颜色”为白色，参数设置如图 11-125 所示。此时效果如图 11-126 所示。

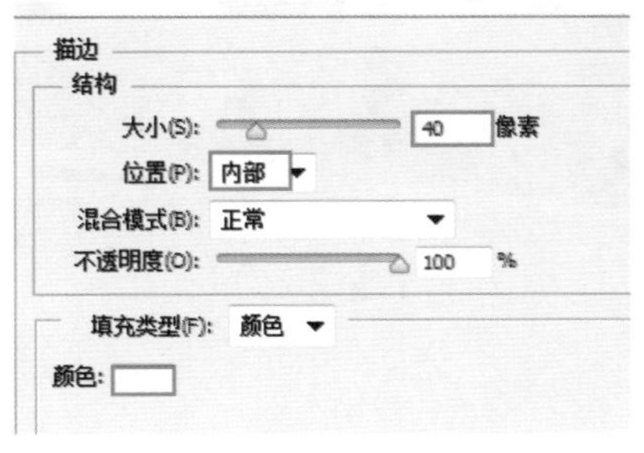

图 11-125

图 11-126

(4) 继续为人物图层添加图层效果。在“图层样式”窗口中勾选“投影”，设置“不透明度”为 30%，“角度”为 138 度，“距离”为 15 像素，“扩展”为 0%，“大小”为 10 像素，参数设置如图 11-127 所示。此时效果如图 11-128 所示。

(5) 为增加边框趣味性，我们将制作出多张照片叠加的效果。首先在人物图层上执行“图层 > 复制图层”命令，然后在新图层上按快捷键 <Ctrl+T> 调出定界框，旋转图片至合适角度。效果如图 11-129 所示。下面为图片制作文字效果。将前景色设置为白色，在工具箱中单击“横排文字工具” T，选择合适的字体以及字号输入文字。最终效果如图 11-130 所示。

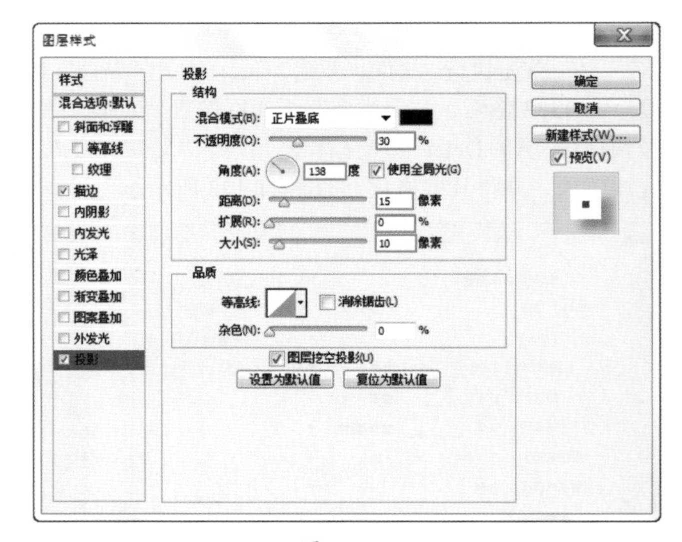

图 11-127

图 11-128

图 11-129

图 11-130

11.3.3 案例：简单漂亮的照片拼贴

案例文件：	简单漂亮的照片拼贴 .psd
视频教学：	简单漂亮的照片拼贴 .flv

案例效果：

操作步骤：

（1）当我们拍了一组唯美的照片时，单独浏览每一张照片似乎都不足以体现出这组照片的特性，这时就可以尝试利用 Photoshop 对这些照片进行一定的排版。执行“文件 > 新建”命令，弹出“新建”对话框，将文件“宽度”设置为 1791 像素，“高度”设置为 2500 像素，“分辨率”为 300 像素 / 英寸，参数设置如图 11-131 所示。创建文件完成后，将前景色设置为灰色，按快捷键 <Alt+Delete> 使用前景色填充“背景”图层，如图 11-132 所示。

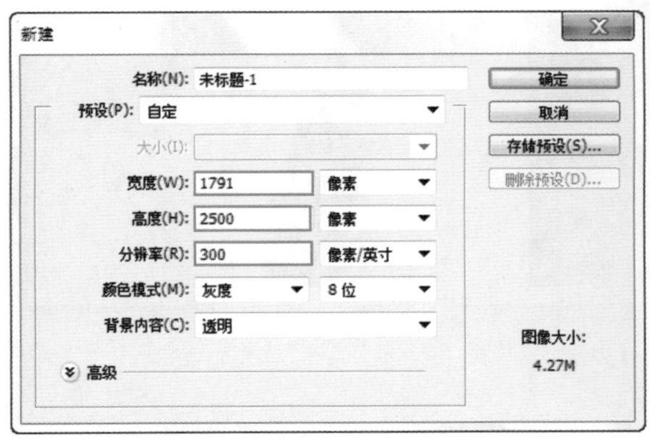

图 11-131

图 11-132

(2) 接下来单击“图层”面板底部的“创建新图层”按钮，新建图层后单击工具箱中的“矩形选框工具”，在新图层上绘制选区，再将前景色设置为白色，填充选区，如图 11-133 所示。接着为新图层添加样式，执行“图层 > 图层样式 > 投影”命令，弹出“图层样式”对话框，设置“颜色”为黑色，“不透明度”为 40%，“角度”为 120 度，“距离”为 30 像素，“大小”为 10 像素，参数设置如图 11-134 所示。效果如图 11-135 所示。

图 11-133

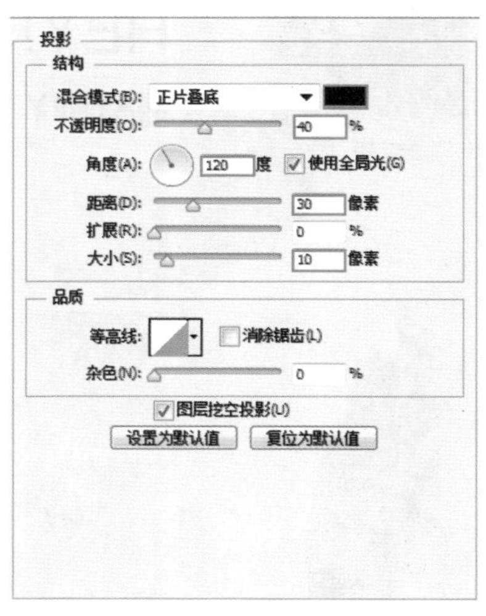

图 11-134

图 11-135

(3) 执行“文件 > 置入”命令，置入图片“1.jpg”，放在画面偏左侧的位置，按 <Enter> 键完成置入，并将其栅格化，如图 11-136 所示。

(4) 去除人物图层多余部分。首先单击工具箱中的“矩形选框工具”，在人物上绘制选区，如图 11-137 所示。接着单击“图层”面板下方的“添加图层蒙版”按钮，为人物图层添加图层蒙版，效果如图 11-138 所示。

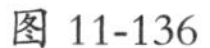

图 11-136

图 11-137

图 11-138

(5) 使用同样的方法置入其他素材，并利用图层蒙版隐藏多余的内容，摆放在画面的右侧，如图 11-139 所示。接下来为画面添加文字。单击工具箱中的“横排文字工具” T，选择合适的字体以及字号输入文字，如图 11-140 所示。

图 11-139

图 11-140

(6) 最后丰富画面细节。首先单击工具箱中的“矩形工具”，设置“绘制模式”为“形状”，“填充”为黑色，“描边”为无描边，“描边类型”为直线，然后在画面上绘制，如图 11-141 所示。最终效果如图 11-142 所示。

图 11-141

图 11-142

第 11 章

第 12 章 超有趣，人像照片变换术

12.1 案例：变身封面女郎

案例文件：	变身封面女郎 .psd
视频教学：	变身封面女郎 .flv

案例效果：

操作步骤：

(1) 时尚杂志上的美女帅哥们一个个时尚耀眼、光鲜亮丽。不要羡慕，今天就让你也尝试一次登上杂志封面的感觉。首先打开人物素材“1.jpg”，如图 12-1 所示。在这里选择了一张竖版的照片（为了配合杂志封面的比例），照片内容明确，主体人像与背景颜色差异很大，并且背景的颜色也比较单一，适合添加文字。

图 12-1

(2) 然后观察图片可以发现，图片中人物的头部顶部与画布顶部距离过近，所以拉大人物头部与画布顶部距离。选择工具箱中的“矩形选框工具”，在人物头部上方绘制出一个较窄的没有人像部分的矩形选区，如图 12-2 所示。接着按快捷键 <Ctrl+J> 将选区中的像素复制到独立图层。然后按快捷键 <Ctrl+T> 调出定界框，向下拖动控制点，将这部分放大，如图 12-3 所示。

图 12-2

图 12-3

(3) 将“背景”图层进行复制得到“背景 拷贝”图层，然后将“背景 拷贝”图层移动到“图层”面板的最顶端。如图 12-4 所示。接着使用“移动工具” 将“背景 拷贝”图层向下移到适当位置，如图 12-5 所示。

图 12-4

图 12-5

(4) 编辑标题文字。选择“横排文字工具” T，在上方属性栏中选择合适的字体以及字号创建文字。如图 12-6 所示。单击标题文字图层，将图层透明度改为 60%，效果如图 12-7 所示。

图 12-6

图 12-7

(5) 继续使用“横排文字工具”，在左侧及右侧输入不同字体、字号、颜色的文字，在输入多行文字时需要注意，左侧的文字对齐方式选择“左对齐”，右侧的文字对齐方式选择“右对齐”。效果如图 12-8 和图 12-9 所示。

(6) 接着制作一处镂空效果的文字。新建“图层 9”，选择工具箱中的“矩形选框工具”，绘制大小合适的选区，将前景色设置为白色，按快捷键 <Alt+Delete> 将选区填充白色。使用“横排文字工具”输入文字，按住 <Ctrl> 键单击文字图层，调出文字选区后删除文字图层，如图 12-10 所示。接着按快捷键 <Ctrl+Shift+I> 将文字选区反向。单击“图层”面板底部的“添加图层蒙版”按钮，为“图层 9”添加图层蒙版，如图 12-11 所示。

(7) 最终效果如图 12-12 所示。

图 12-8

图 12-9

图 12-10

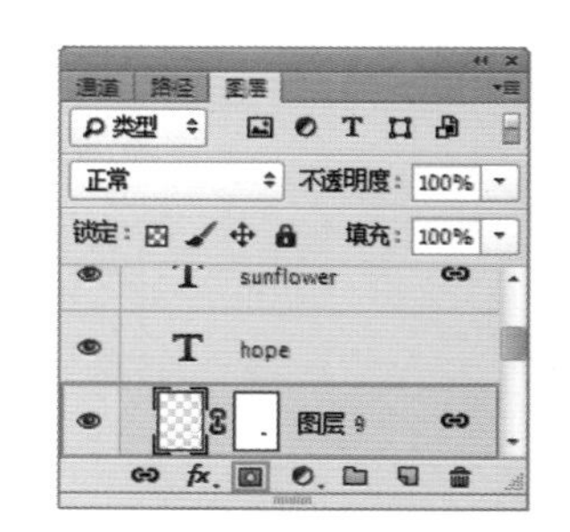

图 12-11

图 12-12

12.2 案例：模拟故事感电影画面

案例文件：	模拟故事感电影画面 .psd
视频教学：	模拟故事感电影画面 .flv

案例效果：

操作步骤：

(1) 执行“文件 > 打开”命令，打开图片“1.jpg”，如图 12-13 所示。为了凸显主题人物，我们要对画面进行裁切。在工具箱中单击“裁切工具” ，对“背景”图层裁切。裁切后的效果如图 12-14 所示。

图 12-13

图 12-14

(2) 接下来要做出电影胶片的颗粒感。首先复制“背景”图层，然后在新图层上执行“滤镜 > 杂色 > 添加杂色”命令。在打开的“添加杂色”对话框中设置“数量”为 30%，参数设置如图 12-15 所示。效果如图 12-16 所示。接着设置新图层的“不透明度”为 50%，效果如图 12-17 所示。

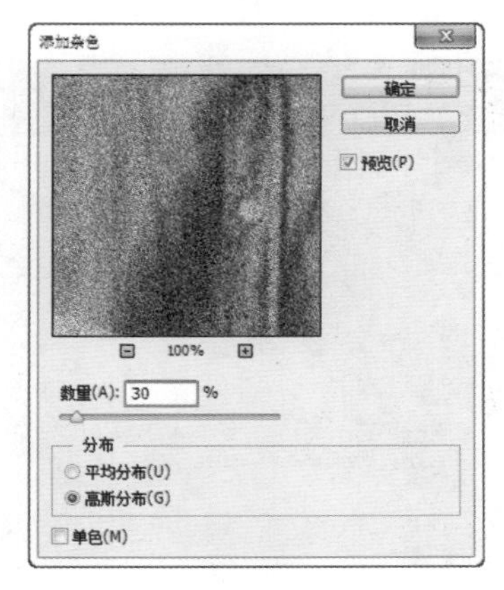

图 12-15

第 12 章

图 12-16

图 12-17

(3) 为了营造出电影画面偏色和暗调的氛围，所以要使用“可选颜色”命令对画面进行调色。执行“图层 > 新建调整图层 > 可选颜色”命令。在打开的“可选颜色”属性面板中设置“颜色”为“白色”，设置“黄色”为 100%，如图 12-18 所示。再将“颜色”设置为“黑色”，“黑色”中的“洋红”设置为 –10%，“黄色”为 –35%，“黑色”为 30%，参数设置如图 12-19 所示。效果如图 12-20 所示。

图 12-18

图 12-19

图 12-20

(4) 制作电影画面顶部和底部的黑条。首先新建图层，然后在工具箱中单击“矩形选框工具”，在新建图层上绘制出一个大小合适的选区，将前景色设置为黑色，按 <Alt+Delete> 键将选区填充为黑色，效果如图 12-21 所示。接着单击该图层，按 <Ctrl+J> 快捷键复制该图层，在工具箱中单击“移动工具”将其移动到画面底端，如图 12-22 所示。

图 12-21

图 12-22

(5) 最后制作电影字幕。选择合适的字体与字号，使用“横排文字工具” T 输入文字，如图 12-23 所示。为了丰富画面细节，我们可以将文字制作出“投影”的效果。在文字图层上执行“图层 > 图层样式 > 投影”命令，在打开的“图层样式”对话框中设置“混合模式”为“正片叠底”，“不透明度”为 75%，“角度”为 30 度，“距离”为 4 像素，“大小”为 4 像素，参数设置如图 12-24 所示。图片最终效果如图 12-25 所示。

图 12-23

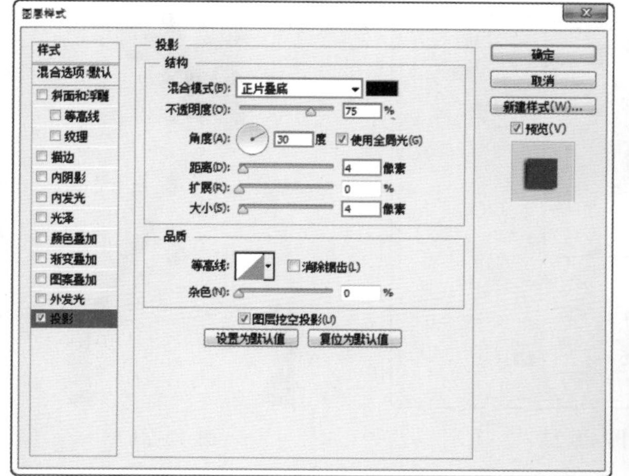

图 12-24

图 12-25

12.3　案例：打造速度感人像照片

案例文件：	打造速度感人像照片 .psd
视频教学：	打造速度感人像照片 .flv

案例效果：

操作步骤：

(1) 在拍摄飞驰的汽车、奔跑的人等运动的物体时，如果相机的快门速度设置的不够快，那么可能就会获得一张主体物沿着运动路径产生模糊效果，也称为“动感模糊”，而这种“动感模糊”经常被用来表现高速运动的对象。本案例就利用了这一特点模拟人物高速运动的效果。执行“文件 > 打开”命令，打开人像素材“1.jpg”，按快捷键 <Ctrl+J> 复制图层，命名为“图层 1”，如图 12-26 所示。

(2) 选中“图层 1”，执行“滤镜 > 模糊 > 动感模糊”命令，打开“动感模糊”对话框，设置“角度”为 38 度，“距离”为 45 像素，如图 12-27 所示。单击“确定”按钮后效果如图 12-28 所示。

图 12-26

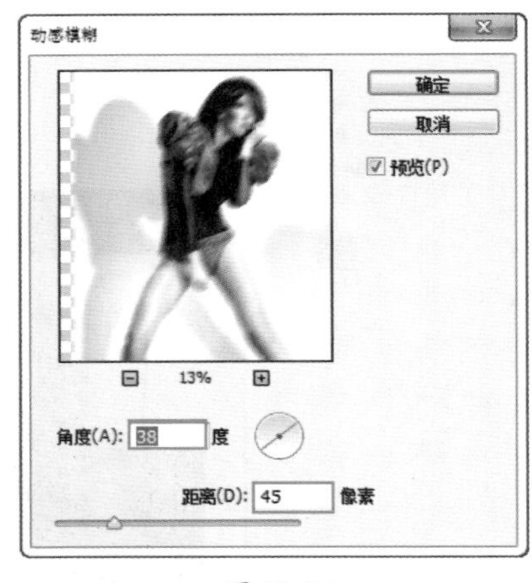

图 12-27

图 12-28

(3) 单击“图层”面板底端的“添加图层蒙版”按钮，为图层添加蒙版，然后在工具箱中单击“画笔工具”，设置画笔颜色为黑色，并适当调整画笔大小，在蒙版中涂抹如图 12-29 所示的相应区域，效果如图 12-30 所示。然后设置“不透明度”为 80%，效果如图 12-31 所示。

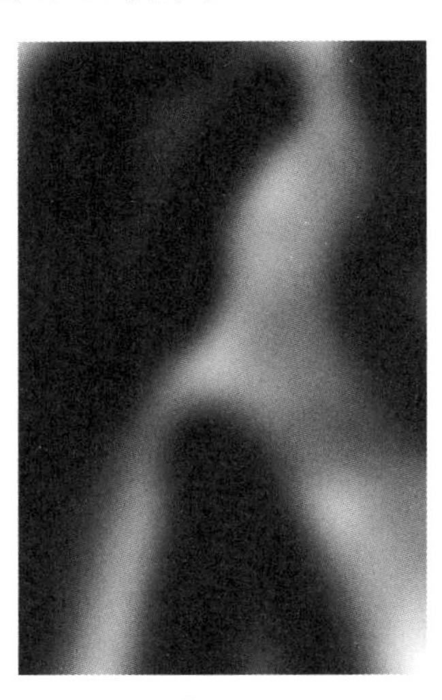

图 12-29

图 12-30

图 12-31

(4) 在工具箱中选择“矩形选框工具”，使用该工具在人像身体处框出部分区域，如图 12-32 所示。按快捷键 <Ctrl+J> 复制该选区，并命名为“图层 2”，然后将该复制图层稍向左移动，如图 12-33 所示。

图 12-32

图 12-33

(5) 选中“图层 2”，执行“滤镜 > 模糊 > 动感模糊”命令，在打开的“动感模糊”对话框中设置“角度”为 38 度，“距离”为 62 像素，参数设置如图 12-34 所示。效果如图 12-35 所示。

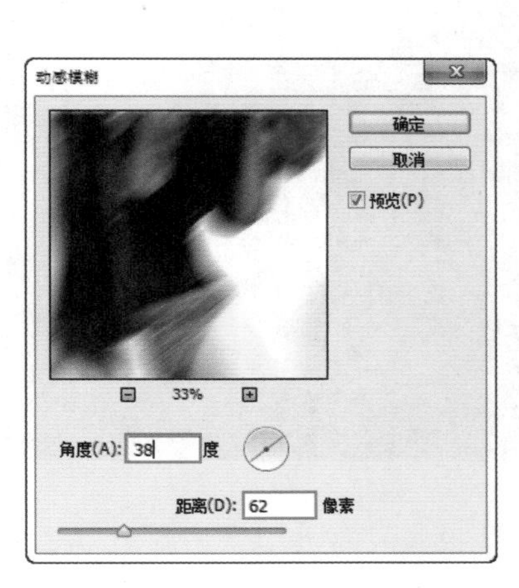

图 12-34

图 12-35

(6) 此时模糊效果较为夸张，所以需要对该图层继续进行调整。为该图层添加图层蒙版，并使用黑色柔角画笔在蒙版中涂抹，如图 12-36 所示。然后调整其“不透明度”为 85%，效果如图 12-37 所示。

(7) 最后为画面输入文字。在工具箱中选择“横排文字工具” T，在选项栏中设置适当的字体、大小及颜色，设置完成后在画面中输入文字，并调整文字位置，画面效果如图 12-38 所示。

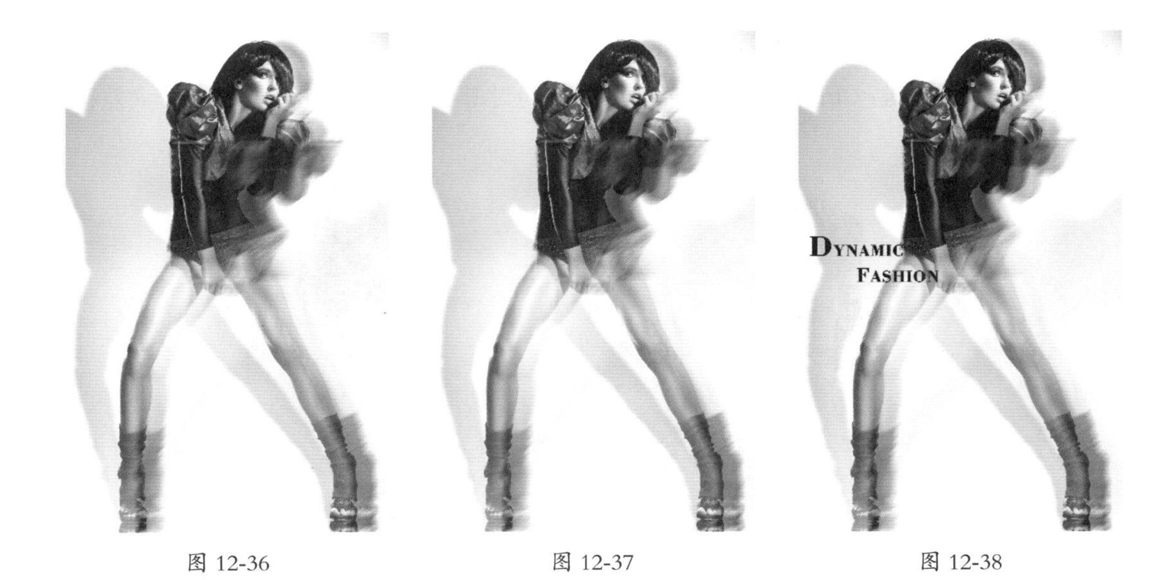

图 12-36　　图 12-37　　图 12-38

12.4 案例：唯美甜蜜圣诞夜

案例文件：	唯美甜蜜圣诞夜 .psd
视频教学：	唯美甜蜜圣诞夜 .flv

案例效果：

操作步骤：

(1) 执行“文件 > 新建”命令，新建一个“宽度”为 2500 像素，“高度”为 1669 像素，“分辨率”为 300 像素 / 英寸的画布，参数设置如图 12-39 所示。将前景色设置为黑色，按快捷键 <Alt+Delete> 使用前景色填充画布，如图 12-40 所示。

图 12-39

图 12-40

(2) 执行“文件 > 置入”命令，置入图片“1.jpg”，放大到如图 12-41 所示的比例，按 <Enter> 键完成置入，并将其栅格化。

(3) 为了制作出人物的唯美效果，所以人物的底部要适当虚化。首先单击“图层”面板底部的“添加图层蒙版”按钮，为人物图层添加图层蒙版。然后将前景色设置为黑色，在工具箱中单击“画笔工具”，选择大小合适的柔角画笔在图层蒙版底部上绘制。蒙版的形态如图 12-42 所示。画面效果如图 12-43 所示。

图 12-41

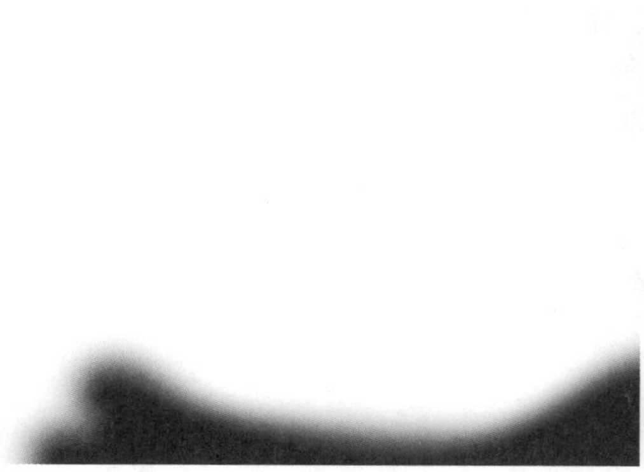

图 12-42

图 12-43

(4) 接下来将图片调整为蓝色调。执行“图层 > 新建调整图层 > 曲线”命令，打开“曲线”属性面板，首先调整“红”通道中的曲线，曲线形态如图 12-44 所示。然后调整“绿”通道中的曲线，曲线形态如图 12-45 所示。最后调整“蓝”通道中的曲线，曲线形态如图 12-46 所示。画面效果如图 12-47 所示。

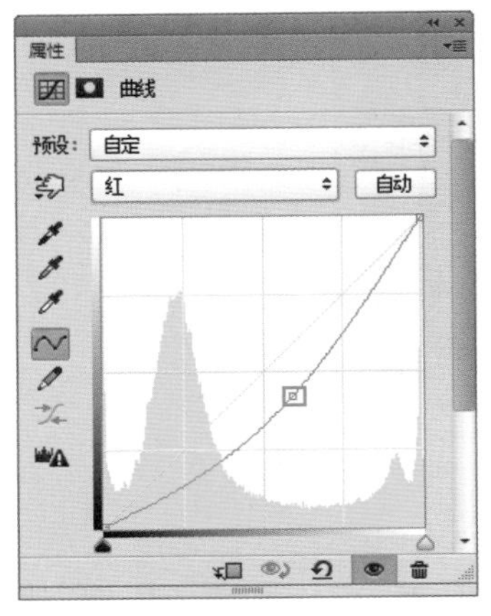

图 12-44

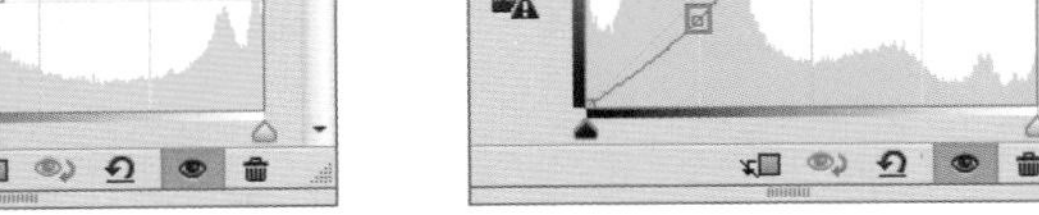

图 12-45

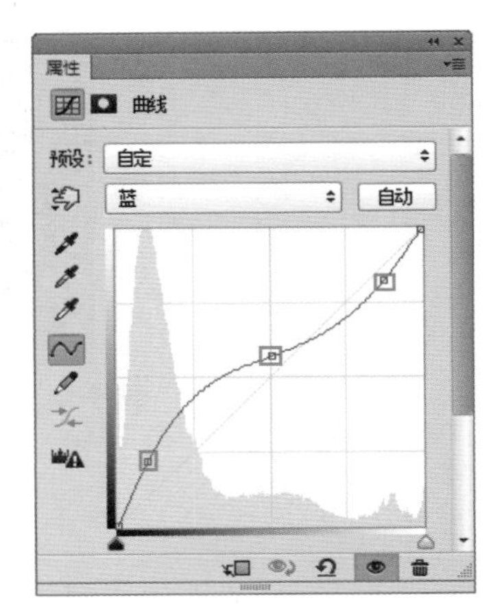

图 12-46

图 12-47

(5) 为了凸显人物主体，我们使用“曝光度”命令来调整画面。执行“图层 > 新建调整图层 > 曝光度”命令，在打开的“曝光度”属性面板中设置“曝光度”为 –20，参数设置如图 12-48 所示。接着将前景色设置为黑色，在工具箱中单击“画笔工具”，选择大小为 1600、硬度为 0 的柔角画笔在蒙版上单击。蒙版形态如图 12-49 所示。画面效果如图 12-50 所示。

图 12-48

图 12-49

图 12-50

(6) 接下来制作光效。执行“文件 > 置入”命令，置入光效素材，将其栅格化，如图 12-51 所示。设置“光效”图层“混合模式”为“滤色”，效果如图 12-52 所示。为突出人物主体，接下来我们将人物四周的光效去除。首先为“光效”图层添加图层蒙版，然后选择大小合适的黑色柔角画笔在图层蒙版上绘制，此时图片效果如图 12-53 所示。

图 12-51

图 12-52

图 12-53

(7) 为画面添加文字。首先在工具箱中单击“横排文字工具” T，选择合适字体以及字体大小输入文字，如图 12-54 所示。为了增加文字效果，执行“图层 > 图层样式 > 描边”命令，在打开的“图层样式”对话框中设置“位置”为“外部”，“填充类型”为“渐变”，“渐变”为由白色到浅灰色，“角度”为 90 度，参数设置如图 12-55 所示。接着勾选“内阴影”，设置“混合模式”为“叠加”，“不透明度”为 50%，“角度”为 90 度，“距离”为 4 像素，参数设置如图 12-56 所示。

图 12-54

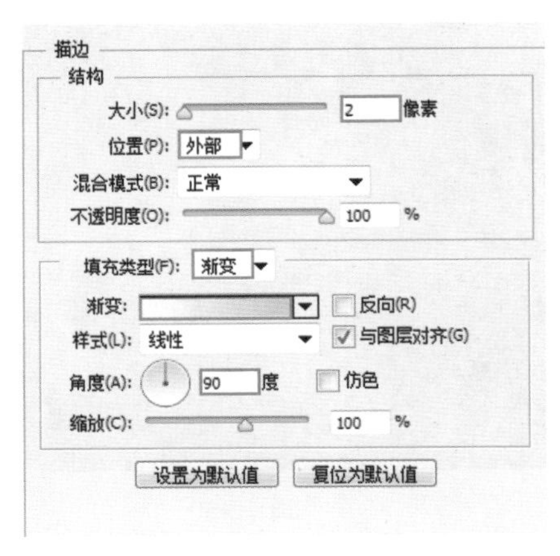

图 12-55

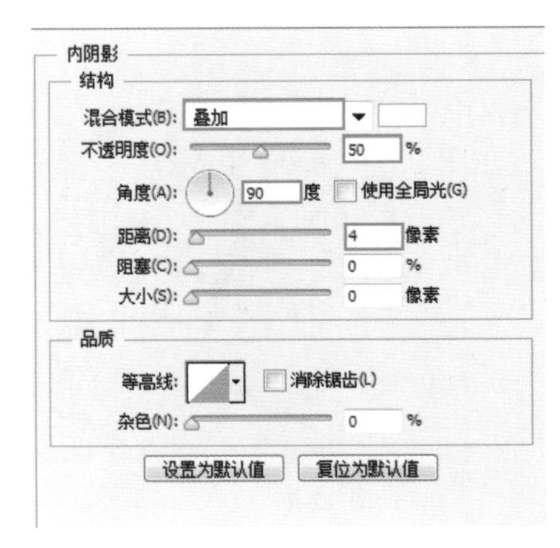

图 12-56

(8)继续为文字添加效果。勾选“渐变叠加”，设置“渐变”为粉色系渐变，“角度”为 90 度，“缩放”为 100%，参数设置如图 12-57 所示。勾选“投影”，设置“混合模式”为“正片叠底”，“角度”为 90 度，“距离”为 4 像素，“大小”为 31 像素，参数设置如图 12-58 所示。此时字体样式如图 12-59 所示。

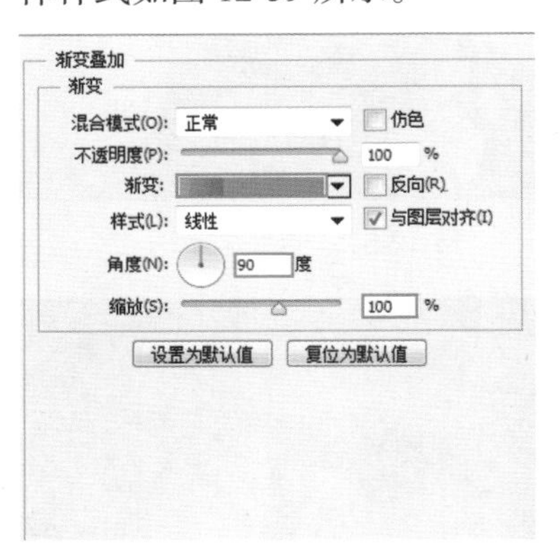

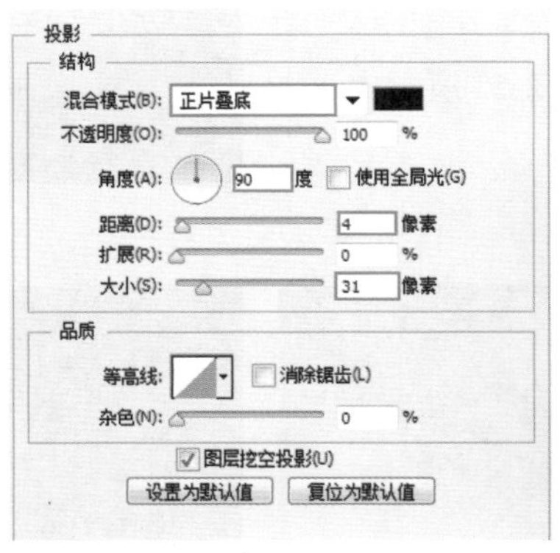

图 12-57

图 12-58

图 12-59

(9) 最后执行“文件 > 置入”命令，置入圣诞帽素材，将其栅格化，并将其摆放到文字旁合适位置，如图 12-60 所示。

图 12-60

12.5 案例：绚丽的奇幻炫光人像

案例文件：	绚丽的奇幻炫光人像 .psd
视频教学：	绚丽的奇幻炫光人像 .flv

案例效果：

操作步骤：

（1）“光效素材”泛指背景为黑色、或接近黑色的暗调背景上包含有高明度光斑、光晕、光带等内容的图片，因为这类图片中的黑色部分可以利用图层的混合模式轻松地被滤除掉，而高亮度的漂亮光效部分则被保留在画面中，使画面整体产生绚丽的效果。所以利用光效素材进行照片处理也是非常常见的手段。光效素材既可以在网上搜索并下载使用，也可以自己制作适合的效果。执行“文件 > 打开”命令，打开图片“1.jpg”，如图 12-61 所示。

图 12-61

（2）首先制作光效。新建图层，将前景色设置为白色，单击工具箱中的“画笔工具”，在画笔选取器中选择大小为 1200 像素、硬度为 0 的笔尖，设置画笔的“不透明度”为 70%，然后在新图层上单击，随即会出现一个白色的圆形，如图 12-62 所示。接着选择工具箱中的“矩形选框工具”，在新建图层上绘制出一个矩形选区，如图 12-63 所示。

图 12-62

图 12-63

(3) 按 <Delete> 键删除矩形选区的内容，如图 12-64 所示。然后按快捷键 <Ctrl+T> 调出定界框，向下拖动控制点缩小光束，如图 12-65 所示。

图 12-64

图 12-65

(4) 接着旋转光束，放置到画面中适当位置，如图 12-66 所示。为了增加光束的真实感，我们将光束的“不透明度”设置为 37%，效果如图 12-67 所示。

图 12-66

图 12-67

(5) 使用“移动工具”并按住 <Alt> 键拖动光束图层即可实现移动复制光束。为了增加光束的真实感，我们将光束的“不透明度”设置为 93%，如图 12-68 所示。继续复制光束摆放到适当位置并设置不同的“不透明度”数值，效果如图 12-69 所示。

图 12-68

图 12-69

(6) 为了方便操作，在“图层”面板底部单击“创建新组”，并将新组命名为“右光束”，然后将右面的光束图层拖动到组中。接下来我们要对光束进行调整。首先为右光束组添加蒙版，然后单击工具箱中的“渐变工具”，设置“渐变颜色”为由黑色到白色，在渐变选取器中设置“渐变方式”为“线性渐变”，如图 12-70 所示。然后在蒙版上进行渐变操作。蒙版状态如图 12-71 所示。此时画面效果如图 12-72 所示。

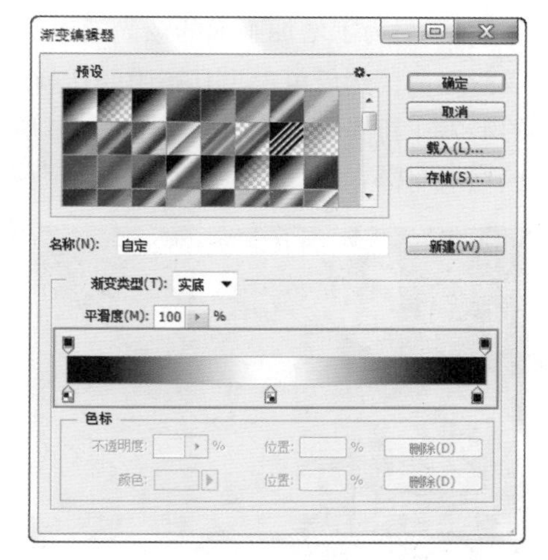

图 12-70

图 12-71

图 12-72

(7) 为了增加光束的绚丽感，我们将“右光束”组的“不透明度”设置为 60%，“混合模式”设置为“线性减淡（添加）”，如图 12-73 所示。使用同样的方法制作左侧的光效，如图 12-74 所示。制作完成后的效果如图 12-75 所示。

图 12-73

图 12-74

图 12-75

(8) 为了增加画面的炫光效果，接下来制作各种颜色光斑。首先新建图层，将前景色设置成粉红色，然后单击工具箱中的“画笔工具”，在画笔选取器中选择大小为 1100、硬度为 0 的笔尖在新图层上绘制，如图 12-76 所示。为了使光斑看起来真实明亮，将光斑的“不透明度”设置为 60%，“混合模式”设置为“变亮”，如图 12-77 所示。效果如图 12-78 所示。

图 12-76

图 12-77

图 12-78

(9) 利用相同方法制作其他部分的光斑，效果如图 12-79 所示。

(10) 接下来为了增加画面氛围，我们来为画面增加烟雾效果。首先新建图层，将前背景色分别设置为黑色和白色，然后执行“滤镜 > 渲染 > 分层云彩”命令，画面效果如图 12-80 所示。

图 12-79

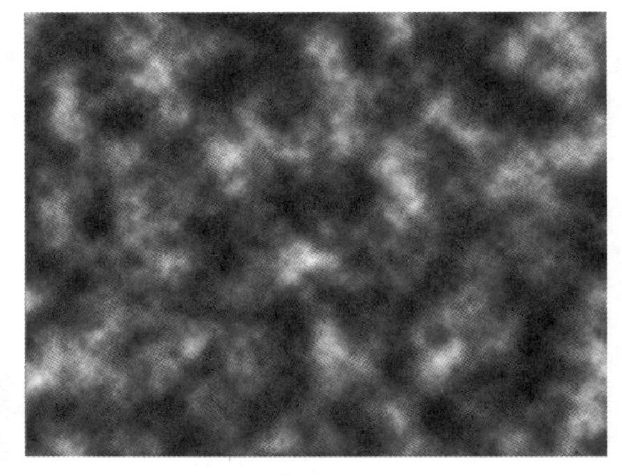

图 12-80

(11) 接着将“云彩”图层的“混合模式”设置为“滤色”。为增加烟雾的真实感，将“云彩”图层的“不透明度”设置为 55%，如图 12-81 所示。此时效果如图 12-82 所示。

(12) 接下来我们要调整云彩的范围。首先为“云彩”图层添加图层蒙版，再将蒙版填充为黑色。然后将前景色设置为白色，在工具箱中单击“画笔工具”，在画笔选取器中选择大小为 600、硬度为 0 的笔尖在图层蒙版上绘制。蒙版的状态如图 12-83 所示。此时效果如图 12-84 所示。

图 12-81

图 12-82

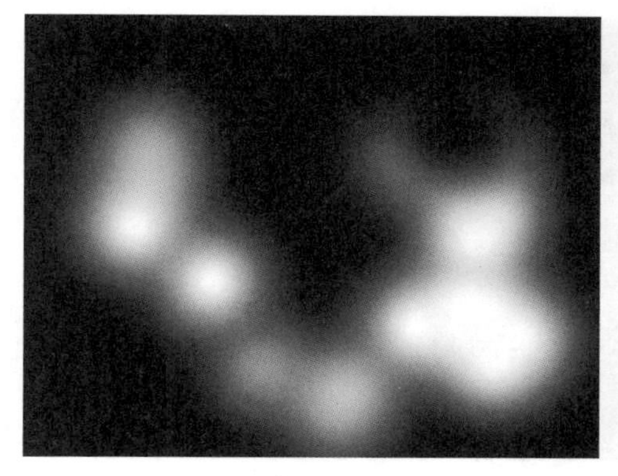

图 12-83

图 12-84

(13) 执行“文件 > 置入”命令置入斑点素材，如图 12-85 所示。设置“斑点”图层的混合模式为“柔光”，效果如图 12-86 所示。

图 12-85

图 12-86

(14) 为了使画面看起来更加炫光夺目，接下来我们使用“曲线”命令为画面调色。执行“图层 > 新建调整图层 > 曲线”命令，在打开的“曲线”属性面板中将曲线形状调整为“S 型”，以增加画面颜色的对比度，曲线形态如图 12-87 所示。画面效果如图 12-88 所示。

(15) 此时可以发现画面看起来红色调偏高，设置通道为“红”通道，压暗画面的红色，曲线形态如图 12-89 所示。画面效果如图 12-90 所示。

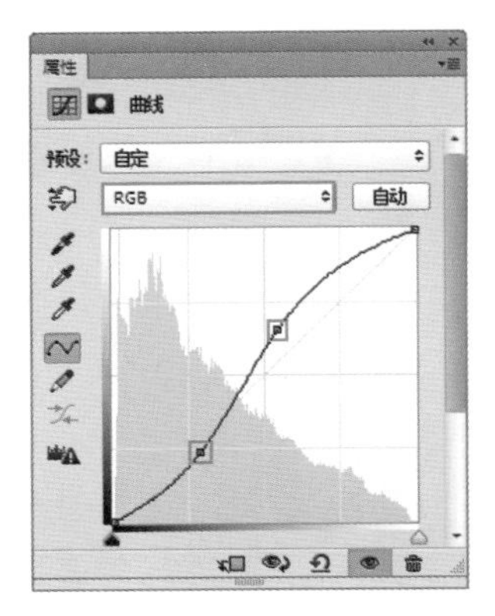

图 12-87

图 12-88

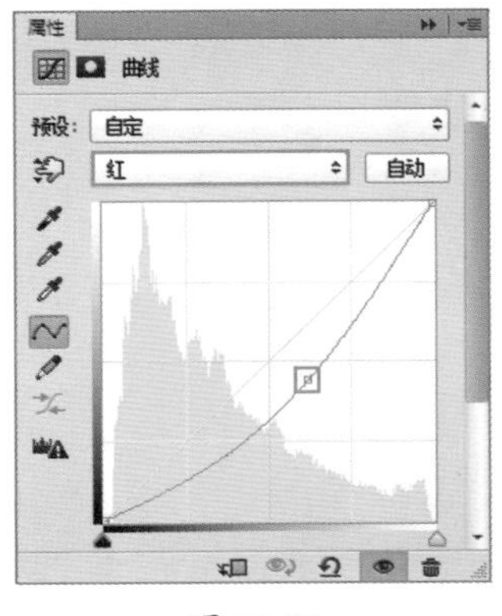

图 12-89

图 12-90

（16）接下来制作暗角效果。执行“图层 > 新建调整图层 > 曲线”命令，调整曲线以将画面整体压暗。曲线形态如图 12-91 所示。此时画面效果如图 12-92 所示。

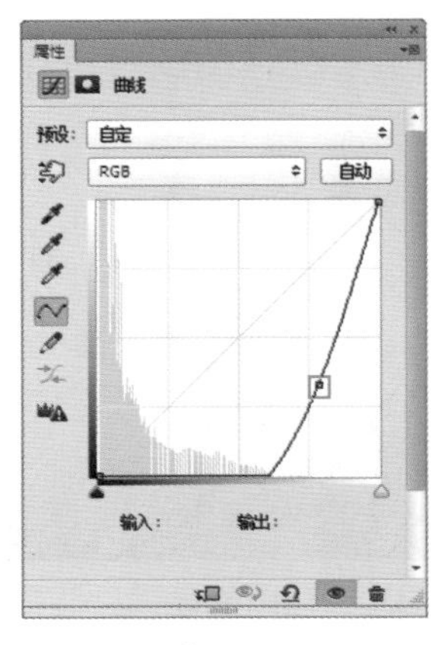

图 12-91

图 12-92

（17）因为我们只想压暗画面四周，接下来为“曲线”图层添加图层蒙版。首先在工具箱中单击“画笔工具”，在画笔选取器中选择大小为 2700 像素、硬度为 0 的笔尖在图层蒙版中间单击。蒙版的形态如图 12-93 所示。此时效果如图 12-94 所示。

图 12-93

图 12-94

(18) 最后在工具箱中单击“横排文字工具” ，选择合适的字体、字号输入文字，如图 12-95 所示。

图 12-95

12.6 案例：炫彩光效人像创意合成

案例文件：	炫彩光效人像创意合成 .psd
视频教学：	炫彩光效人像创意合成 .flv

案例效果：

操作步骤：

(1) 执行“文件 > 新建”命令，新建空白文档。设置前景色为深蓝色，并进行快速填充。单击工具箱中的“画笔工具”，在选项栏中选择圆形柔角画笔，设置较大的笔尖。设置前景色为浅蓝色，在画面中单击以制作光点，如图 12-96 所示。

图 12-96

(2) 执行“文件 > 置入”命令，置入光效素材“1.jpg”，设置其“混合模式”为“变亮”，“不透明度”为 50%，如图 12-97 所示。画面效果如图 12-98 所示。

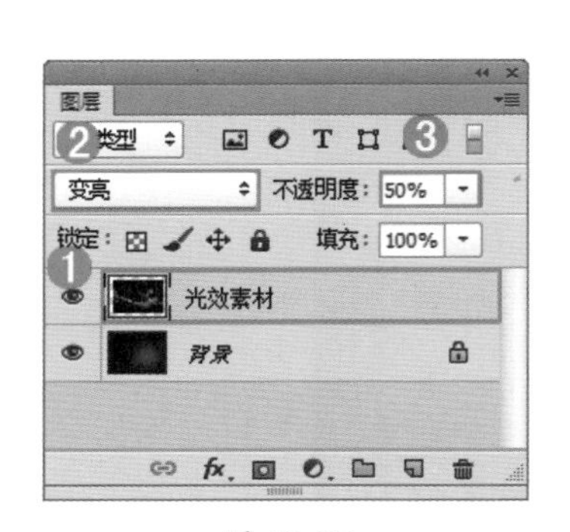

图 12-97

图 12-98

(3) 使用同样的方法将素材“2.jpg”置入到文件中，设置“混合模式”为“颜色减淡”，如图 12-99 所示。画面效果如图 12-100 所示。

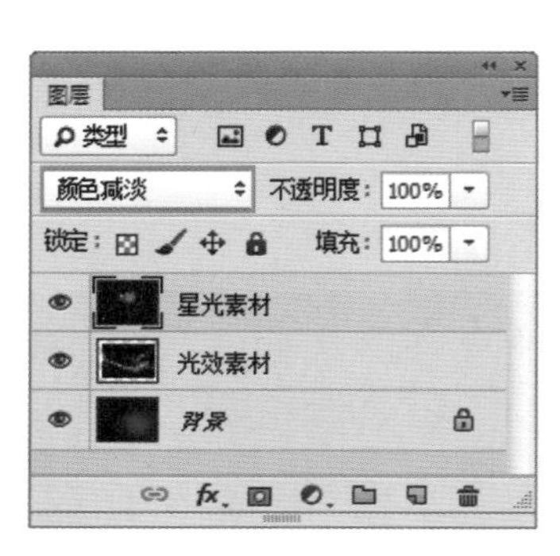

图 12-99

图 12-100

(4) 执行“图层 > 新建调整图层 > 曲线”命令，在打开的“曲线”属性面板中选择“RGB”通道，在曲线上方和下方建立两个控制点，拖动曲线如图 12-101 所示。此时画面明暗对比更加明显，如图 12-102 所示。

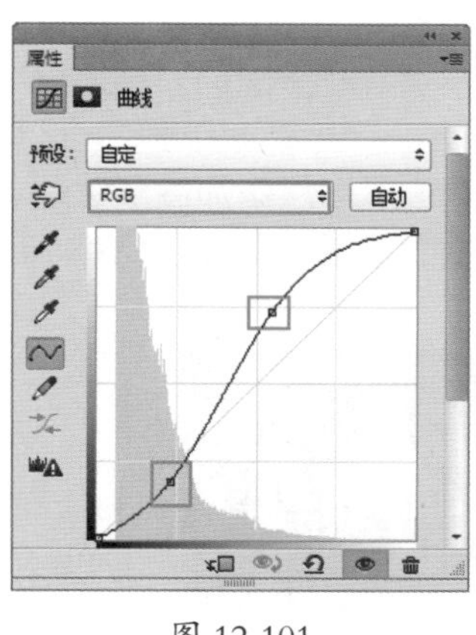

图 12-101

图 12-102

(5) 新建“图层 1”，设置前景色为蓝色，在选项栏中选择圆形柔角画笔，设置较大的笔尖，在画面中单击以绘制高光部分，如图 12-103 所示。使用同样的方法在蓝色高光的地方绘制白色高光，使画面高光点的部分散发着微微的蓝色，画面效果如图 12-104 所示。

图 12-103

图 12-104

(6) 置入人物素材“3.jpg”，放在画面合适的位置。在工具箱中单击“快速选择工具”，为人物创建选区，如图 12-105 所示。单击“图层”面板底部的“添加图层蒙版”按钮，为人物素材图层添加图层蒙版。此时人物素材的背景部分被隐藏，画面效果如图 12-106 所示。

图 12-105

图 12-106

(7) 接下来制作彩色梦幻光感图像部分。新建图层组并命名为“光感图像”。单击工具箱中的“钢笔工具”，在选项栏中设置“绘制模式”为“形状”，“填充”为绿色，“描边”为无，在画面中绘制不规则的形状，如图 12-107 所示。下面为该形状图层添加图层蒙版，使用黑色的柔角画笔在蒙版中隐藏绿色形状中间的部分，使形状有一种透明感，如图 12-108 所示。

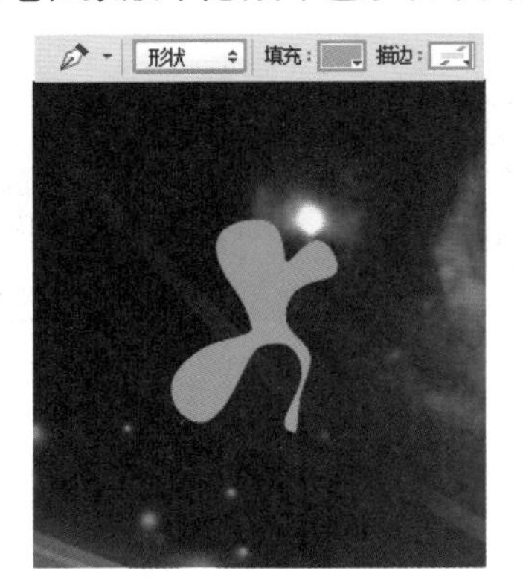

图 12-107

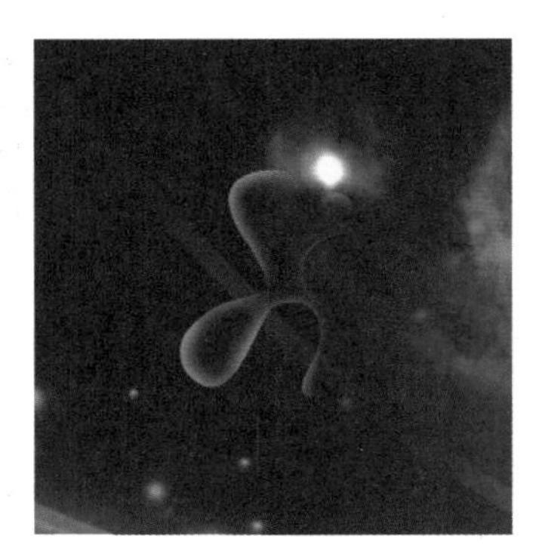

图 12-108

(8) 接下来制作光感的边缘高光部分。复制光感图层，如图 12-109 所示。将前景色设置为稍亮的绿色并填充，效果如图 12-110 所示。

图 12-109

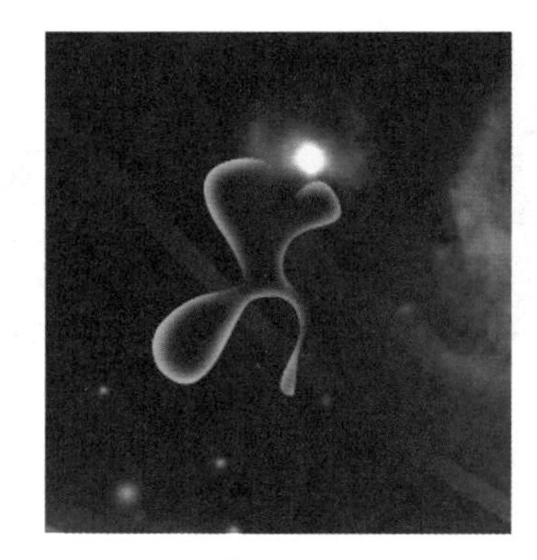

图 12-110

(9) 使用同样的方法制作其他光感图像，效果如图 12-111 所示。

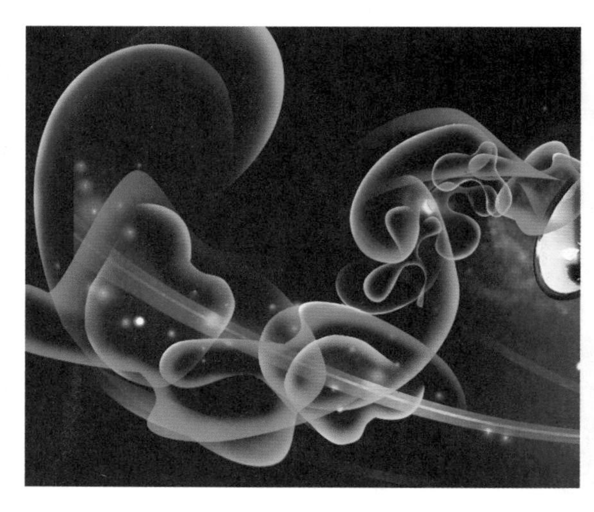

图 12-111

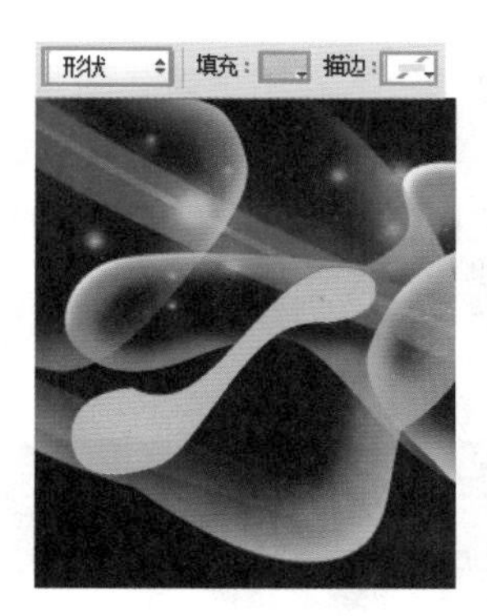

图 12-112

（10）接下来制作彩色的不规则形状。新建组并命名为“形状”。使用“钢笔工具” 在画面中绘制不规则图形，如图 12-112 所示。选中该图层，执行“图层 > 图层样式 > 斜面和浮雕”命令，在打开的“图层样式”对话框中设置“深度”为 113%，勾选“方向”为上，设置“大小”为 25 像素，“软化”为 9 像素，“高光模式”为滤色，颜色为白色，“不透明度”为 75%。“阴影模式”为正片叠底，颜色为棕色，“不透明度”为 75%，如图 12-113 所示。单击“确定”按钮，画面效果如图 12-114 所示。

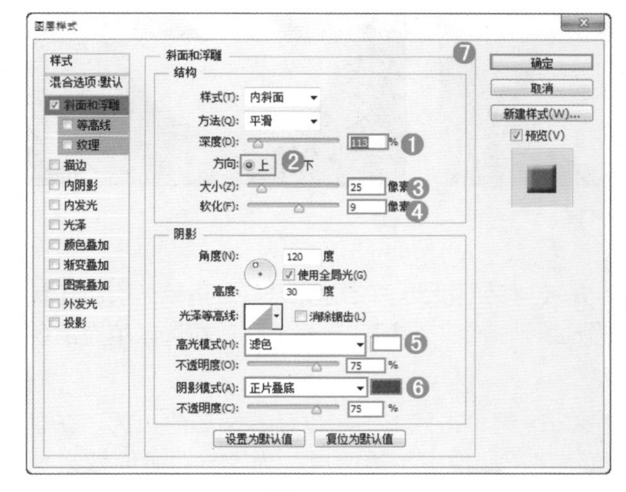

图 12-113

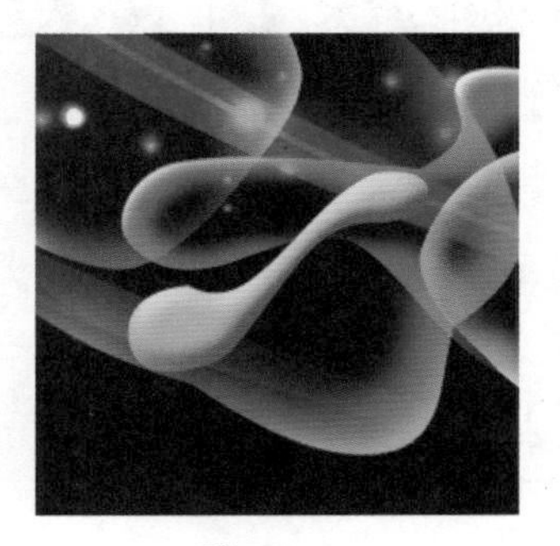

图 12-114

（11）使用同样的方法绘制其他颜色形状，并复制上一形状图像的图层样式，画面效果如图 12-115 所示。

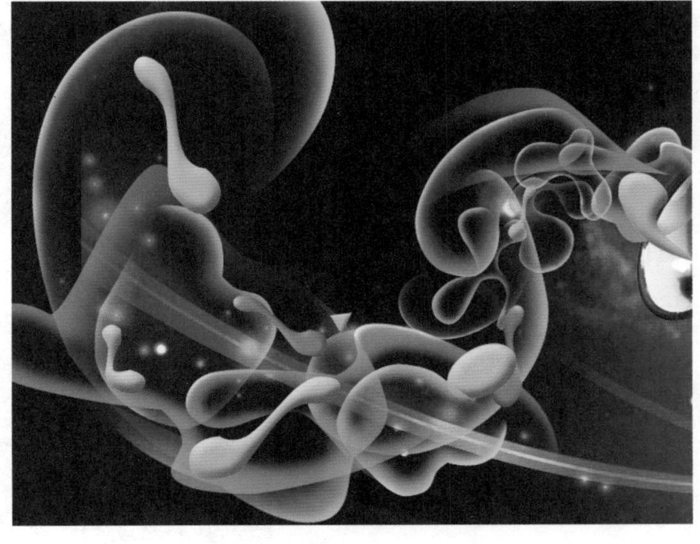

图 12-115

（12）接下来制作圆球部分。新建图层组并命名为“球形”。在组中新建图层，使用“椭圆选区工具”绘制圆形，并填充为浅灰色，如图 12-116 所示。新建图层，单击“画笔工具”，选择圆形柔角画笔，设置前景色为白色，在圆形左上角单击以绘制高光，如图 12-117 所示。

（13）选中新建的高光图层右击，在弹出的快捷菜单中选择“创建剪贴蒙版”命令，使高光只对灰色圆形起作用，画面效果如图 12-118 所示。

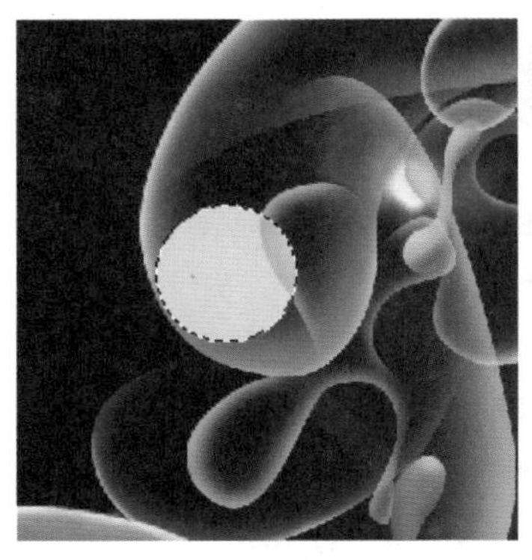

图 12-116

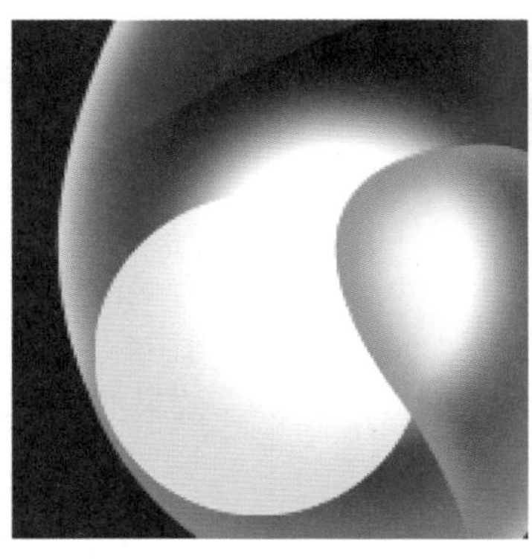

图 12-117

图 12-118

（14）在工具箱中单击“钢笔工具”，在选项栏中设置“绘制模式”为路径，绘制环状路径后右击，在弹出的快捷菜单中选择“转换为选区”命令。使用“渐变工具”在选区填充黑色到灰色的渐变，如图 12-119 所示。

（15）接下来制作圆球的反光部分。按住 <Ctrl> 键单击圆形图层以显示圆形的选区。新建图层并填充为白色。在“图层”面板上设置该新建图层的“不透明度”为 55%，画面效果如图 12-120 所示。单击“图层”面板底部的“添加图层蒙版”，为该新建图层添加图层蒙版。使用“画笔工具”擦除圆球的右半部分，制作圆球右侧反光的效果如图 12-121 所示。

图 12-119

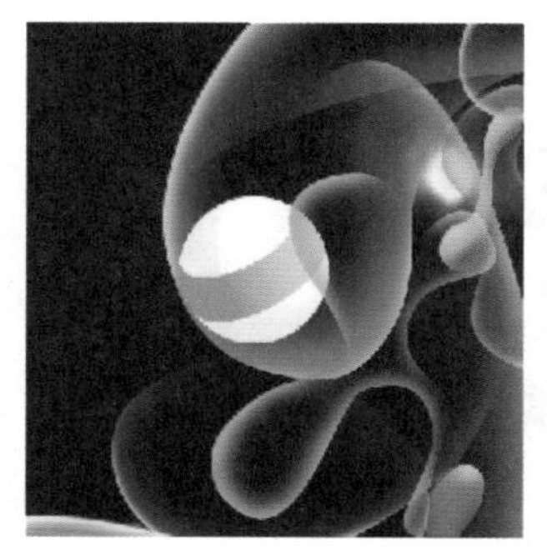

图 12-120

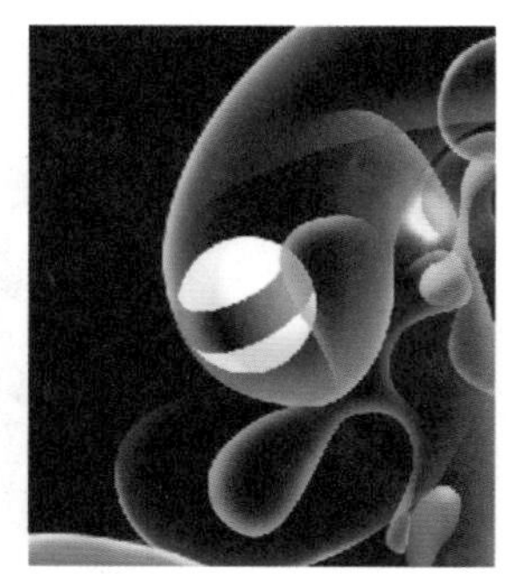

图 12-121

（16）新建图层，使用“椭圆选框工具”在圆球顶部绘制椭圆选区，并填充为黑色，画面效果如图 12-122 所示。使用同样的方法绘制其他的球形，如图 12-123 所示。

图 12-122

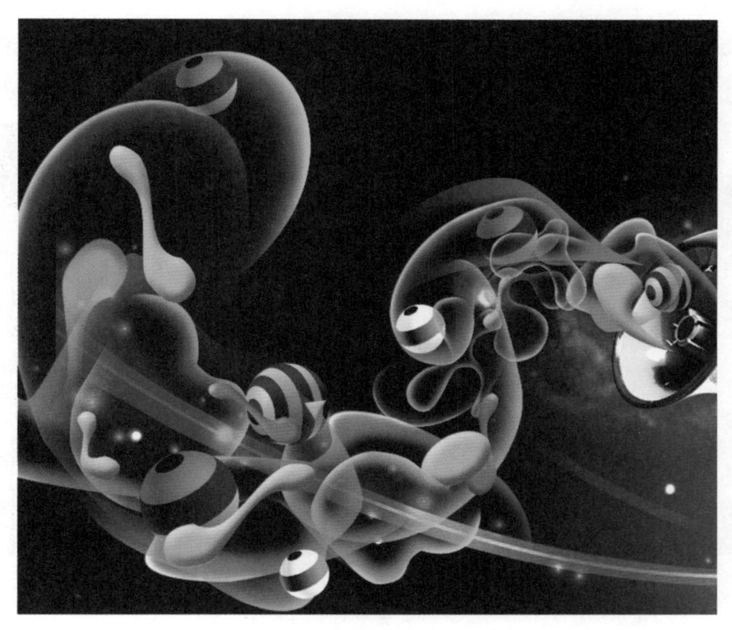

图 12-123

（17）接下来制作立方体。新建图层组并命名为“立方体”。在工具箱中单击“钢笔工具”，在选项栏中设置“绘制模式”为形状，“填充”为黄色，“描边”为无。在画面中绘制立方体平面图，如图 12-124 所示。新建图层，在工具箱中单击“画笔工具”，选择圆角硬边画笔，设置合适的笔尖大小，设置前景色为白色，在立方体上绘制圆点，如图 12-125 所示。

图 12-124

图 12-125

（18）新建图层。继续使用“钢笔工具”，在选项栏中设置“绘制模式”为路径，在画面中绘制立体的光泽路径并转换为选区，如图 12-126 所示。设置前景色为白色并对选区进行快速填充。选中该图层，在“图层”面板中设置“不透明度”为 50%，画面效果如图 12-127 所示。

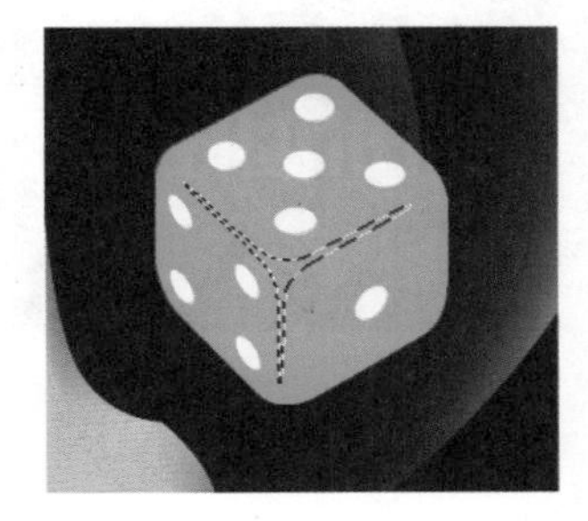

图 12-126

图 12-127

(19)由于立方体的点角位置是高光点，所以明度会比较亮。新建图层，继续使用“钢笔工具”绘制反光点，如图 12-128 所示。使用同样的方法绘制其他的立方体，画面效果如图 12-129 所示。

图 12-128

图 12-129

(20) 接下来制作文字部分。单击工具箱中的“横排文字工具”[T]，在选项栏中选择合适的字体，设置“字体大小”为 30 点，颜色为黄色，在画面中输入文字如图 12-130 所示。执行“图层 > 图层样式 > 外发光”命令，设置合适的数值。勾选“投影”复选框，设置合适的数值，画面效果如图 12-131 所示。

图 12-130

图 12-131

(21) 使用“矩形选框工具”[ ]在文字上半部分绘制选区。新建图层并填充为淡黄色至透明的渐变，如图 12-132 所示。选中新建图层右击，在弹出的快捷菜单中选择“创建剪贴蒙版”命令，使渐变的高光部分只对文字起作用，画面效果如图 12-133 所示。

图 12-132

图 12-133

(22) 在画面底部输入其他文字，画面最终效果如图 12-134 所示。

图 12-134

12.7 案例：帅气街头风格混合插画

案例文件：	帅气街头风格混合插画 .psd
视频教学：	帅气街头风格混合插画 .flv

案例效果：

操作步骤：

(1) 执行“文件 > 打开”命令，打开图片“1.jpg”，如图 12-135 所示。执行“文件 > 置入”命令，置入素材“2.jpg”，按 <Enter> 键完成置入，然后将其栅格化，如图 12-136 所示。

图 12-135

图 12-136

(2) 为背景装饰图层制作阴影。首先在“背景”图层上新建图层，选择工具箱中的“画笔工具”，设置前景色为深灰色，然后在画笔选取器中设置合适的笔尖大小，参照素材的位置绘制其投影效果，如图 12-137 所示。为了让投影效果更加自然，可以将其“不透明度”设置为 60%，此时效果如图 12-138 所示。

图 12-137

图 12-138

(3) 接下来置入人物素材“3.jpg”，然后将其栅格化，如图 12-139 所示。下面进行人像抠图。首先选择工具箱中的“钢笔工具”，设置其“绘制模式”为路径，然后沿人像的边缘绘制路径，如图 12-140 所示。

图 12-139

图 12-140

(4) 路径绘制完成后，按 <Ctrl+Enter> 键将路径转换为选区，如图 12-141 所示。得到选区后，单击“图层”面板底部的“添加图层蒙版”按钮，基于选区为该图层添加图层蒙版，人像抠取完成，效果如图 12-142 所示。

图 12-141

图 12-142

(5) 此时我们感觉到人物的头发形态缺乏飘逸的感觉，可以使用“画笔工具”为人物添加头发。首先将头发笔刷“4.abr”添加到 Photoshop 中。执行“编辑 > 预设 > 预设管理器”命令，打开的“预设管理器”对话框后，设置“预设类型”为“画笔”，单击“载入”按钮，如图 12-143 所示。找到头发笔刷“4.abr”，单击右下方的“载入”按钮即可，如图 12-144 所示。

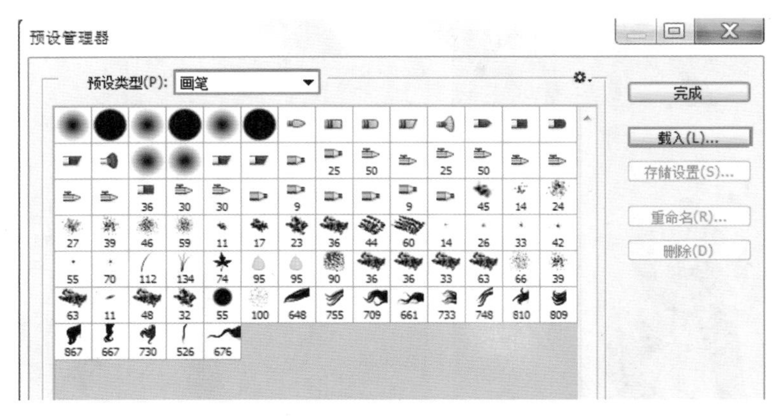

图 12-143

图 12-144

(6) 载入笔刷后，在“人像”图层下方新建图层，将前景色设置为黑色，然后在画笔选取器中选择“头发笔刷 733”，笔触大小设置为 400，在新建图层上进行绘制，如图 12-145 所示。绘制完成后按快捷键 <Ctrl+T> 调出定界框后右击，在弹出的快捷键菜单中选择“旋转 180”命令，再次右击，在弹出的快捷键菜单中选择“水平翻转”命令，接着旋转一定角度后摆放到人物头像的合适位置，如图 12-146 所示。最后右击，在弹出的快捷键菜单中选择“扭曲”命令，将底边框中间的控制点向左方进行拖动，拉伸发丝，如图 12-147 所示。

图 12-145

图 12-146

图 12-147

(7) 接下来为头发添加渐变效果。在头发图层上执行“图层 > 图层样式 > 渐变叠加”命令，设置渐变颜色为接近人物头发的金棕色，“渐变样式”为“线性”，“角度”为 4 度，参数设置如图 12-148 所示。参数设置完成后单击“确定”按钮，此时画面效果如图 12-149 所示。

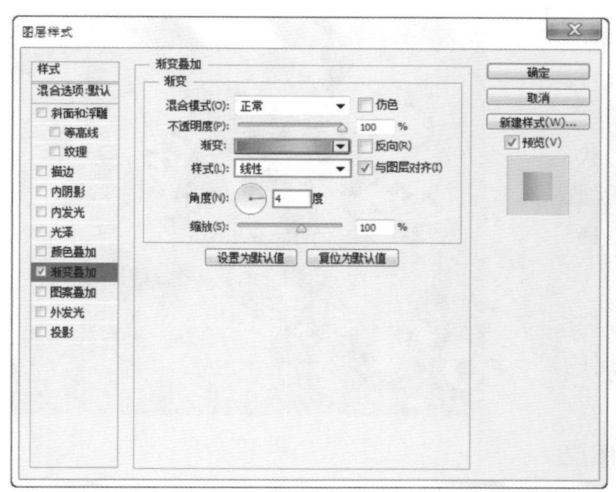

图 12-148

图 12-149

(8) 下面为人物制作阴影。首先按住 <Ctrl> 键的同时单击“人像”图层的图层蒙版，以调出人物的选区。然后新建图层，将前景色设置为黑色，按快捷键 <Alt+Delete> 将选区填充为深灰色，如图 12-150 所示。接着将“影子”图层移动到“人像”图层的下方，按快捷键 <Ctrl+T> 调出定界框，拖动控制点将影子不等比缩小，再执行“扭曲”命令轻微调整影子形态，最终影子形态如图 12-151 所示。为了增加影子的真实感，我们将“影子”图层的“不透明度”降到 45%，如图 12-152 所示。

图 12-150

图 12-151

图 12-152

(9) 置入前景素材，将其栅格化，并摆放到合适位置，如图 12-153 所示。

图 12-153

(10) 此时观察图片，发现整体色调不够明亮，我们使用“曲线”命令对画面整体进行调色。执行“图层 > 新建调整图层 > 曲线”命令。在打开的“曲线”属性面板中设置曲线形状，如图 12-154 所示。这样整个图片看起来就既明亮又有层次感了。此时图片效果如图 12-155 所示。

(11) 置入光效素材“5.jpg”，然后将其栅格化，如图 12-156 所示。再将光效图层的混合模式改为滤色，如图 12-157 所示。

(12) 接下来修整光效。首先为光效图层添加图层蒙版，然后使用灰色的柔角画笔在蒙版中涂抹，将影响人物及周边装饰的光效在蒙版中隐藏。蒙版状态如图 12-158 所示。此时画面效果如图 12-159 所示。

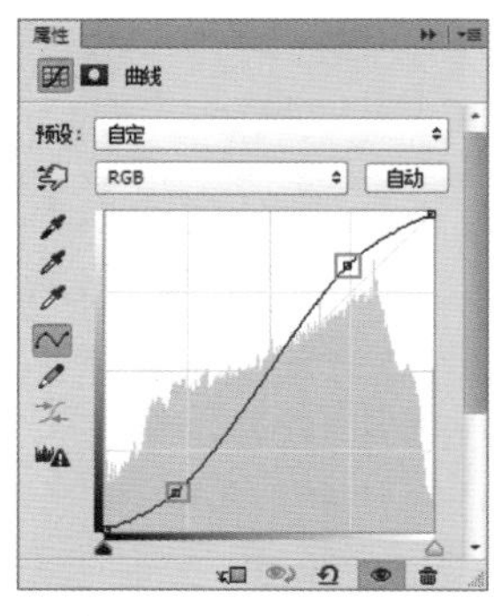

图 12-154

图 12-155

图 12-156

图 12-157

图 12-158

图 12-159

(13)置入光效素材“6.jpg”，将其栅格化，如图 12-160 所示。将光效图层的混合模式改为“滤色”，案例的最终效果如图 12-161 所示。

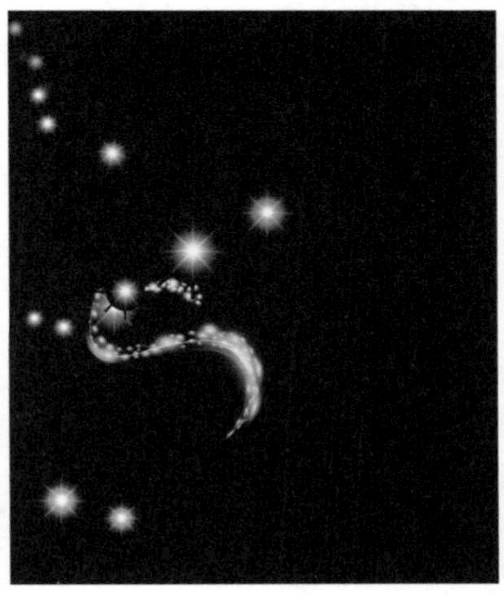

图 12-160

图 12-161